전자정복

상상이 현실이 되기까지 천재과학자들이 써 내려간 창조의 역사

초판 1쇄 펴낸날 | 2015년 9월 20일
초판 7쇄 펴낸날 | 2024년 10월 1일

지은이 | 데릭 청·에릭 브랙
옮긴이 | 홍성완
펴낸이 | 고성환
펴낸곳 | 한국방송통신대학교출판문화원
　　　　(03088) 서울시 종로구 이화장길 54
　　　　전화 1644-1232
　　　　팩스 (02)741-4570
　　　　홈페이지 https://press.knou.ac.kr
　　　　출판등록 1982년 6월 7일 제1-491호
출판위원장 | 박지호
편집 | 신영주·이기남
디자인 | 최원혁

ISBN 978-89-20-93072-0 03560
값 17,000원
■ 잘못 만들어진 책은 바꾸어 드립니다.

이 도서의 국립중앙도서관 출판예정도서목록(CIP)은 서지정보유통지원시스템 홈페이지
(http://seoji.nl.go.kr)와 국가자료공동목록시스템(http://www.nl.go.kr/kolisnet)에서
이용하실 수 있습니다.(CIP제어번호: CIP2018025248)

상상이 현실이 되기까지
천재과학자들이 써 내려간
창조의 역사

전자
ㄴ 정복

데릭 청, 에릭 브랙 지음
홍성완 옮김 배영철 감수

지식의날개

차 례

PART
I
전자기 시대

PART
III
고체 전자의
시대

서문

모든 진보를 견인하는 힘은 선구자들의 창의성과 기업가 정신이며,
이들이 바로 '전자의 정복자'이다.

잠시, 가지고 있는 휴대폰을 한번 살펴보자. 대부분의 사람들에게 휴대폰은 단순한 전화기가 아니다. 이 작고 가벼운 예쁜 기기에는 믿을 수 없을 만큼 다양하고 놀라운 기능과 성능이 있다. 오늘날 휴대폰은 단순한 전화 기능을 넘어 인터넷 검색(web surfing) 단말기, 전자책(e-Book) 리더기, 전자게임기, GPS 내비게이터, 고성능 카메라, 그리고 좋아하는 음악들을 저장해서 들을 수 있는 mp3 플레이어 기능을 제공한다. 스마트폰에서 실행할 수 있는 수백만 개의 앱은 별도의 이야기다. 휴대폰은 과학적·기술적 발전이 오랜 기간 축적되어 이루어진 하드웨어와 소프트웨어 혁신의 결과물이다. 이는 인류가 전자의 흐름을 완벽하게 파악하지 못했더라면 불가능한 일이었다.

휴대폰 화면을 손가락으로 톡톡 치거나 스크롤할 때 그 안쪽에서는 수십억 개의 작은 전자들이 거대도시의 축소판처럼 정교하게 설계되어 있는 실리콘 칩의 연결 다리와 통로를 따라 바삐 움직인다. 전자들은 특정 소프트웨어의 지시에 따라 휴대폰 안에서 쉬지 않고 움직이며 복잡한 산술과 논리함수를 처리하고, 새로운 정보를 저장하거나 불러오는 등 엄청난 양의 작업을 수행한다. 이때 전자의 동료인 전파는 공간 속을 이리저리 오가며 코드화된 메시지와 데이터를 빛의 속도로 빠르게 전달하는 '무선 전달자' 역할을 한다. 이 마술과도 같은 능력들이 모두 눈에 보이지도 않는 작은 전자의 힘에서 비롯된다. 여기서 다음과 같은 질문들을 던지지

않을 수 없다. 대체 인류는 어떻게 전자를 정복하게 되었을까? 전자를 발견하기까지의 과정은 어떠했을까? 그 과정에 기여한 이들은 어떤 사람들이었을까? 마지막으로 그들이 성취해 낸 것들은 과연 무엇이었을까?

이 책은 인류 역사상 가장 영향력 있는 업적의 하나인 전자정복의 역사에 대한 이야기이며, 또한 인류가 어떻게 그 엄청난 전자의 힘을 인간의 생활에 유익하게 이용해 왔는가를 말해 준다.

이 책에서는 전자정복의 역사와 관련된 과거의 발명품들을 함께 제시하여 독자의 이해를 도울 것이다. 여기에서 다루는 주제들은 독자가 잘 알고 있든 그렇지 않든 상관없이 유익하고 흥미로우며 우리의 삶과 밀접한 관련이 있는 것들이다. 토머스 에디슨의 전구를 예로 들어 보자. 전구라는 도구에 대해서는 누구나 익숙히 알고 있겠지만 그것이 작동하는 원리를 정확히 알고 있는 사람은 많지 않을 것이다. 혹여 알고 있더라도 전구가 어떻게 상용화되었고 또 어떻게 시장에서 성공적으로 살아남을 수 있었는지에 대해 설명할 수 있는 사람은 아마 드물 것이다. 더군다나 과거 에디슨에게 일어난 어떤 일들이 전구의 발명을 이끌어 내었으며, 전구의 발명은 어떻게 발전소와 전력망의 축조로 이어질 수 있었는지를 설명할 수 있는 사람은 얼마나 될까? 최신식 LED의 등장으로 에디슨의 전구는 머지않아 쓸모가 없어지게 될까? 이 책은 전신(telegraph)에서 아이폰(iPhone)에 이르기까지 수십 가지의 주요 발견과 발명들을 다룰 것이다. 독자들은 이 책을 통해 현대 사회를 형성해 온 지속적 혁신들에 대한 단순한 지식뿐 아니라 총체적인 통찰력을 갖추게 될 것이다. 다시 한 번 강조하자면, 현재 자신이 과학적 지식을 어느 정도 가지고 있는가는 큰 문제가 되지 않는다.

길고도 복잡한 전자정복의 역사에는 여러 가지 획기적 사건들과 많은 사람들이 얽혀 있다. 이 책에서는 전자와 관련된 일련의 발명들을 연대순으로 훑어보는데, 특히 여러 가지 발명 사이의 연결고리, 즉 하나의 발명이 어떻게 다음 발명으로 이어졌는지의 인과관계에 중점을 두고 있다. 예를 들어, 알렉산더 그레이엄 벨이 최초로 전화기를 발명했다는 사실은 누구나 알고 있지만, 그가 어떻게 해서 전화를 발명하게 되었는지 아는 사람은 많지 않을 것이다. 그는 원래 새뮤얼 모스의 전신기를 개량하는 일을 하고 있던 중 훗날 그의 장인이 될 가디너 허버드라는 사람의 압력으로 전화기라는 아이디어를 고안하게 되었다 — 훔쳤다고 주장하는 사람도 있지만. 역사에는 이와 같은 일들이 수없이 많다. 기술의 혁신에는 여러 측면이 있으며, 외부와 단절된 상태에서 영감이나 혁신적 사고가 발생하는 경우는 아주 드물다. 그 때문에 항상 특정한 과학적·개인적 사항들과 시장 상황 등이 함께 고려되어야 한다.

이 책은 주요 기술적 발명이 성공적인 상업화를 바탕으로 사회에 큰 영향을 미친 사례들을 비중 있게 다루고 있다. 이 사례들은 기술적 발명 자체만으로는 새로운 시대를 시작할 수 없다는 것을 명확히 보여 준다. 발명이 가진 매력 외에도 기업가 정신을 위한 열정과 용기, 중요한 재정적 지원, 건전한 사업 관리, 그리고 완벽한 시장 타이밍이 필요한 것이다. 벨 연구소의 트랜지스터 발명에서부터 마이크로 칩과 PC, 그리고 실리콘밸리 붐으로 이어지는 일련의 사례들이 이를 잘 보여 준다. 독자들은 이 책을 통해 쇼클리 연구소와 페어차일드 같은 초기 반도체 업계의 선도 기업들이 실패한 반면 인텔과 소니가 성공할 수 있었던 이유를 알게 될 것이다. 이러한 역사는 새로운 기술 기반 사업을 시작하려는 경영자나 사업가들에게 아주 유익한 비즈니스 사례이기도 하다.

주요 전자 기술의 발전 과정은 마치 거대하고 복잡한 미로를 통과하는 것과 같았다. 지나온 길들은 선명하게 돌아볼 수 있지만 앞에 놓인 길은 불확실성과 함정으로 가득하여 흐릿하게 보일 뿐이다. 올바른 길을 찾아가는 일은 결코 쉽지 않은 도전이다. 미로에서 잘못된 길을 선택하여 결국 막다른 곳에 다다르게 되면 전도유망한 한 연구가의 생애나 커리어 전부가 부질없는 것이 되고 만다. 어떤 이들은 미로를 빠져 나왔지만 갓길로 접어들어 결국 방향을 잃고 헤매다 실패로 끝나기도 한다. 옳은 길을 찾는 데 성공한 사람들과 그들을 따르던 사람들은 뒤따라올 사람들을 위해 자신들이 찾은 길을 넓히고 다진다. 나중에 온 사람들에게 이전의 미로는 더 이상 미로가 아니라 아직 다다르지 않은, 더 멀리 있는 다음의 미로를 향하는 길이 된다. 앞사람들이 다져 놓은 성공의 길들이 한 줄기로 모여 광활한 하나의 도로가 되는 것이다.

다시 휴대폰을 살펴보자. 이 기기는 LCD, 다용도 실리콘 칩과 같은 부품의 기술적 발전과 무선통화, 라디오, 텔레비전, GPS, 그리고 컴퓨팅 같은 역사적 발전들을 총합한 것이다. 인류는 이런 식으로 끊임없이 더 놀라운 속도로 기술 개발의 한계를 극복해 왔다.

모든 진보를 견인하고 있는 힘은 우연이든 아니든 성공적으로 옳은 길을 찾아낸 선구자들의 창의성과 기업가 정신이다. 이들이 바로 '전자의 정복자'들이다. 이들은 역사를 만들었고, 전 인류에게 유익을 가져다준 유산을 창조하였다. 어떤 발명가들은 지속적인 노력과 오랜 고생 끝에 성공을 거둔 반면, 어떤 사람들은 번득이는 영감으로 성공적인 결과를 얻기도 했다. 설사 역사적 흐름상 필연적인 발견이었다고 하더라도, 이들의 역할은 역사의 시간표를 단축시키고 향후 발전의 방향을 제시할 만큼 결정적이었다. 이 책에서 소개하는 정복자들은 다른 전설 속의 슈퍼히어로처럼 신격화된 존재들이 아니다. 이 창조적인 사람들도 그저 나름의 강점과 약점, 독창성을 지닌 보통의 사람들이었다. 어떤 이는 특정 분야에서 누구보다 뛰어난 천재였지만 그 외의 다른 분야에서는 정말 형편없었다. 또 어떤 사람들은 선견지명은 있었지만 장기적인 사고가 부족하고 서투른 땜장이인 경우가 더 많았다. 극단적으로 자기중심적이거나, 창작자의 권리 혹은 도덕성의 문제를 무시하고 남의 성취를 등쳐먹은 비열한 악당들도 있었다. 사실 이러한 특성 중 상당수는 한 개인의 내면에 공존할 수 있는 것들이다. 이들에 대한 평가가 어떠하든 한 사람 한 사람이 모두 전자를 정복하는 데 열정적으로 기여했고 우리가 일상의 매 순간마다 그 혜택을 누리고 있음은 부인할 여지가 없다. 그래서 우리는 그들의 이야기에 귀를 기울일 필요가 있다.

이 책에는 독자의 생생한 이해를 돕기 위해 이 뛰어난 정복자들의 성과를 역사적 사진들과 함께 수록하였다.

원래 이 책은 중국어로 쓰여져 2011년에 타이완 코먼웰스(Common-wealth) 출판사에서 발간되었다. 2009년부터 2011년 사이에 타이완, 홍콩, 중국에서 발간된 400여 권 이상의 중국어로 된 책 중에서 최고의 대중 과학책으로 뽑혀 권위 있는 골든 북마크(Golden Bookmark) 상을 수상했다. 영역본에서는 내용이 업데이트되고 상당 부분 강화되었는데, 공동 저자인 에릭 브랙이 중요한 도움과 조언을 주었다.

나는 이 책의 출판을 도와준 많은 사람들에게 진심으로 감사를 표하고자 한다. UCLA의 프랭크 창(Frank Chang) 교수, 노벨상 수상자인 산타바바라 캘리포니아 대학(UC-Santa Barbara)의 허브 크뢰머(Herb Kroemer) 교수, 인텔사의 전(前) 전무 앨버트 유(Albert Yu) 박사, 포토닉스 기술의 선구자이자 성공적인 기업가인 밀턴 창(Milton Chang) 박사, 나의 이전 동료였던 몬테 코시네비산(Monte Khoshnevisan) 박사까지……. 이 모든 분들이 원고를 세심히 읽고 통찰력 있는 여러 가지 제안을 해 주었다. 또 중국어판의 소개글을 써 준 국립 타이완 대학의 전 총장 리(S. C. Lee) 교수와 국립 칭후아(Tsinghua) 대학의 공대 학장인 첸(K. Y. Chen) 교수에게도 감사를 드린다. 홍콩 차이니즈 대학의 공대 학장인 왕(C. P. Wong) 교수, 홍콩 응용과학기술연구소의 CEO 님 청(Nim Cheung) 박사, 그리고 TSMS(Taiwan Semiconductor Manufacturing Company)의 전 전무이자 공동 COO였던 치앙(S. Y. Chiang) 박사의 격려와 지지에 감사드린다. 뛰어난 그래픽 지원을 해 준 크레이그 페널(Craig Fennel) 씨에게도 감사를 표한다. 마지막으로 딸 엘레인(Elaine), 비키(Vicky), 그리고 이본(Yvonne)의 도움에 고마움을 표한다. 저자의 비전이 현실이 되도록 지속적인 도움을 준 아내 제니(Jenny)에게 여전히 많은 빚을 지고 있음을 밝힌다. 아내의 다른 모든 노력에 대해서도 마찬가지다.

옮긴이의 글

치열한 기술개발과 탐욕스런 이권다툼까지……
한눈에 읽는 전자정복의 모든 역사

가히 정보화 시대의 최첨단에서 역자는 나름대로 시대를 대표하는 전자 관련 제품이나 이론을 많이 접해 왔다고 자신한다. 그런 경험에 대한 자신감과는 별도로, 경험에 수반되는 놀라움과 경외감은 매번 예외가 없는 것 같다. 오히려 그 강도가 더욱 높아져 간다.

굳이 멀리서 찾을 것도 없이, 오늘날 시대의 아이콘으로 떠오른 스마트폰은 이 책의 저자가 책의 곳곳에서 그토록 많이 예로 들 정도로, 모든 가용한 첨단 기술의 복합체로 그 위용을 떨치고 있다. 하드웨어나 소프트웨어 측면, 심지어는 소재에 이르기까지 모든 분야에서 이룬 눈부신 발전이 이 자그만 기기에 응집되어 있다.

어쩌면 이 책은 우리의 가장 친근한 벗인 스마트폰을 출발점으로, 이 놀라운 발명품을 이루고 있는 요소들을 분해하여 각각의 역사를 되짚어 가는 여행이 될 수도 있다. 초창기에 자기(磁氣)가 발견되고 전자기의 개념이 확립된 이후 이를 각종 통신에 응용한 것이 결국은 오늘날 무선 서비스의 근간이 되었다고 할 수 있을 것이다. 그리고 진공관부터 시작하여 트랜지스터, 칩, 마이크로프로세서 등의 발전은 이 자그만 기기 안에 셀 수 없이 많은 반도체를 내장할 수 있게 한 역사이다. 액정 화면과 전지도 그 근간을 이루는 기술들이다. 굳이 역자가 이런 설명을 하지 않더라도, 이 책의 독자들이라면 아마도 책을 다 읽는 순간 스마트폰을 바라보며 같은 생각을 할 것이라 생각된다.

필요는 발명의 어머니라고 했던가? 에디슨이 백열전구를 만들었다는 것은 우리에게 너무나 익숙한 사실이지만, 백열전등을 상용화하기 위해 그보다 더 거대한 개념이자 사업적 모델이었던 발전 및 송전 시스템을 포함한 전력 계통을 개발했다는 것은 잘 알려지지 않은 사실이다. 모스가 정부의 지원을 받아 볼티모어에서 워싱턴 D.C.까지 시범용 전신 시스템을 설치하는 과정에서 쇠로 된 전선이 땅속에서 녹슬자 궁여지책으로 만든 전신주가 오늘날 우리에게 익숙한 풍경이 된 것을 상상할 수 있는 사람이 몇이나 될까? 마르코니의 무선전신이 침몰하는 타이타닉호에서 그나마 일부 승객을 구했던 것을 아는 사람은 또 얼마나 될까? 실리콘밸리에 실리콘을 가져온 사람으로 칭송받는 쇼클리가 역사적인 트랜지스터를 발명한 이야기부터는 비교적 근래에 발견된 기술들이 오늘날의 발전된 모습으로 자연스럽게 연결되어 실제 모습으로 떠오르게 된다. 이 모두가 뜻밖의 즐거움과 감탄을 가져다주는 지식 탐구의 여정이다.

길버트의 저서 『자석에 대하여』가 출간된 것은 1600년이다. 그 후 불과 415년이 지나는 동안 인류는 자석에서 시작하여 오늘날의 첨단 전자 기기에까지 와 있다. '무어의 법칙'이 발표된 것은 50년 전인 1965년이다. 1970년에서 2015년까지 45년간 마이크로프로세서, 메모리 칩, 데이터 전송속도 등은 100만 배 이상 성장했다. 과연 그 짧은 기간 동안 이렇게 인상적인 발전을 이룬 분야가 역사상 있었던가?

이전 기술의 성공적인 응용과 그로 인한 즉각적이고 폭넓은 혜택은 결국 지속적인 기술의 개선과, 그 과정에서의 파괴적 혁신 기술의 발전으로 이어진다. 즉, 전자 분야에서의 발명·발견들이야말로 인류가 가장 필요로 하는 것을 실제로 만들어 낸 것들이었고, 그 때문에 지속적인 발견과 발명이 이뤄질 수 있었던 것이다.

인류가 필요로 했던 것을 채워 주는 기술을 발명한 천재들은 결국 그 보상을 받게 된다. 이 책에서 언급하고 있는 정도의 기술이라면 그 보상도 어마어마했음을 짐작할 수 있을 것이다. 그리고 경제적인 측면이 끼어들면서 탐욕스러운 인간의 모습이 적나라하게 드러난다. 끊임없이 제기되는 특허권 분쟁과 배후에서 벌어지는 대기업과 개인의 싸움은 결국 기술도 사람이 만든 것임을 절실히 깨닫게 해 준다. 물론 자신의 수많은 발명품에 대해 단 하나의 특허도 신청하지 않은 패러데이의 순수한 열정까지 그런 범주에 넣어서는 안 될 것이다. 하지만 몰랐던 것을 알게 되어서인지, 전자의 발명에는 생각보다 씁쓸한 단면들이 많이 자리 잡고 있었다는 것을 느꼈다.

물론 이 분야의 문외한이라면 조금 까다로운 기술적인 내용들이 있기는 하다. 그럼에도 불구하고 이 책은 쉽게 읽힌다. 무엇보다도 우리와 너무 밀접한 연관이 있는 기술들이기 때문이다. 그렇다면 어떤 목적을 가진 사람이 이 책을 읽어야 할까? 기술을 공부하는 사람들이 기술의 전후 맥락과 배경까지 확장해서 알고 싶다면 이 책이 필요하다. 기술을 이용하여 사업을 하는 사람들, 혹은 그런 사업을 하는 회사에 종사하는 사람들이 어떤 혜안을 가지고 사업을 운영해야 하는지 궁금하다면 그런 목적에도 좋다. 하지만 그저 우리가 직접 경험하고 있는 정보화 시대의 기술에 대한 단순한 호기심 정도만을 가진 사람들, 아마도 가장 많겠지만 이런 사람들에게도 이 책은 아주 유익하다.

오래간만에 '배우는 즐거움'이라는 고리타분한 말을 주변에 해 가면서 이 책을 읽고 번역했다. 그런 즐거움이 놀랄 만큼 높은 생산성을 가져다주었다. 여러 가지 생각이 많을 때 이 책에 나오는 선구자들을 포함한 인간 군상들이 나에게 많은 위로를 주었다. 나보다 치열한 삶을 살아간, 그리고 인류사에 아직까지도 지워지지 않는 발자취를 남긴 사람들의 이야기인데 어떻게 고개가 숙어지지 않겠는가? 새로운 사실에 대한 배움과 더불어, 그들에 대한 경외심이 이 책을 읽는 모든 사람들에게 잠시 생각을 가다듬는 기회가 되기를 기원한다.

일러두기

1. 본문에 수록된 사진의 출처와 제공자는 다양한 영어식 표현이 사용되었는데, 각각의 의미를 나타내기 위해 원어대로 표기하였습니다.
2. 그림에 나타난 기술 관련 용어는 전문적인 의미를 전달하고자 원어대로 표기하였습니다.

PART
I

전자기 시대

1

지식 기반
The Knowledge Foundation

시 작

약 3,000년 전, 한 그리스인이 기이한 현상을 목격했다. 천 조각을 호박(그리스어로 'elektron'이라 하며 오늘날 'electricity'의 기원이다 - 역자 주) 덩어리에 문질렀더니 이 광석에서 보이지 않는 어떤 신비스러운 힘이 발생하여 머리카락을 쭈뼛 서게 하고 밀짚과 깃털의 솜털을 끌어당기는 것이었다. 그는 이 힘이 정확히 무엇인지 도무지 알 수가 없었다. 물론, 오늘날의 우리는 그것이 정전기임을 쉽게 알 수 있지만 그 당시로서는 설명하기 힘든 현상이었다.

그로부터 약 4세기가 지난 기원전 600년경, 그리스 테살리아의 마그네시아(Magnesia)라는 작은 마을에 살던 한 농부는 어떤 바위가 철 성분을 가진 돌 조각이나 부스러기를 보이지 않는 힘으로 끌어당기고 있음을 알아챘다. 로드스톤(lodestone: 자철석 혹은 천연자석 - 역자 주)이라고 알려진 이 바위에 대한 소문은 널리 퍼졌고, 이 바위가 처음 발견된 마을의 이름을 따 자석(magnet)과 자성(magnetism)이라는 말이 생겨났다.

초기 문명 시대 사람들에게 정전기와 자성의 기본 원리는 다른 많은 자연 현상과 마찬가지로 이해할 수 없는 것이었다. 더군다나 당시 그리스의 지식인층은 철학적 사유를 바탕으로 세상을 이해하고 설명하기를 좋아했기 때문에 방법론적인 사고는 무시되기 일쑤였다. 그 결과 고대 정치학이나 철학이 빠른 속도로 발전한 것에 비해 자연과학에 대한 이해는 훨씬 뒤처져 있었고, 자연과학을 연구하는 사람들은 지식인층의 변방으로 내몰려 있었다. 그 후 유럽에서 발흥한 기독교 교회는 신학적 교리와 맞지 않는다는 이유로 자연과학을 더욱 배격하였다. 수세기 동안 과학적 진실을 연구하던 사람들은 이단으로 몰려 사형의 위험에 처하기도 하였다. 이러한 상황 때문에 2,000년이 넘도록 전기와 자성에 대한 유럽인의 지식 발전 수준이 고대 그리스의 수준을 크게 넘어설 수 없었다.

유럽에서 전자기학(electromagnetism)에 대한 이해가 오랜 기간 제자리걸음을 하고 있는 동안 지구 반대편의 전혀 다른 문명권 사람들은 전자기적 현상의 가치를 알아보았다. 고대의 한 중국인 역시 로드스톤을 발견하였고, 기원전 220년경에는 춘추전국시대의 조각가들이 자성체의 끌어당기는 힘 때문에 방향성이 생긴다는 것을 알아냈다. 전설에 의하면, 노련한 공예가들이 옥 세공 기법으로 밑이 둥근 숟가락을 만들어 매끄럽고 평평한 지반 위에서 자유로이 빙빙 돌려 보았다고 한다. 그런데 숟가락이 멈출 때마다 손잡이 부분은 언제나 남쪽을 가리키는 것이 아닌가!

흥미롭게도 현대에 들어와서 이 실험은 두 번 다시 성공하지 못했다. 현대적 방법으로 똑같은 장치를 만들려고 애를 썼지만, 지구로부터의 자성이 너무 약해서 숟가락과 판 사이의 마찰력을 이겨내고 자유롭게 운동을 할 만큼 영향력을 발휘할 수 없었던 것이다. 따라서 중국의 공예가들이 어떻게 최초의 나침반을 만들 수 있었는지에 대한 수수께끼는 여전히 풀리지 않고 있다. 어쨌든 그들이 나침반을 만든 것은 사실이기 때문에 종이, 인쇄술, 화약과 더불어 나침반은 중국의 위대한 4대 발명품 중의 하나가 되었다. 이 발명품들은 인류가 진보하는 데 지대한 영향을 미쳤다.

시간이 지나면서 나침반 제작법은 꾸준히 발전하였고, 이에 따라 나침반의 감도와 활용성도 좋아졌다. 북송(北宋, 960~1127)의 과학자 셴 쿠오(Shen Kuo, 沈括)는 그의 책『몽계필담』에서 쇠바늘을 줄에 연결하여 공중에 매단 형태의 나침반에 대해 설명하고 있다. 이 바늘을 로드스톤으로 문지르면 자성이 유도되는데, 이러한 방식으로 자기화된 바늘이 앞서 사용된 숟가락보다 훨씬 가볍다는 점에서 이전의 나침반보다는 확실히 발전된 형태였다. 바늘나침반은 아시아 전역에 빠르게 보급되었고 바다 항해 등에 사용되었다. 19세기에 아랍 상인들을 통해 이 나침반 기술이 유럽에 소개되면서 비로소 유럽에서도 나침반이 널리 활용되기 시작했다. 로드스톤의 원리가 처음 발견된 지 무려 2,000년이 지나서야 비로소 유럽 대륙에서도 자성을 실생활에 적용하게 된 것이다.

중국이 나침반을 만들고 연마하는 데 크게 공헌한 것은 마땅히 인정받아야 한다. 하지만 사실 고대 중국의 공예가들이 자성의 원리를 상세하게

고대 중국의 자석 나침반. Courtesy of Stan Sherer

연구한 것은 아니었다. 학문에 대한 유교적 사고방식은 아리스토텔레스 시절에 유럽을 지배하던 합리적 추론과 크게 다르지 않았다. 당시 중국의 지식계층은 그들의 열정과 에너지를 물리적 세계의 자연 원리를 탐구하는 데 쏟기보다는 관직을 얻는 데 필요한 문학 공부에 더 집중했다. 그런 사회에서 장인직은 거의 모든 분야에 걸쳐 제대로 존중받지 못했다. 그들은 최상위층과 지식인층 사람들에게 무시를 당하기 일쑤였다. 따라서 공예가들의 훌륭한 발견에도 불구하고 전기와 자성의 잠재적 힘은 2,000여 년 동안 거의 무시되었다.

과학적 방법

15세기부터 17세기에 걸쳐 유럽에서는 르네상스와 계몽주의가 차례로 유럽 대륙을 휩쓸면서 엄청난 변화의 물결이 일었다. 이 두 가지 사건은 유럽 사회에 지대한 영향을 미치며 인간의 정신을 해방시킨 사회 혁명으로 기록되었다. 1,000년이 넘는 시간 동안 서구인들의 사고체계는 종교적 교리에 철저히 지배되고 있었다. 하지만 1453년 콘스탄티노플(Constantinople) 함락 이후 지식인들 사이에 고대 그리스 문명의 지식과 진리를 부활시키고자 하는 움직임이 나타났다. 이들에 의해 인류는 휴머니즘과 자연 세계의 법칙을 추구하면서 대자연의 다양한 현상들을 관장하는 원리들을 이해하기 위한 길로 조심스럽게 발을 내딛기 시작한 것이다.

이러한 연구에 접근하는 새로운 방법론으로 '과학적 방법'이 대두되었으며, 이는 르네상스 시대에 이루어진 가장 중요한 발전이었다. 당시에 '과학'이라는 용어는 수학, 물리학, 화학 같은 학문만을 뜻하기보다는 물리적 세계에서 일어나는 미지의 현상들을 탐구하려는 절차를 지칭했다. 연구자들은 잘 통제된 객관적 절차를 따름으로써 과학적 방법을 실천했다. 먼저 자연 세계에서 일상적으로 발생하는 일 또는 현상을 꼼꼼히 관찰하여 특정한 패턴을 밝히고, 관찰 결과에 기반한 '가설적' 모델을 설계했다. 그리고 이 잠재적 모델을 이용하여 제시된 가설의 유효성을 검증하였다.

어떤 주장을 증명하거나 부정하는 데 사용된 이 귀납적 연구방법은 곧바로 과학적 연구의 표준이 되었다. 대학, 전문가 사회, 그리고 다른 유사 기관들이 진실 검증 과정에서 연구를 통한 사실 증명의 필요성을 주장하고 나섰고, 실험 수행 과정에서 사용된 모든 조건과 방법이 공개되어야 한다는 주장도 나왔다. 특정 실험 과정을 그대로 재연했을 때 누구나 같은 결과를 얻어야 모든 결론이 객관적이고 공정하다는 사실을 뒷받침할 수 있기 때문이다. 이러한 주장은 아리스토텔레스가 사용한 연역적·합리적 추론 모델과는 전적으로 다른 새로운 개념이었다. 당시에는 아무도 예상하지 못했지만 이때를 기점으로 서구의 과학 지식과 기술은 약진에 약진을 거듭하게 된다.

윌리엄 길버트. © Science Museum/Science & Society Picture Library

향후에 전개될 전기와 자성에 대한 모든 연구의 기초를 제공한 사람은 영국의 실험가 윌리엄 길버트(William Gilbert)였다. 부유한 명문가 출신의 길버트는 후기 르네상스 시대를 이끈 주요 인물로, 엘리자베스 1세 여왕의 주치의이기도 했다. 그는 과학적 방법의 중요성을 강조했을 뿐 아니라 전기와 자기 현상을 공부할 때 직접 이 방법을 활용하기도 했다. 길버트는 유명한 피사의 사탑 실험을 한 갈릴레오(Galileo)보다도 앞선 역사상 최초의 실험 물리학자로 기록되어 있다.

10여 년이 넘는 노력과 상당한 재산을 쏟아부은 끝에 길버트는 광범위한 연구 내용을 상세히 기록한 총 여섯 권의 책을 발간했다. 1600년에 출간된 이 책의 제목은 『자석에 대하여(De Magnete)』이다[원제는 『자석, 자성체, 거대한 자석으로서의 지구에 대하여(De Magnete, Magneteticisque Corporibus, et de Magno Magnete Tellure)』 - 역자 주]. 이 책들은 지금까지도 출판되고 있으며, 길버트가 수행한 실험의 모든 가설과 결과물을 담고 있다. 이 책에서 길버트는 실험을 통해 관찰한 수많은 내용을 자세히 설명하고 있는데, 그중에는 다음과 같은 결론들이 포함되어 있다.

- 전기와 자성은 전적으로 다른 두 가지 현상이다.
- 자석의 양극과 음극은 물리적으로 분리할 수 없다.
- 전기적 인력(attraction: 잡아끄는 힘, 인력)은 물 속에서 사라진다.
  하지만 자기적 인력은 잔존한다.
- 자기력은 높은 온도에서는 사라진다.

길버트는 이 밖에도 두 개의 가설을 추가로 제시했지만 실험으로 증명하지는 못했다. 그중 첫 번째는 지구가 하나의 거대한 자석이며, 남극과 북극이 각각 자석의 양극과 음극이 된다는 것이다. 그는 나침반이 항상 북극과 남극을 가리키는 이유는 지구의 자기력에 따라 일직선으로 맞춰지기 때문이라고 주장하였다. 두 번째 가설은 천체가 자기에 의해 서로를 끌어당기고 밀어낸다는 것이다. 길버트는 자신이 세운 가설들에 대한 확고한 믿음이 있었지만 이것을 어떻게 실험적으로 설계하고 증명할 수 있을지 알지 못했다. 대신 후세의 사람들을 위해 자세한 설명을 남겼다. 몇 년 후 과학자들은 지구의 자기력에 대한 그의 가설이 본질적으로 옳았음을 증명했다. 하지만 두 번째 가설에 대해서는 뉴턴이 천체 간에 작용하는 힘은 자성이 아니라 만유인력임을 밝혀 냈다.

현대적 관점에서 보면 길버트의 연구는 지나치게 단순하고 투박하다고 할 수 있다. 하지만 그의 작업은 전자기학에 대한 연구가 발전하는 데 중요한 획을 그었고, 향후 진행되는 학문적 연구의 초석이 되었다. 길버트의 노력 덕분에 마침내 인류는 과학적 탐사의 미로에 입성하게 된다.

마법의 정전기

길버트가 저술한 『자석에 대하여』의 내용이 획기적인 것이었음에도 불구하고 전기와 자성에 대한 연구는 곧바로 꽃피지 못했다. 그의 연구들은 하나의 씨앗처럼 오랜 잉태 기간을 지난 후에야 비로소 과학적 관심을 끌게 되었다.

길버트의 아이디어를 확장하려는 첫 번째 주요 움직임은 1663년, 독일의 오토 폰 게리케(Otto von Guericke)로부터 시작되었다. 그는 페달을 손으로 돌려 유황구(sulfur ball)를 빠르게 회전시킨 후, 그 위에 천 조각을 문질러 정전하(static electrical charge: 정지 상태의 전기)를 일으켰다. 게리케는 단지 호기심으로 이 장치를 만들었기 때문에 이 발명을 응용할 생각까지는 하지 못했다. 사실 게리케는 이 장치를 발명한 것보다는 진공 기술을 선구적으로 연구한 과학자로 더 많이 알려져 있다. 진공 기술 연구 역시 이후의 전기 개발에 매우 중요한 역할을 했다. 그는 대전(帶電: 물체가 전기적인 성질을 띠는 현상 – 역자 주)된 구(sphere)를 만든 최초의 인물로, 이 구를 발명함으로써 정전하를 임의로 생산하고 저장할 수 있다는 것이 처음으로 확인되었다.

게리케가 정전기 발전기를 발명하고 60년이 훨씬 지난 1729년, 영국인 스티븐 그레이(Stephen Gray)는 각기 다른 종류의 물질이 다른 정도의 전기

전도율 혹은 전하 전도력을 지닌다는 것을 처음으로 밝혀냈다. 그는 대부분의 금속이 전하를 쉽게 전도할 수 있는 데 반하여 나무나 천 같은 물질들은 이와 같은 전도성이 없다는 사실을 발견하였다. 또한 지면(地面) 자체도 전기 전도성을 지닌다는 것을 알게 되었다. 그레이는 이러한 발견에 고무되어 더 많은 실험을 진행하였고, 금속 전도체가 전하를 아주 먼 곳까지 운반할 수 있다는 것을 역시 알아냈다. 이를테면, 게리케 구에서 만들어진 정전기를 구리 연선과 막대기를 통해 300피트(1피트는 약 30센티미터이다 – 역자주) 떨어져 있는 다른 구로 전송하는 데 성공한 것이다.

전기가 물리적으로 이동할 수 있다는 것을 알게 된 그레이는 정전기 현상을 이용해 공개 시연을 갖곤 했다. 그중 가장 유명한 것이 '꽃 소년(Flower Boy)'이다. 먼저 그는 한 어린 소년을 비전도체인 명주실로 묶은 다음 공중에 매달아 전도성이 있는 지면으로부터 격리시켰다. 그 후 금속 와이어를 통해 근처에 있는 게리케 구로부터 소년의 몸으로 정전기가 이동하게끔 했다. 이러한 방법으로 소년의 몸에 전기가 주입되자 지면에 뿌려진 꽃잎이 전하에 유도되어 올라오면서 소년의 몸 주변을 떠다니는 신비스러운 모습이 연출되었다.

1733년, 그레이의 친구였던 젊은 프랑스인 샤를 뒤페(Charles du Fay)는 게리케 구로 정전기를 만들 때 물질의 조합을 달리하면 다른 종류의 전하, 즉 양전하와 음전하가 생성된다는 것을 발견했다. 그는 또한 같은 종류의 전하는 자석처럼 서로 밀어내는 반면에 반대 전하끼리는 서로 끌어당긴다는 사실을 알아차렸다.

1745년, 독일의 피터 판 뮈센브뢰크(Pieter van Musschenbroek) 교수는 특수 디자인된 유리병을 이용해 단순한 게리케 구보다 뛰어난 전하 저장 장치를 고안하였다. 그는 이 병을 그가 강의하던 대학의 이름을 따서 '라이덴병(Leyden Jar)'이라고 불렀다. 라이덴병의 구조는 아주 간단했다. 먼저, 금속 포일로 병의 안쪽과 바깥쪽을 감싸는데, 이때 병의 재질인 유리는 비전도체이기 때문에 유리 바깥쪽과 안쪽의 두 포일은 서로 절연 상태가 된다. 안쪽 금속 포일을 게리케 구로 대전시킨 후, 전도성 커넥터로 안쪽과 바깥의 금속 포일(실제로는 전극)을 연결하면, 병에 저장된 전기가 바로 방전되면서 불꽃과 쇼크가 발생했다. 라이덴병은 전기를 저장할 수 있을 뿐 아니라 전기를 다른 장소에서 쉽게 방출할 수도 있는 사실상 최초의 전하 저장 장치(축전기)라고 할 수 있다.

라이덴병의 방전과 관련된 가장 유명한 사례는 그 다음 해에 프랑스인 장 앙투안 놀레(Jean-Antoine Nollet) 사제가 수도원에서 행한 실험이다. 놀레는 200명의 사제들을 약 1마일(1마일은 약 1.6킬로미터이다 - 역자 주) 둘레의 원으로 정렬시켰는데 이때 사제들은 손에 25피트 길이의 놋쇠 막대기를 쥐고 서로 연결되어 하나의 인간사슬을 형성했다. 놀레가 가득히 충전된 대용량 라이덴병의 양 전극에 첫 번째 막대와 마지막 막대를 각각 갖다 대자마자 전기가 사제들의 몸속을 통과하면서 불쌍한 사제들은 순간적으로 마비 상태가 되어 버렸다. 마치 번개를 맞은 것처럼 몸의 근육이 수축되고 경직되었던 것이다. 놀레는 이 실험을 통해 사람의 몸이 얼마나 빨리 전기를 전도하는지 측정하고자 했는데 그 결과는 '무한 속도'였다.

사실 놀레의 진짜 목적은 전기를 이용해 메시지를 빨리 전송하는 방법을 찾는 것이었다. 이를 위해서는 추가적인 실험이 필요했지만 이미 단 한 번의 실험으로 많은 것을 알게 된 사제들은 더 이상 협조하기를 거부했다. 다른 실험 대상을 찾을 수 없게 된 놀레는 베르사유 궁에 있는 루이 15세에게 부탁을 했다. 루이 15세는 실험의 중요성은 잘 알고 있었지만 일반 대중들의 정서를 고려해 자신의 근위병 180명을 실험 대상으로 내주었다. 이 사건

이후 놀레는 비록 일부이긴 하지만 사람들에게 제법 알려지게 되었다.

미국 건국의 아버지인 벤저민 프랭클린(Benjamin Franklin)도 정전기 발견에 중대한 기여를 했다. 그는 대전된 두 개의 구가 방전되는 것을 보면서 전기현상을 연구하는 데 매료되었다. 프랭클린에게는 두 개의 구를 가깝게 붙였을 때 생기는 불꽃과 전광이 마치 번개의 축소판같이 보였다. 그는 순간 번개가 구름층에 저장되어 있던 정전기가 방출되면서 생기는 현상일지도 모른다고 생각했다. 늘 탐구심 많고 창의적이었던 프랭클린은 이를 입증하기 위해 과감하고도 영리한 실험을 해 보기로 결심했다.

1752년, 천둥 번개를 동반한 폭풍우가 치던 어느 날 프랭클린은 하늘 높이 연을 띄웠다. 이 연은 실험을 위해 특별히 고안된 것으로 연줄이 길고 가는 구리선으로 되어 있었고, 긴 연줄의 끝에는 놋쇠 열쇠가 매달려 있었다. 프랭클린은 열쇠를 라이덴병 안에 넣었다. 하늘에서 번개가 치고 연이 번개를 맞았을 때 전기가 구리선을 통해 병 안의 놋쇠 열쇠로 전달되었다. 그 결과 방전되어 있던 라이덴병이 전기로 가득 찼다.

역사적으로 유명한 이 실험은 사실 한 번도 입증된 적이 없다. 이 실험이 알려진 몇 년 후 덴마크인 한 사람이 같은 실험을 시도하다 번개를 맞아 죽기도 했다. 그렇지만 프랭클린이 피뢰침을 발명했다는 사실에는 의심의 여지가 없다. 그 당시 건물은 대부분 나무로 뼈대를 만들었기 때문에 건물이 번개를 맞아 불이 나는 경우가 많았다. 프랭클린이 번개를 막기 위해 생각해 낸 기발한 아이디어는 뾰족한 금속 막대를 지붕 위에 붙인 후 막대 아래쪽을 구리선으로 지면까지 연결해 묶어 버리는 것이었다. 이렇게 전기의 방향을 건물에서 땅속으로 바꿔 주면 낙뢰를 효과적으로 차단할 수 있었다.

피뢰침은 인류가 전기 지식을 응용해 생활 속의 문제를 해결한 첫 사례이다. 당시 유럽에서는 낙뢰로 인한 피해가 매우 컸다. 특히 교회가 피해를 입

프랭클린과 그의 아들이 번개를 동반한 폭풍우가 치는 가운데 연을 날리고 있다. Sheila Terry / Science Source

은 경우가 잦았기 때문에 많은 사람들이 번개는 신이 보내는 특별한 메시지라고 믿었다. 꼭대기에 금속 십자가가 달려 있는 교회 첨탑이 번개가 들이치기 딱 좋은 표적이라고는 꿈에도 상상하지 못했던 것이다. 일부 교회들은 피뢰침이 신의 뜻을 방해한다며 설치를 거부하기도 했다. 하지만 일단 피뢰침의 효과를 직접 확인하고 나서는 더 이상의 불평 없이 신속하게 설치하기 시작했다. 마침내 프랭클린의 피뢰침이 그 가치를 인정받게 된 것이었다. 만약 프랭클린이 몇 세기 앞서 피뢰침을 발명했더라면 이단으로 몰려 화형을 당했을지도 모를 일이다.

놀레 사제와 프랭클린을 비롯한 여러 사람들의 노력으로 전기의 주요 속성에 대한 이해가 진전되는 동안 프랑스의 기술자 샤를 오귀스탱 드 쿨롱(Charles-Augustin de Coulomb)은 전기의 정량적 성질에 대한 법칙들을 정립했다. 프랑스 왕립 과학원의 멤버였던 쿨롱은 해군으로부터 나침반의 정확도를 향상시켜 달라는 의뢰를 받았다. 당시 프랑스 해군이 사용하던 나침반은 자성을 띤 바늘을 공중에 매달아 놓는 중국식 디자인과 거의 흡사했다. 쿨롱은 나침반 바늘이 돌 때 나침반을 공중에서 잡고 있는 줄이 따라서 꼬이는 것을 목격했다. 줄의 꼬임이 심해질수록 그 꼬임을 풀기 위해 더 큰 저항력이 바늘에 가해졌고, 이 저항력(비틀림)이 결과적으로 나침반의 정확도에 영향을 미친 것이었다.

쿨롱은 자신이 목격한 현상에 매료되어 비틀림의 정도를 정확히 측정하고자 마음먹고 일련의 실험을 수행했다. 그는 나침반에 사용된 줄을 다른 재료로 바꾸어 가며 비틀리는 힘을 측정하였는데, 이 과정에서 상호작용하는 자력 혹은 정전력의 크기를 정확히 측량할 수 있었다.

1789년, 실험을 마친 쿨롱은 다음과 같은 내용을 발표했다. 즉, 전기를 띤 두 입자 사이에 작용하는 정전력의 크기는 각각의 전하 크기의 곱에 비례하고, 두 입자 간 거리의 제곱에 반비례한다는 것이었다. 이 등식은 후에 쿨롱의 법칙(Coulomb's Law)으로 알려지면서 전기 과학을 이해하는 데 사용된 최초의 정량적 묘사가 되었다.

놀레의 사제들, 쿨롱의 나침반, 그리고 프랭클린의 연……. 이런 이야기들은 대중에게 전기에 대한 호기심을 불러일으킴과 동시에 경외감을 갖게 했다. 심지어는 술집에 진열된 라이덴병으로 즉석 전기 '샷(shot)'을 마시는 것이 유행하기도 했다. 사람들은 이것을 '전기 키스(electric kiss)'라 불렀다. 하지만 진짜로 사람들의 상상력을 사로잡았던 것은 살아 있는 생명체 내부에 존재하는 전기를 발견한 것이었다. 이 자연적 현상은 전기의 역사에서 가장 중요한 발전을 이끌게 된다.

전 지

1757년, 남미를 여행하던 프랑스의 식물학자가 생소한 모양의 메기를 발견했다. 메기를 만지는 순간 느껴지는 충격이 흡사 라이덴병을 통한 전기 키스와도 같았다. 이 프랑스 식물학자는 혹시 메기가 몸속에 전기를 품고 있는 것이 아닐까 생각했다.

1772년, 인도에 파견된 영국인 관리 역시 똑같은 경험을 했다. 온몸이 전기로 가득 충전되어 있는 장어와 우연히 마주친 것이었다. 더군다나 이 장어는 껍질 위로 불꽃까지 만들어 내고 있었다. 이러한 발견들에 대해 몇몇 학자들은 일부 동물, 어쩌면 모든 동물의 몸속에 전기가 존재하는 것이 틀림없다고 생각했다. 더 나아가 '동물 전기(animal electricity)'가 생명 자체의 존재와 일부 관련되어 있음이 분명하다는 추측까지 나왔다. 비록 이런 생각들이 사실과 정확히 일치하지는 않았지만, '동물 전기'에 대한 연구는 전혀 예상치 못했던 발명으로 전자기학의 새로운 시대를 열어 주었다.

그레이와 놀레의 실험을 통해 일부 생명체들은 자신의 몸을 이용해 전기를 전도할 수 있음이 증명되었다. 그런데 이제 전도뿐 아니라 전기를 충전해서 사용할 수도 있다는 것이 발견되자 동물 전기 현상에 대한 학계의 관심이 폭발하였다. 볼로냐 대학교 해부학과의 루이지 갈바니(Luigi Galvani) 교수도 이 분야의 선도적인 연구가 중 한 사람이었다.

갈바니는 개구리를 해부할 때 구리판 위에 등을 대어 눕히고 아연으로 된 금속 클립을 꽂아 고정시켰다. 그런데 클립이 절개된 개구리의 몸을 스칠 때마다 넓적다리의 근육에서 경련이 일어나는 것이었다. 그것은 마치 전기 쇼크를 받았을 때 나타나는 근육 경련과도 같았다. 갈바니는 이 발견을 바탕으로 개구리 근육 안의 유체(fluid)가 동물 전기를 저장하고 있다고 추정하는 이론을 발표했다.

갈바니가 동물 전기를 발견한 것은 즉시 과학계의 뜨거운 논쟁거리가 되었다. 그의 이론을 반대하는 사람 중에는 오랜 친구이자 동료인 알레산드로 볼타(Alessandro Volta)가 있었다. 볼타는 근처 파비아 대학교의 화학과 교수로 CH_4(메탄가스)를 발견하여 유명해진 명망 있는 교수였다. 볼타는 개구리 다리의 경련이 개구리 자체에 저장된 전기 때문이 아니라 갈바니가 서로 다른 두 금속으로 개구리를 건드린 결과라는 의견을 냈다. 즉, 갈바니가 발견한 쇼크 현상은 다른 두 금속이 접촉하여 상호작용함에 따라 발생한 것이라는 주장이었다.

양측이 상대방의 가설을 공개적으로 맹렬히 비난하면서 서로 간의 반감은 커지게 되었다. 시간이 지날수록 분쟁은 더욱 더 격렬해졌고 결국 두 친구의 사이는 완전히 틀어졌다. 갈바니는 이후 한 종류의 금속만으로 개구리를 건드렸을 때도 여전히 다리 근육이 경련을 일으킨다는 것을 보여 주었지만 볼타는 자신의 패배를 인정하지 않았다. 대신 추가적인 실험을 통해 갈바니가 관찰한 현상이 개구리가 아니라 금속 접촉의 결과라는 것을 증명하려 했다.

1800년 3월, 마침내 볼타는 서로 다른 금속을 연결해 지속적으로 전류를 만들어 내는 데 성공했다. 물론 개구리 다리는 필요 없었다. 그는 세상을 깜짝 놀라게 할 자신의 기념비적인 작품을 발표했다. 바로 최초의 전지인 '볼타의 파일(Voltatic Pile)'이었다. 볼타의 파일은 얇은 원반 형태의 아연판과 은판 사이에 소금물에 푹 젖은 판지나 펠트(felt: 모직이나 털을 압축해서 만든 부드럽고 두꺼운 천 – 역자 주)를 끼우고 샌드위치 형태로 교대로 쌓은 것이었다. 볼타가 '인공 전기 오르간'이라고 이름 붙인 이 장치는 전기를 생산하고 저장할 수 있었다. 꼭대기의 아연판과 맨 아래 은판을 구리선으로 연결하면 전류가 구리선을 따라 지속적으로 흐르기 시작했다. 불행히도 갈바니는 볼타가 파일을 발명하기 1년 전에 세상을 떠나 더 이상의 논쟁은 지속되지 못했다.

볼타의 발명은 라이덴병의 성능을 훨씬 넘어선 것이었다. 라이덴병에 저장할 수 있는 전기량은 아주 제한적이었고 또 전기가 방출되는 현상을 조절할 수 없었다. 오래 전 놀레의 사제들 사례를 통해 배웠듯이 라이덴병에 축적된 전기는 눈 깜짝할 순간에 완전히 방전되어 버린다. 하지만 볼타 전퇴 — 후에 벤저민 프랭클린은 이것을 '전지(battery)'라고 불렀다 — 는 지속적이고 조절 가능한 전기의 원천을 제공했다. 뿐만 아니라 볼타 전지에서 발생되는 전하의 총량은 라이덴병에서 만들 수 있는 것보다 훨씬 컸다. 전류의 흐름 역시 안정적으로 유지되었고 더욱 정확한 측정과 재생산이 가능했다.

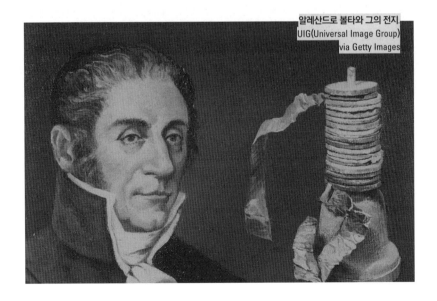

알레산드로 볼타와 그의 전지.
UIG(Universal Image Group)
via Getty Images

볼타는 과학적 연구 방법에 의거해 전지의 자세한 설계 과정을 논문을 통해 전면 공개했다. 곧 유럽 전역의 과학자들이 그의 연구를 따라 해 보았고 그 과정에서 기존의 전지 설계 방법이 개선되기도 했다. 볼타의 장비는 단순했고 사용된 재료들도 크게 비싸지 않았다. 특히 은 원판을 구리 원판으로 대체하면서 더욱 저렴하게 제작할 수 있었다. 확장성도 무척 좋았다. 만약 사용자가 더 큰 잠재 에너지 — 훗날의 '전압(voltage)' — 를 원하면 쌓은 전지 수를 더 늘리기만 하면 된다. 더 큰 전류[더 높은 유량(flow rate)의 전하]를 필요로 할 때는 표면적이 더 넓은 원판을 쓰거나 여러 개의 전지들을 병렬로 연결하면 된다. 전지의 발명을 통해 인류는 마침내 신뢰할 수 있고 일관되며 지속적인 전기의 원천을 가지게 된 것이다.

전지의 발명은 볼타에게 큰 영예를 안겨 주었다. 당시 이탈리아 북부의 영주이자 지배자였던 사람은 다름 아닌 나폴레옹이었는데, 그는 볼타에게 직접 전지에 대해 설명해 줄 것을 부탁했다. 볼타는 전지를 전류원으로 사용하여 쇠줄을 발갛게 달구어 물속에 넣으면 기포가 생기는 것을 보여 주었다. 볼타의 발명에 감명을 받은 나폴레옹은 그를 파리로 불러 관료직과 더불어 후한 보수를 제안했다. 볼타는 나폴레옹의 제안을 받아들였고 안타깝게도 그 후 더 이상의 진지한 연구 활동을 하지 않았다. 하지만 전지에 대한 볼타의 탁월한 연구는 그에게 영향력과 명성 그 이상을 가져다주었다. 볼타는 오늘날까지도 이탈리아 국민들의 존경을 받고 있고, '볼타 신전'이라 불리는 장엄한 박물관이 아름다운 코모 호수(Lake Como)를 따라 눈 덮인 알프스를 마주보며 서 있다(코모의 중앙 광장에는 볼타의 상이 세워져 있고, 뒷산 가장 전망 좋은 자리에는 그의 묘가 있다 – 역자 주). 역사상 볼타만큼 물질적 찬사를 받은 과학자나 기술자는 아마 없을 것이다.

전기와 자성의 연결

볼타의 전지는 처음 소개되고 2년이 채 지나지 않아 상용화되었는데, 이는 그가 전지의 발명과 관련된 모든 정보를 기꺼이 공개했기에 가능했던 일이다. 발명가와 연구가들은 볼타의 설계를 더욱 정교하게 다듬고 성능을 지속적으로 향상시켜 나갔다. 전지를 통해 안정적이고 상대적으로 오래 지속되는 전기 원천이 제공되면서 전기 실험의 신뢰도와 재현성도 같이 증가하였다. 전기 연구 커뮤

험프리 데이비. Sheila Terry/Science Source

니티가 급격히 늘어났고 전기에 대한 지식 역시 더 많이 축적되었다. 이 과정에서 전기화학이라는 새로운 분야의 과학이 탄생했다. 전기화학 분야에서 가장 영향력 있는 사람은 영국 왕립연구소(Royal Institution)의 화학자 험프리 데이비(Humphry Davy)였다.

18세기 중반에 세워진 왕립연구소는 과학 발전을 촉진하고 과학 교육의 대중화를 목적으로 설립된 비영리 조직이다. 왕립연구소에서는 설립 목적을 달성하기 위해 특정 분야의 기초 연구를 재정적으로 지원하고, 대중이 과학 지식을 습득하고 교환할 수 있는 세미나와 강좌를 개최했다.

런던에 위치한 왕립연구소 건물 안에는 연구실, 회의실, 공개강좌를 위한 홀, 그리고 일부 직원을 위한 다락방 숙소가 몇 개 마련되어 있다. 데이비는 이 연구소의 책임자이자 수석 과학자였다. 그는 연구소 지하에 250개의 볼타 전지를 연결한 거대 전지를 만들어 다른 연구자들이 감히 흉내 낼 수 없는 독창적인 연구들을 수행했다.

전지를 이용한 초기 실험 중에 가장 먼저 관심을 불러일으킨 것은 전기분해와 전기도금이었다. 특정 용액에 전류를 통과시키면 화학적 반응이 일어난다는 사실이 발견되었고, 이 반응을 이용해 물질 표면을 금속의 수성이온으로 칠하거나 용해된 고형물을 침전시킬 수 있었다. 데이비는 다수의 복잡한 화학용액을 성공적으로 전기분해하고 그 구성 요소들을 분석해 냈다. 그 과정에서 많은 새로운 원소 재료들을 최초로 분리하고 정의하기도 했는데, 대표적인 예가 칼륨, 나트륨, 칼슘, 스트론튬, 바륨, 마그네슘, 그리고 요오드이다. 전지의 발명과 전기 연구의 과정에서 개발된 새로운 도구들이 없었다면 이 새로운 원소들의 발견은 현저히 지연되었을 것이다.

1807년, 데이비는 수용액을 분석하던 이전 작업과는 완전히 다른 실험을 진행했다. 먼저 전도성 탄소막대 두 개를 각각 고압 전지의 양쪽 전극에 연결했다. 그리고 두 막대를 계속해서 가까이 대기 시작하자 어느 순간 갑자기 두 막대 사이로 전류가 흐르더니 눈부시게 하얀 호 모양의 섬광인 아크(arc)가 번쩍했다. 이 현상을 관장하는 원리는 1752년 벤저민 프랭클린이 두 대전구 사이에서 불꽃이 발생한 것을 관찰한 것과 아주 흡사했다. 하지만 이 실험은 전기를 계획적으로 활용해 지속적인 불빛을 만든 첫 사례였고, 몇 년 후에 도래할 전자 시대의 막을 여는 역사적 순간이었다.

볼타의 전지 발명과 데이비의 인상적인 실험으로 인해 유럽 과학계는 전기 연구에 빠져들었다. 뉴턴 역학이나 수학을 전공하던 학자들은 이제 전기가 통하는 액체 연구에 기꺼이 발을 담그기 시작했고, 전기를 연구하는 유능한 과학자들이 늘어나면서 전기와 자성에 대한 이해 역시 급속도로 가속화되었다.

1820년, 덴마크 코펜하겐 대학교 물리학과의 한스 외르스테드(Hans Oersted) 교수는 강의 중 기이한 현상을 목격했다. 전선을 통해 전류를 통과시키는 과정에서 교탁 위 나침반 바늘이 떨리는 것을 본 것이었다. 전류를 끊자 바늘은 즉시 원래 상태로 돌아왔다. 외르스테드는 혹시 전기와 자성이 서로 관련되어 있을지도 모른다고 생각했다. 아니, 확실히 그런 것 같았다. 하지만 이 분야의 선구자와도 같은 존재인 길버트가 이미 전기와 자성은 전혀 다른 두 가지 현상이라고 오래전에 이야기하지 않았던가? 외르스테드는 자신이 직접 목격한 현상을 이론적으로 설명할 수는 없었지만, 그 현상은 '진짜'였고 그 안에는 뭔가 중요한 원리가 숨어 있을 것이라고 확신했다. 그는 이 놀라운 발견을 곧바로 발표했고, 그의 발표 내용은 금세 유럽 학계에서 화제가 되었다.

외르스테드의 우연한 발견이 발표된 지 겨우 두 달 만에 프랑스 수학자 앙드레 마리 앙페르(Andre-Marie Ampere)가 좀 더 정교한 실험을 진행했다. 그는 두 개의 전선을 서로 가깝게 두고 양쪽에 전류를 흘렸다. 전선의 전류가 같은 방향으로 흐르면 이 둘은 서로를 밀어냈다. 하지만 전류가 반대 방향으로 흐르면 서로를 끌어당기는 것이었다. 앙페르는 서로 끌어당기고 밀어내는 힘이 전류에 의해 생성된 자기장으로부터 오는 것이라고 추정했다. 더 나아가 외르스테드의 나침반 바늘을 돌아가게 한 것도 전류로 유도된 자기장이라고 주장했다. 남다른 총명함과 물리적 통찰력을 지닌 수학자였던 앙페르는 결국 전류와 자성의 관계를 설명하는 최초의 수학 모델을 만들어 냈고, 이 분야의 대가인 길버트의 생각이 틀렸음을 확인시켜 주었다.

앙페르가 획기적인 성과를 이룬 비슷한 시기에 다른 중요한 물리적 현상들 많이 관찰되었다. 특히 주목할 것은 1825년 영국의 윌리엄 스터전(William Sturgeon)이 만든 최초의 실용 전자석이다. 그는 비자성(non-magnetic)의 부드러운 철제 막대에 전선을 감고 양 끝을 굽혀 말굽 모양으로 만들었다. 전선을 통해 전류를 흘리자 놀랍게도 안쪽의 막대가 자석으로 변하면서 말굽 모양의 양쪽 끝은 서로 다른 자극(磁極)을 가지게 되었다. 이렇게 유도된 자력은 전류의 흐름을 멈추는 순간 바로 사라졌다. 당시 과학자들은 이 전자적 현상을 설명할 수 없었지만 곧 폭넓게 응용하기 시작했다.

패러데이, 명인의 등장

전지의 발명과 더불어 전기와 자기 현상의 결합이 목격되면서 많은 과학자들과 수학자들이 전자기학을 이해하는 데 지대한 공을 세우기 시작했고, 그 중심에는 독일의 게오르크 옴(George Ohm), 카를 가우스(Carl Gauss), 빌헬름 베버(Wilherm Weber), 그리고 미국인 조지프 헨리(Joseph Henry) 등이 있었다. 그러나 앞으로 나올 두 명의 비할 데 없는 천재들이 나타나 전자기학에 대한 이해의 폭과 깊이를 확장시키기 전까지는 사실에 입각해서 이해할 수 있는 영역이 한정되어 있었다. 두 명의 천재 중 첫 번째는 바로 영국인 마이클 패러데이(Michael Faraday)였다.

마이클 패러데이. SPL/Science Source

패러데이는 영국 빈민가에서 네 형제 중 하나로 태어났다. 대장장이였던 그의 아버지는 만성질환을 앓느라 수입이 안정적이지 못했기 때문에 가족 모두가 쫄쫄 굶는 일이 다반사였다. 더군다나 당시에는 의무교육이나 무상교육 과정이 없어 페러데이는 집에서 어머니가 가르치는 것 말고는 정규교육을 받을 기회가 거의 없었다.

패러데이는 14살에 제본소 견습공으로 취직했다. 그는 비록 말을 더듬긴 했지만 엄청난 호기심과 지식에 대한 갈망을 지닌 소년이었다. 그는 시간이 날 때마다 자신이 제본하던 책을 읽었다. 특히 브리태니커 백과사전을 가장 좋아했는데 전기, 자석, 화학 분야의 최첨단 내용들에 흠뻑 빠져 있었다.

당시 영국 왕립연구소는 과학적 지식을 장려하기 위한 노력의 일환으로 공개 세미나나 강좌를 자주 개최하곤 했는데, 1812년 2월 29일, 패러데이는 한 친구로부터 험프리 데이비의 강연에 참석할 수 있는 입장권을 선물 받았다. 그는 강의 내내 데이비의 말 하나하나에 귀를 기울이며 빠짐없이 필기를 했고, 패러데이의 열정과 관심을 알아차린 친구는 이후 데이비의 강연이 있을 때마다 매번 입장권을 구해다 주었다. 강의를 들으면 들을수록 패러데이는 급성장하고 있는 전기와 화학 분야에 매료되었다. 마침내 용기를 낸 패러데이는 데이비를 찾아가 연구소의 말단 조교로라도 일하게 해 달라고 간청했다. 데이비에게 잘 보이고 싶었던 그는 자신이 직접 필기한 데이비의 강의 내용을 할 수 있는 모든 제본기술을 동원해 멋진 책으로 만들어 선물하였다. 하지만 데이비는 어린 패러데이의 부탁을 거절했다.

종종 생각지도 못한 일들이 벌어지곤 한다는 점에서 운명이라는 것은 참 재미있다. 그런 우연들이 미래의 방향을 완전히 바꿔 버리면 지켜보던 사람은 그저 머리만 긁적일 뿐이다. 만약 패러데이의 친구가 강의 입장권을 주지 않았다면 패러데이가 데이비와 그의 강의에 푹 빠질 일은 없었을 것이다. 만약 패러데이가 일한 곳이 제본소가 아니었다면 결코 브리태니커 백과사전을 접할 기회나 데이비에게 그런 기억에 남을 선물을 건넬 기회가 없었을 것이다. 만약 데이비의 고참 실험 조교가 패러데이의 부탁이 있은 지 바로 며칠 후에 실험실을 그만 두지 않았다면? 아마 데이비가 마음을 바꿔 어린 패러데이에게 일자리를 주는 일은 없었을 것이다. 그리고 역사는 가장 위대한 과학자를 영원히 잃게 되었을 것이다.

이러한 우연들이 겹쳐 마침내 패러데이는 데이비의 조교가 되었다. 고작 21살의 이 어린 조교는 정규교육 근처에도 가 본 적이 없었지만 금방 자신의 역량을 입증해 보였다. 실험 기술이 좋아 얼마 안 가 연구소에서 없어서는 안 될 존재가 되었고, 고등 수학을 몰라도 추상적 객체, 개념, 형태 등을 시각화하는 데 불가사의한 직관력과 초인적인 능력을 보여 주었다.

데이비도 이런 패러데이의 재능을 알아보았고 그의 도움이 아주 유용하다고 생각했지만, 마음속 한편으로는 이 하층 계급 출신의 전직 제본사를 전혀 존중하지 않았다. 데이비는 부부 동반으로 유럽 대륙을 장기간 여행하게 되었을 때 패러데이를 데려가 여행 내내 거의 종처럼 부려먹었다. 하지만 젊은 패러데이는 그 여행을 통해 앙페르나, 늙었지만 여전히 건재한 볼타 같은 위인들을 만날 기회를 얻을 수 있었고 자신의 개인적 경험을 쌓았을 뿐만 아니라 자신감을 크게 높일 수 있었다.

유럽 여행에서 돌아온 뒤 패러데이는 더 많은 일을 맡아 점점 더 큰 역할을 하였고, 데이비는 돈벌이가 좋은 강의를 하며 마음 편히 여행을 다닐 수 있었다. 데이비가 여행을 다니는 동안 패러데이는 자신의 아이디어에 바탕을 둔 새로운 연구를 시작했다. 1821년, 외르스테드와 앙페르가 전기와 자성의 연관성을 발견한 바로 그 다음 해에 패러데이는 역사적인 실험을 진행했다.

먼저, 입이 넓은 유리 비커 안에 자석을 고정시키고 전기 전도성이 높은 수은으로 비커의 반을 채운 다음, 가느다란 금속 막대의 한쪽을 수은에 담그고 다른 한쪽은 금속 고리에 걸쳐 놓았다. 패러데이가 수은을 통해 막대로 전류를 흘리자 놀라운 일이 벌어졌다. 마치 마법처럼 금속 막대가 자석 주위를 천천히 도는 것이었다. 전류의 방향을 바꾸자 막대는 반대 방향으로 돌기 시작했다. 이 현상을 관장하는 물리적 원리는 앙페르가 수행한 잡아당

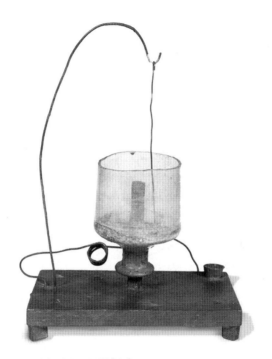

패러데이의 모터 실험 (복제). Courtesy of Spark Museum

기고 밀어내는 전선 실험의 연장이었다. 막대에 흐르는 전류에 의해 생성된 자력이 비커 가운데에 고정된 자석의 자력과 상호작용하여 서로를 밀어내는데, 이때 막대가 고리에 걸쳐져 있어 행동반경이 제한되어 있기 때문에 두 물체 사이의 밀어내는 힘이 막대를 자석 주위로 돌게 만든 것이었다. 이 간단하지만 멋진 실험은 전기 에너지를 바로 운동 에너지로 전환할 수 있다는 것을 처음으로 보여 준 사례였다. 최초의 전기 모터를 만들 수 있는 기반이 이루어진 것이었다.

패러데이는 실험 결과를 발표하자마자 과학계의 열렬한 환호를 받았다. 그 갈채 속에서 그를 시기하는 사람들도 생겨났는데, 그의 멘토이자 우상인 험프리 데이비도 그중 하나였다. 데이비는 패러데이가 그처럼 획기적인 논문의 공동저자로 자신의 이름을 올리지 않았다는 사실에 잔뜩 화가 나 있었다. 패러데이는 데이비가 그 실험에서 딱히 맡은 역할도 없었고 기여한 바가 전혀 없었기 때문에 그를 제외하는 것이 옳다고 생각했다. 반면에 데이비는 제자이자 부하인 패러데이가 자신의 연구소에서 행한 실험의 결과물이기 때문에 자신도 어느 정도 인정을 받아 마땅하다고 생각했던 것이다.

이 문제로 인해 불거진 둘 사이의 갈등은 쉽게 사그라들지 않았다. 패러데이는 여전히 데이비 밑에서 일했지만 항상 살얼음 위를 밟고 있는 기분이 들었다. 데이비는 전기와 운동 에너지에 관련된 실험은 절대 패러데이에게 다시 시키지 않았다. 상사와의 갈등이 부담스러웠던 패러데이도 남은 재직 기간 동안 의도적으로 그 분야를 피했다. 대신 오직 전기화학에 대한 연구에만 집중했다. 재미있게도 이것은 그 자신의 처신뿐 아니라 전문성에도

왕립연구소에서 강의하고 있는 패러데이.
SPL/Science Source

오히려 도움이 되는 결과를 낳았다. 전기화학 분야에 몰입한 패러데이가 결국 그 분야의 명인이 된 것이다. 그는 전지, 전기분해, 전기도금에 필요한 응용 전기화학의 원칙을 확립했다. 또한 벤젠의 고리형 구조를 발견했는데, 벤젠은 유기화학에서 매우 중요할 뿐 아니라 물질 자체가 다양한 분야에 응용될 수 있었다. 한 세대 전에 볼타와 갈바니가 전기의 원천을 두고 벌인 그 위대한 논란을 패러데이가 해결한 것도 바로 전기화학의 연구를 통해서였다.

볼타가 그의 전지를 세상에 공개했을 때 갈바니는 이미 세상을 떠난 후였고 동물 전기에 대한 많은 연구들도 뒷전으로 밀려나 있었다. 하지만 볼타도 생체 조직에 함유된 전하에 대한 갈바니의 가설이 틀렸음을 논리적으로 증명하지는 못했다. 단지 다른 종류의 금속 두 개가 화학적 상호작용을 일으켜 전류를 생성한다는 것만 보여 주었을 뿐이다. 혹은 보여 주었다고 생각했다. 패러데이는 볼타 전지의 지속적인 전류 원천이 금속 원반 자체만은 아니라는 것을 밝혀냈다. 오히려 금속 원반들 사이의 판지나 펠트 천이 담겨 있던 소금물에 포함된 전해질(이온화된 소금)과 금속 전극 사이의 화학적 반응에 의한 결과였던 것이다. 결국 패러데이는 이전의 공개 논쟁에서 명백한 승자로 부상했던 천재 볼타의 결론 역시 완전히 옳지는 않았음을 증명해 보였다. 더군다나 몇 년 후에 신경 말단이 신경 전기자극을 통해 움직인다는 것이 알려졌고 전자 뇌파까지 발견되면서 패자로 보였던 갈바니의 명성도 어느 정도 회복이 되었다. 정말 아이러니하지 않은가? 궁극적으로 누가 승자고 누가 패자라고 판단할 수 있을까?

1829년에 험프리 데이비가 사망하자 마이클 패러데이는 대중의 지지를 얻어 왕립연구소의 새로운 책임자가 되었다. 한때 학생이었던 패러데이는 이제 선생이 되어 대중을 상대로 기조 강의에 나섰다. 또한 더 이상 그의 이

전 멘토와 부딪칠 일이 없어지면서 서서히 전기, 자성, 그리고 운동 에너지의 교차 영역에 대한 공부를 재개하였다.

평생 자연의 본질적 대칭성을 신봉했던 패러데이는 자기장의 변화가 전류를 일으킬 수 있다는 것을 증명하는 데 집중했다. 패러데이는 이미 모터 실험을 통해 자석이 있을 때 전류가 어떻게 운동으로 전환되는지를 보여주었고 그 반대도 분명히 가능할 것이라 믿어 의심치 않았다. 하지만 이 실험은 기술적으로 만만찮은 일이어서 오랜 기간 실패를 거듭했다. 그러던 중 1831년, 그는 자석을 전선 코일에 집어넣는 과정에서 코일 내부 전류를 측정하던 전류계의 바늘이 살짝 움직이는 것을 포착했다. 순전히 우연이었지만 타고난 관찰력 덕분에 패러데이는 자석과 전선 코일 사이에 상대적 움직임이 발생할 때 전류가 생성된다는 것을 알아냈다. 다시 말해 동작의 운동 에너지가 전기 에너지로 전환될 수 있다는 것이었다. 실제 모터와 발전기가 개발되기까지 해당 기술이 발전한 것은 40여 년 이후의 일이다. 그럼에도 패러데이의 실험은 발전기의 원리를 최초로 발견한 환희의 순간으로 기록되었다.

패러데이는 모터와 발전기의 원리를 개발했을 뿐 아니라 전기 유도 같은 중요한 전기와 자성 현상을 발견해 냈다. 유도의 원리는 일상의 다양한 방면에서 요긴하게 활용되고 있다. 전력 변압기나 조리대의 조리면부터 시작해 무선 충전이나 체크카드, 호텔 방의 비접촉식 열쇠에도 사용된다.

인류의 생활에 지대한 영향을 미친 패러데이의 위대한 발명은 그의 비상한 직관력에서 비롯되었다. 예를 들면, 말년에 스위스에서 요양하던 중 침대에 누운 채 주위를 살피는 것 말고는 할 일이 없었던 패러데이는 무심코 창문을 통해 들어오는 햇살을 보는 순간 그것이 진동하는 전기력이나 자력의 한 형태일지도 모른다고 직감했다. 다른 사람들에게는 엉뚱한 소리로 들렸지만 패러데이는 간단한 전자석, 석영 조각, 편광판 필름을 이용해 그의 생각이 옳았음을 증명했다. 그 과정에서 자력이 광파의 편광(광파의 진동방향이 규칙적인 것, 또는 그 상태 - 역자 주)을 바꾸는 능력인 자기광학 효과를 발견하여 역사상 처음으로 전자기와 빛을 연결 짓기도 했다.

패러데이는 자신의 연구 인생 전체를 전자기학 연구에 바친 사람이었다. 왕립연구소의 책임자이자 세계에서 가장 저명한 과학자 중 한 명이면서도 그는 연구소 다락방에서 부인과 함께 초라하게 살았다. 그곳은 패러데이가 가난한 견습 제본사이자 연구실 조교였던 시절부터 지내던 곳이었다. 그의 좌우명인 "연구하라, 끝마쳐라, 발표하라(Work, complete, publish)."는 자연에서 진리를 찾아 대중과 공유하려는 진정한 과학자의 정신을 상징한다. 패러데이는 자신의 연구에 경제적 부가 수반될 것임에도 불구하고 한 번도 특허를 신청해 본 적이 없었다. 대신 오랜 기간에 걸쳐 이루어 낸 연구의 성과물을 전 인류의 이익을 위해 기꺼이 공유했다. 그는 자신이 수행한 600개에 이르는 실험들을 하나도 빠짐없이 꼼꼼히 기록했는데, 이 중 상당수는 실패했거나 처음에 기대했던 결과를 얻지 못한 것들이었다. 오늘날 그의 작업과 관련된 모든 자료들은 왕립연구소 부속 패러데이 박물관에 보관되어 있다.

뛰어난 천재성에도 불구하고 패러데이는 일부 작업들을 끝마치지 못한 채 생을 마감했다. 그는 후세의 사람들이 풀어야 할 몇 가지 중요한 수수께끼들을 남겼는데, 그중 하나가 전기장 및 자기장의 개념이었다. 패러데이는 두 개의 자석을 가까이 붙여 놓으면 서로 당기거나 밀어내는 것을 목격했다. 두 물체의 거리가 멀어질수록 그 힘은 약해졌는데, 이는 정전기력에 관한 쿨롱의 법칙과 유사한 것이었다. 하지만 패러데이가 씨름하던 문제는 이 힘들이 어떻게 일체의 물리적 접촉 없이 공간을 통해 전해지는가 하는 것이었다. 그는 결국 이 문제를 풀지 못하고 세상을 떠났다.

패러데이는 종이 밑에 자석을 놓고 그 위에 쇳가루를 뿌리곤 했다. 그러면 쇳조각이 늘어난 고무 밴드나 스프링처럼 난자(卵子) 모양의 분포를 이루었는데, 그는 이 일종의 방향 표지를 '역선(lines of force, 자기력선이라고도 한다 – 역자 주)' 이라 불렀다. 그러고는 근처에 두 번째 자석을 놓고 쇳가루의 분포가 어떻게 바뀌는지를 살펴보았다. 각각의 자석에는 자기만의 '영향권'이 있었고 그 영향권 안에서 다른 자석 물질에 영향을 주었다. 그는 이러한 자력의 분포를 '자기장'이라고 명명했다. 또한 자기장 안의 모든 지점에는 자력이 존재하며 각 지점의 자력에는 서로 다른 수준의 세기와 방향성이 있다고 추정했다. 두 자석이 가까워지면 그것들의 자장이 겹치는 지점에서 상호작용이 발생한다. 즉, 두 개의 자력이 섞이는 것이다.

패러데이는 멀리 떨어진 자석에 영향을 주는 힘이 자기장들의 상호작용과 자기력선으로부터 비롯되는 것임을 직감했다. 하지만 타고난 천재성에도 불구하고 패러데이에게도 없는 것이 하나 있었다. 그의 아이디어를 정성적이고 개념적인 단계를 넘어 발전시키는 데 필요한 고급 수학을 몰랐던 것이다. 결국 이 일은 그보다 40년 후에 태어난 제임스 클러크 맥스웰(James Clerk Maxwell)의 손에 맡겨지게 된다.

독보적인 천재 맥스웰

맥스웰은 1831년에 스코틀랜드 에든버러에서 태어났다. 바로 패러데이가 그의 발전기를 발명한 해이다. 패러데이와 달리 맥스웰은 유복한 집안 출신이었고 저명한 변호사였던 아버지 덕에 고등교육까지 마칠 수 있었다. 그는 일찍부터 수학에 천재적인 소질을 보였는데 특히 수학의 원리를 이용해 자연현상을 간결하고 정확히 설명해 내는 데 탁월한 재능이 있었다. 맥스웰은 28살의 젊은 나이에 모교인 명문 케임브리지 대학교의 조교

케임브리지 대학교의 트리니티 칼리지의 학생이었던 제임스 클러크 맥스웰.
Courtesy of Master and Fellows of Trinity College, Cambridge

수로 임용되었다.

　맥스웰이 케임브리지 대학의 학생이었을 때 스코틀랜드의 유명한 과학자이자 집안의 지인인 윌리엄 톰슨(William Thomson) 교수 ― 후에는 켈빈경(Lord Kelvin)으로 알려지는데, 열역학, 전자기학의 발전과 전기통신 분야에의 실제 적용에 주요 역할을 했다 ― 가 그의 재능을 눈여겨보고 패러데이의 연구들을 공부해 볼 것을 권유했다. 맥스웰의 수학적 재능이라면 패러데이가 실험을 통해 입증한 많은 현상들을 해석하고 통합할 수 있을 것이라 생각한 것이었다.

맥스웰의 특출한 수학적 재능은 토성 주변 고리들의 특성을 추론하는 대회에 참가하면서 빛을 발했다. 당시의 망원경은 성능이 좋지 않아 토성 고리들의 특징을 자세히 포착할 수 없었기 때문에 물리학과 천문학 분야의 전문가들은 수년 동안 애를 먹고 있었다. 천체에 대해서 아는 것은 많지 않았지만 수학에 일가견이 있었던 맥스웰은 통찰력과 선견지명을 두루 갖추었던 패러데이에게 유일하게 부족했던 '숫자 다루기'의 귀재였다.

맥스웰은 오로지 수학적 분석만으로 토성의 고리가 고체 물질이나 부유 액체의 단일체일 수 없다는 결론을 도출했다. 대신 크기가 다양한 고체들이 느슨하게 배열되어 무리를 지어 떠다니면서 행성 주위를 돌고 있다고 추정했다. 너무도 명쾌한 분석이었고 결국 우승 상금 139파운드는 그의 몫이 되었다. 한 세기가 지나 무인 우주선 보이저(Voyager)가 토성을 지나면서 찍은 사진은 맥스웰이 옳았음을 증명했다.

맥스웰은 전자기학 연구에 몰두하기 전에 수학과 물리학이 교차하는 많은 분야에서 지대한 공헌을 했다. 여기에는 천문학, 제어이론, 통계역학, 열역학, 그리고 조색(mixing colors) 물리학 등이 포함된다. 그는 세계 최초로 컬러 사진을 만든 인물이기도 하다. 1862년, 영국 왕립학회는 톰슨 교수의 제안을 받아 31살의 풋내기 교수 맥스웰에게 전자기학의 기초 구성 요소들을 통합해 줄 것을 의뢰했다. 맥스웰이 맨 먼저 한 일은 70살의 노인이 된 패러데이를 찾아가는 것이었다. 패러데이는 자신의 모든 생각을 맥스웰과 나누면서 언젠가는 이 천재 수학자가 흩어져 있는 조각들을 완벽하게 짜 맞추어 줄 것이라고 기대했다.

맥스웰은 패러데이의 통찰력을 앙페르, 가우스, 켈빈, 그리고 다른 많은 과학자들의 아이디어와 결합시켰다. 특히 전기장과 자기장 간의 복잡한 관계를 집중적으로 연구했다. 그런 다음 뉴턴의 만유인력, 유체역학, 열역학의 원리들을 이용해 모든 전자기 현상의 움직임을 수학적 모델로 만들기 시작했다. 11년의 고된 기간이 지나고 마침내 맥스웰은 결승선에 도달했다. 1873년, 그의 탁월한 연구 내용을 담은 명저「전기와 자기에 관한 논문(A Treaties on Electricity and Magnetism)」을 발표했다. 맥스웰은 간단해 보이는 4개의 방정식 — 원래는 20개였으나 나중에 영국 물리학자 올리버 헤비사이드(Oliver Heaviside)가 네 개로 축약했다 — 속에 이 세상 모든 전기와 자기의 원리를 담았다.

맥스웰의 정량적 연구는 19세기 과학 발전의 정점이었다. 자연 세계의 진리를 밝혀내려는 인류에게 시대를 초월하는 탁월한 발견을 안겨 주었다. 그의 방정식으로 인해 불가지론자였던 일부 과학자들마저 창조주와 그가 고안해 낸 완벽한 네 가지 법칙을 신봉하게 되었다고 할 정도였다. 이후 발견된 전기와 자석의 다양한 속성들은 모두 맥스웰의 간단한 방정식으로 설명할 수 있었다.

맥스웰의 방정식은 그때까지 발견된 모든 전기와 자기 현상을 일체의 예외나 모순 없이 정량적으로, 그리고 정성적으로 설명할 수 있었다. 그 자체

$$\Delta \cdot \vec{E} = \frac{\rho}{\varepsilon_0}$$

$$\Delta \times \vec{E} = -\frac{\partial \vec{B}}{\partial t}$$

$$\Delta \cdot \vec{B} = 0$$

$$\Delta \times \vec{B} = \mu_0 \vec{J} + \mu_0 \varepsilon_0 \frac{\partial \vec{E}}{\partial t}$$

맥스웰의 방정식. Derek Cheung

하인리히 헤르츠. Science Source

만으로도 대단히 인상적이었지만, 더 놀라운 것은 이 방정식들을 이용해 그때까지도 정체가 밝혀지지 않았던 전자기파의 존재를 예측했다는 것이다. 맥스웰은 전자기파를 전기장과 자기장의 진동 결과라고 보았다. 더군다나 아직 보이지도 않는 전자기파의 속도를 몇 개의 잘 알려진 보편 상수로부터 끌어냈다. 놀랍게도 그 속도는 실험 오차 범위 내에서 대략 초당 30만 킬로미터에 달하는 것으로 예측되었는데, 이는 빛의 속도에 맞먹는 것이었다. 아쉽게도 패러데이는 이미 세상을 떠났지만 그가 병상에서 관찰한 빛은 일종의 진동하는 전자기파였음이 맥스웰에 이르러 비로소 수학적으로 증명되었다.

맥스웰의 방정식 발표는 과학계에 엄청난 돌풍을 몰고 왔지만, 수학적 논리의 정연함에도 불구하고 많은 사람들이 그의 연구에 의구심을 품었다. 특히 가시광선의 영역을 넘어 또 다른 전자기파가 있다는 생각을 받아들이기 힘들었다. 당시 과학자들은 이미 망막의 감각세포가 가시광선의 특정 파장에만 반응함으로써 사람들이 세상을 볼 수 있다는 것을 알고 있었다. 하지만 맥스웰의 방정식에 따르면 모든 파장대의 전자기장이 존재할 수 있으며, 그중에는 사람이 인식할 수 있는 것보다 파장이 더 길거나 혹은 짧은 것도 있다는 것이었다. 그를 비난하는 사람들은 가시광선대 이외의 다른 전자기파는 도대체 어떤 종류의 '빛(light)'을 내는 것인지 따져 물었다. 대부분 영국 과학자들로 구성된 소위 맥스웰주의자들(Maxwellians)이 이런 비판에 맞서 보이지 않는 전자파를 본격적으로 연구하기 시작했지만, 15년간의 열정적인 연구에도 불구하고 결과를 얻지 못했다. 그 후 1888년, 독일의 젊고 영특한 물리학자 하인리히 헤르츠(Heinrich Hertz)의 연구 결과가 발표되면서 비로소 맥스웰의 입증은 받아들여졌다.

맥스웰의 예상을 입증하고자 헤르츠가 수행한 실험은 맨눈으로 볼 수 있는 범위 밖에 있는 전자기파를 발생시키고 탐지하는 것이었다. 헤르츠가 만들어 낸 전자기파는 파장의 길이가 약 1미터였는데 어느 가시광선의 파장보다도 약 100만 배 이상 더 길었다. 헤르츠는 이 전파가 지니는 성질이 맥스웰의 수학적 예측과 정확히 일치하는 것을 확인했다.

그렇다면 헤르츠가 만들어 낸, 가시권 밖의 정체를 알 수 없는 '빛'은 도대체 무엇이었을까? 그것은 바로 오늘날 우리가 익히 알고 있는 전파(radio wave)였다. 헤르츠는 전파와 빛의 속성이 기본적으로 같고 둘 다 맥스웰의 방정식을 따르지만 파장대가 서로 다르다는 것을 발견했다. 전파의 발견 이후 감마선(Gamma rays), X선, 그리고 마이크로웨이브(극초단파) 등 일련의 새로운 전자기파들이 계속해서 발견되었다. 맥스웰 이론이 나오기 전에 발견되었지만 설명하지 못했던 물리적 현상들 중 이를테면 적외선과 자외선도 역시 전자기파로 판명되었다. 맥스웰주의자들이 15년 동안 노력하고도 발견하지 못한 전자기파의 존재를 헤르츠가 발견한 후 사람들은 맥스웰이 말한 전자기파가 실제로 모든 곳에 존재한다는 것을 깨닫게 되었다. 아쉽게도 헤르츠의 연구는 이 발표 이후 얼마 안 가 중단되고 말았다. 헤르츠가 종양 제거 수술을 받은 후 패혈증 쇼크로 갑자기 사망했기 때문인데, 그의 나이 불과 36살 때였다. 이론과 실험 모두에 있어 극히 이례적인 능력을 보였던 뛰어난 과학자의 연구는 이렇게 허무하게 끝나고 말았다. 맥스웰 역시 헤르츠가 자신의 이론을 검증하는 것을 보지 못한 채 1879년, 48살의 나이에 위암으로 죽었다.

지금까지 살펴본 바와 같이 전기와 자성에 대한 이해는 1600년 길버트의 연구에서 시작되었다. 그리고 맥스웰의 방정식과 헤르츠의 전파 발견을 통한 완벽한 검증으로 그 정점에 이르기까지 300년에 가까운 시간이 더 소요되었다. 잉태 기간이 꽤 길었던 이유는 이 모든 지식이 백지와도 같은 상태에서 축적되어야 했기 때문일 것이다. 그럼에도 19세기 중반에 들어서자 중요한 응용분야가 등장할 만큼 충분한 지식이 갖추어졌고 기술적 · 과학적 진전이 더욱 가속화되기 시작했다.

선구자들이 구축한 과학적 기술의 기반은 대단히 견고해서 흡사 고대 과학자처럼 느껴지는 그들의 연구가 현재에도 변함없이 세상을 만들어 가는 데 이바지하고 있다. 실제로 전지의 기본 원리는 볼타 시대로부터 거의 변하지 않았다. 또한 휴대폰에 사용되는 최적의 안테나 구성이나 레이더망을 피할 수 있는 스텔스(stealth)기를 만드는 데는 아직도 맥스웰의 방정식이 폭넓게 사용되고 있다.

오랫동안 전류와 전자기파는 수수께끼 같은 복잡한 현상으로 인식되었고 때로는 사이비 과학의 영역으로 빠질 뻔한 위기를 맞기도 했다. 하지만 이들을 구해 낸 두 가지가 있었다. 바로 개방적이고 객관적인 과학적 방법과 몇몇 위대한 사람들의 역사적인 연구였다. 오랜 세월이 흐른 뒤 앨버트 아인슈타인(Albert Einstein)은 그가 가장 존경하는 과학자 세 명의 초상화로 연구실 벽을 장식했다. 그들은 곧 아이작 뉴턴, 마이클 패러데이, 그리고 제임스 클러크 맥스웰이었다.

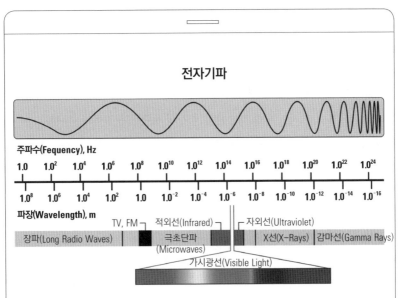

전자기파

주파수(Fequency), Hz

1.0 1.0^2 1.0^4 1.0^6 1.0^8 1.0^{10} 1.0^{12} 1.0^{14} 1.0^{16} 1.0^{18} 1.0^{20} 1.0^{22} 1.0^{24}

1.0^8 1.0^6 1.0^4 1.0^2 1.0 1.0^{-2} 1.0^{-4} 1.0^{-6} 1.0^{-8} 1.0^{-10} 1.0^{-12} 1.0^{-14} 1.0^{-16}

파장(Wavelength), m

TV, FM   적외선(Infrared)   자외선(Ultraviolet)

장파(Long Radio Waves)   극초단파 (Microwaves)   X선(X-Rays)   감마선(Gamma Rays)

가시광선(Visible Light)

전자기파 스펙트럼. Derek Cheung

전자기파는 서로 수직이고 또 파동의 진행 방향과 수직인 전기장과 자기장의 마루와 골(peaks and valleys: 꼭대기와 가장 낮은 곳 ─ 역자 주)이 주기적으로 진동하는 것이다. 반복되는 주기 사이의 물리적 길이가 파장이며, 이것은 미터(m)로 표시한다. 모든 전자기파는 빛의 속도로 공간을 이동하는데, 그 속도는 1초에 약 30만 킬로미터이다. 진행파의 주파수는 헤르츠(Hz)로 표시되며, 1초당 파동이 통과하는 사이클 수 혹은 진동수를 가리킨다. 이 셋의 관계는 다음과 같다.

속도 = 파장 × 주파수

진행파의 속도는 고정적이기 때문에 파장과 주파수는 서로 반비례로 달라진다. 파장이 긴 파동은 주파수가 낮고, 짧은 것은 그 반대이다.

앞의 그림은 전체 전자기파 종류의 주파수와 파장을 보여 주는 것이다. 예를 들면, 방송 TV와 FM 신호의 파장은 약 1미터이며 주파수는 ~300메가헤르츠(300MHz, 또는 초당 300만 사이클)에 해당한다. 가시광선은 파장이 100만분의 1미터보다 약간 작고(1마이크로미터) 300테라헤르츠(300THz, 또는 초당 3×10^{14} 사이클)에 해당한다. 각각의 독특한 특징에도 불구하고 이 전체 전자기파의 공통적인 속성은 모두가 맥스웰 방정식을 준수한다는 것이다.

1920년대에 들어 양자역학(quantum mechanics)이 발전하면서 인류는 전자기파를 좀 더 근본적으로 이해할 수 있게 되었다. 이 파동들이 광자(photon)로 알려진 질량 없는 입자들로 이루어진 것도 알아냈다. 각 광자의 에너지는 파동의 주파수와 비례한다. 그래서 극단적으로 높은 주파수나 짧은 파장의 전자기파는 ― 이를테면 X선 같은 ― 더 높은 에너지를 가지고 ― 강도를 말하는 것으로 힘과 혼돈하지 말아야 한다 ― 몸에 손상을 일으킬 수도 있다.

전신

The Telegraph

인간은 선천적으로 발견과 혁신에 대한 갈망을 가지고 있다. 패러데이, 맥스웰 등이 전자기 세계의 자연법칙들을 밝혀내기 훨씬 전부터 이미 사람들은 전기를 다른 용도로 쓰려고 시도해 왔다. 프랑스의 놀레 사제를 기억해 보자. 그가 불쌍한 동료 사제들과 왕실 근위병들에게 전기 쇼크의 경험을 안겨 준 진짜 목적은 사실 따로 있었다. 바로 전류를 원거리 통신에 적용해 보려는 것이었다.

18세기 전반에 걸쳐 많은 사람들이 이 같은 아이디어를 실현하고자 무수히 노력하였고 심지어는 전지가 발명되기 이전에도 이러한 시도들이 있었다. 일부는 정말 기발하고 독창적이었다. 이를테면 알파벳 수와 같은 26개의 라이덴병을 26개의 긴 전선에 연결하고 각 전선의 끝을 물통에 담근다. 그 후 라이덴병을 방전시키면 전기가 전달되는 물통에 물방울이 생겨 메모나 편지를 한 글자씩 주고받을 수 있다는 주장이었다.

후에 좀 더 정교한 방법들이 고안되기도 했지만 여전히 해결하지 못한 기술적 · 현실적 어려움들이 있었다. 전기를 이용한 통신은 두 경쟁자에 의해 탄생했다. 영국인 윌리엄 쿡(William Cooke)과 미국인 새뮤얼 핀리 브리즈 모스(Samuel Finley Breese Morse)가 바로 그들이다. 결국 둘 중 모스의 접근법이 전 세계적으로 채택되면서 전기에 바탕을 둔 최초의 통신 사업인 전신(telegraph)이 생겨났다. 전신은 장거리 통신의 획기적인 발전이었고 이로부터 비롯된 잇따른 기술 혁신의 물결들은 아직까지도 번지고 있다.

전류를 이용한 메시지 전송

모스는 1791년 미국에서 한 전도사의 아들로 태어났다. 그는 아주 어릴 때부터 그림 그리기와 물건을 가지고 노는 것을 좋아했다. 미술을 공부하기 위해 예일 대학교에 진학한 모스는 풍경화를 전공하다가 매우 현실적인 이유로 전공을 초상화로 바꿨다. 셈에 밝아 돈을 좇았던 것이다. 당시에 풍경화를 그려서는 수입을 많이 올릴 수 없었지만 상류층의 초상화를 그리면 제법 수입이 좋았다. 그는 의뢰 받은 초상화 한 점당 통상 16달러에서 20달러를 청구했는데, 당시로서는 상당히 큰 금액이었다. 모스의 수입은 괜찮은 편이었지만 생계를 위해 어쩔 수 없이 집을 비워야 하는 경우가 많았고 오래지 않아 커다란 재앙을 맞게 되었다. 일 때문에 여행을 다니는 사이 그의 부인이 죽었는데, 모스는 집에 거의 다다라서야 그 충격적인 소식을 듣게 되었던 것이다. 이미 장례식까지 치러진 뒤였다.

1832년, 홀아비가 된 모스는 파리의 루브르 박물관으로 향했다. 여러 개의 고전 작품들을 재구성한 대형 합성 그림을 미국에서 전시할 계획이었다. 꽤 큰돈을 벌 수 있을 것이라고 기대한 모스는 미국으로 돌아와 그림을 전시했지만, 그리 큰 수익을 얻지는 못했다. 대신 뉴욕 대학교의 회화 및 조각과 교수 자리를 얻게 되었다. 그런데 집으로 돌아오는 긴 항해길에 그의 운명을 바꿀

새뮤얼 핀리 브리즈 모스. © Library of Congress-Digital ve/Science Faction/ Corbis

사건이 벌어졌다. 유럽에서 전기를 장거리 통신에 이용하기 위해 다양한 시도를 하고 있다는 승객들의 대화를 우연히 듣게 된 것이었다. 모스는 자신의 비극적 사건을 떠올렸다. 분명 그 분야는 사회적으로 필요성이 크고 돈을 벌 수 있는 좋은 기회가 될 것이라고 직감한 모스는 곧 지대한 관심을 보이기 시작했다. 그의 나이는 이미 불혹을 넘겨 41살이 되었고 예술로 부를 축적하려던 목표는 달성하기 어려운 상황이었기 때문에 이 새로운 통신 기술에 더욱 마음을 빼앗겼다.

모스는 평생 물리학이나 화학을 정식으로 배운 적이 없었지만 매우 총명했고 목표를 향한 집요함이 있었다. 어렸을 때부터 손재주가 있었던 자질을 살려 설계한 첫 번째 전신기는 2년 만에 완성되었는데, 너무도 조잡하고 투박하여 도저히 사용할 수 없었다. 더군다나 통신거리도 100피트가 채 안 되었다. 모스는 뉴욕 대학교 화학과의 레너드 게일(Leonard Gale) 교수와 학생인 앨프레드 베일(Alfred Vail)의 도움을 받아 전신기의 디자인을 개선하였

다. 세 사람은 수동으로 작동되는 스위치 혹은 키로 암호화된 메시지를 칠 수 있는 형태의, 간단하지만 효율적인 전신기를 개발했다. 모스가 기본 설계를 맡았고 게일이 전지와 배선의 절연 처리를 개선하는 일을 도왔다. 마지막으로 젊은 학생인 베일은 그로서는 가장 가치 있는 기여를 했다.

앨프레드 베일의 집안은 뉴저지에서 꽤 큰 기계 공장을 운영하고 있었는데 주로 증기기관에 쓰이는 부품을 생산하는 곳이었다. 산업에 종사하는 집안에서 태어났기 때문인지 베일은 기계 디자인에 뛰어나 모스가 원래 디자인한 전신 시스템을 대폭 다듬고 개선할 수 있었다. 하지만 그가 더 크게 공헌한 부분은 바로 집안의 산업계 인맥을 모스에게 소개해 준 일일 것이다. 베일의 부모가 투자한 덕분에(모스가 차린 신생 회사 지분의 25퍼센트를 주는 조건으로) 모스는 새로운 전신 시스템 시제품을 개발하고 생산할 수 있게 되었다. 이번에는 신호를 1,000피트 이상 안정적으로 보낼 수 있었다.

새로운 전신기의 기술적 도약은 매우 인상적이었지만 시장의 관심을 끌지는 못했다. 무엇보다도 사람들이 전신의 가치를 아직 잘 이해하지 못했고, 기술의 필요성을 전혀 느끼지 못하고 있었기 때문이다. 대다수의 일반 대중에게 전기는 여전히 프랭클린의 번개처럼 수수께끼 같은 존재였다. 1837년, 모스가 그의 발명품에 대한 특허를 신청하고 얼마 뒤에 미국 재무성은 전국 단위의 빠른 장거리 통신 시스템의 개발을 공표했다. 이 계획은 프랑스 수기신호체계의 성공에 영향을 받은 것이었다. 수기신호체계는 신호탑과 바다의 선원들이 사용하는 상징적인 '수기 대화(flag talk)'를 합친 것과 비슷한 메시지 전달 체계의 하나이다. 프랑스가 수기신호체계를 이용해 마르세유에서 파리까지 중요한 소식을 신속하게 전달하는 것을 본 재무성 사람들이 미국에서도 이와 같은 통신체계를 개발하기로 결정한 것이다.

이 소식을 들은 모스는 매우 흥분하여 즉시 공식 제안서를 준비했다. 그는 자신이 개발한 새로운 기술이 프랑스의 수기신호체계보다 훨씬 더 효과적이라고 주장했다. 그리고 성능 실험을 위해 40마일을 연결하는 시범 시스템을 연방정부의 보조금 3만 달러를 받아 구축하겠다고 제안했다. 재무성이 받은 총 17개의 제안서 중 모스의 제안만이 유일하게 새로운 전신 기술을 담고 있었다. 모스는 국회를 설득하기 위해 게일과 베일을 데리고 직접 워싱턴을 방문해 로비활동을 벌였다. 그들은 정부 관리와 국회의원을 대상으로 자신들의 전신 시스템이 어떻게 작동하는지를 직접 보여 주었다. 모스의 설명을 들은 사람들은 깊은 감명을 받았다. 하지만 국회의 입장에서는 장거리 통신 시스템에 대한 재무성의 열망이 그리 중요하고 시급한 일은 아니었다. 모스 일행의 인상적인 노력에도 불구하고 권력의 중심부에서 솔선하여 지원해 줄 사람이 없다 보니 결국 그들의 꿈은 좌절될 수밖에 없었다. 모스의 희망과 기대는 내동댕이쳐지고 말았다.

미국 내에서 투자자를 찾을 수 없게 된 모스는 유럽에서 자신의 운을 실험해 보기로 했다. 그의 기기는 프랑스와 독일에서 일부 찬사를 받기는 했지만 투자자들의 관심은 제한적이었다. 특히 영국에서는 발명가 윌리엄 쿡이 이미 더 정교한 전신 시스템을 개발하고 있었기 때문에 모스의 갑작스러운 등장은 큰 환영을 받지 못했다. 방대한 영토를 잇는 장거리 통신 기술이 필요했던 러시아에서만 유일하게 투자 의향을 비쳤을 뿐이었다. 하지만 러시아마저도 모스가 전신기를 시연한 이후에는 모호한 관심만을 표현했을 뿐이다. 결국 한 건의 계약도 건지지 못한 모스는 다시 미국으로 돌아가 기다리기로 했다.

미국으로 돌아와 러시아 측으로부터의 공식 회신을 기다리는 동안 모스는 조지프 헨리를 방문했다. 헨리는 스미소니언 연구소(Smithsonian Institute)의 소장이자 국제적으로 인정받는 전자기학의 권위자였다. 헨리는 모스와 금전적으로 연결되어 있는 관계가 아니었음에도 자신의 연구 결과 일부를 모스에게 공유해 주었다. 특히 '중계기(relay)' 혹은 신호 재송신기의 개념은 전기 펄스 신호가 전달될 수 있는 거리를 획기적으로 늘릴 수 있어 향후 모스의 기술을 차별화하는 장점이 되었다.

이러한 성능 개선에도 불구하고 몇 달 간의 고통스런 기다림 끝에 러시아로부터 받은 공식 회신은 결국 거절의 의사였다. 유럽에서 투자자를 찾으려는 노력 역시 실패로 끝난 것이다. 한정된 초기 자금이 고갈된 모스의 팀은 해체하는 것밖에 다른 길이 없었다. 모두가 떠나 버리고 모스는 초상화 제작을 위한 새로운 사진 기술로 관심을 돌렸지만 그의 가슴속에는 여전히 전신에서의 실패가 응어리져 있었다.

1841년, 출원 4년 만에 모스는 특허 승인 통보와 함께 마침내 특허를 취득했다. 이것을 다시 싸움판으로 복귀하라는 신호로 받아들인 모스는 한 번 더 국회를 설득하기로 결심했다. 1842년, 모스는 혼자 워싱턴을 방문해 새롭게 구성된 국회를 대상으로 보조금 로비를 재개했고, 마침내 설득에 성공했다. 성공 요인은 두 가지였다. 먼저 설득할 때의 초점을 기술보다 주로 경제적인 측면에 두었다. 그는 미국에서 통신이 얼마나 중요한지를 언급하고 전신 기술이 성공하면 정부 투자자들이 큰 이익을 챙길 수 있다는 사실을 짚어 주었다. 두 번째는 전신의 단순한 개념이 이제는 더 이상 예전만큼 기이해 보이지 않았다는 것이다. 사실 모스의 노력 때문이라기보다는 대부분이 영국인 발명가 윌리엄 쿡의 노력에 힘입은 것이었다.

시간과 공간의 장벽을 없애다

모스가 미국에서 전신 개발에 박차를 가하고 있는 동안 유럽에서도 가만히 있지는 않았다. 영국에서는 윌리엄 쿡이 모스와 같은 해인 1837년에 전신 특허를 신청했다. 쿡의 디자인은 모스의 것보다 더 고상했지만 훨씬 더 복잡한 형태여서 가격 면에서 더 비싸고 신뢰도가 떨어졌다. 원가 및 신뢰도의 태생적인 한계에도 불구하고 일찍이 쿡의 전신기를 도입한 사람들은 이 기계의 엄청난 잠재력을 알고 있었다. 1839년, 쿡과 그의 파트너 찰스 휘트스턴(Charles Wheatstone: 과학자이자 기술자로 잘 알려진 영국인)은 철도회사를 설득해 북쪽에서 서쪽으로 13마일에 이르는 런던선 기차의 출발과 도착 작업에 그들의 전신 시스템을 도입했다. 이것은 전신 기술을 상용화한 첫 번째 사례로, 즉각적인 성공을 거두었다. 이전에는 기차를 자주 운행하기 위해 복잡한 신호를 쓰거나 더 심한 경우에는 시간표를 빈틈없이 짜놓았는데 예상치 못한 문제가 발생하기라도 하면 기차들이 모두 멈춰 서고 사고가 발생하기도 했는데, 전신 시스템이 도입되면서 기존의 복잡한 신호나 시간표에 의존하는 것보다 빠르고 신뢰할 수 있는 열차 간 통신이 가능해진 것이다. 공교롭게도 뜻하지 않은 부수익까지 생겼다. 어느 날 런던 은행에 강도 두 명이 침입한 사건이 벌어졌는데 이 강도들이 달리는 열차에 올라타 도주하는 바람에 도저히 그들을 쫓을 수 없었다. 마침 전신기를 설치해 놓았던 런던역에서 재빨리 다른 역으로 메시지를 보냈고 강도들이 올라탄 열차가 다음 정차역에 진입했을 때는 이미 경찰들이 출동해 기다리고 있었다. 이 마법 같은 소식은 곧 사방으로 퍼져 나갔고 이 사건을 계기로 전신은 더욱 많이 알려지게 되었다. 그 불쌍한 도둑들은 자신들이 이 새로운 기술 때문에 잡히게 될 것이라고는 상상도 못했을 것이다.

1843년 영국에서 쿡이 이룬 성과와 더불어 워싱턴에서의 성공적 로비에 힘입어 모스는 국회를 설득해 시범 전신 설치에 3만 달러를 지원하는 법안을 통과시켰다. 찬성 89, 반대 83으로 박빙의 결과였다. 모스의 계획은 워싱턴 D.C.와 그로부터 44마일 떨어져 있는 볼티모어를 연결하는 케이블을 설치하는 것이었다. 보조금이 나오자 모스는 즉시 그의 옛 팀원인 게일과 베일을 다시 불렀고 새로운 멤버로 에즈라 코넬(Ezra Cornell)을 충원했다. 게일은 전선과 전지 기술, 구매 과정을 총괄하는 책임을 맡았다. 베일의 역할은 송신 및 수신 장비를 관리하는 일이었다. 코넬은 도랑을 파고 전선 부설 작업을 지휘했다. 모스는 전체적인 계획을 진두지휘하고 조정하는 역할을 맡았다. 하지만 프로젝트가 진행되면서 예기치 못했던 문제들이 발생했고 팀원들끼리 사이가 틀어지면서 서로를 힐난하며 손가락질하는 지경에 이르게 되었다.

대부분의 문제는 기반 기술의 미성숙함과 팀 전체의 경험 부족에서 비롯되었다. 이를테면 절연성이 보장되지 않은 철선을 전선으로 사용하는 바람에 습한 땅에 전선을 묻자 얼마 안 되어 녹이 슬고 사용할 수 없게 된 것이다. 이미 보조금 3만 달러를 거의 다 써 가는 상황이었지만 워싱턴과 볼티모어 간 44마일의 거리 중 전선 매립 작업이 끝난 구간은 겨우 10마일 정도였다.

시간적·경제적 압박과 함께 실패의 가능성이 높다고 판단한 모스는 역사에 남을 결정을 내리게 된다. 굴착 비용 및 지하 부식 문제를 해결하기 위해 나무 전신주를 세워 전선을 공중으로 끌어올린 것이다. 순전히 임시 방편으로 생각해 낸 단기 해결책이었다. 실제로 모스는 그 이전에도 그 이후에도 전선을 줄줄이 매단 나무 기둥, 즉 '전신주'가 늘어서 있는 풍경을 전 세계 어디서나 흔히 볼 수 있게 되리라고는 상상도 하지 못했다.

코넬은 도랑을 파는 것에서 전신주를 세우는 작업으로 역할을 전환했고, 얼마 지나지 않아 모스 팀은 프로젝트를 완성할 수 있었다. 훗날 코넬은 전신 시스템 구축 프로젝트로 부를 쌓아 코넬 대학교 건립을 위해 재산의 일부를 기부하기도 했다.

1844년 5월 24일, 마침내 미국 최초의 전신선이 성공적으로 구축되었다.

모스는 워싱턴 대법원 건물 안에 송수신국을 세웠고, 베일은 볼티모어 기차역 근처에 비슷한 기관을 설립하고 그 책임자가 되었다. 홍보에 뛰어났던 모스는 이 성공을 기념하는 의미로 특허청장의 딸을 초대하여 그녀로 하여금 첫 번째 공식 전보를 보내도록 했는데 전보의 내용은 다음과 같았다. "신은 무엇을 만드셨는가?"(What hath God wrought? : 성서의 인용구로서 "놀라운 하느님의 작품"으로도 번역됨 – 역자 주)

사실 모스가 이 행사보다 더 크게 신경을 쓴 것은 대통령 후보 지명을 위한 민주당 전당대회 소식을 알리는 일이었다. 볼티모어에서 열린 전당대회에서 대의원들은 뉴욕의 사일러스 라이트(Silas Wright) 상원의원을 부통령 후보로 지명했다. 당시 워싱턴 D.C.에 있었던 라이트 의원은 이 사실을 알 방법이 없었다. 이때 베일이 전신을 보냈고, 라이트 의원은 메시지를 받자마자 바로 모스를 통해 거절 의사를 전할 수 있었다. 비로소 사람들은 모스와 그의 팀이 얼마나 천재적이고 중요한 일을 했는지 이해하게 되었다. 과거에는 소식이나 메시지를 가장 빨리 전달할 수 있는 수단이 기차였는데, 이제는 전신으로 기차보다 훨씬 빠르게 며칠이 아닌 몇 시간 단위로 장거리 정보교환이 가능해진 것이다.

그날 이후 워싱턴에 있는 모스의 전신국은 매일 전당대회 소식을 들으러 온 사람들로 발 디딜 틈이 없었다. 일부 의심 많은 사람들은 전신으로 전달되는 뉴스를 반신반의했다. 그래서 전신으로 소식을 받고서도 몇 시간 후 볼티모어에서 기차를 통해 전달되는 메시지 내용을 다시 한 번 확인해야만 했다. 전신 메시지의 내용이 기차로 전달된 소식과 같다는 사실을 거듭 확인하고 나서야 사람들은 비로소 전신이라는 새로운 기술을 완전히 믿었고 그 진정한 가치를 인식하게 되었다. 그 무렵 민주당이 다크호스 후보인 제임스 케이 포크(James K. Polk)를 대통령 후보로 지명했다는 소식이 전신을 통해 전해졌다. 많은 사람들이 그 소식에 충격을 받고 놀랐지만, 누구도 정보의 정확성을 의심하지는 않았다.

워싱턴과 볼티모어 간의 시범 연결이 성공하면서 전신에 대한 대중들의 신뢰와 관심은 크게 높아졌다. 새뮤얼 모스의 명성 역시 높아졌다. 그는 국가적 영웅이 되었고 '번개 인간(Lightning Man)'이라는 별명까지 얻었다. 여전히 사람들은 전기를 프랭클린의 번개 실험과 연관지어 생각하고 있었던 것이다. 몇 년간의 느리지만 꾸준한 행보 끝에 드디어 전신기는 티핑 포인트(tipping point: 어떤 사물이나 사건이 특정한 시기에 특정한 상황을 만나 히트를 치게 되는 순간 — 역자 주)에 다다랐다. 그전까지는 사람들에게 전신이 제공하는 가치를 확신시키는 데 많은 어려움을 겪었지만 이제는 새 기술에 투자하려는 사람들이 줄을 섰다. 훗날 국회는 모스의 업적을 기념해 특별 훈장을 수여하면서 '시간과 공간의 장벽을 없앤' 발명을 칭송했다. 모스의 발명은 완전무결한 성공이었다. 유일한 질문은 '과연 모스의 다음 행보는 무엇인가?'였다.

원래 모스는 자신의 특허를 정부에 11만 달러에 팔고자 했다. 또 정부가 나서서 전국적인 전신 시스템 개발을 자기에게 독점으로 맡기지 않을까 은근히 기대했다. 하지만 국회는 숙고 끝에 전신을 민간 산업의 영역으로 보고 개입하지 않기로 최종 결정을 내렸다. 예상치 못한 상황에 모스는 크게 실망했다. 하지만 이제 많은 민간 기업들이 전신에 깊은 관심을 보였고 모스가 원천 특허를 가지고 있었기 때문에 엄청난 금액의 자금을 모으기가 훨씬 수월해졌다. 모스는 노련한 사업가 아모스 켄달(Amos Kendall)을 파트너로 채용하고 대서양 해안의 주요 도시들을 잇는 전신 시스템을 개발하기 위한 자본을 모았다.

뉴욕을 중심으로 하는 동해안 시스템을 구축한 것과 더불어 모스는 켄달의 제안에 따라 미국 내 다른 지역에 전신 시스템 개발을 원하는 회사들에게 그의 특허에 대한 라이선스를 주기로 했다. 켄달은 라이선스 계약을 통해 모스의 기술이 더 널리 퍼지는 동시에 생활에 깊이 스며들어 없어서는 안 될 존재가 될 것이라고 주장했다. 그러면서도 모스의 회사가 원래 지향하던 내부 목표로부터 크게 어긋나지 않을 것이라고 말했다. 더군다나 재무적 위험도 거의 없기 때문에 모스가 할 일은 그저 라이선스에 대한 사용료만 챙기면 되는 구도였다. 모스는 이 현명한 생각을 즉시 실행에 옮겼다. 얼마 후 전신에 대한 열기가 전국으로 퍼지면서 새로운 전신 터미널과 전선주들이 여기저기 세워지기 시작했다. 1846년 말에는 워싱턴과 볼티모어를 잇는 길이 44마일의 전신선이 전국에서 유일한 것이었지만 2년 후에는 전신선의 총 길이가 2,000마일까지 늘어났고, 1855년에는 총 4만 2,000마일의 전신선이 전국을 종횡으로 누비게 되었다. 10년이 채 되지 않아 전신은 미국 내 인구밀도가 높은 거의 모든 지역에 설치될 정도로 성장했다. 그리고 전신이 설치된 영역이 하나둘 늘어날 때마다 모스는 이에 수반되는 금전적 혜택을 즐기고 있었다.

미국에서 전신이 엄청난 성공을 이룰 수 있었던 데에는 여러 가지 요인들이 영향을 미쳤다. 그중 가장 중요한 요소는 시장 수요였다. 특히 미국의 전신 발전은 그 당시 진행되던 대규모 철도 건설과 불가분의 관계에 있었다. 영국에서처럼 전신은 역에서 기차들이 출발하고 도착하는 시간을 효율적으로 조정하는 데 필수적인 역할을 했다. 또한 당시 철도회사들은 그들이 운영하는 노선에 대한 토지권을 가지고 있었기 때문에 전신주를 세우는 데 따르는 잠재적 통행권 문제도 없었다. 이러한 이유로 전신 네트워크가 철로를 따라 전국으로 빨리 퍼져 나갈 수 있었다. 전신 네트워크가 퍼져 나간 모양은 마치 자전거 바퀴(hub-and-spike)처럼 보이는데 후에 항공사들이 비행 경로를 정할 때 이 구조를 모방하였다. 1800년대 중반에 이르러 미국은 전신 국가가 되어 있었다.

대서양 횡단 케이블

모스의 회사가 설립되고 10년이 지나자 전신은 미국뿐 아니라 유럽 전역, 그리고 아시아, 아프리카, 남미의 일부 인구 밀집 지역들을 연결하게 되었다. 하지만 아직 풀지 못한 숙제가 하나 남아 있었는데, 바로 바다 건너 세상을 연결하는 것이었다. 이제 대륙 내에서 소식이 전달되는 속도는 믿기지 않을 정도로 단축되었지만, 바다를 건너야 하는 뉴스는 여전히 배를 타고 파도의 속도에 맞출 수밖에 없었다.

첫 발명에 성공한 후 모스는 대서양의 두 연안을 연결하는 해저 케이블을 구상하는 데 많은 시간을 투자했다. 전신 시스템의 광범위한 발전과 그에 따른 수요 증가로 전지와 전신 기술이 크게 발전하면서 그의 비전은 실현 가능성이 커 보였다. 더욱이 실험실에서의 연구를 통해 전신 신호가 뉴욕과 런던 간 거리에 맞먹는 2,000마일까지 전달될 수 있다는 사실이 입증되자 바다 밑에 케이블을 설치하는 것이 단지 꿈만은 아닌 것처럼 느껴졌다. 하지만 이내 새로운 의문이 생겨났다. 과연 경제적인 측면까지 고려했을 때 현실적으로 실현될 수 있을 것인가?

33살의 젊은 나이에 은퇴할 정도로 많은 부와 유명세를 누리던 뉴욕의 사이러스 필드(Cyrus Field)는 해저 케이블의 실현 가능성을 확신했다. 제지산업으로 부를 쌓은 필드는 어느 순간부터 대서양을 횡단하는 전신 케이블에 병적으로 집착하기 시작했다. 그는 아직 프로젝트의 주요 파라미터들 (전지, 신호 전송 전력, 수신기 감도, 케이블 절연재의 속성, 그리고 해저 전기 케이블을 설치하는 물리적 방법 등에 대한 상세 사양이나 설명서 등)의 대부분이 결정되지 않았음에도 불구하고 대규모 투자를 결정했다.

　필드의 파격적 지원에 힘입어 시작된 해저 전기 케이블 구축 프로젝트는 대부분의 기술적 노하우를 쌓기 위해 여러 시행착오를 겪었다. 재정 후원자인 필드는 프로젝트의 관리에 전방위로 참여할 권리가 있었다. 그러나 그가 프로젝트의 감독으로 임명한 수석 기술자 와일드먼 화이트하우스 박사(Dr. Wildman Whitehouse)는 과학자나 기술자가 아닌 물리학자였다. 더군다나 전신 기술에 대해서는 완전히 초보였기 때문에 심심찮게 큰 실수를 저지르곤 했다. 이러한 약점에도 불구하고 팀은 불굴의 정신으로 2년이 넘는 피나는 노력과 엄청난 지출(대략 140만 달러를 썼는데 당시 노동자의 한 달 평균 임금은 약 20달러였다) 끝에 마침내 대서양의 양 끝을 잇는 최초의 케이블을 완성할 수 있었다. 1858년의 일이었다. 이제 사람들은 런던과 뉴욕 사이의 물리적 거리를 극복하고 직접, 그리고 즉각적으로 의사소통을 할 수 있는 기적을 체험하게 되었다.

　이 놀랄 만한 성과는 당연히 대중의 열렬한 환영과 언론의 대대적 찬사를 받았다. 영국의 빅토리아 여왕과 미국의 제임스 뷰캐넌 대통령은 해저 케이블을 통해 서로 축하 메시지를 교환하기도 했다. 하지만 몇 주가 채 지나지 않아 케이블을 통해 전달되는 신호가 점차 약해지기 시작했다. 송신선의 잡음이 시스템에 영향을 미치고 신호는 계속해서 가늘어졌다. 수석 기술자인 화이트하우스 박사는 크게 당황했다. 그는 아마도 전압이 불충분하기 때문일 것이라 판단하고 전지 포텐셜(potential)을 믿을 수 없는 수준인 2,000볼트까지 높였다. 하지만 이 필사적인 조치로도 시스템의 성능을 향상시키지는 못했다. 오히려 이 때문에 전신선이 완전히 조용해지면서 더 이상 신호가 들어오지 않았다. 2년 이상을 투자해 만든 해저 케이블이 단 석 달도 버티지 못하고 겨우 732개의 메시지만을 전송한 채 완전히 죽어 버린 것이다.

켈빈 경(윌리엄 톰슨 교수). Science Source

초기 성공에 한껏 고무되어 있었던 대중들의 실망은 매우 컸다. 미국과 영국 정부 역시 크게 낙담했다. 곧 양국에서 네 명씩 총 여덟 명의 전문가로 구성된 합동 조사 팀이 실패의 원인을 규명하기 시작했다. 영국 팀은 제임스 클러크 맥스웰의 오랜 멘토였던 윌리엄 톰슨 교수가 이끌었다. 톰슨 교수는 깊이 있고 철저한 분석으로 팀을 이끌었다. 조사 팀은 실패한 시스템에서 여러 개의 설계상 결함을 명확하고 간결하게 집어냈고 특히 수신기의 감도를 대폭 향상시키는 새로운 신호 수신 기술을 개발했다.

톰슨 팀의 분석 내용과 제안을 귀 기울여 듣던 사이러스 필드는 250만 달러를 추가로 투자해 두 번째 해저 케이블을 구축하기로 결정했다. 이번에는 톰슨 교수가 케이블 시스템의 기술적 설계와 구축 모두를 직접 관리하도록 했다. 첫 번째 작업의 시행착오로부터 많은 것을 배운 톰슨 팀은 모든 과학 지식을 체계적이고 철저하게 적용하여 새 시스템의 세부사항을 설계했다. 이런 노력의 결과, 1865년에 완성된 두 번째 대서양 횡단 케이블은 완벽한 성공을 거두었다.

이제 대서양을 사이에 둔 양쪽 간의 통신은 아주 순조롭고 안정적으로 이루어졌다. 프로젝트에 참여한 사람들에게는 풍성한 보상이 주어졌다. 빅토리아 여왕은 톰슨 교수에게 켈빈 경이라는 작위를 내렸는데, 이는 영국 과학계에서는 대단한 영예였다. 사이러스 필드는 그의 투자액을 불과 3년 만에 전부 회수할 수 있었다. 이 해저 전신 기능은 메시지를 보내고 받는 데

글자당 1달러씩을 받았다. 아주 수익성이 좋아 첫날 하루에 4,000달러가 넘는 수익을 냈는데 당시로서는 대단한 금액이었다.

대서양 횡단 케이블의 성공과 더불어 세계의 더 많은 지역들이 전신으로 연결되기 시작했다. 유럽에서는 베르너 지멘스(Werner Siemens)가 독일의 전신 시스템을 구축했다. 이어서 러시아 노르딕의 발틱해에서 우크라이나 국경의 흑해까지를 전신으로 연결했다. 그리고 1870년, 런던과 콜카타를 잇는 전신 프로젝트가 완료되자 영국 제국의 꽃이었던 인도와 본국 사이의 통신 시간을 한 달에서 불과 몇 분으로 대폭 단축할 수 있었다. 전신 시스템이 지구의 많은 부분을 연결하면서 인류는 처음으로 전기와 자성을 활용해 빠르고 신뢰할 수 있는 장거리 통신을 할 수 있게 되었다. 하지만 이것은 전자기 기술로 할 수 있는 수많은 일 중 단지 하나에 불과했다.

지적 재산권 분쟁

전신 기술이 폭넓게 싹을 틔우고 있을 무렵 전혀 예기치 않은 문제가 발생했다. 바로 특허권에 관한 것이었다. 지적 재산권(intellectual property: IP)으로도 알려진 특허권은 법으로 정한 발명가의 권리로서 그들의 발명품을 보호해 주기 위해 제정된 것이다. 특허를 받은 품목은 정해진 기간 동안 법적으로 보호를 받으며 보호 기간 동안에는 어느 누구도 특허권자의 동의 없이 그것을 사용하거나 침해할 수 없다. 특허권자는 종종 사용료를 받는 조건으로 타인이 자신의 발명품을 사용하는 것을 허용하기도 한다. 켄달의 라이선싱 전략을 따랐던 모스가 이 경우에 속한다. 이는 신기술의 대형 라이선싱 계약으로서는 첫 번째 사례였으며 특허법 집행의 유효성에 대한 좋은 검증 사례가 되었다.

특허는 새로운 기술의 상업화에 매우 중요한 것으로 1474년 초기 르네상스 시대에 베니스에서 발명가들을 위한 장려금의 일환으로 만들어졌다. 기술 혁신과 관련된 첫 특허는 교회 창문에 사용되는 착색유리의 제조법으로, 1499년 유티남 출신의 존(John of Utynam)이라는 사람에게 승인된 것이다. 미국에서는 1790년 토머스 제퍼슨(Thomas Jefferson)이 직접 최초의 특허법 제정을 지시하였고, 그 내용이 집약되어 헌법에 담겼다.

모스는 1832년 유럽에서 미국으로 돌아오는 배 안에서 전류를 통신에 이용한다는 이야기를 우연히 들었다. 그 후 자신만의 전신 기술을 개발했고 1837년에 특허를 신청하여 1841년에 승인을 받았다. 정부가 민간 기업들에게 전신을 개발할 수 있는 기회를 넘겼을 때 모스는 몇몇 기업들에게 후한 사용료를 받고 그의 특허에 대한 허가를 내주었다. 그리고 1845년부터 다수의 크고 작은 기업들이 이 사업에 뛰어들면서 전국에 걸쳐 우후죽순으로 전신 개발이 이루어졌다.

많은 회사들이 전신 네트워크를 개발하는 과정에서 정당한 방법으로 특허법을 따랐다. 그들은 모스와 계약을 맺고 기술을 사용하는 권리에 대한 정당한 대가를 지불했다. 하지만 모스의 특허권을 무시한 채 멋대로 자신들의 시스템을 구축하는 회사들이 더 많았다. 더군다나 법적으로 이미 라이선스 계약을 맺은 회사 중 일부도 이런저런 핑계로 사용료를 내지 않으려 했다. 모스는 정당하지 않은 방법으로 자신의 특허를 침해한 회사들을 고소했다. 고소당한 회사들은 서로 모의하여 모스 특허의 적법성에 이의를 제기했다. 1850년대 후반, 한때 영웅이었던 '번개 인간' 모스는 일련의 쓰라린 재판에 휘말리고 말았다. 그의 반대파들은 모스의 기술이 대부분 이전의 다른 기술들을 도용한 것이라고 비난했다. 심지어 미국 전자기학의 최고 권위자로서 모스에게 중계기 송신에 대해 가르쳐 주었던 조지프 헨리까지 설득해 모스가 그의 발명품을 훔쳤다고 증언하게 만들었다.

소송은 결국 대법원까지 올라갔다. 1854년, 대법원은 모스의 손을 들어주었다. 비록 모스가 이전 사람들의 지식 일부를 차용하긴 했지만, 그 지식들을 성공적으로 통합해 통신에 적용한 최초의 사례임은 틀림없는 사실이므로 그를 전신의 합법적인 발명가로 인정한다는 것이었다. 대법원의 판결은 역사적으로 모스의 위치를 더욱 굳건히 해 주었을 뿐 아니라 동시에 큰 부를 가져다주었다. 또한 향후의 지적 재산권 소송에 참고할 주요 기준이 되었다. 오늘날 새로운 발명품의 특허권을 두고 벌이는 싸움은 아주 흔한 일이며 예전에 비해 훨씬 치열하다.

역사적으로 혁신은 여러 사람들의 공헌과 기여로써 이루어졌다. 그래서 과연 누가 주 공헌자인지 결정하는 일은 때때로 어려운 일이다. 예를 들면, 콜럼버스(Columbus)가 신대륙을 발견했다는 사실은 누구나 별 이견 없이 받아들인다. 하지만 그는 결코 카리브 제도(Caribbean Islands) 이상 가 본 적이 없다. 오히려 바이킹의 우두머리였던 리프 에릭슨(Leif Ericsson)은 콜럼버스보다 400년이나 앞서 북미대륙 본토에 첫발을 디뎠다. 그렇지만 에릭슨이 신대륙의 해안가에 종종 다녀간 사실은 인류 역사에 큰 영향을 줄 만큼 의미 있는 일은 아니었다. 두 사람 중 콜럼버스의 발견이 훨씬 더 중요한 의미를 지닌다. 그래서 아메리카 대륙을 발견한 공은 언제나 콜럼버스에게 돌아가며 이에 대해 반박하는 사람은 거의 없다. 마찬가지로 모스는 전신의 발명과 진흥에 있어 가장 중심적인 인물이었다. 그 누구도 그보다 더한 공헌을 했다고 주장할 수 없기 때문에 전신 특허권에 대한 분쟁은 그에게 우호적으로 끝난 것이다.

어느 주요 기술 혁신이든 통상적으로 거쳐야 할 첫 단계는 사용자의 요구를 찾아 정의하는 것이다. 그 다음 단계는 여러 가지 기술을 창조적으로 통합하여 해결책을 만드는 것인데, 이 과정에서 다른 사람의 기존 발명품을 사용할 수도 있다. 마지막 단계는 제안된 해결책을 경제적으로 실행 가능하고, 최종 사용자에게 최고의 가치를 창출할 수 있는 형태로 실행하는 것이다. 전신의 경우 모스는 이 모든 요건을 명확히 충족시켰기 때문에 혁신가로서의 공헌을 인정받을 자격이 있었다. 하지만 그는 베일이나 게일을 포함한 다른 사람들의 주요 기여를 결코 인정하거나 보상해 주지 않았다. 속물적이고 욕심이 많아 자신의 성과에 대한 공을 절대 남들과 나누려 하지 않았던 것이다. 결국 그와 협력했던 거의 모든 사람들이 그에게 원한을 품고 등을 돌렸으며 그중 많은 사람들이 소송을 제기했다.

모스 부호(Morse Code)

전신은 전기 기술을 포괄적으로 응용한 첫 번째 사례였다. 그리고 간단했다. 물론 지금도 아주 간단하다. 시스템 하드웨어는 전지, 전신 키 혹은 스위치, 전선, 그리고 전자석만으로 구성되어 있다. 전신 키를 누르면 (혹은 스위치가 닫히면) 전지로부터의 전류가 긴 전선을 지나 전자석으로 흘러가게 된다. 전자석은 전류의 존재 유무를 감지하는 데 사용되고, 신호는 키의 'on' 혹은 'off' 상태만을 전송할 수 있다.

이 불연속 이진법 신호는 라틴어로 '2'를 뜻하는 '디지털(digital)' 신호로 알려졌다. 전신 개발의 첫 과제는 단지 두 가지 신호만을 가지고 어떻게 메시지를 전송하느냐 하는 것이었다. 즉, 메시지를 '디지털 방식으로 부호화하는(digitally code)' 방법의 문제였다. 전신 시스템을 개발하는 과정에서 모스와 쿡은 각각 자신만의 부호화(coding) 체계를 만들었다. 결국에는 모스 부호의 단순함이 큰 강점이 되어 전 세계적으로 채택되었다.

모스는 총 세 개의 부호화 방법을 생각해 냈는데, 이 중 마지막으로 개발한 세 번째 방법이 가장 뛰어나 그전까지 사용했던 두 가지 방법을 버리고 마지막 방법을 고수하였다. 모스가 처음에 접근한 방식은 'on'과 'off'의 고유 조합을 많이 만들어 흔히 사용하는 몇 가지 단어들을 표현하는 것이었다. 하지만 이 방법은 너무 제한적이어서 곧바로 폐기되었다. 베일과 함께 작업한 두 번째 방법에서는 숫자 0부터 9를 표현하기 위해 'on'과 'off'의 10가지 다른 조합을 개발했다. 그런 다음 숫자를 네 자리로 묶어 0000부터 9999까지의 숫자를 전송하게 했는데, 이것은 각각 일반적으로 사용되는 1만 개의 영어 단어를 나타냈다. 모스는 전신 기사들을 위해 특별히 만든 책에 이 단어들의 부호를 수록해 놓았다. 그가 1837년 워싱턴 D.C.에서 처음 정부 관리들을 대상으로 로비를 할 때 선보였던 것도 이 두 번째 방식이었다. 하지만 이 방법은 정렬된 숫자를 해석하기 위해 너무 많은 시간이 요구되고 매번 책을 뒤져서 해석해야 하는 번거로움이 있었기 때문에 역시 사용된 지 몇 년 만에 폐기되었다.

최종적으로 채택된 부호화 방법은 일련의 디지털 펄스(pulse)였다. 디지털 펄스는 숫자 0부터 9, 그리고 알파벳 A부터 Z 중 하나에 대응하는 총 36개의 다른 조합을 표현할 수 있었다. 일반적으로 '모스 부호'로 알려진 것이

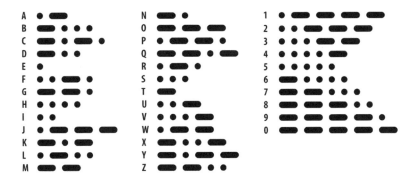

국제 모스 부호. Derek Cheung

바로 이 부호화 체계이다. 모스의 전신기에서는 전신 키가 오직 두 개의 위치, 'on' 또는 'off'만을 가질 수 있다. 'on' 키는 짧게 (점 [.]) 혹은 길게 (선 [-]) 누를 수 있다. 점과 선을 표준화된 조합으로 묶음으로써 모스의 전신기는 단어 수준이 아니라 글자 수준에서 한 문자 한 문자씩 쉽게 메시지를 보내고 받을 수 있었다. 또 전신기사는 간단한 교육만으로 별도의 안내서 없이도 쉽게 부호화와 해독(decoding)을 할 수 있었다.

모스 부호는 1844년 볼티모어와 워싱턴 간의 통신 실험에서 성공적으로 시현되었다. 흥미롭게도 모스는 1837년에 특허를 신청한 이후 전신 기술 향상에 별로 많은 시간을 쏟지 않았다. 그래서 아마도 모스가 아니라 베일이 이 모스 부호의 최종판을 만드는 데 중요한 역할을 했을 가능성이 매우 높다. 실제로 1859년에 베일이 죽자 그의 미망인은 모스가 남편의 발명품을 훔쳐갔다며 소송을 제기하기도 했다. 하지만 모스는 절대 베일에게 공을 돌리지 않았고 심지어 베일의 가족에게 초기 투자 때 약속했던 회사 지분의 25퍼센트를 배당해 주겠다는 약속도 지키지 않았다. 이 소송은 1872년 모스가 81살의 나이로 세상을 떠날 때까지도 진행됐다. 어쩌면 이 유명한 모스 부호의 진짜 이름은 '베일 부호'가 되었어야 하지 않을까?

영향

디지털 기술의 주요 장점 중 하나는 송신의 단순성이다. 원래 전기 신호는 전선을 따라 전파되는 과정에서 강도가 약해지고, 모양도 왜곡되고 늘어진다. 디지털 시스템에서는 이런 문제를 중계기를 사용해 쉽게 고칠 수 있다. 중계기는 원래 신호의 강도가 특정 한계점 이하로 약해지면 즉시 새로운 신호를 발생시킨다. 이 기술은 헨리가 처음으로 개척했으며 전신 신호가 장거리에 걸쳐 정확하게 전송되고 재생성되는 데 큰 기여를 했다.

마찬가지로 전선의 품질 역시 시간이 지나고 수요가 늘어나면서 현저히 향상되었다. 초기의 전선은 철선으로 만들어져 쉽게 녹슬었을 뿐 아니라 절연성도 형편 없고 지름도 고르지 못했다. 이 열악한 철선은 후에 절연이 잘 되고 손실이 적은 동축 구리선으로 발전했다. 특히 대서양 횡단 전신의 개발은 전기 배선 기술의 정교함과 성숙도를 한 단계 높은 수준으로 끌어올렸다. 두 번째 작업을 책임졌던 켈빈 경(당시까지는 아직 톰슨 교수로 알려졌다) 휘하의 과학자와 기술자들은 케이블 기술의 모든 측면을 아주 상세히 분석했다. 예를 들면, 기술 팀의 일원이었던 독일인 기술자 구스타프 키르히호프(Gustav Kirchhoff)는 미적분학에 기초한 새로운 이론을 개발해 전신 신호가 케이블을 따라 전달되면서 약해지고 왜곡되는 현상을 분석하고 예측했다. 그의 연구는 뒷날 '회로 이론(circuit theory)'으로 발전해 근대 전자 회로 설계의 토대가 된다.

전신 산업의 급속한 발전은 많은 새로운 제품과 생산 기술의 발전에 박차를 가하기도 했다. 전지의 경우 그전까지는 주로 연구실 내 실험을 위해서만 사용되었는데 전신의 발전과 더불어 거대하고 중요한 상업적 시장을 형성하게 되었다. 전지에 대한 수요가 늘어나면서 그 기술도 비약적으로 발전했는데 볼타의 전지에서 강력한 다니엘 전지(Daniel Cell)로, 그리고 이후에는 더 선진 기술인 드라이 셀(dry cell)과 압축 재충전 전지로 발전해 나갔다. 이러한 발전 단계를 거칠 때마다 전지의 크기는 더욱 작아지는 반면에 저장 에너지 밀도는 유례없이 높아졌다. 하지만 전지에는 한계가 있었다. 1870년대 후반이 되자 전신회사들은 그들의 시스템을 작동하는 데 전지 대신 새롭게 개발된 다이너모(dynamo, 발전기)를 사용하기 시작했다. 전신 산업이 정신없이 빠르게 발전하면서 덩달아 특화된 회사들이 많이 생겨났다. 어떤 회사들은 서비스 제공자로서 고객들을 대신하여 전신을 받고 보내는 역할을 하는가 하면 다른 회사들은 전신 장비를 제조하거나 직접 새로운 전신 시스템을 설계해서 만들기도 했다. 이렇게 전신 산업은 1840년대 후반부터 그 세기 말까지 전반적으로 크게 번창했다.

전신 서비스 초창기에는 많은 회사들이 그 규모에 상관없이 한 가지 혹은 여러 가지 기능을 제공하면서 사업을 영위했다. 하지만 곧 대규모 회사들이 경쟁 우위를 앞세워 시장을 장악했다. 일단 한 회사가 네트워크 구간의 상당 부분을 지배하게 되면 다른 회사들이 경쟁하기가 극히 어려웠다.

1860년대 말, 웨스턴유니언(Western Union)이라는 회사가 전신 네트워크의 상당 구간을 장악하였다. 이 회사는 모스가 첫 전신 시스템을 구축하는 것을 도왔던 에즈라 코넬이 설립했고, 후에 뛰어난 비전과 경영 기술을 가진 사업가 윌리엄 오턴(William Orton)을 영입하여 대표로 앉혔다. 오턴은 오늘날 패스트푸드 산업과 여러 체인점 사업에 널리 활용되고 있는 프랜차이즈 모델을 선구적으로 도입하여 사업을 급속도로 확대해 나갔다. 1873년이 되자 웨스턴유니언은 미국 내 전신 송수신량의 90퍼센트를 장악하는 동시에 수직적으로 통합된 사업 구조를 개발하여 전신 서비스, 장비 생산, 그리고 새 시스템 구축을 한 지붕 아래에서 수행했다. 또한 자체 전신 기반 시설을 활용해 물리적으로 멀리 떨어져 있는 조직들을 밀접하게 관리하는 경영 기법을 개척하기도 했다. 웨스턴유니언은 시장 장악 범위가 확장되었고 시장 위치도 압도적이다 보니 1884년 다우존스 운송지수(Dow Jones Transportation Average Index)를 형성하는 17개 회사 중 하나가 되었다.

국제적으로 유비쿼티(ubiquity: '어디에나 있음'이라는 뜻 – 역자 주) 환경이 커지면서 전신은 팽창하는 전기통신 응용의 핵심이 되었다. 특히 군대에서는 일찍부터 전신의 가치를 알아보고 남북전쟁 시에 활용하기도 했으며, 1853년부터 1856년까지 벌어진 크림 전쟁 때는 더 큰 역할을 했다. 런던과 모스코바에 있던 후방 장군들이 전방의 야전 사령관들에게 긴급 명령을 내리는 데 전신이 사용되면서 전쟁의 본질을 영원히 바꾸어 놓았다. 하지만 뭐니 뭐니 해도 가장 큰 고객은 금융, 유통, 그리고 언론 산업이었다. 전신은 이들 산업을 기반으로 전례 없이 확장 중이던 정보사회의 중심에 자리 잡기 시작했다. 이를테면 뉴욕의 상품거래소와 증권거래소의 시세는 늘 빠르게 요동치고 눈 깜짝할 사이에 바뀔 때가 많기 때문에 많은 무역회사에서는 빨리 달릴 수 있는 소년들을 고용해 대기시켜 놓았다. 이 소년들의 유일한 임무는 거래소와 사무실을 최대한 빨리 왔다 갔다 하면서 최신 가격 정보를 알아 오는 것이었다. 그러나 전신이 등장한 후로는 이곳저곳을 뛰어다니던 소년들은 더 이상 필요 없게 되었다. 회사들은 각자의 건물 안에 설치된 전용 전신선을 통해 매분마다 최신의 가격 정보를 받아 볼 수 있었다. 한편 젊은 과학자 토머스 에디슨(Thomas Edison)은 전신을 이용해 실시간 물품 가격을 지속적으로 자동 보고받을 수 있는 티커 테이프(ticker tape)를 고안했다. 이 발명이 빠르게 성공하면서 티커 테이프를 사용하지 않는 회사들은 경쟁에서 심각한 열세에 놓이게 되었다. 이 기발한 발명 덕분에 에디슨은 처음으로 큰돈을 벌었다.

다음으로는 전신을 이용해 돈을 '전송(wire)'하는 서비스가 등장했다. 1871년, 이제 전국 규모의 공룡 기업이 된 웨스턴유니언이 처음으로 이 서비스를 제공하면서 통신 기술을 활용해 금융기관 간의 업무를 더 빠르고 효과적으로 처리할 수 있게 되었다. 오늘날 웨스턴유니언은 전신의 쇠퇴로 과거의 영광에서 한참 멀어져 있다. 하지만 돈을 송금하는 서비스는 여전히 존재하며 특히 개발도상국들에서 찾아볼 수 있다.

물론 상업통신에서 전신이 금융 산업에만 한정적으로 사용된 것은 아니었다. 매스커뮤니케이션의 심장이라고 할 수 있는 뉴스는 한때 말, 선박, 혹

에디슨의 티커 테이프. Courtesy of Spark Museum

은 기차 같은 물리적 운송수단에 의존했다. 그래서 멀리 떨어진 곳으로 직접 신문을 보내려면 몇 달이 족히 걸렸고 '신선한' 국제 뉴스가 '김이 빠져' 도착하는 경우가 비일비재했다. 장거리 전신 서비스가 상용되자마자 언론과 통신사들이 열렬한 고객으로 자리매김한 것은 너무나도 당연했다.

　하지만 전신을 통한 뉴스 전달에는 단점도 있었다. 바로 비용이었다. 전신비는 가격이 단어당 책정되어 긴 뉴스를 전할 때는 특히나 많은 비용이 들었다. 1848년, 뉴욕의 몇몇 뉴스회사들은 동맹을 맺고 그들이 여러 장소에서 수집한 뉴스를 하나의 공동 정보원으로 통합하기로 했다. 그들이 만든 이 정보원은 연합 통신사(Associated Press), 즉 오늘날의 AP 통신사이다. AP

는 자신들의 공동 구매력을 활용하여 전신회사들로부터 가능한 한 최저가를 협상해 내고 이를 통해 경제적 비용을 적절히 관리하면서 정보를 널리 전파할 수 있었다. 마찬가지로 유럽의 금융뉴스회사 로이터(Reuters)는 '케이블을 따르라(Follow the Cable)'는 주문까지 만들 정도로 전신에 열광했다. 로이터는 오랫동안 통신용 비둘기에 많이 의존해 오던 회사였다. 비둘기를 포기한 로이터는 당시 세계 최고의 통신 허브(hub)였던 런던으로 본사를 옮겼다.

모스가 1844년 처음으로 워싱턴에서 볼티모어까지 시범 전신을 설치한 후 1865년 대서양 횡단 케이블이 상용화되기까지는 겨우 21년이 걸렸다. 그 짧은 기간에 전신은 전 세계를 장악하고 인간의 삶을 영원히 바꾸어 놓았다. 전신의 대중화로 전기와 자성에 대한 사람들의 막연한 두려움도 서서히 친근함과 감탄으로 바뀌었다. 1865년, 역사상 최초의 글로벌 기술 기관인 국제전기통신연합(International Telegraph Union: ITU)이 설립되었고 이들은 전 세계 전신 시스템과 기술을 규제하고 표준화하였다. ITU는 당연하게도 모스 시스템을 기반으로 하여 글로벌 전신 운영을 표준화하기로 결정했다.

전화

The Telephone

알렉산더 그레이엄 벨(Alexander Graham Bell)이 전화를 발명하게 된 일화는 하나의 전설처럼 전해져 온다. 1876년 3월 10일, 벨은 연구실에서 음성 신호를 전류로 바꾸는 실험을 하던 중 실수로 옷에 산성 용액을 엎질렀다. 당황한 벨은 큰 소리로 다른 방에 있던 조교를 불렀다. "왓슨 군, 내 방으로 와 주게. 좀 도와줘야겠어!" 이때 왓슨의 귀에 들려온 소리는 단순히 공기를 통해 전해진 벨의 외침이 아니었다. 그 소리는 전선을 통해 전달되어 온 것이었다. 드디어 전화를 발명하는 데 성공한 순간이었다.

멋진 이야기다. 그리고 부분적으로는 맞는 내용이다. 하지만 이 일화는 이면에 감추어진 실제의 사실적 · 역사적 상황과는 많은 차이가 있다.

전선으로 전달되는 음성

1870년대에 이르러 전신은 필수불가결한 주요 통신 수단이 되었다. 한시가 멀다 하고 새로운 전신선이 깔렸고 그 끝이 도무지 보이지 않을 정도였다. 하지만 전신선 부설 경비가 증가하고 덩달아 전선 가격도 오르자 기술자들은 두 개의 다른 전신 신호(전보)를 한 번에 같은 선으로 보낼 수는 없을지 고민하기 시작했다. 누군가 그 방법을 고안해 내기만 한다면 초창기 전선 산업은 비약적으로 발전할 것이 분명해 보였다. 얼마 안 되어 같은 선으로 두 개의 전보를 보내는 방법을 실제로 찾아낸 사람이 등장했다. 젊은 발명가 토머스 에디슨이었다. 그는 한술 더 떠서 한 번에 네 개의 메시지를 보내는 방법을 선보였다. 하지만 에디슨의 접근법은 상당히 제한적이었고 그 이상의 규모 확장이 불가능했다.

하나의 선으로 여러 개의 전보를 동시에 전달하는 좀 더 명쾌하고 효과적인 방법은 메시지마다 다른 신호음을 사용하는 것이었다. 예를 들면, 저음의 '다, 다, 다'로 구성된 메시지를 고음의 '디, 디, 디'로 만들어진 메시지와 함께 전달하면 두 개의 서로 다른 메시지가 뒤섞이는 일을 방지할 수 있다. 또 사람이 직접 또는 도구를 이용해 쉽게 신호음을 가려내는 방법도 있다. '주파수 다중화'

엘리샤 그레이. Courtesy of Highland Park Public Library

로 알려진 이 원리는 다수의 독립적인 메시지를 동시에 보낼 수 있는 효과
적인 대안으로 지금까지도 통신 기술에 아주 광범위하게 사용되고 있다. 라
디오 방송과 TV 채널은 주파수를 살짝 바꾸어 각기 다른 내용을 전달하는
채널들이 서로 구분되게 하고 있다.

　주파수 다중화의 기본원리는 이해하기 쉬웠고 따라서 그 가치를 인정받
을 수 있었다. 하지만 어떻게 이 아이디어를 실행에 옮길 수 있을까 하는 것
이 문제였다. 이는 1870년대의 당시 기술로는 큰 도전이었다. 그럴 때에 이
문제를 풀어 보겠다고 덤벼든 두 사람이 있었다. 한 사람은 당시 이미 70개
가 넘는 특허와 전신 장비 제조 회사를 보유한 노련한 발명가 엘리샤 그레
이(Elisha Gray)였다. 그의 회사는 후에 웨스턴유니언에 인수된다. 다른 한
사람은 그레이보다 한참 이력이 부족했지만 영특함을 자랑하던 젊은이 알
렉산더 그레이엄 벨이었다.

　벨은 1847년에 영국 스코틀랜드에서 태어났다. 아버지와 할아버지는 둘
다 연설 연구 전문가였고 어머니는 청각
장애인이었다. 벨은 어려서부터 발음과
발성에 대해 혹독한 훈련을 받았는데,
그 결과 셰익스피어의 운율을 읊고 피아
노로 고전 음악을 연주하는 데 능했다.
그는 여러 모로 매력적이고 교양 있는
젊은이였고, 어머니로 인해 항상 농아에
대한 연민이 가득했다. 이러한 그의 배경
은 나이가 들면서 자연스럽게 연설의 원
리와 음향의 기초 물리학에 대한 관심으
로 발현되었다.

알렉산더 벨(1876년). Courtesy of AT&T
Archives and History Center

17살이 된 벨은 가족을 따라 신세계로 이민하여 캐나다 남동쪽에 정착했다. 몇 년 후 벨은 집을 떠나 매사추세츠주의 보스턴에서 농아 학생들을 가르치는 개인교사가 되었다. 그의 학생들 중에 메이블 허버드(Mabel Hubbard)라고 하는 10대 소녀가 있었는데, 11살이라는 나이 차이에도 불구하고 두 사람은 서로 무척 좋아하는 사이가 되었다. 메이블의 아버지 가디너 그린 허버드(Gardiner Green Hubbard)는 유명한 변호사로서 특허법

가디너 그린 허버드. Courtesy of AT&T Archives and History Center

전문가였고, 메이블의 어머니는 보스턴에서 가장 부유한 명문가 출신이었다. 보스턴 상류사회 및 워싱턴의 법조계와 정부 쪽 모두에 긴밀한 인맥이 있던 허버드는 막강한 영향력을 가진 인물이었다. 그는 웨스턴유니언이 전신 산업을 지배하고 있는 것이 공정한 시장경쟁에 좋지 않으며 따라서 회사가 분할되어야 한다는 견해를 표명해 왔다. 더 나아가 회사를 국유화하고 미국 우편국 산하의 준 민간조직의 형태로 운영해야 한다는 제안까지 했다. 허버드는 다소 이기적인 이 주장에 대해 의회의 지지를 얻는 데는 실패했지만 전신 산업과 또 그와 관련된 모든 기술에 대해 항상 깊은 관심을 가지고 있었다.

음향학에 관심이 있던 벨과 전신에 대한 열정으로 가득했던 허버드 사이에는 공감대가 형성되었다. 1874년 어느 날 메이블의 집으로 저녁식사 초대를 받은 벨은 그녀의 아버지에게 좋은 인상을 남기려고 자신의 아이디어 몇 가지를 이야기했다. 특히 음악에 대한 지식을 총동원하여 어떻게 하면

공명을 이용해 악기 현의 같은 진동으로부터 다른 배음(상음 중 진동수가 기본음의 정수 배인 음 – 역자 주)을 만들어 낼 수 있는지를 설명했다. 벨은 이 원리를 이용하면 여러 개의 전신을 하나의 선을 통해 동시에 보낼 수 있을 것이라고 주장했다. 허버드는 벨의 아이디어에 큰 관심을 가졌고 곧 보스턴의 다른 부유한 사업가와 함께 이 '고조파(harmonic) 전신' 기술 개발을 지원하기로 결심했다.

벨은 허버드의 투자를 바탕으로 보스턴 시내에 연구실을 마련하고 기술조교로 토머스 왓슨(Thomas Watson)을 고용했다. 벨은 영리하고 아이디어가 풍부했지만 손재주가 뛰어난 인물은 아니어서 실험을 수행하는 데 서툴렀다. 반면 왓슨은 전기와 기계 설계를 모두 훈련받은 기술자였으므로, 두 사람은 각자의 장점으로 서로를 보완하면서 좋은 협업 관계를 유지했다. 하지만 기술적인 진전이 매우 느려 일 년이 지나도록 내세울 만한 성과가 별로 없었다.

이렇다 할 기술적 약진 없이 시간만 가는 답답한 상황이 계속되었다. 그런 가운데 벨은 전혀 다른 분야에서 새로운 경지에 도달했다. 바로 사랑이었다. 메이블과 벨은 서로에 대한 감정을 키워 가다가 결국 깊은 사랑에 빠졌다. 1875년 말, 벨은 용기를 냈다. 메이블의 부모에게 그녀를 향한 깊은 애정을 고백하고, 평생 그녀와 함께하고 싶다며 청혼을 했다. 하지만 허버드는 벨의 청혼에 냉담하게 반응했고 아무런 언질도 주지 않은 채 애매한 태도를 보였다. 허버드는 고조파 전신 기술에 아무런 성과도 내지 못하고 있는 벨의 무능력 때문에 갈등하고 있었다. 벨에게 딸의 일생을 맡긴다는 것이 마음에 걸렸던 것이다.

벨은 엄청난 중압감을 느꼈다. 그는 자신이 생각할 수 있는 모든 것들을 시도해 보았고 심지어 미국 최고의 전자기 권위자인 조지프 헨리를 찾아가 기술적인 문제에 대한 도움을 요청하기도 했다. 당시 연로했던 헨리는 별 특별한 도움을 주지 못했고 그저 더 노력하라고 독려할 뿐이었다. 이 시기에 벨은 음악과 음향에 대한 자신의 지식을 바탕으로 의미 있는 아이디어를 떠올리기도 했다. 만약 한 전선을 통해 서로 다른 종류의 전기 신호음을 송신할 수만 있다면 진폭과 박자가 가지각색인 음성과 음악을 전송할 수 있을 것이라고 생각한 것이다. 벨의 이러한 생각을 들은 허버드는 다른 데 정신 팔지 말고 고조파 전신 문제에만 집중하라며 심하게 질책했다.

허버드는 지극히 현실적인 사람이었다. 그는 무엇보다도 벨의 고조파 전신 아이디어가 성공하기를 바랐는데 그간 투자한 돈 때문에라도 더 그랬다. 그즈음 허버드는 개인적으로 친분이 있던 워싱턴의 관리들을 통해 웨스턴 유니언의 엘리샤 그레이가 고조파 전신 개발에 거의 성공하고 있고 조만간 특허를 신청할 것이라는 사실을 접하게 되었다. 이후 허버드는 벨을 더욱 압박하면서 완벽하지는 않더라도 벨의 모든 생각과 결과물들을 특허 신청서에 기록해 두어 언제라도 제출할 수 있도록 준비시켰다. 벨은 여전히 기술적 장애에 봉착해 있었지만 허버드의 지시를 따를 수밖에 없었다.

1876년 2월 14일, 허버드는 특허청 내부 소식원으로부터 그레이가 "전신 수단을 이용해 소리를 보내고 받는 장치"라는 제목의 임시 특허를 신청한 사실을 알게 되었다. 당시 미국 특허법은 성공적인 실험 결과가 함께 제시되었을 때에만 특허를 수여하도록 명시하고 있었다. 다만, 발명자가 12개월 내에 자신의 아이디어를 입증할 수 있는 실험결과를 만들어 낼수 있다면 아직 실행되지 않은 아이디어에 대해서도 특허 신청을 허용했는데 이것이 바로 임시 특허였다. 그레이의 임시 특허가 신청되었다는 소식을 들은 허버드는 즉시 미리 준비해 두었던 벨의 특허 신청서를 특허청으로 보냈다. 그리고 그곳의 직원을 매수해 벨의 신청서가 그레이의 것보다 몇 시간 전에 접수된 것으로 기록하도록 조작했다. 벨의 신청서 제목은 "전신에 있어서의 몇 가지 개선"으로 매우 일반적이고 모호한 것이었다. 그저 고조파 전신 개념에 대한 약간의 무차별적인 생각들을 담고 있었고 실험 결과도 전혀 없었다.

1876년 2월 24일, 허버드는 벨을 워싱턴 D.C.로 보내 특허심사관과 불법적인 만남을 가지도록 은밀히 주선했다. 벨은 심사관이 보여 준 그레이의 신청서를 통해 소리 신호를 전류로 바꾸는 아이디어를 알게 되었고, 이 심사관의 허락하에 이미 제출한 신청서 여백에 제목과 별 관련 없는 새로운 주장을 첨가할 수 있었는데 그 내용은 "가변 전기저항기가 파동 전류를 생성하기 위한 수단"의 발명과 관련된 것이었다. 그레이의 신청서 내용과 이론을 그대로 베낀 이 아이디어야말로 후에 전화의 발명에 있어 가장 핵심적인 기술로 밝혀졌다. 그러나 벨의 원래 신청서의 나머지 부분들과는 전혀 연관성을 찾을 수 없었다.

1876년 3월 7일, 벨은 워싱턴에서 돌아온 지 얼마 되지 않아 그의 특허가 승인되었다는 통지를 받았다. 이는 지극히 비정상적인 처사였는데, 특허 승인 과정은 보통 몇 달, 심한 경우에는 모스의 전신 특허처럼 몇 년이 걸리기도 하기 때문이었다. 더군다나 벨은 아직 자신의 주장을 입증하지 못했고, 그레이가 신청한 임시 특허와 중복되는 점에 대해 논의하려는 어떠한 공식적 청문회도 없었다. 물론 은밀하고 불법적인, 뇌물이 연루되었을 가능성이 짙은 만남에 대한 언급도 없었다.

특허를 거머쥔 벨은 즉시 실험실로 돌아가 산성 용액을 기반으로 가변 전기저항기를 이용하는 그레이의 아이디어에 집중하기 시작했다. 자신의 실험 노트에 그레이의 신청서에 자세히 나와 있던 것과 똑같은 실험 개요를 쓰기도 했다. 1876년 3월 10일, 마침내 벨은 전류를 이용해 음성 신호를 전선으로 보내는 데 성공했다. 엎질러진 산성 용액을 닦기 위해 큰 소리로 왓슨을 부른 바로 그때, 전화의 기적이 일어난 것이다.

벨이 전선을 통해 음성 신호를 보내는 데 성공했다는 소식은 곧 사방으로 퍼져 나갔다. 다만 어떻게 성공했는지에 대해서는 철저히 비밀에 부쳐졌다. 놀랍게도 벨은 엘리샤 그레이로부터도 축하 인사를 받았다.

가히 역대급 사업가였던 허버드는 벨에게 그의 기술을 대중 앞에서 보여주도록 촉구했다. 특히 그해 6월 필라델피아에서 미국 독립 100주년 기념으로 열리는 거대한 규모의 세계박람회에서 전화 기술을 시연해 보이기를 바랐다. 하지만 벨은 이를 극도로 꺼렸다. 명백히 불법 복제한 기술을 자신이 개발했다고 공개적으로 사람들을 우롱하는 것이 얼마나 쑥스러웠겠는가! 하지만 그에게는 선택의 여지가 없었다. 허버드는 메이블과의 결혼 약속을 미끼로 압력을 가했고 벨은 뭔가 해야만 했다. 박람회까지는 단 3개월이라는 시간이 남아 있었다.

벨은 이전 작업에 대한 기록이 별로 없는 상황에서 갑자기 상세한 설명을 남기는 것이 이상해 보일 것이라 생각하고 남은 3개월 동안 아주 제한적인 기록만을 남겼다. 그는 가변 전기저항기를 이용해 음파를 전류로 바꾸는 그레이의 기본 개념을 응용하되 자석을 사용하는 다른 방법을 썼다. 이 자기 변환기의 음성 품질은 그레이로부터 훔친 액산(liquid-acid) 설계보다 떨어졌지만 최소한 벨 자신의 창작물이었고 또 대중 앞에서 시연할 정도는 되었다. 엘리샤 그레이도 박람회에 참석해 벨의 전화 시연을 보았는데 그조차도 벨이 자신의 발명품을 훔쳤다는 사실을 눈치채지 못했다.

박람회에서의 시연 이후 비로소 불안에서 해방된 벨은 메이블에게 편지를 썼다. "모든 전화 사업에서 완전히 손을 떼고 싶소." 그로부터 얼마 후 그는 독일계 미국인 발명가 에밀 베를리너(Emile Berliner)가 자신의 것보다 훨씬 더 나은 음성-전류 변환기를 발명했음을 알게 되었다. 허버드는 즉시 그 기술을 사들였다. 이제 전화에 대한 기본 특허와 뛰어난 변환 기술로 무장한 허버드는 새로운 사업을 시작할 만반의 준비를 갖추었다. 벨은 전화로부터 벗어나 그의 진정한 관심사인 사랑을 추구할 수 있게 된 것만으로도 너무 행복했다. 마침내 벨은 허버드의 축복 속에 메이블과 결혼했고 장장 1년 반 동안 유럽으로 신혼여행을 떠났다. 그동안 허버드는 어떻게 이 전화 특허를 황금알을 낳는 거위로 둔갑시킬 수 있을지 곰곰이 생각하고 있었다.

전화 사업의 개발

허버드는 정치 공작과 법적 싸움에는 능했지만 밑바닥에서부터 새로운 사업을 시작하는 데 전문가는 아니었다. 그는 놀랍게도 얼마간의 고민 끝에 한때 그가 그렇게 공격했던 회사인 웨스턴유니언에 접근하기로 결심했다.

허버드는 웨스턴유니언의 사장인 윌리엄 오턴에게 벨의 전화 특허를 10만 달러에 팔겠다고 제안했다. 오턴은 회사 최고의 기술 전문가들에게 벨의 전화 기술을 검토하게 했는데 그들 모두가 구매를 만류하였다. 음질이 지극히 미약하고 조악해서 결국 장난감에 불과할 기술이라는 의견이었다. 더군다나 회사가 이미 현존하는 가장 진화된 전신 기술을 장악하고 있는데, 굳이 말하는 전화를 개발할 필요가 있겠느냐는 것이었다. 외부 기술에 대한 이런 유형의 반응은 특히 크고 알려진 회사에서 지금도 흔히 볼 수 있다. 기존 시스템에 집착하는 성향과 내부의 상충된 이해관계가 객관적인 시각과 의사 결정을 방해하는 것이다.

보고서를 읽고 난 뒤 오턴은 더 이상 고민하지 않고 바로 허버드의 제안을 거절하였다. 다른 좋은 방편이 떠오 르지 않던 허버드는 여러 가지로 고민 하다가 마침내 직접 회사를 창립하여 전화 사업을 벌이기로 결심하기에 이 른다. 그는 자연스럽게 창업과 경영에 서 최고의 재능을 가진 인재를 찾아 나 섰는데, 이미 마음에 둔 후보자가 한 명 있었다.

시어도어 '테드' 베일. Courtesy of AT&T Archives and History Center

시어도어(테드) 베일[Theodore(Ted) Vail]은 수십 년 전 모스의 전신 사업을 도왔던 앨프레드 베일의 먼 친척이었 다. 나이는 어렸지만 기업가 정신이 충만했고 리더십도 강했다. 어린 나이에 집을 떠나 전신 기사로 돈을 벌었고 이 경력을 기반으로 한 네트워크 전문성 을 십분 활용해 철도회사의 물류와 경로 스케줄링 기술을 개발하기도 했다. 점차 이름이 알려지면서 베일은 승진과 더불어 워싱턴으로 자리를 옮겨 전 국 철도우편 서비스를 관장하는 업무를 맡았다.

베일은 업무 성격상 고위 정부관료, 국회의원, 로비스트 그리고 은행 및 교통 분야의 임원들과 접촉하는 일이 잦았다. 그는 경영에 명석했을 뿐 아 니라 그런 자리에서 성공하는 데 필요한 대인관계에도 뛰어난 자질을 가지 고 있었다. 워싱턴 소식에 정통했던 허버드는 테드 베일에 대해 익히 들어 알고 있었고, 직접 만나게 된 뒤로는 이 뛰어난 젊은이에게 더 좋은 인상을 가지게 되었다.

1878년 초, 허버드는 테드 베일에게 워싱턴을 떠나 자신이 새롭게 만든 벨 전화사(Bell Telephone Company)를 함께 키워 가자고 제안했다. 겨우 32

살인 그에게 허버드는 총지배인 자리를 맡겼다. 테드 베일은 어린 나이에도 불구하고 특출난 경영전략과 재무관리 능력을 발휘하였고, 벨의 전화특허를 곧잘 활용하여 성공적으로 회사를 키워 나갔다. 그런데 베일과 허버드가 모르는 사이에 그들에게 짙은 먹구름이 몰려오고 있었다. 강력한 경쟁자가 등장한 것이었다.

세기의 특허 전쟁

윌리엄 오턴은 허버드의 제안을 거절한 직후 자신이 큰 실수를 했음을 깨달았다. 벨 전화사의 사업이 급성장하면서 이 신기술의 어마어마한 시장 잠재력을 눈치챈 것이다. 오턴은 떠오르는 전화 사업에 바로 뛰어들기로 결정했다. 하지만 다시 허버드를 만나 고개를 숙이고 전화 특허를 사 오는 대신 벨 전화사를 시장에서 직접 공략하는 정공법을 택했다.

비록 전화 시장에 뒤늦게 합류한 상황이었지만 오턴은 웨스턴유니언이 경쟁 우위를 점할 수 있는 세 가지 확실한 기회를 가지고 있다고 믿었다. 첫째는 이미 구축되어 운영되고 있는 엄청난 규모의 전신 기반 시설이었다. 단지 기존의 것에서 음성 메시지를 전달하도록 수정하면 된다는 사실만으로도 대부분의 경쟁사들을 충분히 위협할 수 있었다. 둘째는 '전선을 통한 음성 기술'과 관련된 엘리샤 그레이의 독립적이고 독창적인 작업이었다. 이것이 있는 한 벨의 특허가 웨스턴유니언의 시장 진입을 막지 못할 것이라 믿은 것이다. 셋째는 기술적 측면이었다. 벨 전화사가 베를리너로부터 사들인 개량형 음성-전류 변환기는 절대적인 성능 측면에서 아직 많이 부족했다. 예를 들면, 음성신호가 약할 경우 종종 자음의 소리가 새어 나가기도 했다. 오턴은 더 나은 변환기를 개발한다면 더 우수한 전화기를 만들 수 있고, 이를 통해 더 나은 음성 서비스를 제공할 수 있을 것이라 확신했다. 하지만 누가 그런 변환기를 만들 수 있을까? 그때 오턴에게 한 가지 생각이 떠올랐다. 새로운 전신 기술에서 이미 여러 차례 성공을 거두고 있던 신예 천재 토머스 앨버 에디슨(Thomas Alva Edison)에게 그 일을 맡겨 보자는 것이었다.

오턴은 이전에 허버드에게 지급하기를 거절했던 10만 달러를 에디슨에게 주고 고품질의 새로운 음성-전류 변환기를 만들도록 했다. 3개월 후 에디슨은 '마이크로폰(microphone)', 또는 '소형 전화기'라고 이름 붙인 고성능 변환기를 들고 왔다. 이 장비는 벨이 그레이에게서 훔친 액산 기반 가변저항기나 베를리너의 전자기 변환기보다도 훨씬 나은 성능을 자랑했다.

드디어 웨스턴유니언은 에디슨이 개발한 마이크로폰의 깨끗한 음질과 기존 전신 네트워크의 장점을 발판으로 새로운 전화 사업에 뛰어들었다. 새 회사는 웨스턴유니언의 자회사로 운영되었고, 지분의 33퍼센트는 원 발명가이자 웨스턴 전기(Western Electric) 창립자인 엘리샤 그레이가 소유했다. 웨스턴유니언의 전화 사업은 곧 벨 전화사를 따라잡으며 위협적인 존재가 되었다. 공황 상태에 빠진 메이블과 알렉산더 벨 부부는 재빨리 그들의 지분을 대거 처분했다. 테드 베일과 가디너 그린 허버드도 그들이 파탄에 직면했음을 깨닫고 대안을 논의한 끝에 회사가 살아남기 위한 유일한 방법을 선택했다. 1878년, 여전히 꼬마 수준의 작은 기업에 불과하던 벨 전화사가 거인 기업 웨스턴유니언을 상대로 특허 침해에 대한 소송을 공개적으로 제기한 것이다. 이 소송은 유명한 1878~1879년의 '다우드(Dowd)' 사례로 알려져 있다.

당시 이 소송은 언론의 큰 관심을 불러일으켰고 곧 전국적인 대중의 관심거리가 되었다. 웨스턴유니언은 단호하게 자신들에게는 잘못이 없다고 주장했다. 그들은 알렉산더 그레이엄 벨만이 고조파 전신 작업을 한 것이 아니며 엘리샤 그레이 역시 많은 작업을 독립적으로 해 왔다고 주장했다. 또한 자신들의 전화가 벨의 것보다 기술적으로 더 발전된 기술이라고 강조했다. 벨 전화사 측 변호사는 허버드와 베일의 지시를 받아 몇몇 주요 원칙을 고수했다. 벨의 특허는 공식적으로 승인된 것이지만 그레이의 신청은 임시 특허라는 점과 벨의 특허 신청이 그레이의 것보다 특허청에 먼저 접수되었다는 사실을 내세운 것이다. 그들은 당시 특허를 심사했던 심사관의 증인으로서의 신임을 떨어뜨렸고, 변호사가 벨의 실제 실험 노트를 제출하라고 요구하지 못하게 했다. 하지만 전화 발명의 대들보가 공정하지 못한 불확실한 기반 위에 세워졌다는 사실은 모두에게 큰 충격이었다.

허버드는 음성 통신을 발명하는 과정 곳곳에서 중요하게 작용한 보이지 않는 손이었다. 그는 자신의 승리와 이익을 위해 모든 것을 지휘하고 조종했다. 재판 중에도 그런 행위를 멈추지 않았고 심지어는 사위인 벨에게까지 압력을 행사했다. 결국 벨은 허버드의 압력에 못 이겨 법정에서 양심을 어기고 자신이 훔친 것을 직접 설계했다고 거짓 진술을 하고 말았다. 벨의 신사적인 처신과 유창한 화술, 진실해 보이는 이미지는 법정과 대중에게 좋은 인상을 주었지만, 벨은 눈덩이처럼 불어난 자신의 거짓말에 대해 엄청난 심리적 스트레스를 받았다. 사랑을 위해(아니면 최소한 그가 사랑하는 사람의 아버지로부터 허락을 받기 위해) 벨은 기꺼이 진실을 은폐하고 도둑질을 했으며, 장인의 거짓말을 감추고자 했다. 물론 그는 자신의 비겁한 행동이 엘리샤 그레이에게 끼친 피해에 대해서는 한 번도 고려한 적이 없었다.

받아들이기 힘들지만 역사는 종종 우연의 손에 의해 움직인다. 전화의 역사도 예외는 아니었다. 재판의 절정에서 배심원들이 교착 상태에 빠져 있을 때 전혀 예기치 못한 일이 벌어졌다. 윌리엄 오턴이 세상을 떠난 것이었다.

오턴은 15년 동안 웨스턴유니언을 지배했다. 그는 회사를 성장시키고 전신 시장을 장악했으며 또 성공적 변신을 이끌어 온 양치기 같은 존재였다.

따라서 그의 갑작스러운 죽음은 웨스턴유니언의 전략적 사업 방향에 지대한 영향을 미쳤다. 상장 회사인 웨스턴유니언의 주식 역시 리더십 공백에 따른 어려움을 겪어야 했다. 이 와중에 적대적인 기업 합병 매수(merger and acquisition: M&A) 전문가인 철도왕 제이 굴드(Jay Gould)가 개입하면서 회사는 월 스트리트 초미의 관심사가 되었다.

오턴이 죽은 후 웨스턴유니언의 경영진은 오턴과는 달리 전화 사업의 미래를 낙관할 수 없었다. 더욱이 그들은 기업 사냥꾼으로부터 회사를 지켜내기 위해 총력을 기울이는 상황에서 벨 전화사와 치르는 법정 싸움에 전적인 관심을 쏟기 어려웠다. 1879년 6월, 그들은 결과를 예측할 수 없는 재판 한가운데에서 벨 전화사와 은밀히 접촉하여 법정 밖에서 사건을 해결할 것을 제안했다.

두 회사는 다음과 같은 합의에 이르렀다. 웨스턴유니언은 전화 시장에서 철수한다. 그리고 에디슨의 마이크로폰 특허와 이미 전화를 설치한 5만 6,000명의 가입자를 포함한 모든 전화 관련 자산은 벨 전화사에 매각한다. 또한 벨 전화사의 고집에 따라 웨스턴유니언은 알렉산더 그레이엄 벨이 전화를 발명했다고 공식적으로 인정하고 만다. 이에 대한 보상으로 벨 전화사는 전화 특허로 얻은 모든 수입의 20퍼센트를 향후 17년간 웨스턴유니언에 지급하며 뉴욕과 시카고에 있는 벨 전화사 지분의 40퍼센트를 양도하기로 합의했다. 그리고 벨 전화사가 전신 시장에 진출하지 않기로 합의했다.

처음에는 양측이 어느 정도 양보를 한 것처럼 보였다. 베일은 전화 시장을 자유롭게 장악하였고, 웨스턴유니언은 명예를 지킨 채 전신 사업을 계속하면서 벨 전화사 주요 지점의 지분을 상당 수준 확보했을 뿐 아니라 17년간 로열티를 거저 받게 되었던 것이다. 하지만 결국 시간이 흘러 이 거래에서 이득을 본 측은 벨 전화사였던 것으로 드러났다. 주요 경쟁사의 전화 사업을 통합한 벨은 이후 비약적으로 성장하기 시작했다. 2년 후에는 웨스턴유니언으로부터 웨스턴 전기를 인수해 벨 전화사를 위한 독점적 전화 장비를 만들었다.

일 년이 채 지나지 않아 벨이 어떻게 자신의 발명품을 훔쳤는지에 대한 모든 진실이 밝혀지자 그레이는 분개했다. 하지만 그는 일체의 손해배상 청구도 할 수 없었다. 이미 웨스턴유니언이 법적으로 벨을 전화기의 발명가로 인정했고 그레이 자신이 만든 웨스턴 전기도 벨 전화사의 손에 넘어갔기 때문이다. 그가 할 수 있는 일이라고는 조용히 뒤로 물러나 쓰라린 마음을 안은 채 1901년에 세상을 떠나는 것이 전부였다. 그가 죽고 얼마 후 유품에서 노트가 발견되었다. 거기에는 전화의 탄생에 대한 역대 논평 중 아마 가장 씁쓸한 것이 될 내용이 담겨 있었다. "전화의 역사는 절대 완전하게 쓸 수 없을 것이다. … 일부는 숨겨지고 또 일부는 입을 다문 사람들, 죽거나 손에 황금을 쥐고 깍지를 단단히 끼고 있는 사람들의 가슴과 양심에 달려 있기 때문이다." 이 노트의 원본은 오벌린(Oberlin) 대학교에 있는 그레이의 기록 보관소에 있다.

결국 웨스턴유니언과 전신 사업 모두 심각하게 쇠퇴하기 시작했다. 반면 전화 사업은 시간이 갈수록 팽창해 나갔다. 베일은 벨 전화사를 성장시켜 AT&T(American Telephone and Telegraph: 미국 전화전신사)로 탈바꿈시켰고, AT&T는 1983년 연방 명령에 따라 분할되기 전까지 100년 넘게 미국 통신 사업을 지배했다. 베일은 또한 벨 연구소(Bell Laboratories)도 만들었는데, 이 연구소는 근대 전기와 통신, 정보 기술의 요람이 되어 AT&T가 몇 세대에 걸쳐 통신 기술의 세계적 리더로 군림할 수 있도록 도왔다. 이 과정에서 노련한 정치적 전략가인 베일의 지략이 돋보였다. 베일은 전국에 걸쳐 고품질의 보편적인 전화 서비스를 확보하기 위해서는 AT&T가 '선의의 독점

(benign monopoly)' 형태로 운영되어야 한다고 정부를 설득했다. 그는 어떤 회사도 AT&T의 아성에 도전할 수 없도록 자진해서 정부의 통제를 받아들였고 전적으로 협력했다. 물론 정부도 이에 동의했다. 현대의 경영 전문가인 피터 드러커(Peter Drucker)는 "테드 베일은 미국 기업사에서 가장 위대한 경영자 중 한 사람이다."라고 말했다. 하지만 그가 어떤 기여를 했는지 들어 본 적이 있거나 알고 있는 사람은 의외로 많지 않다. 사람들이 흔히 말하듯 역사는 승자에 의해 쓰여진다. 베일과 그의 홍보 팀은 의도적으로 단 한 사람, 알렉산더 그레이엄 벨을 회사의 아이콘(icon)으로 신격화하고자 했으며, 이는 성공적이었다. 반면 베일은 시종일관 주의하면서 자신의 역할을 낮추었다.

벨, 베일, 그레이 외에도 많은 사람들이 전화의 초기 기술 발전에 영향을 미쳤다. 영국인 프랜시스 로널드(Francis Ronalds, 1816), 프랑스 군인 샤를 부르쉴(Charles Bourseul, 1854), 독일인 요한 필리프 라이스(Johann Philipp Reis, 1861), 그리고 이탈리아 이민자 출신의 미국인 안토니오 무치(Antonio Meucci, 1862) 등이 그들이다. 하지만 이들은 이후에 전개된 전화의 개발과 대중화에는 간접적으로만 영향을 주었다. 다시 레이프 에릭슨과 콜럼버스의 사례를 참조한다면 전화 기술을 처음 개발한 공은 그레이와 벨에게, 그리고 전화를 사업적으로 성공시킨 공은 테드 베일에게 돌릴 수 있을 것이다. 시장에서 기술을 돋보이게 하고 그것을 기반으로 사업을 만드는 데는 단순히 뛰어난 기술을 넘어 더 많은 요소들, 즉 재무적 투자, 역량 있는 경영진, 적절한 시기 선택 등이 필요하다. 대개의 경우 사업이 확실히 성공하기 위해서는 기술 못지않게 베일과 같은 재능 있는 경영인의 존재가 중요하다. 벤처 자금(venture capital) 투자자들이 그러한 인재를 찾는 데 혈안이 되어 있는 데는 이유가 있다. 그들에게 신기술을 기반으로 한 신생 회사의 운영을 맡겨 성공 확률을 높이려는 것이다.

음악의 소리

완전한 전화 시스템을 개발하는 데에는 다른 많은 기술들이 필요했다. 네트워크 설계와 자동 회선 교환(automatic call switching)도 그중 하나였다. 하지만 가장 결정적인 기술은 음파를 전기 신호로 바꾸고 또 전기 신호를 음파로 바꿀 수 있게 한 것이었다. 어떻게 그런 마법이 가능했을까?

그레이의 첫 아이디어는 진동판이나 진동막 위에 전도성의 철편을 고정시키고 그 끝을 전기 전도성이 있는 산 용액(그래서 그 유명한 용액을 쏟는 장면이 나온 것이다)에 담그는 것이었다. 진동판에 대고 말을 하면 음파에 의한 공기압의 변화 때문에 진동판이 약간 떨린다. 이 작은 수직 방향의 움직

벨의 전화 송신기(복제).
Courtesy of Spark Museum

임은 음파의 진폭에 따라 핀이 액산의 메니스커스(meniscus: 액체 표면이 만드는 곡선 – 역자 주) 위아래로 움직이게 했는데 이 움직임은 음파에 의해 야기된 공기압의 변화에 비례했다. 이 미묘한 변화가 철핀과 산의 전기 저항성을 바꾸면서 원래의 음성 신호를 이에 대응하는 파형의 전류로 바꿔 주는 것이다. 수신기 쪽에는 전자석과, 이와 연결된 또 다른 진동판 세트가 있어 파형의 전류가 전자석을 통과할 때 원래의 음파를 복원해 준다.

에디슨의 마이크로폰은 동일한 가변 저항 원리에 바탕을 두고 음성 전환을 했지만 방법적으로 훨씬 뛰어났다. 그의 마이크로폰은 아주 작은 탄소 입자를 버튼 모양으로 압착하여 만든 전기 저항기로 구성되어 있었다. 그 탄소 버튼의 넓은 면에는 막이 있고 음파에 의해 유도된 공기압의 변화가 막에 부딪치면 탄소 입자의 밀도는 분 단위로 변하게 된다. 이 밀도의 변

벨의 전화 수신기(복제). Courtesy of Spark Museum

화가 오톨도톨한 탄소 입자의 전기 저항성에 상응하는 변화를 유도하고 그들을 통과하는 전류의 변조를 낳는 것이다. 에디슨의 고체 마이크로폰은 혁명적인 발명이었다. 고도로 민감한 동시에 작지만 간단하고 견고했으며 저렴했다. 여기에 더해 안전하기까지 했는데, 에디슨의 마이크로폰에서는 액산을 쏟을 일이 없었기 때문이다. 그의 장치는 음성 신호로 유도된 전기 신호를 증폭하는 성능도 우수했는데 그 결과 크고 선명한 소리를 만들어 냈다. 아무도 몰랐겠지만 에디슨의 탄소 입자 마이크로폰은 이후 100여 년간, 1970년대 중반까지도 전화기에 사용되었다.

전신에서 전화로의 도약은 전자기 기술의 엄청난 진전을 대표적으로 보여 주는 것이었다. 원래 전신으로 전달되던 메시지는 디지털이어서 'on' 또는 'off'의 두 가지 형태만 있었다. 반면, 전화 신호는 지속적인 파동 형태로 존재한다. 이러한 신호 유형은 풍경이나 소리 같은 자연환경이 사람의 감각적 인식을 자극하는 실제 모습과 형태의 모방이거나 비슷한(analogous) 것이었다. 그래서 이 지속적으로 변하는 신호는 '아날로그(analog)' 신호라 불리게 되었다.

아날로그 전화는 디지털 전신을 빠르게 대체하며 일반인들에게 없어서는 안 될 중요한 존재로 성장했다. 무엇보다도 전화는 아주 사적이고 사용하기가 쉽다는 점이 사람들의 마음을 끌었다. 또 차갑고 암호화된 메시지를 전달하는 전신과는 달리 남녀노소 누구에게나 자연 음성의 친근감을 제공했다. 더군다나 전화는 집이나 직장 어디에서나 사용할 수 있었다(굳이 특정 전신국에 갈 필요가 없었던 것이다). 마지막으로 전화는 일단 연결이 되면 마치 얼굴을 마주 보고 친근하게 수다를 떠는 것처럼 동시에 쌍방향 대화를 할 수 있었다. 웨스턴유니언의 기술 전문가들은 처음 허버드의 제안을 평가할 때 이러한 요소들을 전혀 고려하지 못했다. 사실 대중이 필요로 하고 원하는 것을 알아내는 것은 결코 쉬운 일이 아니다. 그리고 기술자들과 사업의 선지자들 간에는 종종 서로의 요구와 역량을 이해하는 데 어려움이 있다는 것은 아주 오래전부터 알려진 사실이다.

마땅히 누려야 할 것을 도둑맞은 그레이는 이 분야에서 완전히 손을 뗐다. 하지만 다른 두 명의 뛰어난 발명가들이 이 음성과 전류의 연결에 강한 호기심을 느끼고 연구를 계속해 나갔다. 한 사람은 소리를 전류로 바꾸는 전자기 변환기를 발명한 에밀 베를리너였고, 다른 한 사람은 말할 필요도 없는 전대미문의 천재 토머스 앨버 에디슨이었다.

에디슨은 고성능의 마이크로폰을 개발해 달라는 윌리엄 오턴의 요청으

에디슨의 초기 축음기. Courtesy of Spark Museum

로 이 분야에 처음 발을 들여놓았다. 그는 탄소 버튼 마이크로폰을 만든 후 1878년에 또 다른 획기적 발명품을 내놓았다. 바로 축음기였다. 에디슨은 그레이의 원리를 적용하여 회전하는 밀랍 실린더(cylinder)를 겨누고 있는 바늘을 진동판에 붙였다. 이때 진동판은 원뿔의 출구를 가로질러 팽팽하게 펴져 있었는데, 음성 신호에 의해 만들어진 공기압의 변화가 원뿔을 통해 진동판에 닿으면 진동을 유도하고, 진동판에 붙어 있던 바늘이 돌고 있는 실린더에 공기압에 따라 다른 깊이의 홈을 새겼다. 이는 마이크로폰에서 사용된 음성 입력 기술과 동일한 것이다. 그리고 전자석에 붙은 더 부드러운 끝을 가진 다른 바늘이 각인된 홈을 가로질러 돌아가면서 원래의 음파를 복원하여 재현했다. 세계 최초의 녹음기와 전축이 동시에 탄생한 것이었다. 대중들은 소리를 담고 재생하는 이 아이디어에 완전히 매료되었다. 대부분의 사람들에게 그것은 기적일 뿐이었다.

　전신수로 일하던 소년 시절, 에디슨은 숙련된 기사들이 수신기의 딸깍거리는 소리를 듣는 것만으로 즉시 메시지를 해독할 수 있다는 것을 알아차렸다. 에디슨이 원래 의도했던 것은 그의 축음기를 전신회사에 팔아 수신되는 전보의 소리, 즉 콘텐츠를 녹음하게 하는 것이었다. 전신회사들은 그런 기계의 필요성을 별로 느끼지 못한 반면 오히려 일반 대중들이 에디슨 자신도 놀랄 정도로 음악을 녹음하고 재생하는 아이디어에 매료되었다. 기회를 포착한 에디슨은 새로운 목적에 맞게 장비를 고친 후 에디슨 축음기 회사(Edison Phonograph Company)를 설립했다. 이 회사는 오로지 축음기와 음악이 녹음된 실린더만을 팔았다. 각 실린더는 20분 정도의 분량을 녹음할 수 있어서 음악 재생에 적합했다. 상업적으로 녹음되고 생산된 첫 노래는 동요 "메리에겐 어린 양 한 마리가 있었네(Marry Had a Little Lamb: 우리나라에서는 "떴다 떴다 비행기"로 불린다 - 역자 주)"로 총 6분짜리였다. 이는 전자기 기술이 엔터테인먼트 시장에 진입한 첫 시도였다. 1880년까지는 대도시의 바(bar)나 선술집에서 축음기를 들여놓기 시작했고 이제 사람들은 술집에서 술과 더불어 음악을 즐기게 되었다. 결국 대부분의 술집들에서는 경쟁력을 갖추기 위해 음악을 제공하는 것이 불가피해졌다.

한편 자신이 만든 변환기를 허버드에게 판 베를리너는 에디슨 축음기의 무한한 가능성을 바로 알아봤다. 그리고 다른 훌륭한 발명가들이 그랬듯이 축음기 개선 작업에 착수했다. 1887년, 베를리너는 자신의 회사를 설립하고 평평한 셸락(shellac) 녹음 디스크를 대중에게 소개했다. 그것은 주형을 이용해 적은 비용으로 재생산할 수 있어서 에디슨이 만든 실린더 형태의 디자인을 크게 위협했다. 축음기는 엄청나게 성공했지만, 에디슨 축음기 회사는 이 영리한 경쟁자를 만나 결국 1920년대에 문을 닫고 말았다. 물론 전적으로 기술적인 요인 때문만은 아니었다. 주요 패인은 회사에서 출시할 음악을 에디슨이 직접 선택하겠노라며 고집한 데에 있었다. 그가 개인적으로 선호한 곡들은 구매자인 대중들에게 너무도 인기가 없었다. 에디슨은 단순한 멜로디와 기본적인 화음의 노래들을 좋아했다. 그리고 재즈와 블루스의 인기가 올라가고 있다는 사실을 미처 파악하지 못했다. 이에 반해 베를리너는 다양한 음악이 자유롭게 발매될 수 있도록 개방적인 정책을 꾀했다. 그의 회사는 후에 유명한 음반회사인 도이체 그라모폰(Deutche Grammophon)으로 발전했다.

한 가지 짚고 넘어갈 것은 아날로그 기술은 본질적으로 디지털 기술과 다르다는 것이다. 에디슨은 기반 작업이 되어 있는 상태에서 상대적으로 쉽게 축음기를 만들 수 있었다. 하지만 통상 아날로그 신호를 기록하고 변환하며 전송하는 일은 디지털 신호 처리 과정보다 훨씬 더 복잡하다. 예를 들면, 전신의 디지털 펄스가 장거리를 가는 동안 약해지거나 왜곡되면 중계기를 통해 해결할 수 있다. 하지만 전화로 전달되는 아날로그 신호에는 그런 해결책이 존재하지 않았다. 아날로그 신호를 향상시키기 위해서는 고성능의 증폭기(앰프)가 필요했지만 당시에는 아직 개발되지 않았던 것이다. 그 결과 전화 통화는 짧은 거리에서만 가능했고, 그 거리를 벗어나면 목소리가 알아들을 수 없을 정도로 약해지거나 왜곡되었다. 마찬가지로 축음기를 통해 재생되는 음악 소리의 크기는 대형 '음향 혼 증폭기(acoustic horn amplifier)'를 장착하더라도 매우 작았다. 아날로그 신호가 이런 만만찮은 장애물을 극복하기 위해서는 새로운 기술이 절실했다. 하지만 그런 기술은 또 다른 세대에 이르러서야 등장하게 된다.

무선전신

Wireless Telegraphy

전화는 20세기로 넘어올 때까지 광범위하게 확산되어 벨 전화사의 가입자만도 100만 명에 이르렀다. 하지만 아직까지 장거리 통신에서는 전신이 제왕이었는데, 사방으로 수 마일에 걸쳐 전선을 주렁주렁 매달고 늘어서 있는 전신주가 그것을 말해 주고 있었다.

1843년에 처음으로 전신선을 설치할 때 모스가 전신주를 만들어 전선을 지탱하도록 지시한 것은 어쩔 수 없는 선택이었다. 한 세대가 지나 이 전신주들이 마치 하늘을 가로막는 도시의 숲처럼 될 것이라고는 상상도 못했을 것이다. 전신·전화가 빠르게 보급되면서 일반인들도 전기와 전자기를 완전히 받아들이게 되었다. 하지만 전자기의 원리를 실행하는 데 필요한 배선이 골칫거리였다. 패러데이와 맥스웰이 다진 과학적 기반은 다양한 응용 기술의 개발과 촉진을 지원하기에 충분했다. 하지만 맥스웰의 이론 중 아직 제대로 파헤쳐지지 않은 분야가 하나 남아 있었다. 아마도 그것이 이 모든 전선과 전신주의 부담을 덜어 줄 수 있을 것 같았다. 바로 전자기파였다.

헤르츠와 전자기파

맥스웰은 1873년에 발표한 방정식을 통해 빛의 속도로 공기 속을 날아다니는 전자기파의 존재를 예견했다. 맨눈으로 보는 빛은 이러한 파동 중 일부에 지나지 않으며, 사람이 인식할 수 있는 범위 밖의 파장을 가진 빛도 있다고 주장했다.

맥스웰이 예견한 전자기파의 존재를 증명한 사람은 젊은 독일인 교수 하인리히 헤르츠였다. 그는 8년간의 이론적 탐구와 독창적인 실험 끝에 1888년 맥스웰의 예측과 정확히 일치하는 속성을 가진 전자기파의 존재를 증명해 냈는데, 이를 '헤르츠파'라고 한다. 헤르츠파는 인간이 눈으로 인식할 수 있는 가시광선과 같지만 그보다 100만 배 혹은 그 이상 긴 파장을 가지고 있다. 헤르츠의 전자기파는 가시광선이 거울에 반사되듯 금속판에 반사되기까지 했다.

헤르츠는 맥스웰의 이론을 입증하는 파동을 만들기 위해 먼저 특정 길이의 황동막대 두 개를 작은 공기 간극(air gap)을 사이에 두고 정렬시켰다. 각각의 막대 끝에는 구 모양의 축전기를 붙이고 공기 간극을 지나는 고전압원을 설치한 다음 스위치로 제어했다. 스위치를 켜면 고전압원이 빠르게 축전기를 충전하면서 간극에 강한 전기장을 생성했다. 전기장의 강도가 임계 수준에 이르자 간극 사이의 공기가 이온화되면서 간극을 가로지르는 스파크가 생성되고 전도성 경로가 만들어졌다. 양쪽 축전기에 저장되어 있던 전하는 두 구 사이를 왔다 갔다 하며 진동 전류를 생성하기 시작하는데, 이것의 공진(resonant) 주파수는 축전기의 용량, 막대의 유도 용량(inductance), 그리고 간극을 가로질러 연결된 고전압원에 의해 결정되었다.

맥스웰의 이론은 진동 전류의 에너지 일부가 전자기파로 전환되어 구리 막대에서 분리되어 광속으로 우주로 퍼져 나가고, 그 전자기파의 주파수는 진동 전류의 주파수와 같다는 것을 완벽하고 정확하게 예측했다. 이 현상은 돌멩이를 호수에 던졌을 때 돌이 부딪친 지점에서 잔물결이 수면에 퍼져 나가는 것과 같은 것이다. 나무망치로 징을 쳤을 때도 비슷한 현상이 발

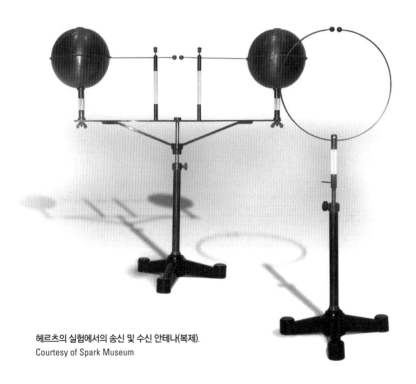

헤르츠의 실험에서의 송신 및 수신 안테나(복제).
Courtesy of Spark Museum

견된다. 징의 떨림으로 발생된 소리의 가압파(pressurized wave)가 사방으로 퍼져나가는 것이다. 이러한 파동들이 전달되기 위해 잔물결은 물이, 그리고 음파는 공기가 중간 매개체로서 필요하다. 하지만 전자파는 아무런 매개체도 필요로 하지 않는다. 전자파는 절대적 빈 공간에서도 전파될 수 있다.

이 전자기파의 존재를 발견하기 위해 헤르츠는 그 두 개의 막대와 축전기 근처에 구리 링을 설치했다. 이 링의 지름은 찾고자 하는 전자기파의 파장에 비례하는 공진의 크기와 같았다. 또한 1밀리미터의 몇 분의 1 정도 되는 극히 작은, 조절 가능한 공기 간극을 가지고 있었다. 전자기파가 링을 통해 지나가면 링은 에너지의 일부를 가로채 약한 공진 전류를 만들어 내면서 좁은 간극 안에 눈에 보이는 미약한 불꽃(스파크)를 만들어 냈다.

이 '스파크 간극' 실험에서 헤르츠가 생성하고 발견한 전자기파는 약 1미터의 파장 혹은 300메가헤르츠의 주파수(초당 3억 사이클)를 나타냈다. 그의 설계 의도와 정확히 일치하는 것이었다. 헤르츠의 작업은 역사상 가장 위대한 과학실험 중 하나로 증명되었다. 전류의 에너지가 미지의 전자기파로 전환될 수 있는 한편 그 반대 상황도 가능하다는 것을 입증한 것이다. 헤르츠의 실험에서 막대와 링은 전류와 전자기파 사이의 변환기로서 작용했는데, 오늘날 이 변환기는 훨씬 더 일반적인 이름인 '안테나(antenna)'로 불린다.

마르코니와 무선

헤르츠의 실험 결과는 맥스웰 이론의 모든 측면을 입증하고 전자기학의 과학적 토대를 견고히 하는 데 크게 기여했다. 헤르츠가 전자기파의 존재를 입증한 뒤로 많은 창조적 인재들이 전자기파의 실질적 활용 방안을 찾기 시작했다. 영국의 올리버 로지(Oliver Lodge)는 등대에 전자기파를 이용할 것을 제안했다. 헤르츠파(후에 '전파'로 이름 붙여진다)가 바다 위의 짙은 안개를 아크등(arc lamp)의 깜박이는 빛보다 더 잘 통과할 수 있다는 이유에서였다. 그 밖의 유명한 개척자들로는 세르비아 출신으로 후에 미국으로 이민한 니콜라 테슬라(Nikola Tesla), 러시아의 알렉산더 포포프(Alexander Popov), 그리고 인도의 자가디시 찬드라 보세(Jagadish Chandra Bose)가 있다. 이들은 전자기파를 각기 다른 분야에 응용하는 일에 관심을 가지고 있었다. 하지만 전자기파를 무선통신에 적용한 최초의 개척자는 의심의 여지 없이 이탈리아인 굴리엘모 마르코니(Guglielmo Marconi)였다.

마르코니는 1874년 이탈리아의 부유한 가정에서 태어났다. '동물 전기'로 유명한 갈바니와 같은 이탈리아 북동쪽 볼로냐 인근 출신이었다. 마르

굴리엘모 마르코니. Science Source

코니는 아주 어려서부터 전자기 과학 분야에 관심과 소질을 보였다. 12살의 나이에 프랭클린의 연날리기 실험을 성공적으로 재연하여 이름을 날리기도 했고, 헤르츠의 '스파크 간극' 송신·수신 실험을 반복하여 신호 감지 방법을 개선하기도 했다. 마르코니는 올리버 로지의 '코히러(coherer: 무선전신용 검파기 – 역자 주)'를 이용하여 눈에 의존하는 대신 작은 금속이 액체 속에 떠 있는 관(코히러)을 수신 링의 간극 사이에 넣는 방법으로 전파를 감지해 냈다.

마르코니의 전자파에 대한 관심은 순수한 과학적 탐구가 동기였던 헤르츠의 그것과는 사뭇 달랐다. 그는 발명을 좋아했고 전자파의 잠재적인 상업적 응용에 많은 관심을 갖고 있었다. 이러한 사업적 감각은 어머니에게서 받은 것이었는데, 그의 외가는 아일랜드에서 아주 큰 위스키 공장을 몇 대에 걸쳐 운영하고 있었다. 하지만 그런 것과 상관없이 전자기파가 잠재적으로 통신에 활용될 수 있다는 것을 처음 알아낸 것은 마르코니였다. 그는 전신과 전화에서 사용하는 물리적 선이 없이도 신호를 전달할 수 있다고, 다른 말로 하면 '무선' 기술을 통해 신호를 보내고 받을 수 있다고 확신했다. 또한 헤르츠파는 쉽게 켜고 끌 수 있기 때문에 모스 부호 같은 디지털 메시지 처리 방식이 무선통신에 이상적이라고 생각했다.

마르코니는 남동생의 도움을 받아 다락방을 전자기 연구실로 개조했다. 얼마 후 마르코니는 송신기의 스파크 간극을 넓히고 전력원의 전압을 올린 채 안테나의 높이를 올리면 전자기 신호를 더 멀리 보낼 수 있음을 발견했다. 실제로 높이 날아오른 연에 안테나를 붙여 3킬로미터 떨어진 곳과 무선 전신으로 통신하는 데 성공하기도 했다.

마르코니의 아버지는 그가 이상한 장치들을 가지고 노는 데 정신이 팔려 문학과 사업 공부를 등한시하자 처음에는 매우 실망했다. 하지만 결국 아들의 열정과 성공을 이루는 것을 보고 무선통신 개발에 대한 아들의 꿈을 적극 지원하기 시작했다. 1896년, 마르코니는 아버지의 격려 속에 정부로부터 기술 개발을 지원받기 위한 연구계획서를 제출했다. 하지만 우편통신국이 그의 기술에 크게 관심이 없다고 정중히 회신을 보내 오자, 마르코니는 영국으로 가서 투자자를 찾아 꿈을 실현하기로 결심했다. 19세기 말에는 새로운 기술을 기반으로 한 사업을 시작하기에는 런던이 최적의 장소였기 때문이다. 당시의 런던은 오늘날의 실리콘밸리(Silicon Valley)처럼 창업에 적절한 문화와 필요한 모든 자원을 갖추고 있었다.

젊고 잘생긴 마르코니는 말쑥한 외모와 더불어 교양과 품위를 갖춘 세련된 인상으로 영국 상류층 사회에 등장했다. 대단히 성공한 양조장 경영자이자 런던 출신이었던 외가 식구들은 그에게 영국 체신부의 수석 기술자인 윌리엄 프리스 경(Sir William Preece)을 소개하여 주었다. 두 사람은 즉시 가까워졌다. 프리스 경은 영국 통신기관들에 큰 영향력을 행사하는 인물이었다. 또 패러데이의 유도 원리에 기반한 무선전신 개발에도 관심이 많았다. 첫 만남 이후 그는 정부 부처나 언론계의 영향력 있는 사람들에게 마르코니의 기술을 선보일 기회를 많이 제공했다.

매우 짧은 시간 사이에 마르코니는 런던에서 대단한 화제의 인물이 되었다. 그리고 외갓집의 도움을 받아 10만 파운드(2010년의 구매력으로 환산하면 약 850만 파운드)를 조성하여 세계 최초의 무선전신회사를 설립했다. 당시로서는 매우 큰 액수였고 마르코니도 이 돈을 헛되이 쓰지 않았다. 그는 타고난 사업의 천재였으며, 무선전신만의 속성과 잠재적 시장을 정확히 꿰뚫고 있었다. 역사에도 정통해 지적 재산권의 중요성에 대해서도 잘 인지하고 있었기 때문에 무선전신 관련 특허를 빈틈없이 받아 놓음으로써 잠재적 경쟁자에게서 그의 미래를 안전하게 지킬 수 있었다. 또한 이미 건실하게 자리 잡고 있는 유선전신 및 전화 사업과의 직접 경쟁은 영리하게 피해 갔다. 대신 유선전신과 전화가 불가능한, 이를테면 배에서 연안으로의 통신 같은 고부가가치 틈새시장에 집중했다.

마르코니는 언론을 활용해 자신의 기술과 이름을 홍보하는 데에도 능했다. 1898년, 그는 빅토리아 여왕의 왕실 전용선과 몇몇 별장들에 무선통신 터미널을 설치해 주었다. 언론은 그날 여왕이 아들 웨일즈 왕자 에드워드(Edward)와 무선 메시지를 주고 받은 일을 대서특필했다. 무선전신은 유명한 국제 요트대회의 소식을 전하는 데도 사용되었다. 대회는 외진 곳에서 개최되었으며 그나마 가까운 육지에는 산이 많아 전신이나 전화 기반 시설을 설치할 수 없었다. 상황이 이렇다 보니 이전까지는 경기대회 정보를 바로 전달한다는 것이 불가능했다. 마르코니의 무선 기술이야말로 이러한 상황을 바꾸는 데 최적의 해결책이었다. 결국 대회를 성공적으로 중계함으로써 마르코니는 두 지점을 잇는 전신줄 없이 무선으로도 통신이 가능하다는 것을 많은 사람들에게 입증해 보였다.

1899년, 프랑스 정부는 마르코니에게 보조금을 주고 영국해협을 지나는 무선 연결망을 구축해 줄 것을 요청했다. 30마일의 개방 구역 연결은 큰 성공이었으며, 이에 고무된 마르코니는 더 원대한 도전을 생각하기 시작한다.

바다를 건너

영국해협을 지나는 무선전신에 성공한 바로 그해, 마르코니는 처음으로 미국을 방문했다. 뉴저지와 뉴욕 앞바다에서 개최되는 아메리카 컵(America's Cup) 요트 경기를 현장에서 보도하기 위해서였다. 마르코니는 이미 미국에서도 꽤 유명인이어서 열광적인 환영을 받았다. 미국에서의 즐거웠던 시간을 뒤로 하고 유럽으로 돌아면서 그는 앞으로 무엇을 더 성취할 수 있을지 고민하기 시작했다. 이미 영국해협을 건너 메시지를 보내는 데는 성공했다. 그렇다면? 아마도 대서양을 가로질러 전자기파를 보내는 것도 가능하지 않을까?

영국해협을 가로지르는 30마일과 비교하면 대서양은 2,000마일이나 되는 어마어마한 도전이었다. 물리적인 거리뿐 아니라 기술적인 요건에서도 그러했다. 우선 무선 신호가 2,000마일을 이동하려면 엄청난 송전 전력이 필요했고, 어마어마하게 크고 높은 안테나도 필요했다. 더군다나 아직 밝혀야 할 기본적인 과학적 사안들이 남아 있었다. 이를테면, 지구는 둥글다, 그렇다면 유럽에서 보낸 전자기파가 북미에 닿을 수 있을까? 혹 곧게 뻗은 빛줄기처럼 지구의 대기로부터 곧장 우주로 발사되는 것은 아닐까? 마르코니와 그의 기술 팀은 일단 이 엄청난 도전의 실행 가능성에 대해 사전 기술 분석을 시행해 보았는데, 비록 기술적으로 큰 도전이기는 하지만 그럼에도 가능할 것이라는 결론에 다다랐다. 과거 처음으로 대서양을 횡단했던 전신 케이블을 구축할 때도 미처 예측하지 못한 위험과 셀 수 없는 난관에 봉착했지만 결국 성공하지 않았던가? 1899년, 용감한 선지자 마르코니는 드디어 프로젝트의 닻을 올렸다.

마르코니는 과거의 실수를 거울삼아 유명한 영국 교수 존 앰브로스 플레밍(John Ambrose Fleming)을 채용하고 영국 해안에 강력한 무선 송신국을 설계하는 데 그의 도움을 받았다. 플레밍 교수는 전기 시스템 설계에 조예가 깊었고 한때 에디슨의 자문 역할도 했다. 마르코니는 프로젝트가 실패할 경우 그와 회사 모두의 명성에 흠이 날 것을 우려해 외부에는 철저히 비밀에 부친 채 작업을 진행했다. 물론 그는 대단한 배짱을 가지고 활기차게 일을 해 나갔다. 하지만 성공을 100퍼센트 확신하지는 않았기 때문에 매사에 극도로 신경을 쓰고 조심스러워했다.

송신국은 영국 남서해안에 있는 콘월 근처의 폴두(Poldhu)에 세워졌다. 수신국은 오랜 심사숙고 끝에 캐나다 뉴펀들랜드의 세인트존스에 세우기로 결정되었다. 뉴펀들랜드를 선택한 이유는 크게 두 가지였다. 우선 유럽에 가깝기 때문이었다(폴두와 뉴펀들랜드는 서로 1,800마일 떨어져 있어 마르코니가 처음 예상한 2,000마일보다 조금 더 가까웠다). 다른 하나는 도심으로부터 멀리 떨어져 있어 프로젝트를 언론으로부터 보호할 수 있다는 이유였다.

전자기파를 생성하는 마르코니의 기본 원리는 헤르츠의 독창적인 실험과 비슷했다. 하지만 폴두의 전자기파 발생기는 훨씬 더 규모가 컸다. 25킬로와트의 발전기로 구동되어 2만 볼트라는 어마어마한 출력 전압이 5센티미터 거리의 스파크 간극을 가로질러 가해졌다. 전하 축적 장치는 헤르츠의 독창적인 실험에서 사용된 막대 끝의 구리 구와 같은 것인데, 복수의 대형 판을 나란히 연결해서 만들었고 각각의 판 높이는 열 사람의 키를 합친 것보다도 길었다. 송신 안테나 역시 엄청났다. 20개가 넘는 장대를 원 안에 정렬시켜 와이어를 지지하게 만들었는데, 각각의 장대는 길이가 200피트에 달했다. 이 시스템은 주파수 500킬로헤르츠, 파장 길이가 600미터인 전자기파를 만들어 냈다. 작동을 시작하자 엄청난 천둥소리를 내는 스파크가 발생하면서 밑의 땅이 흔들리기까지 했다.

2년여 간의 무수한 노력과 셀 수 없이 반복되는 실패 끝에 1901년 12월 12일, 뉴펀들랜드의 끔찍이도 추운 겨울 어느 날 마르코니가 전화 수신기를 개량한 이어폰을 귀에 댔을 때 '디, 디, 디', 즉 '···' 신호가 희미하게 반복되는 것을 들었다. '···'는 모스 부호로 글자 'S'를 의미한다. 신호는 1,800마일 떨어져 있는 폴두 송신국에서 매시간 주기적으로 보내지고 있었다. 그리고 300피트 상공을 날아다니는 대형 연(그가 어려서 실험할 때 사용한 것처럼)에 탑재된 안테나에 의해 수신되었다. 마침내 마르코니는 그의 생각을 입증해 냈으며 꿈을 이루었다. 무선 신호가 광대한 대서양 바다를 건너 성공적으로 송수신된 것이다.

이 기념비적인 성공 소식은 곧 전 세계로 퍼져 나갔다. 그리고 5주가 채 지나지 않은 1902년 1월 13일, 마르코니는 뉴욕의 월도프 아스토리아 호텔에서 열린 미국전기기술자협회(American Institute of Electrical Engineers)의 연례 회의에서 상을 받게 되었다. 알렉산더 그레이엄 벨을 포함해서 많은 유명 인사들이 자리를 같이했다. 비록 그 자리에 참석하지는 않았지만 토머스 에디슨도 축하 전문을 보냈다. "그 친구가 이제 나하고 동급이 됐군요!"

만찬장에서 마르코니는 지극히 겸손했다. 너무 조용하다 보니 오히려 고상한 체하는 것이 아닌가 오해를 받을 정도였다. 사실 그는 쓸데없는 잡담과 일부 인사들의 신랄한 평가에 신경이 쓰였던 것이다. 어떤 사람은 연회장 바로 바깥에서 그의 업적에 대해 노골적인 불신을 털어놓기도 했다. 실제로 뉴펀들랜드에서 받은 신호는 극도로 약해서 '쉿쉿' 하는 주변 잡음 속에서 또렷해졌다가 희미해지고, 나타났다가 사라지기를 반복했다. 마르코니 자신도 진짜 메시지를 수신한 것인지 완전히 확신할 수 없을 정도였다. 혹시 그 'S'는 공기 속을 가르는 임의의 전자기 방사선이 깜박이는 신호가 아니었을까? 만약 그렇다면 그의 실험은 도대체 무엇이란 말인가? 마르코니는 겉으로는 만찬회의 잘 구워진 토스트와 감탄의 박수소리를 즐기면서도 속으로는 내내 연구를 지속하기 위한 최선의 방법을 찾기 위해 고민하고 있었다. 그는 가능한 한 빨리 확실한 증거를 세상에 내놓겠다고 다짐했다.

마르코니는 연회가 끝나자마자 서둘러 영국으로 돌아왔다. 돌아오는 배 안에서 이미 다음 실험에 대한 계획을 완성한 그는 사우스햄프턴에 도착하자마자 또 다른 여객선인 SS필라델피아호를 준비시켰다. 그리고 배 안에 거대한 수신 안테나와 당시의 가장 민감한 수신기를 설치했다. 2주 동안의 철두철미한 준비와 시험 후에 마르코니는 SS필라델피아호를 타고 다시 뉴욕으로 향했다. 폴두 송신국에는 매일 정해진 시간에 '...(S)' 신호를 포함하는 특정 메시지를 보낼 것을 지시했다. 배가 계속해서 서쪽을 향해 가는 동안 마르코니는 증인이 되어 줄 선장과 함께 갑판에 앉아 매일 송신 신호를 기다렸다. 메시지는 500마일을 지나서도, 그리고 1,000마일이 지나서도 선명하게 잡혔다. 1,500마일에 이르자 일부 메시지가 약해지기 시작했지만 'S' 신호는 여전히 식별이 가능했다. 배가 폴두로부터 2,099마일 떨어진 뉴욕에 도착할 때까지도 신호는 명확하게 포착되었다. 드디어 그는 모든 의심을 털어 낼 수 있었다. 정말로 대서양을 건너 성공적으로 무선 신호를 보내고 받은 것이었다. 이후 5년간 추가로 기술 개선을 마친 1907년, 마르코니는 대서양을 횡단하는 상업 무선전신 서비스의 개시를 발표했다.

마르코니는 처음 대서양 횡단 실험에 성공한 이후 줄곧 대기 중에서의 무선신호 전달 속성을 연구했다. 그는 주변 간섭의 세기가 밤보다 낮에 더 심하다는 것을 발견하고 이것이 태양복사(solar radiation: 태양에서 방출되는 전자기파의 총칭 – 역자 주) 현상 때문이라고 정확히 추정했다. 또 대서양 횡단 프로젝트를 하기 전부터 관심을 가지고 있었던 문제에도 계속 매달렸다. 어떻게 유럽에서 보낸 신호가 곧게 뻗은 빛줄기처럼 우주로 빠져나가지 않고 미국까지 갈 수 있을까? 이에 대한 그의 설명은 지구의 자기장이 어느 정도 무선 신호를 구부리는 역할을 한다는 것이었다. 그래서 지구 표면의 만곡을 따라 신호가 전파된다는 설명이었다. 당시에는 합리적인 추측이었지만, 역사는 이후 그가 틀렸음을 증명한다. 1927년 이온층(지구 표면으로부터 50~300마일 떨어진 대기층의 외층으로, 전파를 굴절시키고 무선 신호를 다시 지구로 반송시키는 이온화 가스를 품고 있는 층)이 발견되면서 진짜 이유가 밝혀진 것이다.

마르코니는 무선 기술에 기여한 공을 인정받아 1909년 독일 과학자 카를 페르디난트 브라운(Karl Ferdinand Braun)과 공동으로 노벨 물리학상을 수상했다. 역사상 노벨 물리학상 수상자 중에 정식으로 대학교를 졸업하지 않은 사람은 아마 마르코니가 유일할 것이다. 그러나 그의 놀라운 성과를 비추어 볼 때 분명 상을 받을 자격이 충분했다.

마르코니의 성공 이후 많은 대형 원양 여객선들이 장거리 무선전신 기구를 배에 장착하기 시작했다. 이 사업을 발전시키기 위해 마르코니는 새로운 사업 모델을 개발했다. 고객에게 직접 무선 장비를 팔지 않는 대신 장비를 빌려 주고 모든 필요한 서비스를 제공하는 것이었다. 여기에는 설계, 설치, 운영과 유지 보수가 포함되었고 배에서 일하는 무선전신 기사들 역시 마르코니 회사의 직원이었다. 마르코니는 이 턴키 솔루션(turnkey solution: 설비를 바로 가동할 수 있도록 모든 여건을 갖추어 주는 방식 — 역자 주)에 대한 대가로 상당액을 청구했다.

무선 기사는 숙달된 기술이 필요한 직업으로, 마치 그 이전 세대의 전신 기사가 그랬던 것처럼 어느 정도 권위가 있는 직책이었다. 1912년, 타이타닉호(Titanic)가 침몰했을 때 배 안에는 마르코니 회사의 무선 기사 두 명이 근무하고 있었다. 배가 빙산에 심각하게 부딪히자마자 그들은 쉴 새 없이 조난 신호를 보내 구조를 요청했다. 마침 근방에 마르코니의 통신 서비스를 받고 있던 여객선이 하나 있었는데, 이 배는 타이타닉호의 구조 신호를 받은 지 4시간 만에 현장에 도착했다. 그리고 긴급 구조 작업을 펼쳐 700명이 넘는 인명을 구할 수 있었다. 타이타닉호에 있던 기사 중 한 명은 그 재앙 속에서도 마지막까지 전보를 주고 받다가 익사했다. 비록 많은 사람의 생명을 앗아간 끔찍한 사고였지만 만약 무선통신 장비가 없었다면 더 많은 인명 피해를 낳았을 것이다. 타이타닉호 사고 후 마르코니는 일약 영웅으로 떠올랐고, 사업적인 면에서도 승자가 되었다. 일정 톤수 이상의 배들은 모두 배 안에 무선통신 시설을 갖추도록 새로운 법이 제정되었던 것이다. 마르코니 회사 입장에서는 노다지를 만난 것과 다름없었다.

이후 몇 년간 마르코니 무선회사는 지속적으로 성장했다. 하지만 불행히도 사업적인 측면과 개인적인 측면에서 몇 가지 어려움에 직면하게 되는데, 사업적으로는 레지널드 페센든(Reginald Fessenden)과 리 드 포레스트(Lee De Forest)의 기술 혁신이 마르코니 회사를 위협했으며, 개인적으로는 마르코니가 자동차 사고로 인해 척추 손상을 입고 한쪽 눈을 실명하게 된 것이다. 사고 이후 마르코니는 사업에 소극적으로 관여하였고 더불어 왕성했던 기업가 정신도 쇠퇴하였다. 1917년, 마르코니는 고향 이탈리아로 돌아가서 정치로 관심을 돌렸다. 이탈리아 정부로부터 영광스러운 후작 작위를 받고 난 뒤에는 무솔리니(Mussolini)와 개인적으로 밀접한 관계를 맺었다. 마르코니는 민족주의 성향으로, 결국 국가 파시스트(National Fascist)당의 당원이 되었다. 1937년, 마르코니가 숨을 거둘 때 무솔리니가 그의 곁에서 임종을 지켰다.

말년의 정치적 참여는 안타까운 일이었지만, 마르코니가 진정으로 뛰어난 기술자이자 사업가였음에는 틀림없다. 그는 탁월한 비전, 능력, 헌신, 용기, 그리고 사업 감각으로 최초의 무선통신 산업을 개척하고 발전시켰다. 또한 맥스웰과 헤르츠가 제공한 과학적 지식과 사회의 전반적인 요구를 연결시키는 중요한 가교 역할을 했다. 위성 라디오와 TV, 핸드폰과 Wi-Fi 등을 포함해 지금 우리가 누리고 있는 전자기파의 수많은 혜택이 볼로냐 출신의 소년 굴리엘모 마르코니 덕분이라는 점에는 의심의 여지가 없다.

5

조명과 전기화

Lighting and Electrification

　19세기의 마지막 몇 년 동안 새로이 발견된 전기와 자성에 대한 원리들이 다양한 방면으로 응용되었다. 전신, 전화, 그리고 무선전신은 '시간'과 '거리'라는 통신의 장벽을 효과적으로 무너뜨렸다. 그런데 전자기 기술은 통신에만 한정적으로 영향을 미친 것이 아니었다. 오히려 인간이 살아가는 방식을 근본적으로 심도 있게 변화시킨 요소들은 전동화(동력, 열 등을 다른 에너지원에서 얻던 것을 전기 에너지로 치환하는 것 – 역자 주)의 개발과 전력이나 조명 시스템 같은 기술의 대중화였다.

전기 조명 시스템

인류 최초의 전등은 나폴레옹 앞에서 전지로 철사에 열을 가하는 실험을 해 보인 볼타에 의해 발명되었다. 가느다란 금속 필라멘트에 전류를 흘리면 금속 자체의 전기 저항성에 의해 전기 에너지가 열 에너지로 전환되면서 금속을 달군다. 이때 발생한 열 때문에 처음에는 필라멘트가 암적색으로 빛나다가 전류가 증가하고 온도가 계속 올라감에 따라 밝은 흰색으로 바뀐다. 1807년 데이비가 아크등을 시연할 때 두 개의 탄소 막대 사이에 고전압 전기를 흘려 넣자 불꽃(스파크)이 발생하면서 강력하고 눈부신 빛이 터졌다. 이와 달리 볼타의 가열된 필라멘트, 즉 '백열등(incandescent lamp)'에서 나오는 불빛은 부드럽고 안정적이었으며 무엇보다도 보기에 편안했다. 또 실내나 실외를 구분하지 않고 어디서든 쉽게 사용할 수 있었다. 사실 인류는 수백 년 동안 밤이 되거나 어두운 곳에 있을 때 지속적으로 불을 사용할 수 있는 효과적이고 안전한 방법을 꿈꾸어 왔다. 이를 위해 장작을 때거나 촛불 또는 기름등을 사용했고, 1800년대 중반에는 이보다 훨씬 개량된 가스등이 출시되어 인기를 끌기도 했다. 하지만 전자기학이 그 이전의 어떤 조명 방식보다도 더 나은, 그리고 더 안전한 조명 방법을 제공할 수 있지 않았을까?

1878년, 이미 전신과 전화 그리고 축음기 등을 발명하여 엄청난 성공을 즐기고 있던 에디슨은 문득 전기를 이용해 빛을 생산하고 공급하는 방법을 본격적으로 고민해 보기로 결심했다. 그는 그동안 소개된 일부 조잡한 백열 조명이 폭넓게 사용되지 못한 데는 두 가지 근본적인 문제가 있다고 생각했다.

먼저 무엇보다도 백열광은 대량의 전기 에너지를 소비했다. 따라서 비싼 전지를 전력원으로 사용하는 한 실용적인 조명원이 될 수 없었다. 에디슨은

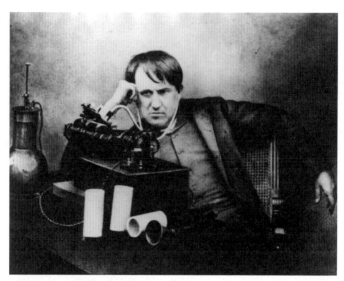

1878년 축음기 작업을 하고 있는 에디슨. Getty Images

전기 조명을 널리 보급하기 위해서는 풍부한 양의 전력을 지속적으로 저렴한 값에 만들어 낼 수 있는 방법을 개발해야 하며, 그렇게 만들어진 전력을 집까지 효과적으로 전달할 수 있는 기반 시설의 확보가 전제 조건으로 갖추어져야 한다고 판단했다. 이는 전체 시스템 기술의 관점에서 쉽지 않은 도전이었으며, 심지어 번뜩이는 에디슨에게조차도 한 개인의 능력을 훨씬 뛰어넘는 것이었다. 두 번째 문제는 광원이었다. 당시 많은 발명가들이 내놓은 실험용 불빛은 대개는 몇 시간 안에 다 타 버렸다. 에디슨은 조명 시스템을 실용적이고 적절한 가격대로 생산하기 위해서는 백열광 기능의 수명이 최소한 몇 백 시간은 유지되어야 한다고 생각했다. 그래야 소비자들도 전기 조명을 사용하는 것이 확실히 비용 대비 가치가 있다고 믿을 것이라고 본 것이다.

탄소 버튼 마이크로폰을 발명한 바로 이듬해인 1878년, 에디슨은 머지 않은 미래에 싸고 풍부한 전력을 만들 수 있는 돌파구를 찾을 수 있을 것이라고 예상했다. 1870년대 후반에 들어서면서 유럽의 기술자들이 다양한 발전 기술들을 고안해 내고 있었기 때문이다. 전력을 소비자에게 배포하고 공급하는 배전 문제는 차치하고 근본적인 발전 문제가 해결되자 에디슨은 마침내 조명 설비 프로젝트를 실행에 옮길 때가 왔다고 확신했다. 그는 두 갈래의 계획을 수립했는데, 백열광의 유효 수명을 늘리는 것과 발전기 개발 및 배전 네트워크를 결합하여 사용자들에게 알맞은 가격에 전기를 제공하는 것이었다.

에디슨이 제시한 완전 해법 지향적인 사고는 당시 다른 발명가들이 감히 꿈꾸거나 이해할 수 있는 수준을 훨씬 뛰어넘는 것이었고 그 결과 확실한 전략적 우위를 차지할 수 있었다. 에디슨은 작업을 위해 15만 달러를 마련했고 곧 주변의 열광적인 환호 속에서 프로젝트를 시작했다. 그의 초기 시장 진입 목적은 아주 구체적이었다. 바로 뉴욕 시에 있는 모든 가스 가로등과 그에 관련된 기반 시설들을 자신의 통합된 전기 기반의 조명 시스템으로 대체하는 것이었다.

초기 실험 결과는 실망스러웠다. 그의 전기 필라멘트도 다른 수많은 발명가들의 것처럼 몇 시간 못 가서 타 버렸다. 하지만 에디슨은 끈질긴 사람이었다. 수백 개의 다른 재료들을 체계적으로 시험하면서 시행착오를 통해 해결책을 찾으려고 고군분투했다. 마침내 그와 그의 팀원들은 무명실이나 대나무를 탄화시켜 만든 고저항 탄소섬유 필라멘트가 최고의 해법이 될 수 있음을 발견했다.

이 필라멘트는 상대적으로 오래 지속되었을 뿐 아니라 빠른 시간 내에 흰 빛을 내었고 가격도 저렴했다. 진공 상태로 밀봉된 유리 전구 안에 필라멘트를 집어넣자 평균 유효 수명은 수백 시간까지 늘어났고 최고 1,000시간까지 유지되었다. 시행착오 방법론을 조직적으로 활용하는 그의 주먹구구식 방법은 '에디슨식 접근법'으로 알려졌는데, 이론적 계산으로 기술적 문제를 푸는 데 필요한 관련 지식이 거의 전무했던 당시 상황에서는 꽤 이상적인 방식이었다. 필라멘트를 진공 유리구 안에 넣는 것을 생각해 낸 사람은 에디슨이 처음이 아니었다. 이미 약 7세기 전 험프리 데이비가 탄소 막대 스파크 실험에서 고안했던 것이다. 하지만 에디슨의 모델은 그 이전의 어느 것보다도 훨씬 더 우수했다.

에디슨과 그의 팀은 전구 개발과 병행하여 발전과 공급 시스템도 설계하고 만들었다. 그들의 전력 시스템은 증기엔진 기반의 발전기와 전송선, 스위치, 퓨즈, 그리고 전력계(power meter)를 포함하고 있었다. 그는 사용자들에게 정액제가 아니라 각자가 사용한 전력량에 비례하는 요금을 부과할 계획이었다. 따라서 전력계는 요금 부과 정보를 제공하는 데 필수적인 요소였다.

에디슨은 실용적인 전구를 개발했을 뿐만 아니라 기본적인 배전 시스템의 개념을 함께 제시함으로써 자신의 기술적 재능과 사업적 통찰력을 함께 입증해 보였다. 하지만 이 두 가지 성과를 달성하는 동안 초기 조성 자금을 거의 다 소진했기 때문에 실제적이고 상업화 가능성이 있는 전기 조명 시스템을 구축하고자 하는 그의 비전을 실현하기 위해서는 추가 자금이 필요했다.

당시 J. P. 모건(J. P. Morgan)과 코넬리어스 밴더빌트(Cornelius Vanderbilt) 같은 영향력 있는 자본가의 상당수는 웨스턴유니언의 전신 사업에 거액을 투자하고 있었다. 1870년대에 전신회사와 그 후원자들이 전화와의 전쟁에 발이 묶인 상태에서 대다수 사람들은 일단 지켜보자는 입장을 취하고 있었고, 에디슨의 전기 조명 시스템에 관심을 보인 자본가들도 투자를 주저했다.

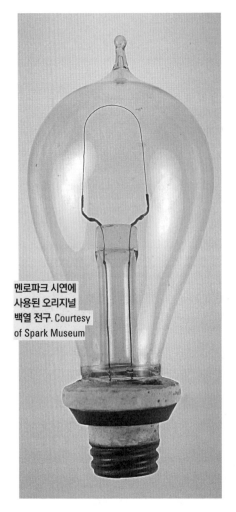

멘로파크 시연에
사용된 오리지널
백열 전구. Courtesy
of Spark Museum

하지만 에디슨은 제아무리 회의적인 사람이라고 해도 자신의 제대로 된 시연을 보고 나면 얼마든지 후원자로 바뀔 수 있다고 자신했다.

1879년의 마지막 날, 에디슨은 신중히 선정한 한 무리의 손님들을 뉴저지 멘로파크(Menlo Park)에 있는 그의 연구소로 초대했다. 여기에는 신문사 기자와 뉴욕 시 정부 관료들도 포함되어 있었다. 시연이 있던 날 아침에는 눈이 내렸다. 손님들을 위해 특별히 지정된 기차가 맨해튼을 출발해 에디슨의 실험실 앞에 당도했을 때 에디슨은 고요 속에 눈부시게 빛나는 순백의 풍경 속에서 그들을 반겼다.

날은 어두워지고 앞으로 어떤 일이 벌어질지도 모르는 채 서 있는 손님들 앞에서 에디슨은 발전기를 돌리고 과장된 몸짓으로 스위치 하나를 꾹 눌렀다. 그 순간 290개의 전구가 밝힌 부드럽고 편안한 불빛이 방금 내린 눈의 카펫 위로 성스럽게 빛나면서 사방을 밝혔다. 눈 앞에서 벌어진 마술 같은 광경에 한껏 들뜬 사람들이 떠들썩해지자 에디슨은 곧바로 또 다른 스위치를 건드렸다. 그러자 줄줄이 정렬되어 있던 불빛들이 켜졌다 꺼졌다 하면서 깜박거렸다. 바로 세계 최초의 크리스마스 장식등이었다! 기존의 광원 중 어떤 것도 이렇게 쉽게 제어되지는 않았다. 뉴욕시 가스 가로등 관리를 책임지고 있던 주름이 쭈글쭈글한 관리도 입을 다물지 못한 채 이 장관을 바라보았다.

다음 날인 1880년 1월 1일, 뉴욕의 모든 신문에서 에디슨의 이 위대한 발명을 표지 기사로 싣고 새로운 10년의 시작과 함께 인류를 위한 새로운 시대가 시작되었음을 선언했다. 이제 더 이상 밤의 어둠이 인간의 활동시간을 제한할 수 없게 된 것이다.

에디슨의 멘로파크 시연은 백열전구와 전력 배전 시스템의 실행 가능성을 성공적으로 입증했다. 그리고 그 자리에 참석했던 재력가들은 에디슨이 바라던 대로 큰 감명을 받았다. 총명한 발명가였던 만큼이나 수완 좋은 사업가였던 에디슨은 그가 불을 지핀 사람들의 관심을 잘 활용하여 맨해튼 도심 근처 부촌에 중앙 발전소를 세우고 최초의 소규모 전력 배전 시스템을 구축할 것을 제안하였다. 최초의 '전력망'으로 기록되는 이 배전 시스템은 맨해튼 지역의 가입자들에게 전력을 공급하기 위한 것이었다. 에디슨은 그 지역에 막강한 자본가 J. P. 모건의 호화로운 맨해튼 저택이 자리 잡고 있음을 이미 간파하고 있었다. 멘로파크에서의 시연 이후 모건을 비롯한 여러 부호들을 설득해 프로젝트에 대한 투자를 이끄는 것은 정말 식은 죽 먹기였다.

충분한 자금력으로 무장한 에디슨은 본격적으로 일을 벌였다. 1882년, 세계 최초의 상용 중앙 발전소인 펄 스트리트 발전소(Pearl Street Station)가 운영을 시작했다. 이 발전소에서 사용한 27톤 발전기는 기존의 유럽식 설계에 에디슨의 개선 사항들을 반영해 최대 출력 100킬로와트의 직류(Direct Current: DC)를 공급 전압 110볼트에 제공할 수 있었다. 이 정도 전력은

1,200개의 전구를 켤 수 있는 양이었는데 당시로는 천문학적인 숫자였다. 그때부터 에디슨의 59명 고객 중의 한 명인 J. P. 모건의 대저택은 매일 저녁 불빛으로 눈부시게 빛나면서 금주령 이전 시대를 밝히는 뉴욕의 장관이 되었다.

맨해튼에서 이룩한 흠잡을 수 없는 성공에 힘입은 전기 조명 시스템 사업은 티핑 포인트에 다다랐다. 에디슨의 기술과 특허를 라이선스 체결한 신규 발전소와 배전 네트워크가 전국에 걸쳐 우후죽순으로 건설되었는데, 마치 모스의 워싱턴–볼티모어 시연 이후 불었던 전국적인 전신 시스템의 구축 열풍과 흡사했다. 불과 4년 사이에 100개가 훨씬 넘는 발전소와 이와 연계된 배전 시스템이 미국 전역에 세워져 운영되는 동시에 J. P. 모건은 에디슨 제너럴 일렉트릭 컴퍼니(Edison General Electric Company: Edison-GE) 설립에 시동을 걸었다. 이 회사는 전구나 발전기 같은 주요 전기 제품을 전문적으로 개발하고 생산했으며, 창립자로 명명된 에디슨은 회사 지분의 상당량을 할당받았다. 탁월한 비전, 용기, 그리고 노력의 결과로 명성과 부를 한 손에 쥐게 된 것이다.

1882년에 Edison-GE는 5만 개의 전구를 생산했고 1887년에는 총 생산량이 100만 개를 넘었다. 이제 토머스 앨버 에디슨은 빅토리아 여왕의 뒤를 이어 세계에서 두 번째로 인지도가 높은 인물이 되었다. 주요 신규 사업이 그의 손에서 탄생하였다. 역사를 면밀히 검토해 보면 그의 성공은 그보다 몇 년 전 유럽에서 개발된 전기 발전 기술을 영리하게 통합하고 실용적으로 개선한 결과였음을 알 수 있다.

발전기와 모터

전기 모터의 과학적 원리를 처음 입증한 사람은 마이클 패러데이로 1821

년의 일이었다. 패러데이는 그의 고전적 연구에서 전지의 화학적 에너지를 액체 수은을 통해 흐르는 전기 에너지로 전환시키는 데 성공했다. 그리고 이 전기 에너지를 구리 막대의 회전 동작을 이용해 운동 에너지로 전환시켰는데, 이것은 가장 기본적인 형태의 모터 원리를 보여 준 것이었다. 그로부터 10년 후 패러데이는 운동 에너지를 다시 전기 에너지로 전환시킬 수 있음을 증명하였다. 감겨 있는 전선 사이의 공간에 자석을 넣었다 뺄 때 전선을 통해 전류가 흐르는 현상을 목격한 것인데, 이 장치는 사실상 운동을 전력으로 전환한 최초의 발전기였다.

이처럼 모터와 발전기의 작동을 관장하는 기본 물리적 원리는 에디슨 훨씬 이전부터 충분히 알려져 있었지만 실용적인 제품을 개발하는 단계에서는 오랜 난항을 겪었다. 초기 모터는 마치 장난감 같아서 기발한 설계에도 불구하고 실용적으로 사용할 수 있을 만큼의 전력을 생성하지 못했다. 또한 당시 모터의 유일한 전력원이던 전지가 대규모로 사용되기에는 너무 비싸다는 한계가 있었다. 이 때문에 많은 발명가들이 1840년대 중반부터 발전기 개발에 관심을 가지게 되었고 이후 20년 동안 발전기 설계 기술을 지속적으로 향상시켜 갔다.

이 기간을 거치면서 발전기의 기본 설계가 어느 정도 통일되었는데, 대부분의 발전기는 고정자(stator), 회전자(rotor), 전기자(armature), 정류자(commutator) 등 총 네 개의 주요 부품으로 구성되었다. 고정자는 말 그대로 고정된 부분으로, 전기를 생성하는 데 필요한 자기를 공급한다. 회전자는 돌아가는 축인데 증기기계에 의해, 더 나중에는 터빈에 의해 기계적으로 구동되었다. 전기자로 알려진 와이어 코일은 통상 회전자에 붙어 있고, 회전자가 고정자 안의 자기장에서 회전할 때 외부 전력원으로부터의 역학 에너지가 전기 에너지로 바뀌는데, 전기자의 권선(winding)

제노브 그람. SPL/Science Source

을 통해 흐르는 전류의 주기적인 파동 형태로 전환된다. 이때 변화하는 진폭을 가진 전류는 바로 교류(Alternative Current: AC)로서 전지 같은 전력원에서 일정하게 나오는 전류인 직류(Direct Current: DC)와는 다른 형태를 지닌다.

발전기의 마지막 부품인 정류자는 전기자 코일 내에서 발생한 교류를 지속적인 직류 출력으로 변환한다. 당시 시장 수요가 있는 전력 대부분이 직류였기 때문에 정류자가 반드시 필요했다. 다이너모로도 알려진 이 새로운 직류 발전기는 많은 응용 분야에서 전지를 대체할 수 있는 시장 잠재력을 가지고 있었다. 하지만 교류의 경우 당시 전기 아크등 조명만이 유일한 시장이어서 시장 규모가 훨씬 작았다.

초기 발전기들은 성공적인 제품들조차도 운동 에너지를 전기 에너지로 변환하는 과정이 극히 비효율적이었다. 상업적 실용성을 지닌 발전기를 개발하기 위해서는 뭔가 획기적인 돌파구가 필요했는데, 1867년 독일 기술자 베르너 지멘스가 그 첫 번째 돌파구를 찾아냈다. 그는 다이너모의 주요 한계점 중 하나가 고정자의 자기장 세기가 너무 약하다는 것임을 알게 되었다. 그래서 다이너모의 영구자석을 강력한 전자석으로 교체한 시스템을 설계해 변환 효율성을 대폭 향상시켰다.

두 번째 돌파구는 벨기에의 목수 아들인 제노브 그람(Zenobe Gramme)에게서 나왔다. 그는 다이너모의 또 다른 미묘한 설계상 결함에 주목했다. 통상적으로 고정자와 전기자/회전자 사이의 공간 간격이 너무 넓어 코일과 자기장 사이의 결합 효율이 심각하게 약화되고 다이너모의 잠재 출력도 많이 약화된다는 점이었다. 하지만 이 문제는 쉽게 해결되지 않았다. 전기자가 고속 회전 과정에서 고정자와 부딪치지 않도록 안전거리를 유지해야 했기 때문이다.

그람은 기발한 설계와 더불어 신소재를 재치 있게 활용하는 기지를 발휘하여 마침내 1871년, 이전보다 훨씬 더 향상된 성능의 다이너모를 개발했다. 정말이지 완벽한 타이밍이었다. 1870년대가 되면서 전신과 전기 도금 산업을 중심으로 비싼 전지를 대체할 수 있는 싸고 무한한 전력원에 대한 수요가 크게 늘어났기 때문이다. 결과적으로 그람의 다이너모에 대한 수요는 급격히 증가했다.

1873년, 그람과 그의 프랑스인 파트너 이폴리트 퐁텐(Hippolyte Fontaine)은 오스트리아 빈에서 다이너모를 전시하던 중 퐁텐의 실수로 서로 멀리 떨어져 있던 두 다이너모를 전선으로 연결시켜 놓았다. 이윽고 시연이 시작되자 스팀 엔진과 기계적으로 결합된 다이너모가 계획대로 전력을 생산해냈다. 이때 놀랍게도 전력을 생산 중인 다이너모와 실수로 연결되어 있던 또 다른 다이너모도 갑자기 돌아가기 시작했다. 운 좋은 실수이자 역사적 순간이었다. 실용적 모터의 첫 시연이었을 뿐 아니라 상당량의 전력을 꽤 먼 곳까지 전송한 첫 사례이기도 했던 것이다. 다이너모의 전기 출력을 전선을 통해 먼 곳까지 보낼 수 있다는 것과 고효율의 다이너모를 반대로 돌리면 고성능의 직류 동력 모터로 변하게 된다는 두 가지 발견은 그야말로 획기적인 성과였다. 그람은 뜻밖에도 2차 산업혁명을 촉발시킨 하나의 주요 기술 혁신을 이룩한 것이었다.

그람은 초기 성공에 만족하지 않고 지속적으로 다이너모의 설계를 개선해 나가는 한편 시장 확대를 위해서도 노력했다. 그 과정에서 다이너모의 설계에 획기적 변신을 꾀하였는데, 바로 정류자를 제거하고 직류 발전기를 교류 발전기, 즉 얼터네이터(alternator)로 교체한 것이었다. 그람은 이 얼터네이터로 당시 성장하고 있던 전기 아크등 시장을 성공적으로 공략할 수 있었다. 에디슨의 백열전구가 맨해튼의 밤을 수놓기 6년쯤 전인 1874년, 그람은 얼터네이터를 사용한 현란한 아크등으로 파리 오페라하우스 외부를 환하게 비추며 파리의 스카이라인을 밝게 타 오르게 했다.

유럽에서 들려온 다이너모와 모터 기술의 획기적인 개선 소식은 에디슨에게 실용적인 전기 조명 시스템을 개발할 적기가 왔음을 알려 주었다. 이미 탄소 버튼 마이크로폰과 축음기의 개발을 마친 에디슨은 4년간의 노력 끝에 전구와 중앙 조명 시스템을 개발하여 전대미문의 성공을 거두었다. 1882년, 에디슨의 맨해튼 중앙 발전소가 성공적으로 운영을 개시하자 전국에 걸쳐 건설되는 발전소가 불꽃처럼 번져 나갔다. 얼마 지나지 않아 전기 조명은 사회 곳곳에 널리 퍼졌고 가격도 점차 안정되었다. 더불어 적정 가격의 전력이 집까지 바로 연결되는 일도 흔해졌다.

에디슨의 배전 시스템은 낮은 전압(110볼트)의 직류에 기반하고 있었다. 그는 교류 기술을 불필요하고 잠재적 위험이 큰 것으로 여겨 건물 외부의 아크등 투광 조명 외에는 사용하지 않았다. 또한 혹시 일어날지도 모를 사람과의 직접 접촉에 따른 위험을 막기 위해 전선을 땅속에 묻는 데 돈을 아끼지 않았다.

에디슨의 전력과 조명 시스템은 잘 작동했지만 한 가지 단점이 있다면, 저압의 직류를 일반 구리선을 통해 전송하다 보니 구리선 자체의 고유 저항성 때문에 전력 손실이 제법 많다는 것이었다. 거리가 늘어날수록 축적되는 손실 규모는 엄두도 못 낼 정도로 증가했다. 이 문제를 완화시킬 수 있는 유일한 방법은 지름이 더 큰 구리선을 사용해 선의 저항성을 줄이는 것이었는데, 그러려면 더 많은 비용이 들었다. 이 본질적인 한계 때문에 에디슨의 직류전력 시스템은 발전소에서 반경 약 1.5마일 이내의 가입자에게만 효과적으로 전력을 공급할 수 있었다. 에디슨도 어쩔 수 없이 그의 직류 발전소가 소규모여야만 하고 인구 밀도가 높은 지역의 중심부에 위치해야 한다는 사실을 받아들여야 했다.

조지 웨스팅하우스. Photo Researchers, Inc./Science Source

하지만 당시에는 직류 발전만이 유일하게 사용할 수 있는 기술이었기 때문에 이 기술적인 한계가 전구 수요에 직접적인 영향을 미치지는 않았고 전기 조명 산업의 성장을 막지도 못했다. 다이너모와 전구에 대한 주문이 기하급수적으로 늘면서 Edison-GE의 이익도 급증했다. 하지만 놀랍게도 1887년이 되자 주문이 줄어들기 시작했는데, 에디슨의 잠재 고객 중 상당수가 급성장 중인 웨스팅하우스 전기(Westinghouse Electric)라는 신예 필라델피아 회사로부터 구매를 시작했기 때문이다. 더 놀라운 사실은 웨스팅하우스가 Edison-GE와 달리 직류가 아닌 교류 조명을 사용하고 있다는 사실이었다.

AC-DC 전쟁

조지 웨스팅하우스(George Westinghouse)는 평생을 발명가이자 기업가로 살았다. 젊은 시절에는 철도 신호등 시스템을, 이후에는 기차에 사용되는 에어브레이크 기술을 개발한 그는 1885년까지 이미 네 개의 회사를 성공적으로 창업하여 백만장자가 되었지만 항상 새로운 사업 기회를 엿보고 있었다.

1880년대 초기에 웨스팅하우스는 회사 관계자로부터 고압 교류를 사용하여 전력 손실을 최소화한다는 영국 뉴스 보도를 전해 듣고 또 한 번의 엄청난 기회가 찾아왔음을 직감했다. 교류는 직류가 가지고 있지 않은 독특한 속성 하나를 가지고 있다. 바로 패러데이의 위대한 발명품인 변압기를 이용해 쉽게 전압을 높이고 낮출 수 있다는 점이다. 더군다나 전선을 통해 전송되는 고압의 교류는 저압의 직류보다 훨씬 에너지 손실이 적어 길게는 12마일까지 효율적으로 전력을 전달할 수 있었다. 이에 반해 에디슨의 모든 (단연 미국에서 가장 큰) 발전소는 직류만을 출력하기 때문에 범위와 크기의 제약이 컸다. 웨스팅하우스는 가입자로부터 멀리 떨어진 땅값이 싼 지역에 대형 교류 발전소를 지어 가격 경쟁력을 확보하는 것을 구상했다. 대형 발전소를 통해 광범위한 지역의 가입자를 만족시키는 동시에 운영비에 합당한 규모의 경제 창출이 가능했다. 원거리 발전소로부터 교류전력을 아주 높은 전압으로 보내면 가입자 거주지 근방까지 먼 거리를 이동하더라도 전력 손실이 크지 않았다. 일단 거주지 근처까지 도달한 전압은 다시 주변 변압국을 통해 집에서 안전하게 쓸 수 있는 크기로 낮춰졌다. 백열등을 켜는 데는 직류와 교류 모두를 사용할 수 있기 때문에 고객들은 둘 중 아무것이나 사용해도 상관없었고, 그 둘의 차이를 알 수도 없었으며 또 관심도 없었다.

전기를 대규모로 적용할 때 교류의 근본적 우월성을 알게 되자 웨스팅하우스는 재빨리 작업에 들어가 첫 번째 교류 발전소를 시범적으로 짓기 시작했다. 그는 지멘스로부터 얼터네이터를 가져와 성능을 최적화하고, 영국의 한 회사에게서 변압기를 사서 높은 전력 부하를 처리할 수 있도록 고쳤다. 몇 개월 후 웨스팅하우스는 교류 얼터네이터를 변압기와 통합하여 전압을 아주 효율적으로 올리고 내릴 수 있게 되었다. 이러한 작업 결과에 만족한 웨스팅하우스는 자체 교류 제품들을 생산하기 시작하면서 본격적으로 전기 조명 시스템 시장에 진입했다.

웨스팅하우스는 규모의 효율성과 전송 과정에서 줄어든 손실을 앞세워 대부분의 공사에서 에디슨보다 낮은 가격을 써낼 수 있었다. 에디슨은 이에 놀랐지만 그래도 더 많은 대중이 자신을 지지해 줄 것이라고 기대했다. 하지만 대중들은 직류와 교류의 차이에 대해 크게 신경을 쓰지 않았고 별 관심이 없었다. 단지 웨스팅하우스 제품이 비슷한 품질에 가격은 더 저렴하다는 것 정도에만 관심을 가졌다. Edison-GE가 단독으로 발전 산업을 창출한 지 불과 5년 후인 1887년, 웨스팅하우스는 이미 중앙 발전소를 포함해서 전기 조명 시스템 구축을 위한 대규모 공공 및 민간 프로젝트를 27개나 수주했다.

드디어 에디슨도 웨스팅하우스의 위협이 심각한 수준임을 인식하게 되었다. 자존심 강하고 권위적인 기술자이자 완고한 사업가였던 에디슨의 본능적인 반응은 맞서 싸우는 것이었다. 에디슨은 웨스팅하우스와 교류전력을 공격하고 깎아내리는 대대적인 공공 캠페인을 시작했다. 그 전설적인 '전류 전쟁(War of the Currents: AC-DC 전쟁)'이 시작된 것이다. 에디슨은 도심 지역에 걸려 있는 고압 전력선이 극도로 위험하다고 보았다. 기자 회견을 열어 교류의 잠재적인 치명적 위험을 지적하고 그 사실을 극적으로 보여 주기 위해 모든 사람이 보는 앞에서 유기견을 고압의 교류전류로 감전사시켰다. 하지만 대중들로부터 격렬한 반응을 일으키는 데 실패하자 그는 더 큰 동물을 찾아 말을 감전사시켰고 그 다음으로는 동물원의 광폭한 코끼리까지 해치웠다. 그럼에도 만족하지 못한 에디슨은 말도 안 되는 이 행위가 이미 도를 넘었다는 주변의 충고도 무시한 채 고압 교류전류로 범죄자를 처형할 수 있는 사형 기계를 설계해 '웨스팅하우스식(Westinghousestyle) 처형'이라는 악의적인 이름을 붙이기까지 했다. 오늘날 우리는 이것을 전기의자라고 부른다.

에디슨의 소름 끼치는 시연에도 불구하고 웨스팅하우스의 교류 사업은 지속적으로 성장하여 Edison-GE의 시장을 잠식해 갔다. 또한 있는 힘을 다해 고압 전송 시스템의 안전성을 개선해 나가 에디슨이 공략할 만한 어떠한 여지도 남기지 않았다. 실제로 에디슨이 교류 시스템의 취약점을 지적함으로써 오히려 웨스팅하우스가 좀 더 안전하고 완벽한 제품을 만드는 데 도움이 되었다. 1889년, 에디슨이 교류의 위험성에 대해 시비를 계속하는 가운데 웨스팅하우스는 새롭게 개발한 다상교류모터의 특허를 취득했다. 이것은 최초의 교류전력 기반 고효율·고출력 모터였는데, 후에 에디슨의 강적이 되는 니콜라 테슬라의 발명품이었다. 웨스팅하우스는 교류모터를 자신의 포트폴리오에 더하면서 교류 기반의 모든 전자기기 제품군을 수직 통합하여 통제할 수 있게 되었다. 이렇게 회사가 통합되면서 에디슨조차도 함부로 흔들지 못하는 확고부동한 지위를 확보했다.

존 피어폰트(John Pierpont: J.P.) **모건.**
© Oscar White/CORBIS

그 사이 교류 기술이 전력 배급에 있어 더 우수한 선택이라는 점이 모든 사람들에게 분명해졌지만, 에디슨은 여전히 완강했다. 그는 계속해서 결사적으로 고압 교류를 공격하고 비방했다. 분명 처음에는 진정으로 그것의 위험을 걱정했는지도 모른다. 하지만 시간이 지나면서 그는 교류와의 싸움에 과도하게 집착해 자신의 명성을 다 걸다시피

했다. 그 때문에 교류의 우수성을 인정하는 것은 전면적인 항복과 마찬가지였다. 에디슨은 결코 패배해 본 적이 없는 천재였다. 전류 전쟁에서 패배한 그는 점점 더 이성을 잃었고, 그런 그의 광기는 Edison-GE의 사업에도 부정적인 영향을 미쳤다. 회사의 주요 투자자 및 대주주인 J. P. 모건을 포함한 주요 주주들은 에디슨과 그의 터무니없는 행동에 점점 더 불만을 갖기 시작했다.

1891년, 유럽을 여행하던 모건은 지멘스사를 방문했다. 베르너 폰 지멘스가 유럽의 전신 산업을 개발하기 위해 설립한 이 회사는 당시 개량형 발전기를 내놓고 전체 전기 산업에서 세계 최대의 그리고 최고의 기업이 되는 것을 목표로 사업을 확장해 가고 있었다. 모건은 지멘스 경영진과의 미팅을 통해 교류는 전기 산업의 미래라는 것, 그리고 Edison-GE와 에디슨이 그동안 너무 편협된 시선을 가져 왔음을 확신하게 되었다. 미국으로 돌아온 모건은 조용히 Edison-GE와 톰슨-휴스턴사(Thomson-Houston Company) 간의 합병을 지휘하기 시작했다.

톰슨-휴스턴사는 전기 아크등 조명과 관련된 여러 가지 혁신적인 특허들을 보유하고 있었고, 상당수의 교류 관련 제품들을 생산하고 있었다. 모건은 에디슨의 매도에도 불구하고 교류와 직류 영역 모두로 사업을 다양화하는 것이 회사의 장래를 보장하는 동시에 웨스팅하우스의 시장 잠식으로부터 그의 투자를 보호하는 길이라고 믿었다.

1892년, 모건은 자신의 회사와 톰슨-휴스턴사 간의 합병을 공식으로 발표하고 합병 후의 회사 이름을 제너럴 일렉트릭 컴퍼니(General Electric Company, 간단히 GE)로 바꿨다. 에디슨의 이름은 완전히 배제되었고 회사 경영도 톰슨-휴스턴사의 찰스 코핀(Charles Coffin)이라는 전 구두 판매원의 손에 맡겨졌다. 회사 합병의 전체 과정에서 철저히 배제된 에디슨은 자신이 축출될 것이라는 이야기를 그저 루머로만 전해 듣고 있었다. 결국 신문을 통해 루머가 사실로 확인되자 에디슨은 아무런 환호도 받지 못한 채 무대에서 내려와야만 했다. 그 누구보다 뛰어난 천재의 자존심은 이렇게 처절히 짓밟히고 말았다.

에디슨이 빠지면서 전류 전쟁의 최종 승자는 교류가 되었다. 그리고 얼마 후 또 다른 전쟁이 기다리고 있었다. 컬럼비아 박람회(Columbian Exposition)로도 알려진 1893년 시카고 세계 박람회에서 광활한 박람회장을 밝힐 전구 9만 2,000개의 전력 공급을 위한 제안 요청서가 공표된 것이다. 결국 웨스팅하우스가 GE를 이기고 계약을 따냈다. 웨스팅하우스는 그 박람회를 위해 거대한 얼터네이터를 개발했는데 회전하는 전기자의 무게만도 25톤이나 되었다. 웨스팅하우스의 기술자들과 니콜라 테슬라는 특별히 건설될 교류전력 시스템을 공동으로 설계하고 '다상' 배전 개념을 구현했다. 두 개에서 세 개의 교류 전원들이 그들의 에너지를 하나의 전선으로 정확히 동기화해 보내는 이 전력 네트워크는 견고하고 효율적이며 안전했다. 그리고 수백 개의 교류모터뿐 아니라 12만 개의 백열전구와 아크등을 작동시킬 수 있을 정도의 전기를 공급할 수 있었다. 전체 전력 계통의 구조도 흠잡을 데 없이 완벽하여 미국 발전 시스템의 실제적인 표준이 되었다. 테슬라의 설계는 오늘날까지도 전력 산업의 표준으로 남아 있다.

1895년 웨스팅하우스는 또 다른 기념비적인 계약을 성사시켰다. 전례 없는 거대한 수력 발전소를 나이아가라 폭포에 짓는 것이었다. 이 프로젝트는 5만 마력의 전력을 생산하기 위해 10개의 터빈 구동 발전기를 필요로 했다. 그리고 변압기를 이용해 전압을 놀라울 정도인 2만 2,000볼트까지 올려 27마일 가량 떨어져 있는 뉴욕 버팔로까지 전기를 보냈다. 나이아가라 폭포 계약은 교류의 승리에 쐐기를 박았고, 이때부터 직류전력 송전 시스템은 거의 구닥다리 기술이 되어 버렸다. 최근에 들어와서야 고압 직류 기술이 대형 전력 계통 간의 장거리 송전에 새로이 쓰이기 시작했다. 1900년대의 여명이 밝아 올 때쯤에는 그 누구도 테슬라와 웨스팅하우스의 교류전력이 토머스 앨버 에디슨의 직류전력을 누르고 승리했다는 사실을 의심하지 않았다.

전기화의 영향

전기화의 혁신은 전류 전쟁이 승부를 결정지을 때를 기다리는 중에도 결코 속도를 늦추지 않았다. 실용적인 발전기와 모터들이 등장하기 시작하면서 1800년대 후반 내내 전기로 구동되는 발명품들이 도시와 공장지역에 넘치기 시작했다. 이것은 계층 구분 없이 사람들의 삶과 제조, 광업, 농업, 운송업을 비롯한 모든 산업에 영향을 미쳤다.

거리전차(street trolley)는 지멘스가 1876년에 독일에서 처음 개발한 것이다. 이 전차는 스팀엔진으로 구동되는 외부 발전기로 작동되었다. 디자인도 전차 속의 모터에 전기를 공급하는 보기 흉한 공중 전깃줄을 빼고는 단순하고 우아했다. 더욱이 속도가 빠르면서도 유독성 배기가스를 배출하지 않았기 때문에 도시에 사는 주민들이 특히 선호했다. 이 전차는 곧 전 세계로 확산되었고, 이에 따른 막대한 이익에 힘입어 지멘스는 1879년에 세계 최초의 전기기관차를 만들 수 있었다. 이 전기기관차는 강력하고도 시기적절한 발명품이었다.

19세기 말이 되자 대중교통 문제는 전 세계 모든 도시들이 시급히 해결해야 할 과제가 되었다. 전차는 샌프란시스코나 암스테르담같이 적정한 인구밀도를 자랑하는 도시에서는 큰 환영을 받았지만, 인구밀도가 훨씬 높은 대도시의 대중교통 문제를 해결하기 위해서는 좀 더 대용량의 교통기관이 필요했다. 1863년, 영국은 도로의 혼잡을 피하기 위해 지하에 철도를 건설하기 시작했다. 원래의 런던 지하철은 증기기관차를 운용했다. 하지만 증기기관차의 경우 환기 문제 때문에 초창기의 철도 네트워크는 말 그대로 질식해 버렸다. 이 문제는 무공해의 전기 추진 기술이 도입되고 나서야 비로소 해결되었다. 런던 지하철은 1890년까지 완전 전기화가 진행되었고 운행 규모도 크게 확장되었다.

런던 지하철 시스템의 성공을 목격한 다른 주요 도시들은 너도나도 이를 모방했다. 1894년, 지멘스는 헝가리 부다페스트에 세계 두 번째의 지하철 시스템을 설계하고 건설하는 공사를 맡았다. 그다음은 뉴욕시였다. 거의 120년이 지난 지금도 지하철의 전기철도 건설은 특히 중국을 비롯한 세계 대도시에서 지속적으로 진행되고 있다.

동력으로 작동되던 초창기 운송 수단과 자동차들은 증기기관차처럼 증기엔진 구동 방식을 사용하다가 매우 빠른 시간 내에 전지로 작동하는 전기 구동 방식으로 대체되었다. 하지만 전지 기술의 한계로 전기차의 성능과 주행거리는 극도로 제한을 받을 수밖에 없었다. 결국 내부 연소 엔진이 완성되자 개인용 전기차들은 가솔린차에 밀려나기 시작하여 1900년부터는 가솔린차의 판매 수가 전기차를 능가하기 시작했다. 전지의 전력으로 차를 굴리는 것은 최근까지도 중요한 기술적 과제로 남아 있었다. 하지만 100여 년에 걸친 그동안의 추이를 역전시킬 수 있는 기술적 돌파구가 이제 거의 준비를 마친 것으로 보인다. 이를테면 7,000개 이상의 리튬이온 전지를 사용한 테슬라 모터스(Tesla Motors)의 2013년 모델 S 세단의 초기 성공은 미래의 전기차 시대에 대한 희망을 한껏 부풀려 주고 있다.

기차의 경우와 마찬가지로 전기 동력으로 추진되는 보트 역시 거의 없었다. 풍력과 증기터빈 덕분에 그럴 필요가 없었던 것이다. 하지만 바다 밑 운송 수단으로서 잠수함에 필요한 특별 사항 덕분에 상황이 변했다. 바다 밑을 항해할 때는 가용 산소의 부족으로 연소가 불가능해진다. 따라서 1888년 최초로 잠수함을 만든 스페인 출신의 이삭 페랄(Issac Peral)은 잠수 시 길게 늘어서 있는 고용량 축전기들로 선체를 움직였다. 이 전지들은 배가 물 위로 떠올랐을 때 선내 발전기로 충전을 해야만 했다. 이러한 제약은 원자력 구동의 잠수함 개발로 극복될 수 있었지만 아직까지도 잠수함의 운행을 가능케 하는 것은 전기이다. 잠수함의 선내 원자력 발전소에서 만들어진 전기는 잠수함의 추진에 사용될 뿐 아니라 바닷물에서 신선한 물과 산소를 만들어 내는 등의 생명 유지 장치에도 활용된다. 오늘날의 잠수함은 한 번 잠수하면 여러 달을 버틸 수 있어 전기 기술의 혁신적 응용이 우리 삶에 어떠한 경이를 가져왔는지를 잘 보여 주고 있다.

조명과 운송 외에 제조 산업 역시 전기화의 혜택을 누렸다. 대부분의 공장들은 1차산업 혁명 이후 거의 증기엔진으로 가동되었다. 기계적 에너지가 회전자, 톱니바퀴, 벨트의 복잡한 시스템을 통해 기계로 전달되었다. 이런 유형의 기계적 에너지 전달 시스템은 복잡하고 부피가 컸으며 비효율적인 한편 쉽게 고장이 났다. 하지만 발전기의 등장으로 전기 에너지를 전선을 통해 기계와 통합되어 있는 모터로 직접 전달하는 것이 가능해지자 기계의 효율성은 크게 향상되었고, 거의 모든 주요 산업에 걸쳐 운영 비용이 절감되었다.

전기 모터는 이처럼 여러 곳에 쓰일 수 있었기 때문에 다양한 방식으로 새롭게 응용되었고, 이들은 다시 더 많은 발명으로 이어졌다. 지멘스와 미국인 엘리샤 그레이브스 오티스(Elisha Graves Otis)는 모터를 이용한 엘리베이터를 최초로 발명함으로써 고층건물 건설 시대를 열었다. 전동 전기펌프는 물을 퍼올리는 데 필수불가결한 존재가 되었고, 그 결과 배수의 필요성이 증가하여 댐과 운하가 건설되었으며, 농경지에 물을 대는 일

토머스 에디슨. Photo Researchers,
Inc/Science Source

과 과거에는 채취할 수 없었던 금속을 채굴하는 일이 가능해졌다. 마지막으로 전기펌프는 압축기와 다른 형태의 '열교환기'에 응용되어 에어컨과 냉장고를 탄생시켰다. 이와 같은 가전제품들이 전등의 뒤를 이어 가정으로 들어오면서 사람들의 일상생활은 획기적으로 바뀌게 되었다.

에디슨, 테슬라, 그리고 지멘스

장담컨대 전기화를 언급할 때 전기화 과정에서 결코 지워지지 않을 발자취를 남긴 세 사람을 조금이라도 언급하지 않을 수 없을 것이다. 바로 에디슨, 테슬라, 그리고 지멘스이다.

토머스 앨버 에디슨은 1847년, 오하이오의 가난하지만 올곧은 집안에서 태어났다. 그는 아주 어렸을 때부터 영특했고 학구적이었을 뿐 아니라 사업 감각이 있었으며 세상 물정에 밝았다. 12살 때부터는 열차 안에서 승객들에게 신문과 과일을 팔기도 했다. 친구의 아버지에게서 모스 부호를 배운 에디슨은 16살 때 집을 떠나 전신 기사로서 일을 시작했다. 그때부터 그의 운명은 반드시 전선 아니면 전신과 얽히게 되었다.

능력과 기술 면에서 워낙 뛰어났던 에디슨은 금방 전신 기사로 이름을 날렸고 얼마 안 가 번잡한 보스턴의 한 사무소에서 일하게 되었다. 비록 정식 교육은 거의 받지 못했지만 에디슨은 끊임없이 자기계발에 힘썼는데, 독학으로 전기, 화학, 기계 설계의 기본을 습득하였다. 기술 혁신에 푹 빠진 그가 본격적으로 발명을 시작한 초창기에는 전신 기술을 많이 개선했는데, 4중전신기, 자동전신기, 그리고 주식시세 인쇄기인 '티커 테이프'가 그의 작품이었다. 이렇게 탄생한 발명품들은 어린 나이의 그에게 상당한 부를 안겨 주었다. 그는 전신이 성공의 도약대가 되었음을 결코 잊지 않았다. 오죽하면 첫째 아들과 둘째 아들의 별명을 Dot(.)와 Dash(-)로 지었겠는가.

1876년, 에디슨은 그동안 벌어 둔 돈으로 멘로파크에 연구소를 차렸다. 뉴저지의 이 연구소에서는 전적으로 새로운 기술을 기반으로 하는 제품을 개발했다. 또한 세계 최초의 종합적인 산업용 연구개발(R&D) 조직으로 전기 기술자, 화학 · 기계 기술자, 그리고 응용과학자까지도 보유하고 있었다. 웨스턴유니언을 비롯한 많은 대기업들이 그에게 새로운 제품 개발이나 내부 기술의 개선을 의뢰해 왔다.

1877년에는 웨스턴유니언의 윌리엄 오턴이 음성 신호를 전류로 바꾸는 변환기 설계를 에디슨에게 맡겼는데, 이 계약을 통해 탄소 버튼 마이크로폰이 탄생하고 전화의 혁명이 일어날 수 있었다. 차기 발명품인 축음기는 인류 역사상 처음으로 사람의 목소리를 녹음하고 재생할 수 있는 장비였다. 언론은 끊임없이 새로운 제품을 발명해 내는 에디슨을 '멘로파크의 마법사'라고 불렀다. 물론 그의 어떠한 발명품도 1879년의 마지막 날 펼쳐진 전구쇼에 필적할 만한 것은 없었다.

극적인 전기 조명 공연을 성공적으로 끝마친 에디슨의 명성은 정점에 다다랐다. 하지만 교류전력이 그의 영역에 도전해 왔을 때, 그리고 10년도 지나지 않아 권좌에서 물러나야만 했을 때 에디슨은 자신의 인기가 다했음을 깨달았다. 대중의 뜻이나 타인의 과학적 발전을 받아들이기를 거부하고 자신의 고집만을 내세우던 그는 결국 자신이 설립을 도운 GE로부터 쫓겨나고 말았다.

그 후로 에디슨은 전기 연구에 다시 연루되는 일을 한사코 거부했다. 그리고 홧김에 GE 지분을 처분해 많은 손해를 입었다. 이후 그는 철광석의 순도를 향상시킨다는 다소 미심쩍은 기술에 투자하다가 많은 재산을 잃었는데, 당시 하늘 높이 급등하는 GE 주식을 지켜보면서도 전혀 후회하지 않았다. 에디슨은 분명히 말했다, "가장 즐거웠던 것은 그 돈을 쓰는 것이었다!" 그는 이후 다시는 부자가 되지 못했다.

노후에 에디슨은 영화 기술 개발에 모든 에너지를 쏟았고 약간의 성공을 거두었다. 플로리다로 이사한 후로는 반은퇴 상태로 지내면서 두 명의 젊은이와 깊고 지속적인 우정을 나누었다. 한 사람은 자동차왕 헨리 포드 (Henry Ford)였고, 또 한 사람은 고무왕 하비 파이어스톤(Harvey Firestone)이었다. 이들 두 사람은 에디슨에게 대단한 존경심을 품고 있었으며, 그를 특별 기술 고문으로 모셨다. 에디슨은 이들과의 계약으로 어느 정도 생활수준을 유지할 수 있었는데, 포드를 위해서는 전기차에 사용할 수 있는 알칼리 금속 기반의 전지 기술을 개발했다. 파이어스톤을 위해서는 자연고무의 대체재로 쓸 수 있는 새로운 물질을 합성해 냈다. 그러는 사이

에 에디슨은 정부로부터 유명한 워싱턴 D.C.의 해군 연구소 건립을 도와 달라는 부탁을 받고 특별 채용되었다. 이 연구소는 원자력 잠수함에 필요한 전력 시스템 개발 같은 기술 혁신의 중요한 역할을 담당했다.

에디슨은 열정적이었으며 선구자적인 정신이 충만한 사람이었다. 또한 열정적인 일벌레여서 평생 총 1,093개의 특허를 받았다. 그는 극단적인 실용주의자이

니콜라 테슬라. Science Source

기도 했는데, 학계의 공허한 이야기나 상업적 활용이 결여된 지나치게 공상적인 발명은 대놓고 경멸하기도 했다. 그 유명한 "천재는 1퍼센트의 영감과 99퍼센트의 땀으로 만들어진다."라는 말은 그의 좌우명이었다. 에디슨은 1931년 84살의 나이로 눈을 감았다. 그가 평생에 걸쳐 일구어 낸 노력의 결실들은 미시간의 헨리 포드 박물관에 영구 전시되고 있다.

자신에 대한 지나친 확신과 극도의 완고함은 AC-DC 전쟁과 일부 사업에서 실패를 가져온 원인이 되기도 했지만, 그럼에도 불구하고 에디슨은 티끌보다 작은 전자의 힘을 활용해 인류의 삶을 향상시키는 여정에서 가장 뛰어난 공헌자이자 영웅 중의 한 사람으로 기록되고 있다.

토머스 앨버 에디슨을 이야기하면서 그의 맞수 니콜라 테슬라 이야기를 빠뜨릴 수 없다. 테슬라는 1856년에 세르비아에서 태어나 오스트리아 남동부의 도시 그라츠에 있는 오스트리아 과학기술전문학교에서 2년간 공부했다. 이후 중부 유럽을 전전하다가 이윽고 헝가리 부다페스트에 정착하여 당시 성장 중이던 전신 일을 시작했다. 테슬라는 영국의 내셔널 전화 회사(National Telephone Company)에서 2년간 전기 기사로 일한 후 '유럽 대륙 에디슨 사(Continental Edison Company)' 파리 지사에 입사했다. 에디슨 멘로파크 연구소의 중역으로 일한 경험이 있는 테슬라의 상사는 그의 재능과 비상함을 금방 알아보고 에디슨에게 소개시켜 주었다. 에디슨은 이 젊은 기술자에게서 깊은 인상을 받았다. 1884년, 28살의 테슬라는 대서양을 건너 뉴욕시의 에디슨 사무실에서 일하기 시작했다.

에디슨은 매사에 항상 자신을 절대적이고 최종적인 권위자로 생각했는데, 테슬라 역시 자기 자신을 높이 평가하고 있었기 때문에 이 두 사람 간의 충돌은 피할 수가 없었다. 언젠가 테슬라는 에디슨의 "99퍼센트의 땀"을 언급하면서 "만약 에디슨이 조금이라도 생각할 줄 아는 사람이었다면 그의 노력의 99퍼센트는 불필요했을 것이다."라고 빈정대기도 했다. 두 사람 간의 마찰은 테슬라가 뉴욕으로 온 지 1년이 막 지났을 때 정점에 달했다.

　그의 독특한 관점에도 불구하고, 혹은 아마도 그것 때문에 테슬라는 Edison-GE에서 빠르게 승진했다. 그리고 얼마 되지 않아 회사의 주요 제품 중 하나인 중간 전력 다이너모의 설계를 개선하는 임무를 맡게 되었다. 에디슨은 농담 반 진담 반으로 만약 테슬라의 일이 성공적으로 완료되면 5만 달러를 보너스로 주겠노라고 약속했다. 이 금액은 오늘날의 100만 달러에 해당하며 당시 테슬라 연봉의 50배나 되는 상당한 액수였다. 테슬라는 몇 달 동안 공을 들여 다이너모를 재설계하는 데 성공했다. 하지만 테슬라가 약속된 돈을 요구하자 에디슨은 무심코 해 본 말이었을 뿐이며 테슬라가 '미국식 유머 감각'에 대한 이해가 전혀 없다고 퇴짜를 놓았다. 화가 머리 끝까지 치민 테슬라는 사표를 내고 회사를 나가면서, 새로운 전력 시스템을 만들어 에디슨의 직류 제품들과 경쟁하겠다고 맹세했다. 하지만 테슬라는 너무 흥분한 나머지 물질적 필요 사항들을 고려하는 것을 깜박 잊었다. 뉴욕은 언제나 그렇듯 물가가 비싼 곳이다. 곧 테슬라는 입에 풀칠을 하기 위해 땅을 파야 했는데, 다름아닌 에디슨의 직류 전선을 설치하는 막노동으로 생계를 이었다.

　그는 우울했지만 모든 것이 끝난 것은 아니었다. 노동일을 하면서도 새롭고 뛰어난 아이디어를 생각해 냈는데, 회전하는 자장을 이용해 고효율의 다상교류 기반 모터를 만드는 방법이었다. 테슬라는 이 혁명적인 아이디어를 성공적으로 입증해 특허까지 취득했다. 그의 발명은 교류를 막 활용하기 시작하여 에디슨과의 전류 전쟁을 일으킨 웨스팅하우스의 눈에 띄었다. 테슬라는 자기 기술에 대한 라이선스 대가로 엄청나게 많은 로열티를 요구했고, 결국 웨스팅하우스가 판매하는 모든 교류 모터에 대해 마력당 2달러 50

센트를 받기로 합의했다. 큰 액수였지만, 테슬라의 모터는 전류 전쟁에서 웨스팅하우스의 교류가 승리하게 하는 데 중요한 역할을 함으로써 그 가치를 입증했다. 테슬라는 자신의 발명품이 에디슨의 몰락을 직접적으로 이끌었다는 데에 엄청난 만족과 자긍심을 가지게 되었다. 한껏 기분이 좋아진 테슬라는 웨스팅하우스와의 기존 라이선스 계약을 파기하고 훨씬 더 저렴한 금액에 그의 특허를 제공했다.

1893년 시카고에서 열린 세계 박람회는 테슬라의 다상교류 전력망의 설계를 전력 기술의 전면에 내세웠다. 테슬라의 교류전력 시스템을 목격한 뒤 전 세계에서 그의 기술을 채택하기 시작했고 테슬라는 곧 국제적인 저명 인사로 대접받았다. 그의 광범위한 지식과 독특한 쇼맨십은 188센티미터의 훤칠한 키, 잘생긴 외모와 더불어 그를 단박에 유명 인사로 만들었다. 테슬라는 전형적인 '미친 과학자' 이미지로 대중문화계에서 명성을 얻었는데, 아직까지도 그 흔적이 곳곳에 남아 있다. 자신만의 특출한 삶을 통해 테슬라는 800개가 넘는 특허를 획득했다.

그러나 불행히도 테슬라는 너무나 거창한 자신의 생각들과 과장 때문에 무너지고 말았다. 그는 30대 후반에 헤르츠의 전자기파 발견에 매료되어 많은 양의 전력을 무선으로 송신하는 아이디어에 푹 빠졌다. 초기 웨스팅하우스와의 라이선스 계약으로 받은 돈을 콜로라도 스프링스에 있는 그의 실험실에서 이 아이디어를 연구하는 데 쏟아 부었다. 그리고 에디슨의 오래된 후원자 J. P. 모건으로부터 추가적인 투자를 받아 뉴욕 와덴클리프 (Wardenclyff)에 거대한 무선 타워를 건설했다. 그는 이 시설을 이용해 많은 양의 전력을 대서양을 건너 파리까지 무선으로 송신할 수 있을 것이라고 자랑했다.

하지만 테슬라의 아이디어에는 결정적인 결함이 있었다. 결국 그는 자신의 말을 지켜 낼 수 없었고 모건은 추가적인 자금 지원을 거절했다. 47살의 나이에 참담한 실패를 맞은 테슬라는 남은 40년의 인생 2막을 광활한 물 위를 스쳐 지나가는 잠자리처럼 살다 갔다. 그는 일련의 신비스럽고 믿기 힘든 기술에 계속 현혹되었는데, 이를테면 '무선 살인 광선', '우주인과의 통신 기술', '해양열 에너지 하베스팅(버려지는 해양열을 거두어들여 전기 에너지로 이용하는 것 – 역자 주)', 그리고 '중력의 운동 에너지' 등이었다. 테슬라는 에디슨을 '한낱 발명가'로, 그리고 아인슈타인은 수학을 조작해 사람들을 기만하는 사람으로 조롱하기도 했다. 자유롭게 배회하는 그의 아이디어에는 번뜩이는 재기가 묻어났지만, 인생 후반기의 연구에서는 중요하거나 세상에 직접적인 영향력을 미친 발명품을 만들지 못했다.

테슬라는 평생 미혼이었다. 1943년에 세상을 뜰 때 그에게는 친구도, 돈도 없었다. 그는 불안정한 정신 상태로 고통을 받았으며, 말년에 가장 친하게 지냈던 친구 한 명만이 그의 임종을 지켰다. 그가 머물던 뉴욕 호텔방 창문 밖에 살고 있던 비둘기였다.

베르너 폰 지멘스. Mondadori via Getty Images

사회에 지대한 영향을 미친 19세기 후반의 위대한 전기 기술자 세 명 중 나머지 한 명은 미국에서는 잘 알려지지 않았지만 그의 이름을 딴 회사가 전 세계적으로 잘 알려져 있다. 바로 베르너 지멘스이다.

베르너 지멘스는 1816년 프러시아의 대가족 집안에서 14명의 형제 중 넷째로 태어났다. 그의 집은 가난해서 지멘스를 학교에 보내 교육받게 할 형편도 못 되었다. 지멘스는 16살에 집을 떠나 프러시아군에 들어가 특수 기술 훈련을 받았다. 윌리엄 쿡과 새뮤얼 모스가 전신을 소개한 후 프러시아군은 전쟁터에서의 통신 수단으로 전신의 중요성을 인식하고 자체적으로 전신 기술 개발을 위한 팀을 조직했다. 이때쯤에는 지멘스도 전기 훈련을 받은 지 5년이 흘렀기 때문에 선임 기술자 중 한 명으로 이름을 올렸다.

31살이 되었을 때 지멘스는 '포인터(pointer) 전신'이라고 알려진 새로운 형태의 전신을 개발하는 데 성공했다. 그것은 시중에서 사용되고 있는 어떤 전신기보다도 견고했을 뿐 아니라 작고 가벼웠는데, 이것은 프러시아군 고위층이 보기에 전신에서 가장 중요하게 요구되는 속성이었다. 상관의 격려를 받으면서 군대에서 나온 지멘스는 친구와 같이 포인터 전신을 주력으로 하는 사업을 시작했다. 회사를 시작한 지 일 년도 되지 않아 지멘스는 정부로부터 베를린에서 프랑크푸르트까지 전신 시스템을 구축해 달라는 의뢰를 받았다.

지멘스는 애당초 독일을 넘어 전 세계로 전신 사업을 확대해 나가는 것을 사업 비전으로 삼고 있었다. 그는 목표 달성을 위해 엄청난 자원을 활용했는데, 바로 가장 신뢰할 수 있는 직원인 자신의 가족들과 함께 회사를 차린 것이었다. 지멘스는 형제들을 곳곳의 해외 전초기지에 배치하여 해외 사업 개발을 돕게 했다. 러시아에 주재하던 형제는 발트 해부터 흑해까지의 전신 프로젝트를 수주했고, 영국에 있던 다른 형제는 런던-콜카타 간의 대형 프로젝트를 수주했다. 지멘스의 회사는 모든 전신 장비와 전선을 자체적으로 생산했다. 심지어는 패러데이(Faraday)라는 특수선도 직접 만들어 총 여섯 개의 대서양 횡단 전신 케이블을 깔았다. 지멘스는 이런 수직적 통합을 통해 장비 제조부터 설치까지를 망라하는 전신 솔루션의 모든 것을 제공했다.

비록 엄청난 사업 왕국을 경영했지만 지멘스는 항상 뛰어난 현장 기술자로 남아 있었다. 최초의 확성기를 설계하는 데 기여했고 1867년에는 모든 발전기에 사용되고 있던 약한 영구자석을 강력한 전자석으로 대체해 사용할 것을 제안하는 통찰력 있는 논문을 발표하기도 했다. 이 제안은 발전기의 주요 기술적 장애를 제거하고, 전기도금 산업뿐 아니라 전신 산업에서도 처음으로 발전기가 전지를 대체하는 데 기여했다.

그람, 에디슨, 그리고 웨스팅하우스의 혁신들이 꾸준히 성공하면서 발전기와 모터 시장은 급격히 성장했고 더불어 지멘스는 세계에서 가장 큰 전기 기기 공급자로 성장했다. 동시에 전력을 운송에 적용하는 부문의 세계적 선두주자로 성장했다. 지멘스는 일련의 놀라운 '기술 최초'의 작품을 많이 만들어 냈다. 1876년 최초의 거리전차, 1879년 최초의 전기기관차 등을 비롯하여, 1896년에는 부다페스트에 유럽 대륙 최초의 지하철을 건설했고, 1899년에는 베이징에 아시아 대륙 최초의 거리전차 라인을 구축했다. 전 세계에 걸쳐 지멘스의 영향력을 미칠 수 있게 된 것이다. J. P. 모건은 지멘스의 모델에 바탕을 두고 GE를 재조직했다. 일본에서도 메이지 유신으로 경제가 꽃을 피우기 시작할 때, 가장 성공한 사업 엘리트들이 지멘스를 모방하여 거대한 수직 계열화된 기업을 만들었다. 그리고 이 회사들이 훗날 일본의 강력한 전기 산업의 근간을 형성하게 된다.

이러한 사업적·기술적 성취 외에 지멘스는 기업과 사회 규범 측면에서도 오랫동안 영향을 미쳤다. 그는 경영에 선구적인 아이디어를 많이 도입했는데, 이미 1858년에 이익 공유에 있어 종업원 참여 개념을, 그리고 1872년에는 직원 퇴직연금과 생명보험 지원 시스템을 만들기도 했다. 당시 지멘스처럼 직원들을 위한 수준 높은 복지정책을 시행하는 정부나 기업은 어디에도 없었다. 지멘스는 하루 8.5시간, 일주일 50시간의 직원 노동정책을 처음 수립하기도 했다.

이러한 성공과 노력을 인정하는 의미에서 독일 정부는 베르너 지멘스에게 폰(von)이라는 경칭을 수여했고 이후 그의 이름은 베르너 폰 지멘스(Werner von Siemens)로 알려지게 되었다. 1892년, 76살의 나이로 숨을 거둔 지멘스는 뛰어난 기술, 기업가 정신, 그리고 산업주의의 유산을 후세에 남겼다. 그는 모든 인류에게 전자기 기술의 축복을 가져다준 거인의 한 사람으로 역사에 이름을 남기고 있다.

전자기학의 백 년

볼타가 전지를 발명한 1800년부터 마르코니가 대서양 횡단 무선통신에 성공한 1901년까지 약 100년 동안 전기와 자성을 새롭게 응용할 수 있는 여러 가지 발견이 끊임없이 이루어졌고, 이것은 전자기를 단순한 호기심의 대상에서 인간 존재의 필수불가결한 존재로 발전시켰다. 볼타, 패러데이, 맥스웰, 헤르츠, 그 밖에도 셀 수 없이 많은 사람들이 전자기 과학을 위한 기반을 마련해 놓았다. 그러는 동안 모스, 벨, 베일, 마르코니, 에디슨, 웨스팅하우스, 그람, 그리고 지멘스 같은 발명가와 기업가들은 전자기 기술을 성공적으로 활용하여, 통신에서 조명, 엔터테인먼트, 운송에 이르기까지 우리의 일상생활에 편리함과 안락함을 가져다주었다. 웨스턴유니언, AT&T, 지멘스, GE, 마르코니 무선전신회사, 그리고 웨스팅하우스 같은 새로 등장한 기업들은 모두 세계 경제의 기둥이 되었고, 과학, 기술, 사업 이 셋의 연결 고리는 진정한 발명과 혁신으로 가는 고속도로가 되었다.

1881년, 국제전기협의회(International Electrical Congress: IEC)의 첫 연례 회의가 파리에서 열렸다. IEC는 전자기학의 과학적 이해에 대한 뛰어난 공헌을 기리기 위한 방법의 하나로 전기 포텐셜의 표준 단위를 볼타의 이름을 따서 '볼트(volt)'로 명명하기로 결정했다. 마찬가지로 전류의 단위는 앙페르의 이름을 따서 '암페어(ampere)' 혹은 '앰프(amp)'로 하기로 되었다. '옴(ohm)'은 전기 저항성의 측정 단위, 그리고 '쿨롱(coulomb)'은 전하의 단위가 되었으며, 그 다음 회의에서는 정전용량의 단위를 '패럿(farad)', 전기 유도의 단위를 '헨리(henry)', 전자기파 주파수 단위의 표준 이름을 '헤르츠(hertz)'로 정했다. 자성의 기본 단위도 초기 과학 탐험가들의 이름을 따 왔다. 외르스테드, 가우스, 웨버, 테슬라, 지멘스와 맥스웰이 모두 같은 방식으로 기념되었다. 이것은 전자석의 힘을 사용하는 데 기초를 놓은 선조들에게 인류가 경의를 표하는 특별한 방법이 되었다.

21세기 초에 이르자, 이제 전자기 응용과학은 일상의 한 부분이 되었다. 날이 너무 더우면 에어컨을 켤 수 있고, 야채는 냉장고에 보관해 신선함을 유지할 수 있게 되었다. 수도꼭지를 돌리기만 하면 전기펌프로 가압한 깨끗한 물이 끊임없이 흘러나온다. 손가락으로 스위치를 가볍게 건드려 밤의 어둠을 쫓아 버리는 것은 말할 것도 없다. 전축을 틀면 바로 세레나데가 흘러나온다. 그리고 멀리 있는 가족과도 대화를 나눌 수 있다. 세계 곳곳에서 전해 오는 최신 뉴스들도 무료로 보고 들을 수 있다. 이 모든 일들은 전적으로 전자기 덕분이다.

하지만 이러한 발전에도 불구하고 아직까지 이해되지 못한 채 남아 있는 기본적인 전자기 원리들이 있었다. 예를 들면, 전류란 과연 무엇인가, 전선을 따라 흘러가는 것의 실체는 무엇인가 하는 의문들이었지만, 당시에는 누구도 이에 대한 답을 알고 있지 못했다. 더군다나 절대 정복할 수 없어 보이는 다른 기술적 문제들도 많이 남아 있었다. 어떻게 하면 아날로그 음성 신호의 품질을 일정하게 유지하면서 장거리 전화의 범위를 늘릴 수 있을까? 어떻게 하면 모스 부호화된 단순한 깜박 신호나 삐 소리 이상의 음성이나 음악을 무선 기술로 보낼 수 있을까?

당시 그저 꿈 같았던 일들을 이루기 위해서는 이 중요하면서도 어려운 기술적 난제들을 해결해야만 했다. 그리고 인류는 마침내 그 해답을 찾아내게 된다. 재미있게도 그 해답들은 전적으로 다른 연구 분야에서 나왔다. 전자기학의 시대는 1800년대와 함께 끝났다. 그리고 20세기의 새벽은 인간에게 새로운 발명 시대의 시작을 알렸다. 바로 '전자의 시대'였다.

진공 전자의 시대

6

진공에서의 전류의 흐름

Current Flow in a Vacuum

19세기 초 볼타 이후의 과학자들은 점차 더 확신을 가지고 전기 현상을 기대하거나 예측할 수 있게 되었다. 하지만 전기의 본질, 즉 전하를 운반하는 물리적 실체의 기본 단위에 대한 이해는 여전히 몇 세대에 걸쳐 수수께끼로 남아 있었다. 물론 연구자들은 전기적 현상에 대한 아주 초기 연구 때 (길버트가 『자석에 대하여』를 저술하던 시절)부터 이 수수께끼를 풀기 위한 열쇠를 치열하게 찾아 왔다.

볼타가 전지를 발명한 지 몇 년 후, 패러데이의 영국 왕립연구소 전임자였던 험프리 데이비가 우연히 이 수수께끼의 첫 번째 실마리를 찾았다. 그는 중요한 전자기 실험을 진행하고자 연구소 지하에 그 유명한 거대 전지를 설치했다. 1807년, 데이비는 두 개의 뾰족한 막대를 서로 가깝게 놓고 그 사이의 공간으로 높은 전압을 흘려 보냈다. 그러자 막대 사이에 밝고 하얀 빛의 전기 아크가 생기는 동시에 전류가 공기 사이의 공간을 뛰어넘는 것이었다. 이 기이한 현상에 강한 흥미를 느낀 데이비는 계속해서 관련 연구를 수행했다. 시간이 지나면서 그는 아크 빛이 발생하는 동안 탄소 막대의 끝이 쉽게 산화되고 소비되어 사실상 공기 속에서 전소된다는 사실을 발견했다. 이 문제를 최소화하기 위해 탄소 막대의 끝을 밀봉된 유리관 안에 집어넣고 안에 있는 공기를 모두 뽑아내어 진공 상태로 만들었다. 그는 유리관에서 산소를 제거하면 막대가 타는 것을 막을 수 있을 것이라 기대했지만 아쉽게도 기대했던 결과를 얻지 못했다. 그 이유는 다름이 아니라 당시의 진공 기술이 미숙했기 때문인데, 진공 상태가 제대로 형성되지 않아 공기 속 산소가 유리관 안으로 스며 들어갔던 것이다. 데이비의 아이디어는 훌륭했지만 이 분야에서 의미 있는 연구가 진행되기 위해서는 먼저 진공 기술이 어느 수준까지 개선되어야만 했다.

음극선(Cathode Rays)

1855년, 데이비의 첫 실험 후 거의 50년이 지나 독일 과학자 하인리히 가이슬러(Heinrich Geissler)가 고성능의 진공 펌프를 만들어 냈다. 그와 그의 동료 과학자 율리우스 플뤼커(Julius Pluecker)는 이 진공 펌프를 이용하여 중단 상태에 있던 데이비의 탐사를 재개했다. 가이슬러의 향상된 진공 디자인은 래칫(ratchet: 한쪽 방향으로만 회전하게 되어 있는 톱니바퀴 – 역자 주)과 비슷한 형태여서 가스를 튜브 밖으로 천천히 끌어낼 수 있었고, 일단 밖으로 나온 가스는 다시 들어갈 수 없었다. 가이슬러의 천재적인 설계는 기계적인 톱니바퀴와 멈춤쇠 대신 수은 증기를 분사시키는 방식으로 밀폐된 유리관 안의 가스 분자를 내보냈다.

가이슬러는 특출난 실험 물리학자였던 동시에 뛰어난 유리공이기도 했다. 직접 금속관에 유리구를 씌우고 연결부에서 공기가 새어 나가지 않도록 밀봉하는 작업을 예술적으로 완벽하게 해 냈다. 가이슬러와 플뤼커는 이 발명품을 활용하여 여러 가지 혁신적인 전기 방전 실험을 수행했다. 그리고 몇 년 후 에디슨과 다른 사람들이 진공 유리구 안의 뜨거운 필라멘트, 즉 전구를 발명하는 데도 큰 도움을 주었다.

가이슬러가 개선된 진공관을 설계한 것과 거의 비슷한 시기에 또 다른 독일 기술자 하인리히 다니엘 룸코르프(Heinrich Daniel Ruhmkorff)는 유도 기반 기술을 소개했다. 이 기술은 극도의 고압을 발생시킬 수 있어 더 의미 있고 통제된 형태의 진공 전기 방전 현상을 연구하는 데 활용되었다. 가이슬러는 룸코르프의 고압원을 자신의 뛰어난 진공 기술과 함께 사용하여 진공 전자 연구의 새로운 기원을 열었다. 가이슬러도 데이비처럼 진공이 되지 않은 유리관 안의 두 탄소 막대 사이로 전압을 특정 임계점까지 올리면 아크와 밝은 불이 간극 사이를 지나고 전류가 흐른다는 것을 발견했다. 하지만 수은 펌프로 유리관 안의 공기를 빨아내자 탄소 막대에서 나오는 불빛이 점차 약해졌고, 계속해서 공기압이 낮아지자 결국 불빛이 완전히 사라지는 것은 물론 전기의 흐름도 같이 멈추는 것이었다. 이 자체만으로도 굉장히 흥미로운 발견이었지만, 가이슬러는 연구를 멈추지 않았다. 먼저 유리관 안을 높은 진공 상태로 유도하고 다시 다른 종류의 가스로 채웠다. 놀랍게도 다른 가스가 주입되자 전기 흐름이 재개되고 그와 함께 아크 불빛이 발생했다. 더 놀라운 것은 불빛의 색깔이 달라졌다는 것이다. 수소 가스를 주입하면 하얀색이 아니라 빨간색 빛이 발생했다! 기체인 나트륨 증기를 주입하면 이 공중 전기 경로가 노랗게 빛났다. 그 누구도 유리관 안에 채워 넣는 가스의 종류에 따라 다른 색깔의 빛이 유도될 거라고는 예측하지 못했다. 플뤼커는 한 발짝 더 나아가 가스 배출에 따라 발생하는 다양한 빛의 스펙트럼을 측정했고, 그 결과 뉴턴 물리학으로 설명할 수 없는 독특한 특성들을 많이 발견했다.

가이슬러의 선구적인 실험을 따라 전기 전도와 발광 현상에 대한 연구가 과학자들 사이에, 특히 영국과 독일에서 일약 인기 분야로 떠올랐다. 연구자들은 주로 다음과 같은 질문들을 스스로에게 던졌다. 진공 상태에서 두 전극 사이의 전기 유도를 책임지고 있는 것은 무엇인가? 진공을 가로질러 발사되는 눈에 보이지 않는 하전 입자 무리(cluster)인가? 아니면 이온으로 알려진 남아 있는 대전된 가스 형태의 분자인가? 또는 두 전극 사이에 전자기파처럼 파동의 형태로 발생하는 진동인가? 그것도 아니라면 전혀 다른 무엇인가?

진공 기술이 발전하면서 고압의 전력원과 전극 재료들도 함께 개선되었다. 1878년, 영국 물리학자 윌리엄 크룩스(William Crookes)는 고도의 진공 상태에서는 빛이 죽고 전류도 멈추지만, 특정 임계치 이상의 전압이 가해지면 전류의 흐름이 재개된다는 사실을 발견했다. 단, 빛은 다시 살아나지 않았다. 이때 재개된 전류의 크기는 진공관 안에 잔존하는 가스 형태의 이온만으로는 설명할 수 없는 정도였다. 크룩스는 캐소드(cathode: 입자가 발생된 전극)로부터 애노드(anode: 양극)로 알려진 다른 전극으로 아주 작고 하전된, 눈에 보이지 않는 입자 무리가 직선으로 발사되어 전류를 실어 나른다는 내용의 가설을 세웠다. 그는 이 가설의 보이지 않는 하전된 빛줄기를 음극선(cathode rays)이라고 불렀다. 그리고 음극선의 존재를 증명하기 위해 먼저 금속판으로 만든 몰타 십자가(Maltese Cross: 아래, 위, 옆 길이가 같고 끝이 굵은 V자 형으로 된 십자가 – 역자 주)를 유리관 안에 고정시켰다. 십자가 뒤 유리관 안쪽 면은 음극선이 부딪쳤을 때 빛을 발하는 인광물질로 코팅했다. 크룩스가 음극선을 작동시키자 유리관 뒤쪽 공간에 빛이 발생했는데 유독 십자가 바로 뒷부분만 그림자가 지는 것을 확인할 수 있었다. 눈에 보이지 않는 음극선 입자가 십자가에 가로막혔다는 분명한 증거였다. 이 결과는 크룩스의 가설에 상당한 신빙성을 부여해 주었다.

크룩스의 실험은 진공 상태의 전기전도가 하전된 입자 줄기에 기인한다는 가설을 강력하게 뒷받침하는 것이었고, 영국 과학계 대부분은 그의 이론을 지지하는 쪽으로 기울기 시작했다. 하지만 크룩스는 계속된 연구를 통해 외부에서 가해진 자기장이 음극선을 휘게 하는 데 반해 전기장은 어떤 이유에선지 전혀 영향을 미치지 않는다는 것을 발견했다. 이 발견은 입자 이

몰타 십자가를 이용한 크룩스의 음극선 실험(복제).
Andrew Lambert Photography/Science Source

론의 신빙성을 떨어뜨리고 전기 유도 현상이 입자가 아니라 정체불명의 파동 현상에 의해 발생한다는 가설을 지지하는 것처럼 보였다. 뿐만 아니라, 독일 출신의 헝가리 과학자 필리프 레나르트(Philipp Lenard)는 실험을 통해 음극선이 얇은 알루미늄 포일 층을 뚫고 지나가는 것을 입증했다. 이러한 성질은 파동의 고유 속성이며 입자 가설로 설명될 수 없는 것이었고, 이에 독일 과학계 대부분은 음극선이 하전입자의 흐름이 아니라 일종의 파동이라는 생각을 지지하게 되었다.

전자, 베일을 벗다

음극선에 대한 논쟁이 점차 커지자 더 많은 연구가들이 이 분야에 뛰어들었고 새로운 주장이 나올 때마다 논란은 더 증폭되었다. 관찰된 현상에 대해 서로 모순되는 보고들이 쏟아져 나오면서 전기 유도의 원리를 관장하는 정성적 속성에 대한 진실은 계속해서 수수께끼로 남게 되었다. 국가적 자부심과 영국·독일 간의 정치적 힘겨루기 역시 이 논란에 중요한 역할을 했다.

마침내 1894년, 영국 물리학자 조지프 존 톰슨(Joseph John Thomson)은 논란의 종지부를 찍기 위해 전류를 운반하는 음극선의 정체가 과연 입자인지 파동인지 결론을 내리기로 마음먹었다. 톰슨은 케임브리지 대학교의 캐번디시 연구소 석좌교수였는데, 이 자리는 제임스 클러크 맥스웰이 직접 마련한 것이었다. 톰슨은 당시 이 직위와 함께 영국 최고의 과학 권위자로 널리 알려졌다.

톰슨은 연구 과정 내내 매일 맥스웰이 물려준 흔들의자에 앉아 명상에 잠겼다. 그는 의자에 앉아 몸을 천천히 앞뒤로 흔들면서 음극선 논란을 해결할 수 있는 일련의 실험들을 고안하고 세부 계획을 세웠다. 첫 번째 실험에

J. J. 톰슨. Courtesy of Master and Fellows of Trinity College, Cambridge

서 톰슨은 음극선이 음전하를 운반한다는 사실을 명백히 증명했다. 두 번째 실험에서는 당시 가장 뛰어난 진공 기술을 활용하여 크룩스와 다른 사람들의 발견에 중대한 오류가 있었음을 밝혀냈다. 전기장도 실제로는 음극선을 휘게 했던 것인데, 이때 휘는 방향이 음극선이 음전하를 운반하고 있다는 생각과 맞아떨어졌다. 이전 실험들에서는 진공 상태가 적절하게 유도되지 못하여 음극선에 가해지는 외부 전기장의 영향을 제대로 관찰할 수 없었던 것이다.

세 번째 실험에서는 자기장 수준을 달리 적용하면서 그에 대응하여 음극선이 휘는 크기를 꼼꼼히 측정했다. 이 실험 데이터와 맥스웰의 전자기 이론을 통해 톰슨은 음극선을 형성하고 있는 기본적인 음전하 입자의 전하량과 질량의 비(e/m)를 유도해 낼 수 있었다.

1897년 4월 30일, 톰슨은 지난날 데이비와 패러데이가 자주 섰던 왕립연구소의 강단에서 그동안의 연구결과를 발표했다. 그가 발표한 내용은 매우 획기적인 것이었다. 음극선은 그 자체로부터 생성된 음전하의 미립자로 형성되어 있으며, 그 입자들을 만드는 데 사용된 방법이나 음극 재료의 속성에 상관없이 "모든 음극선의 모든 입자는 동일하다."는 것이었다. 그 원천이 전지든 발전기든 관계 없었다. 음극선을 탄소로 만들거나 금속으로 만들거나 그 또한 상관이 없었다. 모든 음극선의 모든 입자는 같다. 측정된 e/m 비를 바탕으로 모든 개별 입자의 음전하량이 양으로 하전된 (당시 이미 수치가 알려져 있던) 수소 이온의 전하량과 같다고 가정한다면 각 음극선 입자의 질량은 수소 이온의 $1/1837$이 되었다. 이는 당시까지 알려진 입자들 중 가장 가벼운 것이었다. 음극선을 구성하는 입자가 원자의 아주 작은 조각에 불과하다는 것을 암시하는 마지막 결론은 특히 가장 충격적이었다. 그때까지만 해도 누구나 전 우주에서 가장 작고 더 이상 쪼개지지 않는 입자는 원자라고 믿고 있었다. 정말 원자보다도 더 작은 입자가 있을 수 있단 말인가? 톰슨은 그렇다고 추론했다.

톰슨의 발견은 전 과학계를 충격에 빠뜨렸다. 그리고 그의 실험 결과는 12년 후 물리학자 로버트 밀리컨(Robert Milikan)이 정교한 실험을 통해 독립적으로 입증했다. 밀리컨은 각 입자의 정확한 음전하량을 직접 측정했고, 그 결과를 바탕으로 입자의 질량도 간접적으로 알아냈다. 마침내 모든 것이 명확해졌다. 극도로 가벼운 음전하의 음극선 입자는 원자의 일부이며 전류의 가장 기본적인 운반자인 것이다. 그 후 이 하전된 입자들은 '전자(electrons)'라는 이름으로 불리게 된다. 전자는 보통 음극 안의 단단한 원자 매트릭스에 담겨 있다. 하지만 강력한 전기장과 맞닿으면 그중 비교적 느슨하게 붙어 있던 몇몇 전자들이 더 이상 단단한 원자 안에 '숨어' 있지 못하고 강제적으로 진공 상태로 끌려 나와 노출되는 것이다. 이 순간을 놓치지 않고 포착한 톰슨 같은 사람의 눈썰미에 의해 바로 전자의 진짜 본질이 밝혀지게 되었다.

이 과정에서 톰슨은 음극 재료를 높은 온도로 가열할 경우 전자가 좀 더 자유롭게 진공 상태로 끌려 나오는 것을 발견했다. 더군다나 특정 파장의 빛이 음극 표면에 비치면 전자들이 더 쉽게, 심지어 낮은 온도에서도 진공 상태로 탈출한다는 사실 역시 밝혀냈다. 이 현상은 광전 효과(photoelectric effect)로 알려지게 되었으며, 당시에는 비록 자투리 관심사에 불과했지만 훗날 아주 중요하게 응용될 수 있음이 밝혀졌다.

J. J. 톰슨의 실험은 기념비적인 업적이었고, 그는 이에 걸맞은 환호와 찬사를 받았다. 이 실험에 대한 공적으로 그는 1906년에 노벨 물리학상을 받았고, 1912년에는 영국 정부로부터 메리트 훈장을 받았다. 대부분의 사람들은 그를 전자를 발견한 사람으로 알고 있다. 그의 발견은 영국과 독일 과학자들 간의 음극선에 관한 오랜 분쟁을 잠정 휴전으로 이끌기도 했다. 톰슨은 1918년부터 케임브리지 대학에 재직하다가 1940년에 세상을 떠났으며, 그의 유해는 웨스트민스터 사원에 아이작 뉴턴과 찰스 다윈 같은 과학계 태두들의 유해와 나란히 묻혔다.

혁명적인 연구 성과를 얻은 톰슨이었지만 그 역시 해결하지 못한 문제들을 많이 남겼다. 예를 들면, 그는 어떻게 입자인 전자가 마치 파동처럼 얇은 알루미늄 포일을 통과할 수 있는지에 대한 답을 얻지 못했다. 그의 초인적인 노력과 감동적인 결과에도 불구하고 전자가 입자인지 파동인지를 놓고 벌어졌던 분열적인 논란은 쉽게 사그라질 줄을 몰랐다. 결국 이 수수께끼를 풀기까지 20년이라는 시간이 더 필요했으며, 물리학 연구를 통해 발견된 기발하고 반직관적인 진실은 이러했다. 즉, 전자는 입자인 동시에 파동처럼 움직인다는 것이다. 파동-입자 이중성(wave-particle duality)은 중요한 물리학적 개념의 획기적 발전이었으며, 새로운 물리학 분야인 양자역학의 기초가 되었다. 양자역학의 발달은 인류가 원자 수준에서 물질의 행태를 이해하는 일을 가능하게 만들었다.

투과성 빛의 수수께끼

음극선으로부터 두 개의 중요하고도 실용적인 발명품이 탄생했다. 바로 음극선관(Cathode Ray Tube: CRT)과 X선이다. CRT는 독일의 과학자 카를 페르디난트 브라운(Karl Ferdinand Braun)이 1897년에 발명했다. 이것은 J. J. 톰슨이 전자의 전하량과 질량 비를 측정한 바로 그해였다. 브라운은 자기장을 이용하여 각각의 음극선 입자를 마치 나무 울타리 안의 소처럼 통제하기 위해 음극선을 조준해 초점을 맞추었다. 그러고는 음극선관의 끝에 있는 형광판 위로 빛을 훑었다. 브라운의 장비는 크룩스의 몰타 십자가 실험 설비를 흉내 낸 것이었는데, 다만 CRT에서는 외부 자기장으로 음극선에 효과적으로 초점을 맞추고, 방향을 잡고, 음극선을 조정할 수 있다는 점이 달랐다. 처음에는 이 장비를 마땅히 응용할 만할 분야가 없었지만 시간이 지남에 따라 다양한 용도로 사용되기 시작했다.

반면에 X선은 훨씬 더 극적이고 우연히 발견됐으며, 한층 더 실용적이었다. 1895년, 독일 물리학자 빌헬름 뢴트겐(Wilhelm Roentgen)은 고전압 음극선 연구를 하고 있었다. 그와 동시대를 산 독일 태생의 헝가리 물리학자 필리프 레나

빌헬름 뢴트겐. Jean-Loup Charmet/Science Source

르트가 음극선이 알루미늄 포일을 통과하는 것을 발견하여, 음극선이 파동의 형태임을 증명한 직후였다. 이 발견은 전자의 본질에 대해 영국과 분쟁을 벌이고 있던 독일 과학계에 상당한 확신을 가져다주었다. 뢴트겐은 그의 실험의 일환으로 레나르트의 실험을 재연하고 개선할 계획이었다.

먼저 실험 준비를 위해 그 당시 가장 진보된 형태의 장비들을 모아 조립했다. 여기에는 초고압 전력원과 고에너지 전자가 부딪쳤을 때의 엄청난 고열을 견딜 수 있도록 특수 제작된 텅스텐 양극이 포함되어 있었다. 실험 도중 고에너지 음극선의 일부가 유리관 안쪽 벽에 부딪치면서 형광빛을 내는 것을 목격한 뢴트겐은 혹시 그 현상 때문에 자신이 관찰하고자 하는 약한 광신호를 지켜보는 데 어려움을 겪지 않을까 걱정했다. 그래서 센서의 광학 대비(contrast)를 높여 데이터 수집이 용이하도록 실험실 전체를 어둡게 만들었다. 실험 설비들도 모두 검은 천으로 가리고 알루미늄 포일을 통과하는 약한 음극선이 지나가고 감지될 수 있도록 뒤에다 아주 조그만 구멍만 남겨 두었다.

실험을 시작하기 전에 뢴트겐은 판지 조각을 음극선에 민감한 형광물질로 코팅하여 쓸 만큼만 잘라 낸 뒤 남은 판지를 실험실 책상에 올려 두었다. 이윽고 실험이 시작되었는데, 어두운 실험실 한쪽에서 밝게 빛나고 있는 물체가 문득 그의 시야에 들어왔다. 바로 그가 책상 위에 남겨 둔 음극선에 민감하게 반응하는 판지 조각이었다! 뢴트겐이 음극선관의 전력을 끄자 판지는 더 이상 빛나지 않았다. 실험 장치로부터 발생한 일종의 방사 에너지가 검은 천 덮개를 뚫고 나온 것이 확실했다.

뢴트겐은 이해할 수가 없었다. 실험 장치로부터 뭔가가 나와 실험실 안으로 방사되었다는 것은 확실했다. 하지만 이 신비한 에너지의 근원이 음극선 자체일 것 같지는 않았다. 왜냐하면 음극선은 대기 상태에서 겨우 몇 센티미터를 못 가 소멸되는 것이 이미 입증되었기 때문이다. 뢴트겐은 코팅된 판지 앞에 두꺼운 책을 가져다 놓고 다시 실험을 재개하여 신비한 에너지를 차단해 보려 했다. 하지만 여전히 판지는 빛나고 있었다. 정체 모를 이 신비한 에너지는 두꺼운 책조차 통과하고 있었다. 동시에 그는 실험실 안의 모든 음판 필름이 노출되어 있는 것을 발견했다. 표면상으로는 이 새로운 방사 에너지가 원인인 것 같았다.

이제 뢴트겐은 자신이 새로운 현상을 발견했다고 생각했다. 그는 아무에게도 알리지 않고 이 문제의 답을 찾는 데 매진했다. 밤낮을 가리지 않고 일련의 실험들을 조직적으로 수행해 나가던 1895년의 크리스마스 전날, 드디어 모든 것이 준비되었다. 그는 아내를 실험실로 초대하고 설비들을 조용히 작동시켰다. 그리고 아내의 손을 새 사진 건판 위에 가만히 올려놓고 14분 동안 노출시켰다. 필름을 현상하고 나니 손가락에 반지를 낀 아내의 손이 보였는데, 일반적인 손의 모습은 아니었다. 사진에는 손가락뼈와, 마치 손가락 주위에 걸려 있는 것처럼 보이는 반지만 찍혀 있었다. 깜짝 놀란 그녀가 소리쳤다, "오, 세상에! 시체가 보이네!"

뢴트겐이 이 발견을 공표한 뒤로 아내의 손 사진은 세계적인 화젯거리가 되었다. 뢴트겐은 자기 자신도 그 방사선의 본질에 대해 완전히 이해하지 못하고 있음을 기꺼이 인정했다. "정확히 뭔지는 나도 잘 모르겠다. 그래서

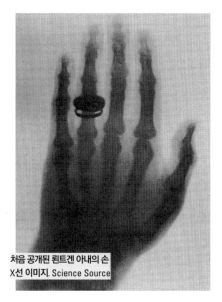

처음 공개된 뢴트겐 아내의 손
X선 이미지. Science Source

그냥 'X선'이라고 부르고 있다." 글자 'X'는 알려지지 않은 무언가를 의미하는 것이 아닌가.

뢴트겐은 자신이 발견한 현상 뒤에 감추어진 진정한 본질을 다 이해하지 못했지만, 그 기술이 의료 분야에서 중요하게 사용될 수 있을 것이라고 직감했다. 그래서 다른 헌신적이고 이상적인 과학자들이 그랬듯이 그는 X선에 대한 특허 신청을 포기하고 대중과 정보를 공유했다. 지멘스와 GE는 재빨리 의사들의 골절 진단을 돕는 실용적인 X선 장비 개발에 들어갔다. 드디어 전자 의료영상 산업이 시작된 것이다.

시간이 흐르고 나서야 X선의 원리가 밝혀졌다. 뢴트겐의 실험을 다시 그려 보면 먼저 고에너지 음극선의 전자광이 텅스텐 양극에 빠른 속도로 부딪친다. 그러면 고체의 텅스텐 원자가 갑자기 고에너지 전자의 속도에 '제동'을 걸면서 그 에너지가 아주 높은 주파수 혹은 초단 파장을 가진 전자파 형태로 방출되는데, 이것이 바로 X선인 것이다. 가시광선과 전파처럼 X선은 또 다른 형태의 전자파일 뿐이고, 따라서 모든 맥스웰 방정식을 따른다. 이후 양자역학은 X선 같은 아주 짧은 파장의 전자파가 높은 에너지를 가지고 있으며, 책이나 피부, 그리고 쇠붙이조차도 관통할 수 있는 성질을 가지고 있음을 보여 주었다. 이 발견으로 뢴트겐은 1901년 역사상 최초로 노벨 물리학상을 받았다.

뢴트겐의 X선 발견은 우연한 발견의 전형적인 예이다. 만약 처음부터 그에게 인체를 투과하는 광원을 만들어 오라고 했다면 아마 그는 어떻게 해야 할지 감도 못 잡았을 것이다. 그리고 X선 역시 오랜 기간 발견되지 못했을 것이다. 뢴트겐은 운좋게도 이 행복한 사건이 가져올 가치를 금방 깨달았기에 붙잡을 수 있었다. 재미있게도 테슬라나 레나르트를 포함한 다른 과학자들은 후에 자신들이 뢴트겐보다 먼저 X선 현상을 목격했다고 주장했다. 그러나 그중 아무도 이 현상에 대해 더 깊고 체계적으로 탐사한 사람은 없었다. 그렇기 때문에 마치 콜럼버스가 그랬듯이 뢴트겐도 정당하게 이 발견에 대한 공을 인정받은 것이다. 미생물학의 아버지 루이 파스퇴르(Louis Pasteur)의 재담처럼 "우연은 준비된 자만이 얻을 수 있다."

진공 전자의 유산

진공 기반의 전자에 대한 오랜 연구를 통해 J. J. 톰슨은 마치 물분자(H_2O)가 흐르는 물의 기본 단위인 것처럼 음으로 하전된 아원자(subatom)인 전자 입자가 전류의 기본적인 운반자임을 증명했다. 진공 전자의 기초를 닦은 사람은 톰슨만이 아니었다. 가이슬러의 초기 작업들은 이후 연구자들을 위한 초석을 깔아 주었다. 크룩스의 음극선에 관한 작업은 직접적으로 브라운의 CRT 발명을 가져왔다. CRT는 20세기 말까지 텔레비전과 컴퓨터 모니터를 뒷받침한 핵심 기술이었고, 네온등과 현대의 플라스마(plasma) 디스플레이 같은 다양한 형태의 색광등을 탄생시켰다. 마지막으로 뢴트겐의 X선 발견은 전자기 기술을 의료 진단학에 적용하게 되면서 의료 전자 산업을 탄생시켰다.

그 사이에 진공 기술을 활용한 몇 가지 중요한 응용 사례들이 등장했는데, 예를 들면, 전자 파장의 움직임을 고해상도 현미경에 적용한 전자현미경이 있다. 또 다른 중요한 기술적 혁신은 전자빔과 자기장 간의 상호작용을 이용해 강력한 마이크로파(microwave)를 생성해 내는 것이었다. 이 원리에 입각하여 앨버트 헐(Albert Hull)은 1921년 마그네트론(magnetron: 전자관 혹은 자전관 - 역자 주)을 발명했고, 1938년에는 시구르드(Sigurd)와 러셀 베리언(Russel Varian) 형제가 클라이스트론(klystron: 마이크로파 영역에서 사용하는 전자관으로 속도변조관이라고도 함 - 역자 주)을 발명했다. 이 '마이크로파 진공관'은 더 나아가 레이더와 위성통신 시스템의 핵심 기술을 형성하게 된다.

진공 전자는 뒤이어 발생한 많은 주요 응용의 기술적 토대를 닦았을 뿐 아니라 물리학의 새로운 시대를 촉진시켰다. 진공 실험에서 관찰된 현상 중 다수는 뉴턴의 이론으로 설명할 수 없는 것들이었다. 이를테면 백열전구에서 나오는 빛의 스펙트럼, 기체 방전 시의 발광 스펙트럼, X선의 생성 등이 그랬다. 이 모든 새로운 현상들을 설명하기 위해서는 새로운 물리학의 도입이 시급히 필요했다. 1900년, 독일 과학자 막스 플랑크(Max Planck)는 흑체복사(blackbody radiation) 모델을 제안했다. 이 이론을 통해 뜨거운 물질, 이를테면 가열된 필라멘트나 태양 같은 물체에서 관찰된 빛 방사 스펙트럼을 정확하게 예측할 수 있었다. 이후 플랑크와 동시대를 살았던 닐스 보어(Niels Bohr)는 수소 전자의 이론적 모델을 고안하여 수소 가스로부터 관찰된 방사 스펙트럼을 설명하고 예측했다. 플랑크와 보어의 모델은 두 가지 혁명적인 개념을 물리학에 소개했다. 파동-입자 이중성에 기인한 에너지의 양자화, 그리고 확률이론의 사용이다. 그들의 연구는 사물의 속성을 가장 기초적인 원자 수준에서 이해하는 '새로운 물리학', 즉 양자역학의 시대를 도래시켰다. 또 하나의 중요한 발견은 자성의 기원이 전하의 움직임(자체 회전 과정을 포함한)으로까지 추적될 수 있다는 것이었다. 모든 전자기 현상의 근본적인 기원은 어떻게든 전자, 그리고 그것의 운동과 관련이 있다. 이 새로운 지식들은 결과적으로 반도체 기반의 고체 전자 산업을 탄생시켰으며, 현대에 와서 아이폰과 아이패드를 낳았다.

7

전자 흐름의 제어
Controlling the Flow of Electrons

진공 전자에 관한 연구들은 수많은 물리학 이론에 획기적 발전을 가져왔고 인상적인 응용 사례들을 낳았다. 하지만 전자의 흐름을 제어하는 가장 중요한 두 가지 장치, 즉 2극진공관과 3극진공관을 발견하는 데 직접적으로 기여하지는 못했다. 이 둘의 기원을 추적하기 위해서는 다시 한번 20세기 벽두에 등장한 위대한 발명가 토머스 에디슨의 작업으로 돌아가 봐야 한다.

에디슨 효과

1882년 영국에서 크룩스의 몰타 십자가 연구가 한창일 때, 바다 건너의 에디슨은 펄 스트리트 발전소 건설로 분주했다. 에디슨은 맨해튼 남단에 전기를 공급할 발전소를 설계하는 와중에도 계속해서 그의 특허품인 백열등을 개선했다. 특히 백열등의 신뢰성을 높이는 데 중점을 두었다.

무엇보다도 전구의 유효 수명 문제가 계속해서 발목을 잡고 있었다. 그것은 더 이상 필라멘트 재질의 문제가 아니었다. 지속적인 노력의 결과 탄소 섬유 필라멘트의 평균 수명은 이미 수백 시간을 넘어서고 있었다. 문제는 그보다도 필라멘트가 가열되고 빛나면서 연소된 탄소 입자 부스러기에 있었다. 입자들이 유리 전구 안을 검게 그을려 점차 불투명하게 만들고 결국에는 빛을 거의 차단시켜 버리는 것이었다. 밖에서 청소할 수도 없는 이 부스러기들의 존재가 계속해서 기술적 난제로 남아 있었다.

에디슨은 이 문제를 해결하기 위해 여러 가지 방안들을 실험해 보았다. 전구 내 필라멘트 위에 구리판을 설치해 전구 내벽을 연소된 탄소 입자로부터 가리려고도 해 보았다. 그러나 별다른 효과를 보지 못하자 전기장을 구리판에 가하는 방안을 고려하기 시작했다. 곧 에디슨은 필라멘트 위에 구리판을 설치한 전구를 설계하고 그 구리판에 외부 전선을 연결했다. 그리고 구리판에 전압을 달리 적용하면서 그 효과를 실험해 보았지만 결국 탄소 입자를 막는 데는 실패했다. 그런데 이 과정에서 전혀 기대하지 않았던 결과가 발생했다. 구리판에 적용된 전압이 필라멘트보다 더 양성일 때 필라멘트와 구리판 사이로 전류가 흐르는 것이었다. 하지만 구리판이 필라멘트보다 음성으로 하전되어 있을 때는 전류가 흐르지 않았다. 즉, 전류가 한 방향으로만 흐르는 정류(rectification) 현상을 목격한 것이다.

흥미로운 발견이기는 했지만 원래의 목적을 고려했을 때 실험 자체는 실패였다. 그리고 에디슨은 더 이상 새로운 전기 현상을 발견하는 데 관심이 없었다. 그가 원했던 것은 단지 오래 지속되는 전구일 뿐이었다. J. J. 톰슨이 전자를 발견하고 규정한 것은 그로부터 15년 후의 일이었으므로 당시에는 전류의 일방적인 흐름 기저에 위치한 물리학을 이해할 도리가 없었다. 에디슨은 이 실험 결과를 그의 기술자들과 자문들에게 알렸지만 아무도 그 현상을 설명할 수 없었다. 물론 그것을 응용하자고 제안하는 사람도 없었다. 다른 일로 정신이 없었던 에디슨은 이 '일방향 전류 정류 장치'의 발견에 대해, 다른 발명품들과 마찬가지로 일단 특허를 출원해 놓고 곧 다른 프로젝트로 향했다.

에디슨의 발견은 그가 소유한 수백 개의 특허 속에 몇 년 동안 묻혀 있었다. 그는 학술 논문을 발표한 적이 없었기 때문에 학계에서도 일방향 전류 정류 현상에 대해 거의 알지 못하고 있었는데, 후에 일부 사람들은 이것을 '에디슨 효과(Edison Effect)'라고도 불렀다. 하지만 1880년대에 Edison-GE 영국 지사의 기술 자문이었던 존 앰브로스 플레밍 교수는 이 특별한 실험을 익히 잘 알고 있었으며 항상 머릿속 깊이 기억하고 있었다.

흥미롭게도 일방향 전류의 정류 개념은 에디슨 이전에도 관찰되었다. 1874년, 독일 물리학자 카를 페르디난트 브라운(CRT를 발명하였으며 후에 마르코니와 함께 노벨 물리학상을 받았다)은 일방향 전류 흐름의 또 다른 원천을 발견했다. 그것은 방연석(galena) 혹은 황화납으로 알려진 천연광물과 점접촉(point contact)한 황동선이었다. 에디슨 효과와 유사하게 이 발견 역시 오랜 기간 동안 그저 연구소 내의 흥밋거리였을 뿐 명확하고 실용적인 응용 방안이 없었다. 그러던 중 1899년, 콜카타 프레지던시 칼리지(Presidency College)의 인도 과학자 자가디시 찬드라 보세(Jagadish Chandra Bose)가 정류 효과를 전자기파의 존재를 탐지하는 데 사용할 수 있으며, 당시 널리 사용되고 있던 코히러 검파기보다 훨씬 더 민감하게 작동한다는 사실을 발견했다.

진공관을 이용한 에디슨 효과와 달리 방연석(galena) 정류기 기술은 극도로 불안정했고, 그 결과를 재연하기도 어려웠다. 더군다나 현상을 뒷받침하는 물리학적 이론도 아직 알려지지 않았기 때문에 아무도 그 작동 원리를 잘 알지 못했다. 여하튼 보세는 이 정류기로 콜카타 시청 앞에 폭발물을 장치하고 원격으로 폭파시킬 수 있는 전자기파 신호를 수신하기도 했지만 이후에도 이 새로운 무선 수신 기술은 여전히 조악했고 비실용적이었다. 물론 보세는 비슷하지만 훨씬 더 정교한 기술이 에디슨의 연구실에서 만들어졌다는 사실은 전혀 모르고 있었다.

1900년, 대서양 횡단 무선전신을 계획하고 있던 마르코니는 존 앰브로스 플레밍 교수에게 초고출력의 무선 송신국을 설계하는 수석 기술 자문역을 맡겼다. 당시 마르코니의 수신기는 용액 속에 떠 있는 금속 입자의 가는 막대 조각으로 이루어진 코히러 기술에 의존하고 있었다. 이 금속 필라멘

존 앰브로스 플레밍. ⓒ Science Museum/
Science & Society Picture Library

트는 전기장에 노출되면 정렬되면서 순환 경로를 '매끄럽게' 해 주고 전기 저항성을 낮추었다. 마르코니는 이 저항성의 변화를 이용해 무선 전자기 신호의 도착을 포착하려 했다. 하지만 코히러의 감도가 낮고 응답 속도가 늦어 고전을 면치 못했는데, 이는 코히러의 기계적 속성에 기인한 것이었다. 재설정도 어려워 처음에는 망치로 코히러를 쳐서 금속 조각들을 다시 흩어 놓는 수밖에 없었다. 코히러는 의심의 여지가 없이 마르코니의 무

선전신 시스템에서 가장 취약한 고리였으므로, 플래밍이 마르코니 회사에 합류하자마자 한 일은 무선 신호를 검파하는 더 좋은 방법이 없는지 고민하는 것이었다.

플레밍은 효과적인 무선 신호 검파를 위해 방연석 장치의 정류 속성을 이용한 보세의 발견에 큰 관심을 가졌다. 하지만 그는 방연석 정류기를 마르코니의 무선전신 시스템에 사용하기에는 너무 미덥지 않다는 것을 잘 알고 있었다. 뭔가 다른, 더 신뢰할 수 있는 전류 정류 기술이 필요했던 플레밍의 머리에 언뜻 떠오르는 것이 있었다. 바로 에디슨 효과였다. 플레밍은 지구상에서 에디슨 효과에 대해 아는 몇 안 되는 사람 중 하나였다. 그리고 이 역사적 기회를 확실히 잡을 능력도 가지고 있었다. 그는 곧 에디슨 효과와 보세의 정류 검파기 개념을 연결하여 무선통신의 새로운 돌파구를 생각해 내었다.

2극진공관

에디슨 효과를 처음으로 관찰한 지 20년이 지났을 때, 진공 전자는 획기적인 발전을 이루게 된다. 그리고 J. J. 톰슨 덕분에 에디슨 효과에 대한 기본적인 물리학적 배경이 완전히 설명되었다. 전구의 필라멘트가 전류에 의해 높은 온도로 데워지면 끓는 물이 증기로 증발하듯 전자의 지속적 흐름이 그 표면으로부터 진공 유리구 안으로 탈출하게 된다. 구리판이 더 양성의 전기 포텐셜을 가지면 이 자유롭게 운동하던 음으로 하전된 전자가 구리판으로 끌어당겨지면서 전류가 진공을 통해 계속 흐르게 된다. 하지만 구리판의 전압이 필라멘트에 비해 더 음성으로 하전되면 전자를 멀리 밀어내면서 전류가 흐르지 않게 되는 것이다. 1904년, 에디슨이 '일방향 전류 정류 장치' 특허를 취득한 지 22년 후, 즉 17년짜리 특허기간이 만료되고 5년이 지난 후에 플레밍은 자신이 스스로 설계한 전류 정류 장치를 선보인다. 플레밍 밸브(Fleming Valve)는 에디슨이 개발한 원조 전류 정류 장치의 정제된 버전으로서, 두 개의 전기 단자가 진공 상태로 밀봉되어 있는 구조이기 때문에 2극진공관(다이오드, diode)이라고 하며, 간단히 2극관이라고도 한다.

2극진공관의 성능은 견고하고 재연성이 좋아 불안정한 점접촉 방연석 정류기와는 비교할 수 없을 만큼 달랐다. 이 장치는 마르코니의 무선 수신 시스템에 즉각 적용되면서 시스템의 감도를 엄청나게 향상시켰다. 2극진공관은 많은 전력 공급 설계에서도 교류전력을 직류전력으로 바꾸는 데 폭넓게 사용되었다. 그야말로 전류의 흐름을 전자 수준에서 제어하고 관리할 수 있는 최초의 실용적 장치였으며, 이로써 드디어 새로운 전자 시대(electronic age)가 도래하게 되었다. 2극진공관의 엄청난 중요성이 입증되면서 플레밍은 부와 더불어 큰 명성을 얻었다. 영국 왕실로부터 과학적 공헌을 인정받아 기사 작위를 수여 받은 것이었다. 물론 그가 주로 기여한 바는 에디슨의 모호한 작업을 브라운의 점접촉 정류기로 무선 신호를 검파한 보세의 응용과 연계한 것이었다. 이 '연계' 과정 혹은 '단편적 사실에서 어떤 결론을 도출하는' 행위는 표면상으로는 핵심적인 작업에 비해 보조적이고 보충적인 과정으로 보일 수 있다. 하지만 이 역시 혁신의 역사에서 빼놓을 수 없는 매우 중요한 요소임이 거듭 입증되고 있었다.

마법의 제3 전극

2극진공관은 인류가 전자 시대로 진입했음을 알리는 전조였다. 하지만 훨씬 더 중요한 발명이 바로 그 뒤를 이어 등장했다. 이 장치는 전자의 흐름을 제어하고 조종하는 인류의 능력에 일대 혁신을 일으키면서 우리 모두가 알고 있는 현대 전자의 기초를 놓아 주었다. 재미있게도 이 혁명적인 발명 역시 약간은 행운이 따른 것이었다. 리 드 포레스트(Lee De Forest)라는 젊고 자신만만한 설익은 재주꾼이 바로 그 행운의 주인공이었다.

리 드 포레스트는 1873년 전도사의 아들로 태어났다. 그리고 아버지가 탤러디가(Talladega) 대학의 행정직 자리를 얻게 되면서 가족 모두가 아이오와에서 앨라배마로 이주했다. 어려서부터 학구열에 불탔던 드 포레스트는 탐구심 많은 재주꾼으로 성장했고 예일 대학교에서 전자기파에 관한 논문으로 박사 학위를 받았다.

기업가 정신이 충만한 젊은이였던 리 드 포레스트는 졸업 후 몇 년이 지나지 않아 자신만의 무선전신회사를 차려 마르코니와 경쟁하기로 결심했다. 그는 용기도 있고 결심도 대단했지만 아쉽게도 요령이 없었고 약삭빠르지도 못했다. 의사 결정도 서툴렀고 미래를 대비하는 데 소질이 없었다. 게다가 사업상 거래를 처리하는 방식에도 문제가 있어 사기 소송으로 감옥에 갈 뻔하기도 했지만 다행히도 무죄를 선고받았다.

1904년, 존 앰브로스 플레밍이 2극진공관을 발표하자 드 포레스트도 이 기술에 손을 대기 시작했다. 그저 어떻게든 기존 장치의 성능을 개선할 수 있지 않을까 하는 막연한 기대로 시작한 일이었다. 1906년, 그는 유리 기술자에게 2극진공관의 음극과 양극 사이에 제3의 전극을 넣어 줄 것을 요청했다. 그렇게 만든 3단자 진공관을 테스트하는 동안 특이한 효과를 목격했는데, 가운데 있는 제3 전극에 전압을 가하면 음극과 양극 사이에 흐르는 전류의 크기에 영향을 미치는 것이었다.

2극진공관에 세 번째 전극을 더하는 것은 마치 파이프에 마개나 꼭지를 다는 것과 같았다. 제3 전극에 적용되는 전압의 크기를 바꿈으로써 전류의 흐름을 달라지게 할 수 있었는데, 마치 수도꼭지의 손잡이를 돌려 물의 흐름을 빠르게 하거나 늦추는 것과 비슷했던 것이다. 우연히 시작한 작업에

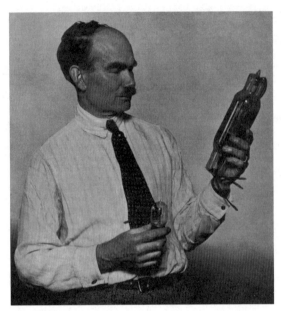

리 드 포레스트. Science Source

완전히 매료된 드 포레스트는 또 다른 3단자 진공관을 만들었는데, 이번에
는 제3 전극의 와이어를 지그재그의 격자(grid) 형태로 설계했다. 격자 패턴
이 전자의 흐름을 물리적으로 막지 않으면서도 음극과 양극 사이 진공 공
간의 교차점을 더 많이 포괄하여 제3 전극의 영향력을 효과적으로 증대시
킬 수 있을 것이라 기대한 것이었다. 그의 기대대로 '격자'에 전압을 가하자
제3 전극이 전류의 흐름에 미치는 영향력이 훨씬 더 커졌다.

이 3극진공관은 결정적으로 중요한 두 가지 기능을 가지고 있었다. 신
호 증폭(signal amplification)과 스위칭(switching)이 그것이었는데, 이 두 기
능은 아날로그와 디지털 신호 모두에 아주 긴요하게 적용될 수 있었다.
먼저, 작은 전압 신호를 격자 전극에 적용했을 때 전류가 음극과 양극 사
이를 흐르면서 증폭된 복제 신호가 발생했다. 이 증폭 현상은 이를테면

음성 전화 같은 약한 아날로그 신호를 먼 곳까지 보내기 위한 이상적인 해결책이 될 수 있었다. 신호를 3극진공관을 통해 돌리면 잡음이나 왜곡이 최소화되면서 증폭되었다.

신호 증폭 능력 외에도 3극진공관은 거의 즉각적인 on/off 전기 스위치로서 사용될 수 있었다. 격자 전극에 음성 전압을 적용하면 양극과 음극 사이의 전류 흐름을 즉시 멈출 수 있었던 것이다. 이 신속한 전자 스위치 기능은 디지털 신호의 생성과 라우팅(routing)에 아주 중요하게 활용된다.

비록 자신의 발명품이기는 했지만 드 포레스트는 전극들의 작동 원리를 제대로 알고 있지는 못했다. 아마도 진공관 안의 이온화된 잔존 가스 때문에 그런 현상이 발생하는 것이리라고 잘못 생각하고 3극진공관을 '오디온(audion)'이라고 이름 붙였다. 여기서 오디온의 '-ion'은 이온(ion)을 언급하는 것이었다. 더군다나 드 포레스트는 그가 어떻게 2극진공관 안에 제3 전극을 더할 생각을 했는지도 전혀 설명하지 못했다. 진공 전자 연구에 참여했던 그 많은 뛰어난 과학자 중 누구도 생각지 못한 일을 그가 아무렇지도 않게 해낸 것이었다.

3극진공관 자체는 경이로운 것이었지만, 정작 발명자인 드 포레스트는 그 기저에 놓인 기본 원리를 이해하지 못했으며 활용 방안에 대한 명확한 아이디어도 없어서 결국 기술이 발명되고도 몇 년 동안 어중간한 상태로 머물렀다. 그리고 마침내 기회는 특이하게도 전화회사로부터 찾아왔다.

전국을 가로지르는 목소리

벨 전화회사는 1877년에 가디너 그린 허버드(Gardiner Greene Hubbard)가 설립했다. 그는 당시 32살의, 기업가 정신이 뛰어난 경영 천재 테드 베일을 회사의 책임자로 앉혔다. 베일은 회사를 잘 키워 크게 성공시켰지만 오직 단기 이익에만 관심 있는 일부 주주들에 의해 1889년에 책임 직책에서 밀려났다. 베일이 떠난 후 AT&T의 서비스 품질은 전복되었고 시장에서의 위상도 마찬가지로 추락했다. 이는 경영 수준이 형편없는 데다 벨의 오리지널 특허가 1894년 만료된 직후 수만 개의 독립 전화회사가 우후죽순으로 등장하면서 비롯된 불가피한 결과이기도 했다.

작지만 날렵한 경쟁사들을 한데 모아 놓고 봤을 때 그들은 AT&T에게 무시무시한 위협을 가하는 적이었다. 그들이 AT&T의 중심 사업들을 야금야금 갉아먹으면서 AT&T의 시장 점유율과 수익성은 급격히 하락했다. 게다가 AT&T의 경영진들은 회사가 연방정부의 십자포화를 받는 위치에 놓여 있음을 절실히 느끼고 있었는데, 독점 기업을 해체하려는 테디 루스벨트(Teddy Roosevelt) 행정부가 AT&T를 국유화하든지 아니면 전면적으로 없애버리겠다고 위협해 온 것이다.

이 절체절명의 순간에 J. P. 모건이 이끄는 뉴욕 자본가 협력단이 AT&T 이사회를 장악했다. 전권을 잡은 모건은 맨 먼저 베일을 초대하여 다시 회사로 돌아와 경영을 맡아 달라고 부탁했다. 1907년, 18년간의 공백을 깨고 다시 AT&T로 돌아온 베일은 그 즉시 마치 스티브 잡스(Steve Jobs)가 훗날 애플(Apple)에서 그랬듯 회사의 새로운 장기 전략을 수립했다.

베일은 돌아오자마자 회사의 주요 목표 두 가지를 정했다. 첫째는 고품질의 보편적인 전화 서비스를 미국 전역에 보장하기 위해서는 온 나라가 통합된 네트워크 표준으로 연결되어야만 하며, 그 때문에 AT&T를 선의의 독점 기업으로 운영하는 것이 국가 이익에 최선이라는 점을 의회에 확신시키는 것이었다. 둘째는 AT&T의 기술적 우위를 강화화고 이를 지렛대 삼아 고객 서비스의 품질을 높임으로써 독립 회사들로부터의 도전을 막고 시장에서의 위치를 강화한다는 것이었다.

첫 번째 목표를 밀고 나가는 과정에서 베일은 진심으로 그리고 전적으로 정부에 협조했다. 그는 모든 규제에 절대적으로 따를 것임을 약속하고 연방 감시관에 의한 정기적인 사찰에 기꺼이 회사 문을 열어 주었다. 두 번째 목표를 추진하면서는 AT&T가 통신 기술에서 최고의 역량을 쌓는 데 전념하도록 했다. 여기에는 AT&T가 결코 다른 회사의 특허나 노하우의 인질이 되지 않겠다는 의지도 담겨 있었다. 베일이 돌아오기 전 AT&T는 경쟁사에서 개발한 자동 크로스바 교환대를 사용하는 대가로 어마어마한 돈을 지불하고 있었다. 또, 1900년 컬럼비아 대학교 교수 미하일로 이드보르스키 푸핀 (Mihajlo Idvorski Pupin)이 고안한 '장하 코일 (loading coil)' 기술을 장거리 전화 시스템을 위해 사들일 때는 회사의 자존심을 땅에 묻고 당시로서는 천문학적 금액인 50만 달러를 지불해야만 했다. 베일은 엄청난 기술 역량과 자원을 보유한 AT&T가 다시는 그렇게 시장에서 인질로 잡히는 시나리오가 발생해서는 안 된다고 역설했다.

독립 전화회사들을 상대하는 베일의 주요 전략 중 하나는 AT&T의 재무적 · 기술적 장점을 바탕으로 미국의 끝에서 끝까지를 연결하는 대규모 장거리 전화 네트워크를 구축하는 것이었다. 그리고 나서 다른 독립된 지역 전화회사들이 AT&T가 정한 조건하에 그 네트워크를 임대해 사용하도록 하는 것이었다. 베일은 시간이 지나면 각 회사들이 점차 독립성을 잃고 전적으로 AT&T에 의존하게 될 것임을 예견했다. 이를 위해 일단 푸핀의 장하 코일을 이용해 뉴욕에서 덴버까지 장거리 통신선을 확장했다. 물론 그들의 목표는 더 서쪽으로 뻗어 나가는 것이었지만 안타깝게도 그 이상은 불가능했다. 패러데이가 최초로 규명한 유도 원리(induction principles)에 바탕을 둔 장하 코일 기술의 한계는 거기까지였던 것이다. 계속 빠르게 발전 중인 캘리포니아와 서부까지 전화선을 설치하기 위해 이 한계를 극복하는 일이 AT&T의 최우선 기술 과제가 되었다.

회사의 기술적 역량을 강화하고 전화 사업에서의 선도적 위치를 확고히 하기 위해 (그리고 물론 장거리 전화 문제를 해결하기 위해) 베일은 AT&T의 제조 자회사인 웨스턴 전기의 기술 부서 역할을 확대했다. 이 부서에 생산과 혁신에 관한 확실한 권한을 부여한 것인데, 이러한 처사는 궁극적으로 역사상 가장 성공적인 R&D 센터의 탄생을 이끌게 된다. 바로 벨 연구소였다. 여전히 장거리 통신의 답을 찾고 있던 중 웨스턴 전기의 엔지니어 한 명이 드 포레스트의 3극진공관에 주목했다. 그리고 곧 자신들의 케케묵은 문제를 해결해 줄 고성능 증폭기로서 3극진공관의 잠재력을 인식하게 되었다. 정작 드 포레스트는 아직도 자신이 발명한 3극진공관의 잠재력을 완전히 인식하지 못하고 있었다. 1911년 말, 재무 상태가 엉망이었던 드 포레스트는 그의 3극진공관 특허를 5만 달러라는 헐값으로 AT&T에 팔고 만다. AT&T는 드 포레스트의 권리를 사들인 후 헌신적이고 재능 있는 기술 팀을 조직해 2년이 채 되기 전에 3극진공관의 기술을 대규모의 실용적 사용에 적합한 수준으로 개선해 냈다.

AT&T 엔지니어들은 개선된 3극진공관을 사용해 음성 신호 중계용의 고음질·저소음 증폭기를 설계했는데, 장하 코일보다도 성능이 월등히 좋았다. 1914년, AT&T는 이 기술을 지렛대 삼아 뉴욕부터 샌프란시스코까지 이어지는 최초의 대륙횡단 전화선을 완성했다. 베일은 이 대륙횡단 전화 개통식에 나이 든 알렉산더 벨과 그의 오랜 파트너 왓슨을 초대해 서로 통화할 수 있도록 주선했다. 당시 뉴욕과 샌프란시스코에 각각 살고 있던 벨과 왓슨 두 사람은 30년 만에 다시 전화선으로 대화를 나누었다. 하지만 이번에는 그 옛날처럼 서로 몇 미터 떨어져 있는 것이 아니라, 광활한 대륙의 양쪽 끝에 떨어져 있었다.

라디오

Radio

1904년 크리스마스 이브

3극진공관 기술은 AT&T의 적극적 투자에 힘입어 급속히 성장하였고, 얼마 지나지 않아 다양한 3극진공관 제품들이 시중에 쏟아져 나왔다. 기술자들은 3극진공관의 증폭과 스위칭 속성을 다른 회로 설계에 실험하기 시작했고, 이러한 시도들로 수많은 새로운 가능성이 열리게 되었다. 그중 하나는 음성과 음악을 더 이상 전선이 아닌 자기파를 이용해 자유 공간에서 주고받는 오랜 꿈도 포함되어 있었다.

레지널드 페센든. ⓒ Bettmann/CORBIS

　사실 아는 사람이 많지는 않지만 3극진공관이 등장하기 전에 이미 레지널드 페센든(Reginald Fessenden)이라는 사람이 음악과 음성을 방송하는 데 성공했다. 페센든은 캐나다 태생으로 전자기 기술의 위대한 공헌자들 대부분이 그러했듯 유년 시절부터 전류와 전자기파에 푹 빠져 있었다. 비록 정식으로 대학을 졸업한 적은 없지만 그가 지닌 전기 기술에 대한 지식과 통찰력은 타의 추종을 불허했다.

　1886년, 페센든은 에디슨 연구소에 하급 기술자로 들어갔다. 꽤나 창의적이고 경쟁력 있는 기술자였던 페센든은 에디슨에게 깊은 인상을 남겼다. 그는 자기가 맡은 일 외에도 전자기파를 통해 음성과 음악을 전달하는 아이디어에 사로잡혀 있었는데, 에디슨은 페센든의 이런 생각을 탐탁지 않게 여겼다. 그런 마술과 같은 일은 기술적으로 불가능하다고 공개적으로 언급한 적도 있었다. 에디슨 연구소에서는 자신의 꿈을 실현할 수 없을 것임을 감지한 페센든은 결국 회사를 떠났다. 그 후 웨스팅하우스에서 일하면서 교류 발전기의 설계를 개선하는 일을 했고, 그 후에는 두 곳의 대학에서 교수로 재직하며 학생들을 가르쳤다. 몇 년간은 미국 기상청에서 날씨 정보를 신속히 전하는 일을 하기도 했다. 하지만 어디에 있든 상관없이 페센든의 머릿속에는 언제나 음성과 음악을 무선으로 전달하는 아이디어뿐이었다.

1903년이 되자 페센든은 그간 노력한 결과로 전자기장을 이용해 음성과 음악 신호를 넓은 지역으로 보내는 시스템의 개념을 발전시킬 수 있었다. 그는 높낮이가 있는 오디오 신호를 전화처럼 전류를 통해서가 아니라 반송파(carrier wave)라고 불리는 지속적인 고주파의 전자파 위에 부호화하는 아이디어를 생각해 냈다. 부호화된 반송파는 한 지점에서 방송되어 멀리 있는 복수의 수신기에서 수신될 수 있었다(199쪽의 AM과 FM의 원리 참조). 페센든의 획기적인 시스템 개념은 이론적으로는 완벽했지만 아직 그의 아이디어를 뒷받침해 줄 수 있는 2극진공관이나 3극진공관 기술이 발명되기 전이었다. 당시 사람들은 여전히 마르코니의 '스파크 간극' 기술을 이용하여 전자기파를 만들었는데, 이렇게 만들어진 전자기파는 주파수의 순수성과 안정성 측면에서 페센든이 생각하고 있던 반송파의 최소 요건에 부합하지 못했다.

결국 그는 라디오 방송 시스템의 개념을 증명하려면 스스로 반송파를 만드는 수밖에 없음을 깨달았다. 그리고 초고속의 교류 발전기(얼터네이터)를 전자 반송파의 원천으로 사용해야겠다고 생각했다. 이 접근법은 그가 필요로 하는 대부분의 요건들을 충족시킬 수 있었다. 얼터네이터로 만든 전자기파는 매우 고출력의 지속적이고 순수한 형태로서 일정한 진동수를 유지했다. 하지만 주파수가 너무 낮다는 단점이 있었는데, 이는 얼터네이터 회전

전기자의 기계적 속성에 기인한 본질적 한계였다. 하지만 페센든은 포기하지 않고 50킬로와트의 지속적 전자파를 90킬로헤르츠의 진동수로 꾸준히 생성해 내는 초고속 얼터네이터를 직접 설계하여 GE에 특별 주문했다. 사실 이 주파수도 페센든이 원래 생각했던 것보다는 한참 낮았지만 개념적인 부분을 실험적으로 보여 주는 데는 큰 문제가 없었다.

또 다른 주요 기술적 장애는 수신기에 있었다. 코히러는 이미 알려진 대로 반응이 매우 약했고 아직까지는 믿을 만한 방연석 점접촉 정류기나 2극 진공관도 없었다. 페센든은 이 문제를 해결하기 위해 버레터(barretter)라는 열 장치를 직접 개발했다. 무선 전기신호로부터 에너지가 흡수되면 저항기의 온도가 약간 변하는데, 버레터는 이 작은 변화를 탐지하는 기능을 한다. 버레터의 성능은 원하는 수준에 간신히 도달할 정도였지만 어쨌든 기발한 해결책이었다.

이즈음 페센든은 피츠버그의 금융사로부터 투자를 받아 무선전신회사를 설립했는데, 마르코니와 경쟁하는 것이 목표였다. 그는 투자자들에게 약속한 대로 회사를 경영해 나갔지만, 한편으로는 여전히 상당 부분의 에너지와 시간을 세계 최초의 라디오 방송을 기획하는 데 쏟았다. 결국 페센든은 자신이 만든 강력한 얼터네이터를 이용해 반송파를 만들고, 개조한 탄소 입자 마이크로폰으로 진폭 변조(Amplitude Modulation: AM)를 통해 소리 신호를 부호화하는 방식으로 완전한 방송 시스템을 구축하는 데 성공했다. 마지막으로 버레터를 사용해 설계한 몇 개의 수신기를 해군 함정과 중앙아메리카를 오가는 과일 운송선 등에 설치했다.

1904년 크리스마스 이브 날, 페센든은 매사추세츠주의 브랜트 락(Brant Rock)이라는 작은 도시에서 역사상 최초의 라디오 방송을 진행했다. 방송이 시작되자, 페센든은 반송파를 변조하는 탄소 마이크로폰에 대고 모두에게 행복한 크리스마스를 기원했다. 이어서 축음기를 이용해 헨델의 "라르고(Largo)"를 재생했다. 물론 그는 자신의 방송이 사람들에게 들리는지 안들리는지 확신할 수 없었지만 계속 방송을 진행해 나갔다. 이윽고 저녁 프로그램을 모두 방송하고 나서는 크리스마스 캐롤 "오 거룩한 밤"을 직접 바이올린으로 연주했다. 아직 그는 모르고 있었지만, 그의 노력은 헛된 것이 아니었다. 페센든의 방송은 200마일이나 떨어져 있는 버지니아 해안 너머의 배에서도 수신되었다. 오랫동안 간직해 왔던 그의 꿈이 마침내 실현된 순간이었다. 사람의 목소리와 음악을 무선 기술을 통해 보내고 받을 수 있게 된 것이었다.

페센든은 정말로 창조적인 기술자였지만 훌륭한 사업가는 아니었고 홍보나 자기 선전에 문외한이었다. 그래서 에디슨조차 불가능하다고 믿었던 역사적 사건을 이루어 냈지만 일반 대중에게 거의 이목을 끌지 못했다. 페센든은 천재였지만 그가 통제할 수 없었던 불행(타이밍)을 어쩔 수 없이 받아들여야만 했다. 그는 너무 일찍 무대에 등장했고, 그 결과 그의 비싸고 덩치 큰 조잡한 시스템은 시작한 순간부터 실패할 운명이었다. 본격적인 라디오 방송을 위해 반드시 필요했던 실용적 반송파의 생성은 그 후로도 몇 년간 꿈으로 남게 된다. 그럼에도 불구하고 페센든은 전체 라디오 방송의 개념을 혼자서 그려내고 기본적인 실행 가능성까지도 성공적으로 보여 준 진정한 발명가였다.

핵심 라디오 기술

그렇다. 페센든은 진정한 라디오 시대를 열기에는 너무 일찍 나타났던 것이다. 그와는 대조적으로 에드윈 H. 암스트롱(Edwin H. Armstrong)의 등장은 시기적절했다. 암스트롱은 에디슨이 전기화와 조명으로 환하게 불을 밝

학생 시절의 에드윈 H. **암스트롱(1912년).**
Courtesy of Edwin H. Amstrong Papers, Rare
Book and Manuscript Library, Columbia
University Libraries

힌 바로 그곳, 뉴욕시에서 1890년에 태어났다. 암스트롱은 사람들이 '예전에' 어떻게 살았는지에 대한 이야기를 들으며 전자기 기술에 매료되었고, 어린 나이에 패러데이의 유명한 실험들을 재연하기도 했다.

암스트롱은 17살 때 컬럼비아 대학교에 입학하여 미하일로 푸핀 교수(AT&T가 초기 장거리 통신 시스템 구현을 위해 사들인 장하 코일의 발명자) 밑에서 전기공학을 공부했다. 그는 대학에서도 여전히 전자기 현상에 매료되어 있었고 또 궁금해했다. 2학년이 된 그는 전기회로의 새로운 3극진공관을 가지고 실험을 시작했다.

여느 때처럼 실험 중이던 어느 날, 암스트롱은 회로에서 나온 증폭된 출력 신호 일부를 3극진공관 증폭기의 입력부에 연결하자 '피드백(feedback)'으로 알려진 재생 증폭이 일어나는 것을 발견했다. 그냥 놓아두면 계속 불쾌하고 찍찍거리는 소음이 났지만 조심스럽게 조정하자 오히려 재생 증폭의 긍정적 효과가 나타났다. 특정 조건하에서는 이 입력 전기 신호가 더 증폭되면서 한층 강화된 품질의 충실도 높은(high fidelity: Hi-Fi, 하이파이) 출력을 만들어 내는 것이었다. 암스트롱은 추가 실험을 통해 또 다른 조건하에서는 출력 전류가 안정되고 예측 가능한 다양한 진동을 보인다는 것도 알게 되었다. 그리고 그러한 회로의 움직임이 두 번째 대서양 횡단 전신 케이블 공사 중 개발된 구스타프 키르히호프의 수학식을 통해 예측될 수 있다는 것도 알게 되었다.

이 분야의 거의 모든 사람들과 마찬가지로 암스트롱도 페센든의 라디오 실험과 당시 존재하고 있는 모든 기술적 도전에 대해 이미 잘 알고 있었다. 당연히 가장 첫 번째 도전은 오디오 신호를 보내기 위한 고출력의 고진동 반송파를 효과적으로 생성해 내는 것이었다. 몇 번의 실험을 통해 암스트롱은 3극진공관 기반의 피드백 회로가 만들어 내는 안정적인 주파수가 바로 페센든이 꿈꾸어 왔던 고진동의 지속적 반송파임을 깨달았다. 이것이 내포하는 중요한 의미를 깨달은 암스트롱은 피드백 회로의 성능을 완벽하게 만드는 데 전력을 다했는데, 후에 이 장치는 발진기(oscillator)로 알려지게 되었고, 작고 특정 주파수로 맞춰질 수 있어 반송파의 이상적인 원천이었다.

이전에는 얼터네이터 회전 전기장의 기계적 한계에 따른 주파수의 제약이 있었다. 하지만 3극진공관 기반의 발진기로 만들어 내는 전자파는 초당

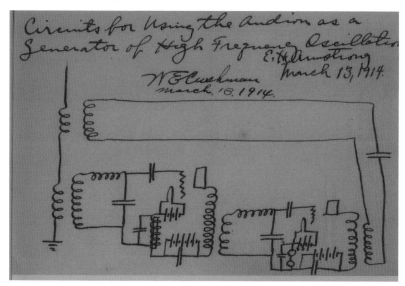

암스트롱의 오리지널 발진회로 스케치(1914년). Courtesy of Edwin H. Amstrong Papers, Rare book and Manuscript Library, Columbia University Libraries

1,000만 사이클(메가헤르츠, MHz)의 주파수도 가능했다. 그 정도 주파수라면 다수 채널의 고품질 음성과 음악을 아무 문제없이 실어 나를 수 있었다. 1914년, 암스트롱은 그가 발명한 발진기의 특허를 신청함으로써 상업 라디오 시대의 시작을 알렸다.

반송파 생성의 기술적 장애물이 제거되자 GE, AT&T, 그리고 웨스팅하우스 모두가 자체 브랜드의 라디오를 개발하기 시작했다. 하지만 아직 라디오는 시장 규모가 한정적인 신기한 장난감처럼 보였다. '햄 라디오(ham radio)' 기사로 알려진 많은 아마추어 라디오 애호가들은 송신기로 3극발진기를, 그리고 수신기로는 2극진공관이나 점접촉 정류기를 사용한 자신들만의 라디오 장비를 설계하여 만들었다. 지붕 위에 직접 제작한 안테나를 설치해 놓은 집들이 속속 늘어났다. 서로 얼굴도 모르는 다양한 배경의 사람들, 그러나 정서적으로 긴밀히 맺어진 사람들이 전파를 통해 서로 대화나 정보를 주고 받는 모습은 마치 한참 후에 등장할 초기 인터넷 사용자들의 모습과 똑같았다. 물론, 전파는 누구나 들을 수 있기에 사적인 대화를 나누기는 힘들었다. 애호가들이 늘어나면서 더불어 라디오 통신 관련 기술자들도 많이 생겨났고, 이들의 재능은 얼마 안 가 아주 요긴하게 쓰이게 된다.

1914년 제1차 세계 대전 발발 직후 라디오는 군대와 기밀 정보부에 없어서는 안 될 필수적인 통신 수단이 되었다. 갑자기 이 조그마한 산업의 중요성이 대두된 것이다. 1917년, 전쟁에 참여하게 된 미국은 보안조치의 하나로 전국에 걸쳐 일반 라디오 사용을 금지시켰다. 그리고 많은 무선 애호가들이 군대의 라디오 기사로 징집되었다. 암스트롱도 미군에 합류한 후 영국으로 파견되어 초고도로 민감한 무선 수신기를 개발하는 프로젝트에 배정되었다. 이 프로젝트의 목적은 원거리의 독일 전투기에 장착된 엔진의 스파크 플러그 발사에서 방출되는 미세한 전자기파를 탐지하는 것이었다. 프로젝트 자체는 실패로 끝났지만 암스트롱은 이 일을 계기로 큰 영감을 받았고, 결국 이 경험은 '슈퍼헤테로다인 검파(superheterodyne detection)'라고 알려진 핵심 라디오 수신 기술을 제작하게 되는 발판으로 작용했다.

슈퍼헤테로다인 검파의 기본 개념은 그때그때 라디오 수신기의 주파수를 조절할 수 있는 기술을 만드는 것이었다. 만약 성공한다면 라디오 수신기의 성능을 떨어뜨리거나 설계를 더 복잡하게 하지 않고도 전 범위의 라디오 신호를 감지할 수 있었다. 주목할 만한 점은 이 슈퍼헤테로다인 개념이 원래는 페센든이 착안한 것이라는 점이다. 하지만 당시 장비들의 수준이 조악한 관계로 현실화될 수가 없었다. 결국 이 아이디어를 처음 실행에 옮긴 사람은 암스트롱이 되었고, 1918년에는 특허까지 획득했다. 멘토 푸핀이 자신의 발명품 장하 코일을 AT&T에 판 것처럼 암스트롱도 웨스팅하우스를 상대로 그의 특허권을 팔았다. 이를 계기로 암스트롱은 큰 부를 챙기게 되었다.

RCA와 사르노프

라디오 기술은 전쟁 중 군사적 요구와 필요성에 의해 1910년대 후반 급속히 발전했다. 몇몇 나라에서는 지상에서뿐만 아니라 공중에서도 사용 가능한 가벼운 소형 라디오를 개발하기도 했다. 전투기 조종사들은 이 라디오를 이용하여 지상과, 그리고 또 다른 전투기들과 통신을 주고 받으며 작전을 수행했다. 독일군 역시 라디오를 그들의 제플린 비행기와의 원거리 통신에 사용했다.

특히 함대와 군인들이 지리적으로 가장 넓게 분산되어 있는 해군에서 장거리 라디오 통신을 가장 필요로 했다. 미 해군은 라디오 기술이 자신들의 임무 수행 및 나라 전체의 안보에 결정적으로 중요하다고 생각했다. 그래서 제1차 세계 대전이 끝날 때쯤 자신들이 무선통신 산업을 통제하겠다는 의지를 천명했다. 이미 미국에서는 마르코니 회사가 운영되고 있었지만 자국에서 가장 독보적인 무선전신회사의 창립자이자 최대 주주(굴리엘모 마르코니)가 미국인이 아닐 뿐더러 최근 파시스트당의 일원이 되었다는 점이 해군 측에선 영 탐탁지 않았다. 그의 급진적 정치 사상이 미국의 요구와 직접적으로 충돌한다고 주장하기도 했다. 더군다나 라디오 통신을 위해 필요한 한정된 주파수 스펙트럼을 통제하지 않으면 유사시 군사적 사용이 위태로워질 수 있다고 걱정했다. 이러한 주장을 토대로 해군은 무선 산업을 전적으로 통제하기 위한 대정부 로비에 들어갔다.

국회는 심의를 거듭한 끝에 해군의 의도가 너무 극단적이라며 받아들이지 않기로 결정했다. 1920년 백악관에 들어간 워렌 하딩(Warren G. Harding)은 기업 친화적인 대통령이었고 당시 분위기는 가능하면 민간 기업들을 지원하자는 것이었다. 대신 정부는 GE에게 라디오 기술의 개발과 사업을 전문적으로 담당하는 RCA(Radio Corporation of America)라는 새 회사를 설립하도록 독려했다. 이렇게 만들어진 RCA는 연방 정부의 지시와 영향력하에 미국 마르코니 회사를 인수했다. 또 추가적인 정부의 압력에 따라 AT&T와 웨스팅하우스 같은 산업계 거인들도 자신들의 무선 기술 특허를 RCA에 넘겨 주는 대신 새 회사의 지분 일부를 받았다. 이러한 방법으로 거의 독점에 가까운 RCA가 탄생했다. 한편, 정부는 해군의 우려를 해소시키기 위해 새 회사의 운영에서 특히 국가안보 이슈가 포함된 사안의 경우 해군이 일부 권한을 가지도록 해 주었다.

RCA의 설립과 더불어 정부에 등록한 개인과 기업만이 무선 송신기와 수신기를 사용할 수 있는 법이 통과되었다. 상업적 목적으로 무선 신호를 송신하는 회사는 라이선스를 신청해야만 했고, 주파수 범위의 할당과 사용이 엄격히 제한되었다. 정부의 정책 방향이 확정되고 라디오 기술이 급격히 성숙해지자 점차 더 많은 기업들이 라디오에 투자를 하게 되면서 1920년을 기점으로 본격적인 라디오와 방송 사업이 출범했다.

1920년, 웨스팅하우스는 최초의 상업 라디오 라이선스를 받았다. 피츠버그에 있는 웨스팅하우스의 방송국 KDKA는 역사상 최초의 민간 부문 방송사로 기록되어 있다. 곧 다른 방송국들도 잇따라 생겨났는데, 이들 대부분은 당시 유행하는 음악과 프로야구 게임 중계로 하루 프로그램을 구성했다. 이후 스탠드업 코미디, 라디오 드라마, 그리고 뉴스가 더해지면서 모든 프로그램이 상당한 인기를 끌었고 일반 청중들은 곧 이 새로운 대중 매체에 푹 빠지게 되었다. 상업 라디오가 성공을 거두자 전국에 걸쳐 새로운 방송국들이 우후죽순으로 늘어났고, 첫 방송국이 설립된 지 2년 만에 미국 내에 등록된 라디오 방송국만 총 536개나 되었다. 그리고 라디오 방송을 정기적으로 애청하는 사람의 수도 전국적으로 100만 명이 넘어섰다.

대부분의 새로운 상업 기술에서 그렇듯 라디오 방송의 발전 과정에 중추적인 역할을 한 인물이 등장했다. 데이비드 사르노프(David Sarnoff)였다.

데이비드 사르노프는 유대계 러시아 망명자로 9살 때 가족과 함께 뉴욕으로 이주했다. 소년 시절부터 그는 가족의 생계를 위해 신문을 팔았다. 근면하고 적극적이었으며 세상 물정에 밝았던 사르노프는 15살이 되자 뉴욕시에 있는 미국 마르코니 회사의 사환으로 일하게 되었다. 그때부터 전신기사가 되는 희망을 품고 밤마다 무선전신 기술을 열심히 공부했다.

사르노프는 추진력과 근면성에 더하여 축복받은 대인관계의 기술을 지닌 사람이었다. 사르노프는 마르코니가 미국으로 출장을 올 때마다 매번 그를 영접했는데 메시지를 전달하고 개인적 일들을 봐주는 등의 일을 하면서

매우 정중하고 능숙하게 보좌했다. 그의 신중함과 경쟁력은 마르코니에게
깊은 인상을 주었고, 결국 결실을 맺어 17살이 된 사르노프는 미국 마르코
니 회사의 뉴욕 사무실에서 전신 기사로 일할 자격을 얻게 되었다.

사르노프는 자기 홍보와 권력자들의 눈을 사로잡는 데 가히 천재였다.
1912년 타이타닉호가 침몰했을 때 사르노프는 늦게까지 전신을 주고 받고
전달하느라 밤을 새워 일했다. 그 과정에서 사르노프는 이 엄청난 재앙을
취재하던 기자들을 상대로 하여 자기 자신을 일약 영웅으로 만들었다.

그는 자기가 3일 밤낮을 꼬박 일하면서 난파된 배의 생존자들을 구하기
위해 할 수 있는 일은 다 했다고 주장했다. 재미있는 사실은 배가 빙산에 부
딪친 그날 사르노프가 근무를 하고 있었는지조차 공식적으로 확인된 적이
없다는 것이다. 그럼에도 불구하고 사르노프는 취재 과정에서 어느 정도 명
성을 얻었고 언론의 힘을 깊이 각인하게 되었다. 이때의 경험은 그의 전체
커리어에 지대한 영향을 미친다.

재능 있고 적극적인 사르노프는 빠르게 관리직으로 승진했고, GE가 미
국 정부의 지시에 따라 RCA를 설립해 미국 마르코니 회사를 흡수할 때 자
연스럽게 창립 멤버의 일원이 되었다. 무선 사업과 관련된 경험과 전문성,
여기에 타인의 신뢰를 지능적으로 끌어내는 능력이 더해지면서 사르노프
는 곧 GE에서 파견된 경영진의 신뢰와 인정을 받게 되었다. 그래서 1921
년 사르노프가 RCA의 총지배인으로 임명된 것은 크게 놀랄 일이 아니었다.
이제 그는 불과 30살의 나이로 라디오 산업에서 실질적으로 가장 큰 영향
력을 행사하는 사람이 되었다.

사르노프는 1920년대에 일련의 글을 통해 라디오 산업 발전을 위한 자신
의 전망을 밝혔다. 그는 하드웨어 제품으로서의 라디오 장비뿐 아니라 라
디오를 통해 방송되는 프로그램의 내용물이 더 중요하게 될 것임을 정확히

인식하고 있었다. 또 라디오가 10년 안에 신문을 넘어 가장 중요한 형태의 미디어가 될 것이고 사업의 주 수입원은 광고가 될 것이라고 예언했다. 이러한 수준의 전략적 사고와 통찰력은 그의 동료들을 월등히 앞섰고, 그의 위치를 더욱더 굳건히 해 주었다.

RCA의 지휘권을 잡은 사르노프는 막대한 투자를 통해 가장 선진화된 패밀리 라디오를 개발했다. 이 패밀리 라디오의 상표명은 '라디올라(Radiola)'로 정

데이비드 사르노프. Courtesy of Hagley Museum and Library

해졌는데 가장 단순한 라디올라 모델의 가격이 75달러로 오늘날 인플레이션 조정 후 가치로 보면 약 800달러에 맞먹는 것이었다. 이는 언뜻 부당할 수도 있는 가격이었지만 사르노프는 고객이 그 돈을 아깝게 느끼지 않도록 최선을 다했다. 먼저 라디오 산업 자체의 성장을 위해 많은 방송 프로그램 컬렉션을 후원하고 직접 제작함으로써 각기 다른 취향과 관심사를 지닌 다양한 청취자들을 끌어모았다. 이 중에서 가장 돌풍을 일으킨 것은 잭 뎀프시(Jack Dempsey)와 조지 카펜티어(Georges Carpentier) 간의 세계 헤비급 타이틀전을 링 옆에서 실황 중계한 것인데, 이 중계를 통해 스포츠 이벤트 사상 최초로 백만 달러 이상의 수입을 올렸다. 그의 프로그램 부양책은 예상대로 라디오 판매의 호황을 이끌어 1924년에 이르러서는 라디올라의 매출이 무려 8,300만 달러에 이르렀다. 곧 미국 전역에서는 저녁 식사 후 식구들이 거실의 라디오 주변에 모여 앉아 자신들이 좋아하는 프로그램을 골라 듣는 것이 일상이 되었다.

RCA는 GE, AT&T, 그리고 웨스팅하우스의 뒤를 이어 전자 산업의 거인이 되었다. 사르노프는 떠오르는 라디오 방송 사업을 더 확장하는 동시에 완전히 장악하기 위해 다른 방송국들을 그것의 독립 소유주들이나 AT&T로부터 인수하기 시작했다. 라디오 프로그램에 대한 RCA의 지배력이 더 커지면서 대부분의 독립 방송국들은 RCA 네트워크와의 경쟁에서 극도의 어려움을 겪었다. 결국 그들 중 다수가 파산하거나 RCA에 인수되었는데, 사르노프는 인수한 방송국들을 서로 밀접한 관계의 '네트워크'로 조직하여 프로그램 원가 규모의 경제를 실현하고 광고비를 늘릴 수 있었다. 후에 등장한 텔레비전도 사업 초기에 이와 같은 네트워크 제휴(network-affiliate) 모델을 채택했다.

사르노프의 인수전략은 매우 성공적이었다. 실제로 아주 대단한 성공이었다. 몇 년이 채 지나지 않아 RCA 네트워크는 그야말로 너무 거대하고 강력해져서 결국 '독점 금지법' 집행의 유력한 대상으로 떠올랐다. 제재를 피하기 위해 사르노프는 거대기업이 된 라디오 네트워크를 두 개의 시스템, 즉 '레드(Red)'와 '블루(Blue)'로 나누고 레드를 독립 회사로 분사시켰다. 레드는 후에 ABC(American Broadcasting Company) 방송국으로 발전했고 블루는 그대로 남아 NBC(National Broadcasting Company) 방송국으로 성장했다.

그의 묘책에도 불구하고 회사는 여전히 반독점 로비로 엄청난 압력을 받고 있었다. 결국 1932년, 미국 정부는 RCA의 독점을 라디오 하드웨어 사업으로 한정하는 조치를 취하기로 결정했다. 더불어 GE, AT&T, 웨스팅하우스와 RCA의 교차지분 소유도 단절하도록 명령하여 RCA를 완전히 독립 회사로 만들었다. 또한 RCA가 가지고 있는 다양한 특허를 다른 회사들과 공유해 시장 경쟁력을 촉진시키도록 했는데, 이러한 조치들은 라디오 산업의 성장에 더욱 박차를 가해 1933년에는 미국의 라디오 소유자 수가 1,300만

명에 이르렀다. 유명한 아나운서들은 이름만 대면 누구나 아는 유명인사가 되어, 할리우드의 영화 스타들과 맞먹는 인지도를 자랑했다.

암스트롱의 비극

사르노프가 라디오 시장에서 큰 성공을 거두는 동안 암스트롱은 쓰디쓴 고배를 마시고 있었다. 암스트롱은 피드백 회로를 발명하고 안정적인 고출력의 고진동 반송파를 만들어 넘으로써 청각 신호를 전자기파를 통해 보내는 데 방해가 되는 기술적 장벽들을 제거했다. 하지만 3극진공관의 발명자인 리 드 포레스트가 자신이 먼저 그 진동을 목격했다고 주장하면서 거의 똑같은 특허를 신청하였다. 그리고 1920년대에 라디오 판매가 급증하자 암스트롱을 상대로 특허 침해 소송을 제기했는데, 이 재판은 약 14년간의 법정 공방을 거쳐 대법원까지 갔고 결국에는 암스트롱이 지고 말았다. 하지만 반드시 암스트롱의 잘못만은 아니었다. 실제로 기술자들은 소송 기간 내내 암스트롱을 지지했으며 재판이 끝난 1934년에 열린 전기공학회(Electrical Engineers Association: EEA) 연례 회합에서는 그에게 진동 회로의 발명에 대한 공로로 에디슨 명예 훈장(Edison Medal of Honor)을 수여하기까지 했다. 그렇다면 왜 암스트롱은 대법원 판례에서 패소했을까? 답은 간단했다. 돈과 권력이었다. 드 포레스트는 이미 1911년에 자신의 3극진공관 특허를 AT&T에 판매하였고, 특허의 소유자이자 RCA의 파트너인 AT&T가 이 자산의 가치를 극대화하는 데 관심을 갖는 것은 당연한 일이었다. 암스트롱은 진실이라는 무기로 무장하고 있었지만 이 거대기업과 결국 질 수밖에 없는 싸움을 했던 것이다. 그리고 원칙에 대한 그의 완고한 집착 때문에 중간에 수많은 타협의 기회마저 놓치고 말았다.

비록 자신이 발명한 발진기 특허 재판에서 지기는 했지만 암스트롱은 여전히 혁신적 정신을 간직했다. 또한 재생 증폭에 대한 다른 권리는 모두 유지하고 있어서 웨스팅하우스와 RCA 모두로부터 상당액의 사용 수수료를 받았다. 이 뜻밖의 소득으로 경제적 안정을 되찾은 암스트롱은 오래된 연인 마리온 매키니스(Marion McInnis)와 결혼했다. 우연히도 그녀는 RCA 데이비드 사르노프의 수석 비서였다. 암스트롱은 사랑하는 부인을 위해 세계 최초의 휴대용 라디오를 설계하여 제작했고, 1922년 그의 부인과 함께 바닷가에서 로맨틱한 소풍을 하는 도중 이 라디오의 첫선을 보였다.

훌륭한 아내의 사랑에 힘입어 암스트롱의 라디오 기술에 관한 창의력은 끊임없이 샘솟았다. 1934년, AT&T와의 재판이 끝난 지 얼마 지나지 않아 암스트롱은 주파수 변조(Frequency Modulation: FM) 기술을 발명해 냈다. 이 새로운 신호 부호화 기술은 라디오의 음질을 크게 향상시켰다. 기존의 라디오 전송은 모두 진폭 변조(AM) 기법을 통해 부호화되었는데, 이때 신호가 진폭 변화 형태로 반송파에 삽입되었다. 반면에 FM 전송에서는 오디오 신호들이 반송파 주파수의 변조를 통해 전달되므로 대기 상태에 따른 왜곡의 영향을 훨씬 덜 받았다. 이미 AM 기술이 널리 쓰이고 있기는 했지만 암스트롱은 기술이 월등하게 우수한 FM 라디오가 미래의 주요 송신 기술이 될 것이라고 확신했다.

암스트롱은 RCA에 FM 특허를 팔겠다고 제안했지만 사르노프는 즉답을 주지 않았다. RCA는 이미 엄청나게 수익성 좋은 AM 라디오 제품들을 만들고 있었다. 사르노프는 새로운 FM 기술이 기존의 시장 점유율을 떨어뜨리고 AM 사업에 타격을 줄지 모른다고 우려했다. 그래서 한편으로는 AM 시장에서 계속 수익을 거두어 가면서 암스트롱과의 거래를 의도적으로 머뭇거리며 질질 끌었다. 사르노프의 결정을 기다리다 지친 암스트롱은 결국 스스로 회사를 세우고 제품을 만들기로 결심했다. 그는 전 재산을 털어 새로운 브랜드의 FM 라디오를 개발해 양산에 들어갔지만 사업은 계획대로 진척되지 않았다.

암스트롱은 굳은 결의를 가지고 마치 과거 에디슨과 웨스팅하우스 간의 AC-DC 전쟁처럼 자신과 RCA 간의 AM-FM 전쟁을 기대했다. FM 제품의 우수성을 자신했던 암스트롱은 결국 자신의 승리를 확신하고 FM 라디오를 생산하여 팔기 위한 많은 자원을 끌어들였다. 그러나 불행히도 사르노프는 암스트롱의 이런 반응을 이미 예상하고 대책을 세워 놓고 있었다.

암스트롱이 모르는 사이에 RCA는 조용히 자체적으로 FM 기술을 개발하기 시작했다. 동시에 RCA는 새로이 조직된 미국연방통신위원회(Federal Communications Commission: FCC)에 막후 영향력을 행사했다. FCC는 미국 내 통신 운영의 모든 측면을 규제하면서 라디오 주파수 할당과 라이선싱 권한도 가지고 있었다. 사르노프는 자신의 정치적 힘을 이용해 FCC가 원래 FM을 위해 확보하고 있던 주파수 밴드를 당시 RCA에서 개발하고 있던 새로운 제품에 할당하도록 설득했다. 그리고 새롭게 FM 방송에 지정될 주파수는 전자파 스펙트럼의 훨씬 더 높은 대역으로 밀어냈다. 비록 FM 라디오 생산이나 라디오 방송 품질에 더 큰 어려움을 주는 일은 아니었지만 암스트롱의 신생 회사에는 치명적인 한 방이었고, 이것은 바로 사르노프가 의도한 바였다. 암스트롱은 FCC가 지정할 것이라고 알고 있던 방송 스펙트럼에 기반한 FM 라디오를 만드는 데 이미 모든 돈을 다 쏟아 부은 상태였다. 그런데 갑작스레 주파수가 바뀌면서 이미 만들어 놓은 제품들이 전부 무용지물이 된 것이다. 그렇게 암스트롱의 노후 대책은 연기 속으로 사라졌다.

당연히 암스트롱은 RCA를 상대로 법적 조치에 들어갔다. 하지만 사르노프 역시 이러한 문제가 닥칠 것을 알고 오랜 기간 이에 대비하고 있었다.

RCA의 특허 변호사 군단은 예전 AT&T의 변호사들이 그랬듯이 암스트롱을 잡고 재판을 질질 끌었다. 남아 있는 암스트롱의 얇은 지갑마저도 다 털어내려 한 것이다. 금전적 압박이 커지고 재판은 질질 끌게 되면서 암스트롱은 서서히 정신 건강과 참을성을 잃어 갔다. 깊은 분노와 우울증이 그를 잠식하면서 가정의 평화까지 흔들리는 사태에 이르고 말았다. 암스트롱과 그의 아내는 다투기 시작했고 1953년의 추수감사절 날에는 치열한 말다툼 끝에 몸싸움까지 벌였다. 그의 아내는 집을 나가 버렸고 암스트롱의 위태로운 정신 상태는 한층 더 불안정해졌다. 그로부터 두 달이 지난 1954년 1월 31일, 암스트롱은 가지고 있던 정장 중 가장 좋은 것을 골라 입고 자신이 살던 뉴욕 아파트 창문 밖으로 뛰어내렸다. 그의 나이 64살 때였다. 암스트롱의 미망인은 RCA뿐만 아니라, 제품에 FM 기술을 사용하는 또 다른 20개의 회사에 대한 소송을 계속 진행했다. 그리고 마침내 1954년, 그녀는 RCA를 상대로 씁쓸하면서도 달콤한 승리를 거두었다. 다른 소송 역시 모두 승소했고 1967년, 모토롤라를 상대로 한 마지막 승리를 끝으로 그녀는 소송의 막을 내렸다.

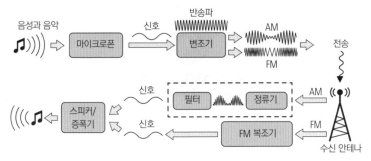

AM과 FM 라디오 신호의 변조와 검파

AM과 FM 라디오 방송의 기본 개념. Dereck Cheung

라디오 신호는 고주파, 정진폭(constant amplitude)의 반송파, 그리고 마이크로폰에 의해 음원으로부터 전환된 저주파 신호로 구성되어 있다. AM에서는 반송파의 진폭이 먼저 오디오 신호에 의해 변조된 다음 전송된다. 수신된 신호는 세기가 약하더라도 파동의 형태는 보전하고 있어야 한다. 라디오 수신기에서는 받은 신호를 3극진공관이나 침전극 정류기로 정류한다음 전기회로를 이용해 고주파 반송파를 걸러 낸다. 남아 있는 느리게 변하는 '포락선(envelope, 包絡線)'이 원래 오디오 신호의 복제이며, 이것을 스피커를 이용해 다시 오디오 신호로 변환하는 것이다. 만약 원래 오디오 신호가 정류되지 않으면 신호의 양성 및 음성 부분이 상쇄되면서 아무 신호도 감지되지 않는다는 점이 중요하다.

FM에서는 오디오 신호를 전압–주파수 변환기(voltage-to-frequency converter)를 이용해 전송파 주파수의 변화로 부호화한다. 이 주파수 변화는 수신기에서 FM 디코더(decoder)를 사용하여 원래대로 복원된다. 주파수 변화는 변조에 비해 대기 상태로부터 간섭을 덜 받기 때문에 FM의 음질이 AM보다 더 우수한 것이다.

9
텔레비전
Television

사람들이 집에서 편안히 음악과 뉴스를 듣는 일에 매료되기 시작하면서 라디오 방송은 1920년대를 기점으로 대중의 사랑을 받게 되었다. 동시에 할리우드 영화들이 일상으로 파고들면서 마치 음악이 라디오 방송을 통해 전송되는 것처럼 영화 같은 동영상도 공중 송신하는 일이 가능할지 궁금해하는 사람들이 생겨났다. 기술적으로 말하자면 분명 극도로 어려운 도전이었고, 대부분의 사람들은 이것을 꿈이라고 생각했다. 하지만 몇몇의 특출난 사람들이 이 꿈을 실현해 보겠다고 나섰다.

공중을 가르는 비디오 송신

사실 영화와 비디오는 끊임없이 움직이는 이미지가 아니다. 약간씩 다른 정지 이미지나 프레임이 연속해서 아주 빠른 속도로 투사되는 것이다. 사람의 눈이 반응하는 속도가 이미지가 변화하는 속도보다 느리기 때문에 마치 움직이는 것처럼 인식하는 것이다.

가장 기본적인 수준에서 보면 각각의 프레임은 강도와 색깔이 다른 화소(pixels: 픽셀)들의 2차원 매트릭스로 구성되어 있다. 연구가들은 정지된 이미지의 모든 화소를 캡처하고 부호화한 다음 전송하고 그것을 받아서 정확한 위치와 순서대로 조합해 보여 줄 수만 있다면 움직이는 비디오를 보내고 받는 일이 가능할 것이라고 생각했다. 그런데 우선 해결되어야 할 몇 가지 기술적 장애물들이 있었다. 첫째, 어떻게 2차원적인 빛의 이미지를 1차원의 순차적 전자 신호로 바꿔 송신할 수 있을까? 둘째, 어떻게 수신된 신호를 받은 즉시 변환하고 재조합하여 원래의 2차원적 이미지로 되돌릴 수 있을까? 마지막으로, 어떻게 이 과정을 빠르게 그리고 끊기지 않게 반복해서 시청자들이 자연스럽게 동영상을 보게 할 수 있을까?

2차원의 빛 신호를 일차원의 전자 신호로 바꾸는 첫 번째 장애물은 젊은 독일 기술자 파울 고트리프 니프코프(Paul Gottlieb Nipkow)가 텔레비전의 개념이 탄생하기도 전에 이미 성공적으로 해결했다. 1884년, 니프코프는 많은 동그란 구멍들이 나선형으로 배열된 디스크로 이루어진 기발한 과학 장치를 발명하였다. 이 장치를 작동시키면 디스크가 빠르게 회전하면서 2차원 공간의 광학 주사(scan: 화면을 다수의 화소로 분할하고, 하나하나의 화소에서 순차적으로 신호를 추출한다든가 전기 신호를 각 화소에 할당하여 화면을 조립하는 것 – 역자 주)를 한 줄씩 만들어 냈는데, 이것을 우리는 '래스터(raster) 주사'라고 부른다. 각 이미지에 주사된 점들로부터 감지된 빛은 셀렌 기반의 감광 장치를 통해 전자 신호로 전환되었다. 니프코프의 장치는 어떠한 2차원 이미지도 일련의 전자 신호로 바꿀 수 있었고, 이론상으로는 이 장치를 원래의 정지 이미지를 재생산해 내는 데 활용할수 있었다.

그 후 10여 년간 많은 발명가들이 니프코프의 디스크를 이용해 정지 이미지를 캡처하려고 시도했다. 1923년, 스코틀랜드 출신의 존 로지 베어드(John Logie Baird)는 니프코프의 전기 기계적 주사 기술을 통합 적용하여 움직이는 형체의 윤곽을 담은 짧은 비디오를 캡처하는 데 성공했다. 그는 원래 사람을 촬영하려고 했지만 결국 복화술사 마네킹의 머리를 대신 쓸 수밖에 없었다. 그 이유는 광검출기의 감도가 낮아 조명용 백열등을 아주 밝게 비추어야만 했고, 그 결과 발생한 강한 열기를 사람들이 견디지 못했기 때문이다. 하지만 10여 년에 걸쳐 광검출기의 감도를 개선한 끝에 마침내

존 베어드와 그의 기계식 텔레비전 세트. Sheila Terry/ Science

1926년, 근처 사무실 직원의 움직이는 이미지를 성공적으로 캡처할 수 있었다. 그렇게 추출된 전기 신호를 유선으로 보낸 후 다시 광학 빔으로 바꾸어 주사한 다음 원래의 이미지를 스크린 위에 투사했다. 실제 사람을 대상으로 한 텔레비전의 전체 개념을 처음부터 끝까지 보여 준 것이었다.

신이 난 베어드는 곧이어 사람들이 많이 다니는 런던 백화점에 자신의 장

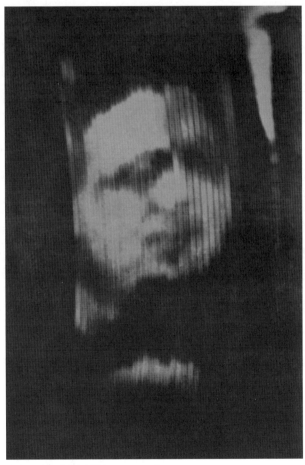

최초로 전송된 텔레비전 화면. Sheila Terry/Science Source

비를 진열할 기회를 얻었다. 베어드의 비디오는 아주 거칠고 뚝뚝 끊어지기도 했지만(수직의 주사선이 30개 밖에 안 되었고 화면의 재생 속도도 초당 다섯개 프레임에 불과했다), 그럼에도 불구하고 역사상 처음으로 사람의 실시간 동영상이 전송되어 재생되었다. 의문의 여지없이 베어드는 큰 성공을 거두었다. 최초의 전자 기계식 텔레비전이 탄생한 것이었다.

베어드의 획기적인 발명 이후, GE와 AT&T를 비롯한 미국의 많은 주요 기업들이 자체적으로 텔레비전 개발을 기획하기 시작했다. 그런데 텔레비전을 현실화하는 데 결정적인 역할을 한 니프코프의 디스크가 지닌 기계적 속성이 오히려 텔레비전 기술을 꽃피게 하는 데 심각한 장애가 되었다. 페센든이 라디오 방송을 위한 반송파를 기계적 얼터네이터를 이용해 생성하려 했을 때 부딪혔던 한계와 같은 종류의 것이었다. 불행히도 아무도 이 사실을 인지하지 못한 채 니프코프의 디스크를 개선하는 데 엄청난 인력과 물량을 쏟아 부었다. 결국 그들은 막다른 길을 향해 가고 있었다. 라디오의 경우처럼 텔레비전의 진정한 힘을 보여 줄 열쇠는 기계적 한계를 이겨 낼 새로운 전자적 방법에 있었다. 그 열쇠는 누군가 자신을 발견해 주기만을 잠자코 기다리고 있는, 열린 사고를 가진 어떤 과학자의 손에 달려 있었다.

유타 출신 농사꾼과 또 다른 러시아 망명자

카를 페르디난트 브라운이 1897년에 발명한 CRT는 외부 자장을 이용해 진공 상태의 음극선 또는 전자 빔(electron beam)의 움직임을 제어했다. 이 자장은 빔을 조준해 주사할 수 있어 래스터 주사에도 적용될 수 있었다.

크룩스가 몰타 십자가 실험에서 보여 준 바와 같이 전자 빔이 CRT 끝의 형광 스크린을 치면 빛이 발생한다. 이 방사된 빛의 세기는 전자 빔 유동의 순간적인 크기, 간단하게 말하면 신호 전류의 강도에 의해 결정된다. 전자 하나의 질량은 수소 원자 한 개 질량의 1,837분의 1 혹은 9.1×10^{-28}그램에 해당할 만큼 믿을 수 없을 정도로 가볍기 때문에 음극선 빔은 관성의 영향을 받지 않고 빠르게 주사될 수 있었다. 따라서 어느 기계적 주사 시스템도 움직이는 빔을 겨누는 데 있어 CRT의 속도나 정확도를 절대 따라잡을 수 없었다.

1921년, 앨버트 아인슈타인이 광전 효과의 원리를 설명하여 노벨 물리학상을 받은 바로 그해에 유타(Utah)의 시골에 살고 있던 15살의 고등학생 필로 판스워스(Philo Farnsworth)는 텔레비전이라는 개념에 단단히 매혹되어 있었다. 그는 텔레비전 기술과 관련된 모든 정보들을 열심히 공부했는데, 당시에 그런 정보가 많지는 않았다. 판스워스는 1908년 『네이처(Nature)』지에 실린 스코틀랜드인 A. A. 캠벨 스윈튼(A. A. Campbell Swinton)의 글을 통해 전자 빔 장치를 이용해 이미지를 주사하고 보여 주는 아이디어를 알게 되었다. 스윈튼 자신은 불행히도 그 아이디어를 토대로 뭔가를 만들지는 않았다.

계속해서 자신의 생각들을 개념화해 가던 어느 날 판스워스는 작은 언덕 위에서 눈 아래 펼쳐진 직사각형의 밀밭을 바라보고 있었다. 마침 트랙터 한 대가 앞뒤로 오가며 땅을 가는 것이 눈에 들어왔다. 순간 판스워스는 이미지를 캡처하고 보여 주는 데 래스터 주사를 이용하는 아이디어를 떠올렸다. 지역 대학에서 들은 강좌 덕분에 판스워스는 래스터 주사의 속성과 J. J. 톰슨이 처음 발견한 음극의 광전 속성에 대해 아주 잘 알고 있었으며, 그것들이 광학 이미지를 전기 신호로 전환하는 데 제격이라는 사실도 정확히 인식하고 있었다. 본능적으로 판스워스는 그때까지 잘 알려지지 않았던 CRT 기술이 텔레비전을 현실화하려는 자신의 생각에 완벽한 해답을 줄 수 있음을 알아차렸다.

필로 판스워스. The Life Picture Collection via Getty Images

　자신의 아이디어에 확신이 선 이 겁 없는 청년은 겨우 18살의 나이에 전
(全)전자식 텔레비전 시스템을 설계하기로 결심했다. 그가 마음속에 그린
시스템은 광전 효과에 바탕을 둔 텔레비전 카메라(비디오 이미지를 캡처하고
연속적인 전자 신호 전류로 바꾸는 것)와 래스터 주사를 갖춘 이미지 디스플
레이 장치로 구성된 것이었다. 이 모든 것들은 CRT 기술을 근간으로 구축
되었다. 그는 자신이 GE나 AT&T 같은 산업계 거인들이 외면한 방법을 추
진하고 있다는 사실도 전혀 개의치 않았다.

친구의 도움으로 6,000달러를 마련한 판스워스는 본격적인 사업가의 길로 접어들었다. 먼저 자신이 만든 CRT 디자인을 솔트레이크시티에 있는 유명 유리 가공점으로 들고 갔는데, 완성된 제품의 품질이 영 만족스럽지 않았다. 넘치는 의욕으로 가득했던 판스워스는 직접 유리 부는 기술을 배워 자신의 생각을 스스로 펼쳐 나가기로 결심했다. 어느 정도의 성공으로 점차 명성이 높아진 그는 샌프란시스코의 한 부유한 은행가에게서 2만 5,000달러를 추가로 투자받는 데 성공했다. 그리고 드디어 농장을 떠나 샌프란시스코 도심 근방의 실험실을 구해 계속해서 제품을 개발하고 정제해 나갔다.

1927년, 겨우 21살의 나이에 판스워스는 전(全)전자식 텔레비전 카메라와 비디오 디스플레이 장치의 시제품을 성공적으로 완성했다. 인류 역사상 가장 어린 일류 발명가가 등장한 순간이었다. 그는 핵심 특허 몇 가지를 신청해 인정받기도 했다. 1928년에 드디어 그의 텔레비전 시스템이 일반인에게 공개되었다. CRT 스크린에 최초로 표시된 이미지는 '$'로, 그에게 연구비를 투자한 사람들의 끊임없는 불평을 절묘하게 비꼬기 위한 의도였다. 아울러 기술적으로 훨씬 떨어지는 시스템을 더 많은 돈을 들여 개발하고 있는 GE와 AT&T를 눈 앞에서 조롱하기 위한 것이기도 했다. 물론 그의 텔레비전 기술도 아직 초기에 불과했지만 그는 세상에서 가장 큰 회사들의 전문가들이 만들어 낸 것보다 기능적으로 이미 우월한 제품을 거의 혼자서 완성해 내놓았다. CRT 기술이 텔레비전에 알맞은 선택이었음을 입증한 것이다. 유타에서 온 시골뜨기 청년이 제대로 사고를 친 것이었다.

CRT 기반 텔레비전 기술을 개발하려고 했던 사람은 판스워스 한 사람만이 아니었다. 웨스팅하우스 직원인 블라디미르 즈보리킨(Vladimir Zworykin) 역시 그 가능성에 강한 흥미를 느끼고 있었다. 러시아 내전을 피해 1922년에 미국으로 건너온 즈보리킨은 웨스팅하우스에서 새로운 전력 제품을 설계하는 일을 하고 있었다. 하지만 이미 러시아를 빠져나오기 전부터 근 10년을 CRT의 속성에 대해 공부해 왔던 그는 늘 CRT 기술을 텔레비전에 적용하는 아이디어에 마음이 쏠려 있었다. 그는 기회가 있을 때마다 경영진에게 텔레비전 기술 연구 프로젝트를 시작하게 해 달라고 로비를 하기도 했다.

1923년 초, 마침내 즈보리킨의 고집은 보상을 받았다. 웨스팅하우스 경영진은 그가 현재 맡고 있는 일을 계속하면서 소규모의 실험을 해 보는 것에 암묵적으로 동의해 주었다. 얼마간의 작업 후 즈보리킨은 CRT 기반

블라디미르 즈보리킨. Courtesy of Hagley Museum and Library

텔레비전에 관한 그의 이전 생각들을 모아 특허를 신청했다. 하지만 2년 후 프로젝트를 재검토하는 과정에서 일부 기술적 진전에도 불구하고 그의 특허가 근거하고 있는 초기 개념의 상당수에 오류가 있음이 밝혀졌다. 그리고 일말의 성공이라도 거두기 위해서는 대폭적인 추가 개선이 필요하다는 결론이 내려졌다. 경영진은 더 이상 프로젝트를 지원하지 않기로 결정하고 대신 즈보리킨을 그들이 지분 20퍼센트를 가지고 있는 새로운 회사 RCA로 전보시켰다.

이는 절묘한 한 수였다. 당시 RCA의 라디오와 방송 사업은 급속도로 성장하고 있었지만 전략가 사르노프는 라디오 이후 차세대의 성장 기회를 찾기 위해 전자 기술과 방송의 세계를 계속해서 주시하고 있었다. 음성과 음악 미디어로부터 생생한 영상 체험으로의 업그레이드는 지극히 자연스러운 연장선상에 있는 것이었다. 본인 역시 러시아 망명자였던 사르노프는 즈보리킨의 아이디어를 맘에 들어 했다. 결국 CRT 기반 텔레비전 개발을 지원하기로 결정한 사르노프는 즈보리킨이 텔레비전 프로젝트에 10만 달러 투자를 요구했을 때도 눈 하나 깜짝하지 않고 들어주었다. 그 금액이 판스워스가 CRT 시스템을 구축하는 데 필요했던 금액보다 4배나 더 많다는 것도 알지 못했다. 즈보리킨의 도박에 대한 사르노프의 지원은 민간 기업이 신기술에 투자하는 액수로는 전례가 없는 수준이었다. 더군다나 정확히 10년 후 RCA가 처음으로 텔레비전 방송을 내보내기까지 소비된 총 투자금액이 5,000만 달러를 넘게 될 것이라고는 상상도 하지 못했을 것이다. 이는 애당초 그가 승인한 액수의 500배가 넘는 것이었다.

1929년, 판스워스의 시연이 있은 지 1년 후 마침내 즈보리킨과 그의 RCA 팀도 실제로 작동하는 온전한 텔레비전을 세상에 선보였다. 판스워스와 RCA의 시스템은 많은 면에서 비슷했지만 RCA의 텔레비전 카메라가 훨씬 더 민감했고 더 나은 화질을 제공했다. 물론 판스워스 혼자서 대기업 자원의 완벽한 지원을 받고 있는 기술 전문가 팀을 상대로 경쟁했다는 사실을 고려하면 전혀 놀라운 일은 아니었다. 판스워스는 자신이 현장 지식을 얻기 위해 출장을 가 있는 사이에 즈보리킨 팀이 자신의 연구실을 방문한 일도 별로 신경 쓰지 않았다. 즈보리킨과 그의 팀은 그날의 방문 이후 딱 1년이 지난 시점에 자신들의 시제품을 내놓았다. 혹시 판스워스의 설계를 조금이라도 베끼지는 않았을까? 즈보리킨은 아무 말이 없었다.

사르노프의 지시에 따라 즈보리킨은 FM 기술을 RCA 텔레비전에 통합해 소리를 송수신하는 데 사용했다. 이는 사실 사르노프가 계획해 온 것으로 암스트롱의 FM 라디오 구매를 망설였던 이유도 부분적으로는 이 때문이었을 것이다. RCA의 FM 방송 기술은 텔레비전에서 소리를 전달할 수 있는 해법을 제시했고, 덤으로 FCC가 FM 주파수 밴드를 재할당하게 할 근거를 제공해 주었다. 그리고 사르노프의 주 경쟁자의 야망과 비전을 무참히 짓밟았다.

지적 재산권 싸움

필로 판스워스는 혁신적인 CRT 기반 텔레비전 시스템을 처음으로 입증해 보인 사람이었다. 이는 그의 소설 같은 배경을 고려할 때 몇 배는 더 인상적인 성과였다. 하지만 그의 놀랄 만한 추진력에도 불구하고 이 혁신적 기술을 완벽하게 개발하여 시장을 창출하고 양산하는 데까지 밀고 나가려면 어마어마한 자원이 필요했다. 감히 판스워스나 그를 지원하는 샌프란시스코 투자자가 감당할 수 있는 수준이 아니었다.

사르노프는 과거 라디오 시장에서 그랬던 것처럼 텔레비전 시장도 장악하기로 결심했다. 하지만 판스워스가 가지고 있는 다수의 기본 특허가 자신의 계획에 주요 위협이 될 것임을 잘 알고 있었다. 그는 암스트롱에게 했던 것과 똑같은 전략으로 RCA의 힘을 남용해서 판스워스를 재정적으로, 그리고 법적으로 궁지에 몰아갈 계획을 세웠다. 이 결전을 준비하는 과정에서 RCA는 텔레비전과 관련된 특허를 많이 사들였는데 대부분 유럽 발명가들의 것이었다. 사르노프는 완벽한 법률 자문 팀을 갖추고 이 젊은 발명가를 텔레비전 그림 밖으로 몰아내기 위한 법정 준비를 끝냈다.

1933년, 드디어 법정 싸움이 시작되었다. 판스워스가 그간 이루어 낸 기술적 성과들 및 유사 사건 선례들은 그의 입장을 확고히 대변해 주었다. 그럼에도 불구하고 RCA 측 변호사들은 모든 법적 술책을 동원하여 이 외로운 발명가의 신뢰도를 떨어뜨리고 압박을 가했으며 진이 빠지도록 만들었다. 암스트롱처럼 판스워스도 RCA의 압도적인 자원과 영향력 우위에 맞서 싸울 힘과 여유가 없었다. 결국 그는 RCA에 굴복하고 자신의 텔레비전 특허 36개 전부를 겨우 100만 달러에 팔았다. RCA는 심지어 판스워스를 압박해 100만 달러를 10년 동안 무이자로 분할 지급하는 데 동의하게 만들었다. 물론 하찮은 액수는 아니었다. 그리고 확실히 암스트롱보다는 더 잘 헤쳐 나왔다. 하지만 그가 양보해야만 했던 것의 범위와 가치를 고려한다면 터무니없이 작은 액수였다.

암스트롱과 마찬가지로 판스워스도 절망에 빠진 채 거의 우울증 직전의 상태가 되어 법정을 떠났다. 이후 판스워스는 핵융합에 기반하여 에너지를 창출한다는 다소 의문스러운 접근법에 몇 년을 매달리다가 가진 돈을 모두 탕진하고 말았다. 테슬라처럼 그도 성공의 정점에 있다가 썰물처럼 밀려난 후 이룰 수 없는 꿈을 좇는 데 갇혀 버린 또 다른 안타까운 선구자가 되어 버렸다.

판스워스가 물러나자 RCA의 홍보 기계들은 텔레비전 기술에 RCA가 얼마나 큰 기여를 했는지에 대해 가능한 한 가장 요란하게 알리고 다녔다. 즈보리킨이 웨스팅하우스에 재직 중이던 1923년에 받은 특허를 근거로 그가 텔레비전의 최초이자 유일한 발명자라는 거짓 주장도 일삼았다. 그의 원 특허에 담겨 있던 아이디어가 실제로는 전혀 실행되지 못했다는 사실에 대해서는 철저히 묵과했다. 오늘날 판스워스라는 인물은 거의 잊혀지고 말았다. 흔히 그러하듯 역사는 승자에 의해 쓰여지는 것이다.

1939년 RCA는 세상에 텔레비전 시대를 소개할 준비를 끝마쳤다. 사르노프는 뉴욕에서 열리는 세계 박람회의 개막일을 그 역사적 제막의 기회로 잡았다. 프랭클린 D. 루스벨트(Franklin D. Roosevelt) 대통령이 개막 연설을 시작하자 실시간의 흑백 비디오 이미지와 소리가 캡처되어 뉴욕시 전역에 깔려 있던 20개가 넘는 텔레비전 수신기로 방송되었다. 뉴욕 전 지역에 걸쳐 박람회장에서 멀리 떨어져 있던 시민들은 대통령이 새로운 매스커뮤니케이션 시대를 안내하는 것을 경외심으로 지켜보고 있었다.

텔레비전이 처음 공식적으로 소개된 것은 1939년 세계박람회에서였지만, 제2차 세계 대전의 발발 때문에 확산이 지연되고 말았다. 그러나 이러한 지연에도 불구하고 텔레비전은 출시 즉시 엄청난 성공을 거두었는데 누구나 텔레비전을 구매할 수 있게 되었던 첫해인 1946년 말에 RCA는 17만 대의 텔레비전을 한 대당 375달러에 팔았다. 2010년의 인플레이션 조정 후 가치로 환산해 보면 3,340달러에 이르는 금액이었다. 높은 가격에도 불구하고 1948년까지 텔레비전의 총 판매 대수는 2년 전보다 6배를 훌쩍 넘겨 100만 대를 넘어섰다. 특히 그해 클리블랜드 인디언스와 보스턴 브레이브스 간의 월드 시리즈 생방송은 텔레비전에 대한 전국적 관심을 부추기는 데 큰 역할을 했다. 1950년까지 텔레비전 판매량은 몇 배가 더 증가해 700만 대에 이르렀고 RCA는 텔레비전 시장 점유율의 50퍼센트를 차지했다.

역사상 최초의 텔레비전 실황
중계(1939년). Courtesy of Hagley
Museum and Library

또한 다른 제조업체들은 제품을 팔 때마다 상당액의 로열티를 RCA에 지불해야만 했다. 사르노프의 초기 투자금 5,000만 달러는 몇 년 만에 전부 회수되었다. CRT 기술은 그 후 21세기 초까지 텔레비전 시장을 지배했다.

텔레비전이 인기를 끌면서 방송 미디어의 무게중심도 라디오에서 텔레비전으로 옮겨갔다. 이제 텔레비전 시청은 사람들의 일상에서 필수적인 활동이 되었고, 그 산업을 지배하던 RCA는 1950년대와 1960년대를 거치며 사업적으로 엄청나게 성공했다. 1970년, 사르노프는 은퇴하고 그의 아들에게 지휘권을 넘겨주었다. 하지만 데이비드 사르노프가 없는 RCA는 사업의 전망과 방향 모두를 잃어버렸다. 귀중한 자원을 자동차 대여나 즉석 냉동 식품 같은 전혀 관련 없는 사업에 낭비했을 뿐 아니라 새롭게 떠오르는 컴퓨터 산업 경쟁에서도 뒤처지고 말았다. 1984년, 몰락한 RCA는 결국 GE에 인수되었다. 아이러니하게도 미국 정부의 권고에 따라 1919년 RCA

를 처음 출범시켰던 바로 그 회사의 품에 다시 안기게 된 것이다. 인수 당시 RCA의 알짜 기업은 NBC 네트워크뿐이었다.

상업적 텔레비전 방송은 1939년에 처음 등장했지만 널리 확산된 것은 제2차 세계 대전으로 인해 7년 후인 1946년까지 미루어졌다. 전쟁 기간 동안 RCA 팀은 지속적으로 CRT 기술을 향상시켰는데, 이는 단지 텔레비전에 사용하기 위해서만은 아니었다. 미국식 생활 방식에 훨씬 더 중추적인 역할을 할 수 있는 또다른 중요한 적용 분야가 나타났는데, 바로 레이더였다.

레이더

Radar

1930년대 후반 미국인들은 여유롭게 평화와 번영을 누리고 있었다. 대공황의 안개가 걷히고 라디오 방송과 할리우드 영화 같은 새로운 형태의 오락거리들이 전국을 휩쓸었다. 텔레비전의 개시도 임박해 오고 있었다. 하지만 유럽에서는 연합국과 추축국이 또 하나의 세계 전쟁을 준비하면서 먹구름이 몰려들었다.

양측의 대립이 전쟁으로 치닫는 와중에 영국 국방부의 관리 한 사람이 테슬라가 제시했던 '무선 살인 광선'의 개념을 읽고 이에 흥미를 가지게 되었다. 마

로버트 왓슨와트 ⓒ Hulton-Deutsch Collection/ CORBIS

침 독일에서도 비슷한 종류의 비밀 병기를 개발 중이라는 첩보를 접하고 걱정하던 그는 영국의 한 저명한 권위자에게 편지를 보냈다. 그 권위자는 바로 증기엔진의 발명가 제임스 와트(James Watt)의 후손인 로버트 왓슨와트(Robert Watson-Watt)였다. 왓슨와트는 상세한 과학적 분석에 근거하여 진솔하게 답변해 주었다. 그는 테슬라의 무선 살인 광선 개념이 내포하는 가정의 오류들을 짚어 내면서 전자기파에 기반한 광선 무기는 물리적으로 실현 불가능하다고 결론지었다. 하지만 전자기파를 이용해 비행기나 전함 같은 원거리 목표물을 감지하는 일은 가능할 것이라고 언급했다. 또한 방출된 전파가 먼 곳에 위치한 물체에 반사되어 돌아오는 데 걸리는 시간차를 계산함으로써 물체와의 거리를 계산하는 데도 쓰일 수 있다고 역설했다.

왓슨와트는 앞서 말한 시스템에 대한 기본적인 밑그림도 함께 보냈다. 당시 그가 설명한 개념은 후에 '무선 탐지와 거리 측정(RAdio Detection And Ranging)'으로 알려지게 되는데, 우리들에게는 그 약어가 더 친숙하게 다가올 것이다. 바로 레이더(RADAR)이다.

예지력

왓슨와트가 보낸 편지는 상당한 영향력을 발휘했지만 사실 레이더 자체는 새로운 개념이 아니었다. 1880년대로 돌아가 보면 하인리히 헤르츠가 햇빛이 거울에 반사되는 것처럼 전파도 금속판에 의해 반사될 수 있다는 것을 실험으로 증명했다. 1904년에는 한 독일 기술자가 이 원리를 이용하여 짙은 안개에 싸인 보트를 멀게는 5마일 밖에서도 감지할 수 있는 시스템을 선보이기도 했다. 1930년대 초반, 많은 나라에서 소형 레이더 개발을 지원하기 시작했다. 하지만 영국 군부가 왓슨와트의 제안에 힘입어 본격적인 레이더 기술의 개발에 나서기 전까지는 아무도 그것이 지닌 엄청난 힘과 중요성을 상상하지 못했다.

1935년, 영국 정부는 왓슨와트의 개념에 바탕을 둔 제안서를 승인하였고, 암호명 '체인 홈(Chain Home)'이라는 극비 레이더 시스템을 설계하고 구축하기 시작했다. 체인 홈은 독일 전투기의 공중 급습을 조기에 탐지하는 것을 목표로 영국 동남쪽 해안가를 따라 자리 잡은 다수의 레이더 기지 군집이었다. 아직 전면전에 들어선 것은 아니었지만 독일은 공군의 규모와 힘을 늘리고 있었고 히틀러의 침략 의도 역시 분명한 상황이었다.

레이더 시스템을 실제 구축하는 데에는 어마어마한 기술적 도전을 필요로 했다. 이를테면 위치를 모르는 원거리 목표물을 감지하기 위해서 광대한 영역에 두루 전자기파가 닿아야만 했다. 그 후 그 넓은 공간 어딘가에 위치한 아주 작은 목표물로부터 신호가 반송되어 오는 것이다. 신호는 송신국과 목표 사이를 왕복해야만 하는데 둘 사이의 거리가 멀어질수록 신호의 세기가 급격히 약해지기 때문에 무엇보다도 거대한 송신력과 초고감도의 수신기가 필요했다. 그리고 공간 해상도를 높이고 주변 방해물(목표물 외의 물체들에서 반사되어 나오는 신호들로서 목표 신호와 혼선을 빚게 만드는 것들)을 줄이기 위해 전송될 전자기파 빔을 조준하고 주사할 수 있는 방법 역시 필요해 보였다. 마치 광학 탐조등 같은 것이었다.

왓슨와트는 전자기파 빔의 조준 능력이 전파의 파장(혹은 주파수)과 송신 안테나의 크기에 의해 결정된다고 설명했다. 작거나 중간 크기의 안테나를 사용하려면 레이더 방사선의 파장이 1미터 혹은 그 이하이거나, 주파수 범위가 전파보다 최소한 10배 이상 높은 마이크로파 정도는 되어야 한다는 것이다. 불행히도 당시에는 이 정도 고출력의 마이크로파를 성공적으로 생성할 수 있는 기술이 존재하지 않았다.

왓슨와트는 레이더 시스템 제조 과정 이면의 과학에 대해서는 잘 이해하고 있었지만, 이론을 넘어서 실제 시스템을 개발하는 임무를 맡고서는 교착 상태에 빠지고 말았다. 적절한 크기의 안테나에 요구되는 마이크로파를 만들어 낼 수 있는 방법이 전혀 없었던 것이다. 더군다나 전쟁이 점점 더 확실시되면서 더 이상 체인 홈을 위해 마이크로파 전원 개발을 기다릴 시간이 없었다. 어쩔 수 없이 차선의 해결책에 기댈 수밖에 없는 상황이 되자 왓슨와트는 특별히 고안된 3극진공관 발진기를 통해 즉시 만들어 낼 수 있는 12미터 범위의 파장(20~50MHz)을 가지는 고출력 전파를 활용하기로 결정했다. 다만, 전파의 긴 파장이 공간 해상도를 제한했기 때문에 이를 보정하기 위해 송신 안테나 높이를 무려 360피트까지 높여야 했다.

왓슨와트의 지도력에 힘입어 체인 홈 시스템은 제 시간에 완료되었다. 레이더 빔은 주사 대신 조악한 '투광 조명(flood illumination)' 형태로 작동하였고, 지상으로부터의 방해를 줄이기 위해 고도 500피트 이상을 겨냥했다. 비록 세련되지 못하고 다소 막무가내식으로 설계되었지만 어쨌든 시스템은 돌아갔다. 초기 시험에서는 영국 해안에서 120마일 떨어져 있는 프랑스 영공에 독일 비행기들이 모여 있는 것을 감지해 냈다. 체인 홈에서 사용된 레이더의 해상도가 제한적인 탓에 정확한 비행기의 수나 그들이 향하고 있는 방향까지는 알아낼 수 없었지만, 그것만으로도 충분히 적의 침입과 대략적

체인 홈 레이더 송신 타워. Bettmann/ CORBIS

인 도착 시간 및 위치를 초기에 경고하기에는 충분했다. 이 조기경보 시스템은 영국 공군에 큰 전략적 이점을 제공했는데, 갑작스러운 공습에 당황하지 않고 차분히 기다리며 매복할 수 있게 해 준 덕분이었다. 해안 경비에서 이 경이로운 예지력은 특히 1940년 브리튼 전쟁(Battle of Britain: 런던 상공에서 벌어진 영국과 독일의 전투 – 역자 주)에서 중요한 역할을 했다. 당시 충돌에서 큰 피해를 입은 독일 공군은 결국 다시는 영국 해협을 넘어 공중전의 우위를 점하지 못했다. 그리고 영국 본토를 전면적으로 침공하려는 히틀러의 계획도 무산되고 말았다. 레이더의 힘이 영국 공군의 승리에 결정적인 주요 역할을 했다는 것에는 의심의 여지가 없었다.

잠수함 사냥

1940년의 늦여름까지는 레이더가 영국을 나치 전쟁기계들로부터 구해줄 희망으로 보였다. 하지만 영국 내에서는 여전히 긴장감이 유지되었는데, 바로 독일의 유보트(U-boat) 때문이었다. 이 '늑대 떼'(다수의 잠수함으로 동시에 공격하는 유보트의 작전명 – 역자 주) 잠수함은 연합군의 북대서양 수송대를 수시로 공격해 병력과 군수 물자에 심각한 타격을 입히며 유럽 전선까지의 보급선 유지에 큰 어려움을 야기하였다. 아직 수중전 준비가 되어있지 않았던 영국 해군은 공중전에서의 승리를 바라보다 불현듯 아이디어 하나가 떠올랐다. 레이더가 공중 공격을 퇴치하는 데 그렇게 효과적이라면 바닷속 독일 잠수함을 탐지하는 데도 이용할 수 있지 않을까? 만약 해군의 의도대로 레이더를 활용할 수 있다면 광대한 바다에 진을 치고 있는 잠수함일지라도 숨는 것은 불가능할 것 같았다.

그러나 불행히도 레이더는 바다 밑에서 작동하지 않았다. 하지만 유보트가 수면 위로 나왔을 때라도 탐지해 낼 수만 있다면 유보트의 재앙을 가장 효과적으로 막는 수단이 될 것임은 확실했다. 일단 레이더 시스템을 대규모 공중 순찰 비행단에 장착하면 바다 전체에 대한 실시간 정보를 제공받을 수 있게 된다. 그리고 잠수함이 수면 위로 나타나는 순간, 잠망경이라도 올라오면 그 즉시 발견하여 적절한 대응을 취할 수 있을 것이다. 하지만 비행기에 레이더 시스템을 장착하기 위해서는 무엇보다도 장비가 작고 가벼워야만 했다. 전투기에 360피트의 거대한 안테나를 다는 것은 상상할 수 없는 일이었다. 다시 작업은 난관에 부딪혔고 이번에는 별다른 차선책도 쉽게 떠오르지 않았다. 다른 대안은 없었다. 연합군의 승리를 위해 바다를 탈환하려면 무엇보다도 고출력의 소형 마이크로파 전원을 개발해야만 했다. 또다시 근본적인 해결책으로 돌아간 것이다.

많은 나라의 운명이 한 치 앞을 내다볼 수 없는 상황에서 영국 군부는 전(全) 과학계와 기술계에 해결책을 의뢰했다. 이러한 요구에 부응하여 버밍엄 대학교의 존 랜달(John Randall) 교수와 대학원생 헨리 부트(Henry Boot)는 마이크로파 에너지원에 관한 모든 데이터를 찾아 세심히 검토했다. 그들은 마이크로파 기술에 대해 알려진 모든 사안을 조합해 본 끝에 현존하는 진공관 장치 중 두 개가 당시 요구되는 주파수 범위의 마이크로파를 만들어 낼 수 있음을 발견했는데, 바로 마그네트론과 싱크로트론(synchrotron)이었다. 이 장비들은 둘 다 진공 상태에서 전자 빔과 자기장의 상호작용을 통해 작동했다. 문제는 이 둘 모두 출력이 지독히도 낮았다는 것인데, 최대 출력값이 5에서 6와트에 불과했다. 이러한 한계에도 불구하고 랜달과 부트는 개량을 통해 군에서 필요로 하는 해결책을 제공할 수 있을 것이라 믿었다.

두 사람은 기존의 장치들을 분석하고, 맥스웰과 헤르츠의 이론적 작업들로부터 통찰력을 얻은 결과 마그네트론에 공진 공동(resonant cavity)을 갖추어 출력을 늘리는 방법을 생각해 냈다. 공진 공동은 마이크로파가 스스로를 재생해서 증폭하는 공간인데, 암스트롱의 피드백 회로와 유사했다. 랜달과 부트는 그들의 개념을 상세하게 수학적으로 분석하거나 장단점을 비교, 대조할 시간적 여유가 없었다. 매일 밤낮으로 연합군의 수송선이 북대서양 깊은 곳으로 가라앉고 수많은 젊은 해군들이 수장되고 있었기 때문에 가능한 한 가장 신속하게 움직여야만 했다. 그들은 최대한 빨리 작업을 끝내기 위해 새로운 마그네트론을 처음부터 다시 만드는 대신 거의 완성 단계의 것을 가지고 기능을 보완해 갔다. 몇 주 후에 새롭게 고친 마그네트론은 공진 공동을 멋지게 장착한 형태로 완성되었다. 랜달과 부트가 숨을 죽이고 그들의 새로운 장비를 시험해 본 순간 놀라운 일이 벌어졌다.

기존 마그네트론은 군에서 필요로 했던 주파수(약 3,000메가헤르츠 혹은 3기가헤르츠)의 마이크로파를 생성할 수는 있었지만, 출력 수준이 5와트에서 6와트에 그쳤다. 그런데 이 공진 공동을 갖춘 마그네트론은 놀랍게도 자그마치 600와트의 전자기파를 생성해 냈다. 기존의 최고치보다 무려 100배나 더 큰 출력값이었다. 기술 발전의 역사에서 이렇게 엄청난 수준의 향상은 매우 드문 일이지만, 이 사건이 시사하는 단 한 가지의 단순한 진리는 기초과학과 혁신적 공학 설계에 대한 탄탄한 이해를 갖추고 있다면 누구나 새로운 기술의 잠재력을 최대한으로 실현할 수 있다는 것이다.

몇 주간 세부 사항들을 손보고 난 뒤 랜달과 부트는 그들의 개량형 마그네트론을 자랑스럽게 공개했다. 그것은 한 손에 쥘 수 있는 크기로 1,000와트(1킬로와트)의 지속적 전력을 생산할 수 있었고, 최대 출력은 펄스 모드에서 작동되었을 때 최대 10킬로와트까지 올라갔다. 이 정도 수준의 출력

최초의 공동 마그네트론을 보여 주고 있는 존 랜달(좌)과 해리 부트(1975년 사진).
Photo Duffy ⓒ Duffy Archive

이라면 항공기에 탑재된 레이더 시스템으로 이론상 7마일 밖의 유보트 잠망경도 탐지할 수 있었다. 무엇보다도 이 레이더 시스템의 고주파 속성 덕분에 안테나를 항공기에 쉽게 탑재할 수 있는 작은 크기로 만드는 것이 가능했다.

한동안 황홀함에 취해 있던 랜달과 부트 앞에 곧 또 다른 엄청난 기술적 문제가 등장했다. 마그네트론의 기본적인 원리와 관련된 문제로 발생한 마이크로파의 주파수가 불안정하여 작동 중에 자꾸만 표류하는 것이었다. 이것은 라디오 방송국이 임의로 계속 다이얼의 위치를 바꿔 가면서 방송을 하여 청취자들이 노래를 듣는 중에 계속 채널을 맞추게 하는 것과 같았다. 분명 큰 장애물이었지만 랜달과 부트에게는 이미 해결책이 있었다. 그들은 전송되는 파동의 주파수 변화에 맞추어 레이더 수신기의 '듣는' 주파수를 자동으로 끊임없이 움직이며 조정하는 영리한 '피드백 감지 회로'를 만들었다. 결과는 성공적이었다. 몇 주 후 그들의 시스템은 시험 장소로부터 10마일이나 떨어진 시골길에서 혼자 자전거를 타고 가는 사람들을 탐지해 낼 수 있었다.

랜달과 부트가 발명한 강력한 마그네트론은 공개된 즉시 폭발적인 주목을 받았다. 놀라운 것은 이 엄청난 작업이 시작부터 끝까지, 즉 공진 공동을 떠올린 순간부터 마이크로파 레이더를 성공적으로 작동시키는 데까지 겨우 9개월이 걸렸다는 것이다. 확실히 전쟁처럼 극단적으로 긴급한 상황에서나 볼 수 있는 보기 드문 유형의 작업이었다. 전쟁에 관해 말하자면 독일은 전투기 탑재 레이더의 성능에서 결코 연합군을 따라오지 못했고, 이것이 전쟁 내내 그들의 치명적 약점이 되었다. 독일 기술자들은 애초에 마그네트론 기술보다 클라이스트론 기술을 채택한 것으로 밝혀졌다. 그러나 클라이스트론의 출력을 높이기 위해 공진 공동에 필적할 만한 개념은 찾지 못했던 것이다. 뛰어난 과학적 사고가 전쟁의 결과에 엄청난 차이를 가져온 것이다.

가장 소중한 짐

공중 레이더 제작에 필요한 주요 기술을 확보했지만 실제 적용될 레이더 시스템을 개발하여 생산하고 배치하는 일은 큰 도전으로 남아 있었다. 당시 영국은 전쟁에 전력을 다하느라 완전히 소진된 상태였다. 이미 자국의 모든 생산 시설을 총동원하여 비행기, 총, 탄약, 신발, 음식 및 기타 필수품들을 만들고 있었기 때문에 더 이상 새로운 레이더 시스템을 개발하고 대량생산을 밀어붙일 여력이 없었다.

인적 자원과 생산 용량의 절대적 부족에 직면한 처칠 총리는 외부의 도움을 받기로 결심했다. 1940년 9월, 수석 과학자 겸 행정가였던 헨리 티자드(Henry Tizard)가 이끄는 영국의 비밀 대표단이 미국에 도착했다. 티자드는 나무 상자 안에 특별한 짐을 가지고 왔는데, 복잡한 구멍들이 뚫려 있는 짧은 구리 실린더였다. 일반 사람의 눈에는 그 실린더는 용도를 전혀 알 수 없는, 별로 가치 없는 물건으로밖에 안 보였다. 하지만 이 작은 상자는 아마도 역사상 가장 소중한 짐이었을 것이다.

며칠 후 미국은 새로운 마그네트론 기술에 대한 소유 지분을 공유하는 대가로 영국을 도와 유럽 전역에 배치될 항공기 탑재 레이더 시스템을 개발하고 조속히 양산하는 데 합의했다. 미 육군성은 이를 전담하는 기술 조직을 보스턴의 MIT 캠퍼스에 세우고 방사선 연구소(Radiation Laboratory: Rad-Lab)라는 적절한 이름을 붙였다. Rad-Lab은 전국에 걸쳐 가장 뛰어난 전기 기술자, 물리학자 및 수학자들을 고용했다. 미국 최고의 교육기관에서 온 사람들이 있는가 하면 또 다른 이들은 굴지의 첨단 기술회사 연구 부서에서 오기도 했다. 그들 모두는 영국에서 가져온 공진 공동의 출력 전력에 경외심을 표했고 이 획기적인 발전을 지렛대 삼아 연합군이 전쟁에서 이기는 것을 돕겠다고 다짐했다.

Rad-Lab은 믿기 어려울 정도의 뛰어난 재능을 가진 사람들이 모여 있는 방대한 조직이었으며, 각 구성원들은 극도의 긴박감 속에서 함께 열심히 작업했다. 미국은 아직 공식적으로 참전하지 않았지만 점차 조짐이 나빠지고 있었기 때문에 다들 하루라도 빨리 레이더 시스템을 개발하여 전쟁을 끝내려고 전력을 다했다. 작업은 팀 단위로 나뉘어, 한 팀이 마그네트론의 대량 생산에 집중하는 동안 다른 팀은 새로운 안테나와 초고감도 마이크로파 수신기를 설계했다. 나머지 사람들은 레이더 신호를 처리하는 효과적인 알고리즘을 함께 개발했다. 한번은 전반적인 위협 상황에서 시시각각 변하는 목표물 정보를 어떻게 표시하는 것이 효과적인지 논의한 적이 있었다. 결론은 초록 색조의 CRT를 사용하여 감지된 목표물의 위치를 보여 주고 또 지속적으로 정보를 갱신해야 한다는 것이었다. 아직 텔레비전의 상업화가 시작되기 전이었지만 CRT 기술은 전쟁을 겪으며 점점 더 정교화되었다. 모두의 노력으로 1년이 채 지나지 않아 항공기에서 잠수함을 감시하는 기능을 포함하여 전쟁터에서 사용될 수 있는 다양한 고성능 레이더 시스템이 상당 부분 개발되었다. 그해 연말, 일본의 기습적인 진주만 공격은 미국으로 하여금 의심의 여지 없이 결정적으로, 그리고 공개적으로 연합국의 편에서 전쟁에 참여하게 하는 계기가 되었다.

육군성은 전국에 걸쳐 레이더 시스템 생산 지시를 내렸고, 이로부터 몇 개월 뒤에는 북대서양을 순찰하는 미국과 영국 초계기에 새로운 레이더 시스템이 장착되었다. 말할 것도 없이 항공기 레이더는 수중 음파 탐지기를 장착한 폭뢰의 개발, 영국 정보국의 성공적인 독일 암호문 해독과

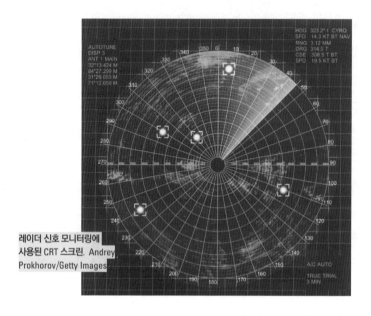

레이더 신호 모니터링에 사용된 CRT 스크린. Andrey Prokhorov/Getty Images

함께 독일의 거대 유보트 군단을 초토화시키는 데 결정적 기여를 했다. 1942년 봄이 되자, 북대서양에는 소수의 유보트만이 남아 명맥을 유지하고 있었다. 이제 연합군의 수송선들은 북미에서 영국까지 안전하게 물자를 공급할 수 있게 되었고, 이것은 역사적인 노르망디 상륙작전의 성공에 크게 기여하였다. 독일 해군은 전쟁이 끝날 때까지 왜, 어떻게 그렇게 갑자기 파도가 자신들의 잠수함 쪽으로 방향을 돌렸는지 도저히 이해할 수 없었다.

항공기 레이더는 여러 방면으로 적용되었다. 잠수함이나 일반 군함을 감지하는 일 외에도 고정밀 폭탄 투하에 도입되었다. 또한 밤낮을 가리지 않고 적군의 전투기 출현을 발견함으로써 아군 전투기의 전술적 조율을 향상시키며 제공권의 확실한 우위를 점하는 데 기여했다. 이렇게 공군의 주요 병기가 된 레이더는 해군에게도 그만큼, 아니 그 이상 더 필수적으로 작용했다.

수천 년 동안 선원들은 배의 돛대에 올라 눈으로, 그리고 나중에는 망원경으로 육지나 적함들을 살폈다. 하지만 레이더의 발명 덕분에 그런 일은 영원히 사라졌다. 배에 탑재된 레이더 시스템은 자욱한 안개 속에서나 캄캄한 밤에도 해안뿐 아니라 근해의 모든 물체들을 또렷이 탐지해 냈다. 범위와 정확도가 향상되면서 레이더 시스템은 어느새 모든 배의 필수품이 되었고 연합군 해군에게 아주 중요한 전술적 이점을 제공해 주었다. 전쟁이 끝나자 레이더 기술은 군대를 넘어 민간 영역으로 진출하기 시작했다. 오늘날 거의 모든 원양선들, 심지어는 개인용 레저 보트들까지도 배 위에 몇 개의 다른 레이더 세트를 비치하고 있으며, 각각 서로 다른 중요한 역할을 수행하고 있다.

라디오 항법 장치

라디오 항법은 레이더가 전쟁 중에 급속히 발전하면서 혜택을 본 기술이다. 당시 왓슨와트의 레이더 개발 팀에는 전설적인 무선 전문가 로버트 디피(Robert Dippy)가 있었다. 디피는 '삼각측량 원리(triangulation principle)'로 잘 알려진 원리를 바탕으로 복수의 송신국에서 정확히 동기화된 시간에 라디오 신호를 송신하는 아이디어를 제안했다. 신호를 보낸 곳과 그들의 공동 목적지 간의 거리가 서로 다르기 때문에 각 신호들의 목적지 도착 시간 역시 조금씩 차이가 났다. 그래서 만약 사전에 송신국의 정확한 위치를 안다면 신호 도착 시간의 차이를 바탕으로 원거리 물체의 정확한 위치를 유추하는 것이 가능했다.

삼각측량의 원리 자체는 간단했지만, 원하는 만큼의 정확도를 지닌 라디오 항법 시스템을 실제로 구현해 내는 일은 상당히 어려운 도전이었다. 디피는 많은 첨단 레이더와 라디오 통신 기술을 빌려 와 수정하여 적용

로버트 디피. Courtesy of Dr. Phil Judikins, Purbeck Radar Museum, and Mr. Bob Fisher, radararchieve.com

하였고, 1938년에 처음으로 실용적 시스템의 실현 가능성을 입증해 냈다. 이어 1939년부터 최초의 라디오 항법 시스템(암호명 GEE)을 구축하기 시작했다. 1942년 말, 영국 공군은 GEE를 활용해 독일의 전술적 요충지인 산업도시 에센에 야간 폭탄 투하 임무를 성공적으로 마쳤다. 비록 장거리에 대한 정확도는 1킬로미터 정도로 제한적이었지만 폭격기를 목표 지역 근방으로 안내하고 다시 안전하게 아군 진영으로 돌아오게 하기에는 충분했다. GEE는 추가적인 정교화 과정을 거쳐 1944년 노르망디 상륙작전 시 핵심적인 역할을 수행했다. 수만 개에 이르는 연합군의 이동 플랫폼들의 물리적 위치가 GEE를 통해 육·해·공에 걸쳐 밀접하게 조율되었던 것이다.

1940년에 영국 대표단을 이끌고 미국을 방문 중이던 티자드는 미국이 도와준 데 대한 대가로 마그네트론과 더불어 라디오 항법 기술에 대한 지식도 공유하겠다고 제안했다. 이에 따라 Rad-Lap은 별도의 팀을 꾸려 레이더 개발 작업과 병행하여 로버트 디피의 라디오 항법 기술을 연구해 나갔다. 이 팀 역시 레이더 팀 못지않게 뛰어나서 결국 훨씬 개량된 항법 시스템을 만들어 내는 데 성공했다. 이 시스템은 로란(LORAN: LOng-range RAdio Navigation)이라고 불렸는데, 가동 범위가 무려 1,500마일까지 확장되었다.

태평양 건너의 일본과 사투를 벌이던 미국은 전방의 육지 기반이 거의 없어 항공모함을 통한 공중전 임무를 자주 시도했다. 항공모함에서 출발하는 전투기의 경우 짧은 활주로에서 안정적으로 이륙하기 위해 작은 연료 탱크를 부착하고 있었다. 또한 폭탄이나 군수품을 최대한 많이 싣기 위해 연료의 무게도 가볍게 유지해야 했다. 그러나 태평양이 워낙 넓은 데다가 구름도 넓게 깔려 있어서 날씨가 아무리 맑아도 항법에 필요한 주요 지형지물들이 거의 보이지 않았다. 그 때문에 항법상 약간의 착오만 발생해도 모험으로 돌아갈 연료가 부족한 위험 상황을 맞을 수 있었다. 그러한 상황에서 라디오 항법 장치는 더할 나위 없이 유용한 존재였다. LORAN은 미국 해군 조종사들이 태평양에서 성공적으로 싸울 수 있게 해 준 핵심적인 시스템 역량이었다.

전쟁이 끝나고 몇 년 후, LORAN 시스템은 LORAN-C로 성능이 개선되었다. 새 시스템은 배 위의 레이더처럼 모든 민간 항공기에 광범위하게 사용되었다. 1980년대에는 라디오 전송국이 지구의 전 범위를 담당하는 궤도 위성에 설치되면서 라디오 항법이 더 크게 발전할 수 있는 계기가 되었다. 각 위성에는 초정밀 원자시계가 장착되어 항법 신호를 동기화하였고, 그들의 위치는 지상 레이더에서 정확히 추적되었다. 이 최신 시스템은 배에서부터 차, 휴대폰까지 거의 모든 분야에 적용되었는데 이것이 바로 오늘날 우리가 GPS(Global Positioning System)라 부르는 위성 위치 확인 시스템이다. GPS는 지구의 자연적인 자장에 바탕을 둔 나침반을 훨씬 뛰어넘는 정확도와 성능으로 전 세계 위치 정보 서비스를 제공한다. 물론 나침반은 전자기 현상을 인류가 최초로 응용한 사례라는 비교할 수 없는 가치를 가지고 있기는 하다.

마이크로파 세상

전쟁 중에 레이더 개발에 투입된 총비용은 원자탄을 개발한 맨해튼 프로젝트(Manhattan Project) 다음으로 컸다. 이렇게 어마어마한 규모의 투자는 여태까지 전자 기술의 역사에 등장했던 어떤 사례(RCA가 텔레비전에 투자한 5,000만 달러를 포함하여)에도 비할 바가 아니었다. 하지만 더 중요한 것은 레이더 개발을 위해 조직된 기술 팀이 잘 훈련된 재능 있는 과학자 및 기술자의 무한 공급원이 되었고, 그들 모두가 점점 복잡해질 뿐 아니라 여러 분야에 걸쳐 해결해야 할 기술적 문제들을 풀 수 있는 역량을 갖춘 인재들이었다는 점이다. 이렇듯 과감한 투자와 인재들의 전문성은 전후에도 계속 중요한 역할을 맡아 온 레이더의 다양한 응용 방안을 찾아내는 견인력으로 작용하였다.

레이더의 성공에 가장 핵심적으로 작용한 요소 중 하나는 당연히 고출력 마이크로파 발전 성능의 극적인 개선이었다. 랜달과 부트 덕분에 작고 휴대가 간편해진 마그네트론으로 1,000와트가 넘는 마이크로파 전력을 생산해 낼 수 있게 된 것이다. 그런데 장비 개발 초창기에 재미난 현상이 목격되었다. 마그네트론의 출력 호른(horn) 가까이 담배를 갖다 댔을 때 쉽게 불이 붙는가 하면 근처에 놓아둔 젖은 옷이 금방 마르고 연구실 밖에 있다가 들어오면 얼마 안 되어 주머니 속 초콜릿이 녹는 것이었다. 이처럼 흡수 시에 열로 전환되는 마이크로파의 에너지 속성은 우리에게 아주 유용하고 친숙한 모습으로 응용되었다. 바로 전자레인지(microwave oven)이다.

전쟁 이후 레이더 제품에 대한 수요가 늘어나자 마그네트론의 생산비도 따라서 감소했다. 그리고 전자레인지의 가격도 무난히 구매할 수 있는 정도가 되면서 곧 주방의 필수품으로 자리매김했다. 아마 랜달과 부트는 자신들의 기술이 이런 방식으로 응용될 수 있다는 사실은 상상도 하지 못했을 것이다. 마그네트론은 전력 입력값(input: 벽의 콘센트에 연결된 플러그로부터 받는 전력량)의 거의 절반을 마이크로파 에너지로 전환시킨다. 이렇게 생성된 마이크로파 에너지의 대부분은 분극화된 분자(이를테면 음식 안의 물 분자)

에 의해 흡수되고 이것은 다시 유전가열(dielectric heating)이라고 알려진 과정을 거쳐 열로 전환된다. 이 과정 덕분에 전자레인지는 사실상 가장 에너지 효율이 높은 조리 기기가 되었다.

전쟁 기간 중에 마이크로파가 방출하는 파장을 줄이는 방식으로 레이더를 탑재하는 전투기들이 더 작은 안테나를 사용하면서 동시에 목표물의 높은 공간 해상도를 얻도록 연구하는 데 많은 노력이 들었다. 이 과정에서 어떤 특정 파장에서는 레이더파의 전파 범위가 급격히 떨어진다는 것이 발견되었는데 아무도 이 현상을 설명할 수 없었다. 긴박한 전쟁 중이었기 때문에 이런 학구적인 질문에 일일이 신경 쓸 시간도 없었다. 전쟁이 끝나고 레이더 개발에 참여했던 많은 교수들이 학교로 돌아가고 난 뒤에야 비로소 이 질문에 대한 본격적인 연구들이 진행되었다. 결국 매우 특정한 주파수에서는 마이크로파가 공기 중의 기체 분자들, 즉 산소, 질소, 수증기, 이산화탄소, 오존 등에 의해 흡수된다는 사실이 발견되었다. 이 기체들은 각각의 기체 분자들이 지닌 서로 다른 분자 구조의 공명 에너지를 바탕으로 전자기 방사선의 특정 파장만을 선택적으로 흡수했다. 다른 말로 하면, 각 기체는 자신들만이 독점적으로 흡수하는 마이크로파의 고유한 분광 특성이 있다는 것이다. 이러한 발견은 점차 마이크로파 분광학(spectroscopy: 물질이 방출 또는 흡수하는 전자기파의 스펙트럼을 측정함으로써 물질의 물성을 연구하는 학문 - 역자 주)으로 발전하였고, 오늘날의 대기과학뿐 아니라 화학과 물리학에서도 중요한 도구가 되었다. 과학자들은 마이크로파 분광학을 통해 대기 중의 다양한 현상, 예를 들면, 공기오염 수준이나 오염 유형 및 탄소 배출 분포 등을 측정할 수 있게 되었다.

전쟁 후에도 여전히 레이더는 다양한 용도로 사용되었다. 먼저 마이크로파가 움직이는 목표물로부터 반사되어 나올 때 반사된 전자기파의 주파수가 약간 변화한다는 것이 발견되었다. 이 현상은 도플러 이동(Doppler shift)으로 알려져 있는데 주파수상의 작은 변화로 목표물의 움직이는 방향과 속도를 측정할 수 있으며, 고속도로 순찰대도 이 효과를 이용해서 움직이는 차량의 속도를 측정하여 그 무서운 과속 스티커를 발부하는 것이다. 이 기술은 차량에 장착되어 크루즈 컨트롤(cruise control)과 함께 차량 조정 및 제동을 도와 충돌 사고를 피하도록 도와주고 있으며, 나아가 미래에는 자동 운전 스마트카의 탄생을 이끌지도 모른다. 레이더의 또 다른 중요 응용 분야는 기상예보이다. 날씨 레이더는 도플러 효과를 활용하여 다양한 크기와 밀도를 가진 공기 속 빗방울의 공간 분포와 움직임을 감지해 낸다. 날씨 레이더에 의해 만들어진 이미지는 여러 다른 장소의 강우량을 보여 줄 수 있으며 텔레비전 뉴스의 일기예보 방송에 빠지지 않고 등장한다. 더 나아가 많은 민간 항공기의 노즈콘(nose cone: 로켓, 항공기 등의 원추형 앞부분 ― 역자 주)은 소형의 휴대 가능한 날씨 레이더를 갖추고 있어 몇 마일 앞의 폭풍과 난기류를 탐지할 수 있다. 조종사들은 이 정보를 바탕으로 항로를 바꿈으로써 승객들의 위험이나 불편을 최소화하는 것이다.

제2차 세계 대전이 끝난 이후 미국과 소련이 냉랭한 글로벌 교착 상태로 대치하는 상태가 40년 이상 지속되었다. 바로 냉전(Cold War)이 시작된 것이다. 레이더 기술은 냉전 중에도 세계 대전 때와 마찬가지로 무서운 속도로 발전하였다. 미국과 소련 양측의 주 목표는 국가 전역에 걸친 조기 경보 레이더 시스템을 개발하는 것이었다. 지속적으로 영공을 감시하면서 폭탄이나 미사일을 포함한 모든 비행 물체를 감지해 내려는 의도였다. SAGE라는 암호명의 이 프로젝트는 레이더, 컴퓨터, 그리고 시스템 기술에 있어 수많은 획기적 발전을 가져왔다. 많은 사람들이 우려하던 핵무기에 의한 대량

학살은 다행히 발생하지 않았지만, 후에 민간 조종사들도 이 글로벌 레이더 기술에서 파생한 장치를 항공 교통관제에 사용했다. 요즘에는 비행 중인 거의 모든 항공기의 위치, 속력, 그리고 방향이 거대한 통합 레이더 시스템에 의해 지속적으로 모니터된다. 강력한 컴퓨터, GPS, 그리고 조종사와 지상 관제탑과의 통신 등의 도움으로 어느 때보다도 더 안전하고 효율적인 오늘날의 항공 여행이 가능하게 되었다.

전후 시대에는 많은 물리학자와 대학 교수들이 미국 국방성으로부터 남아도는 레이더 장비를 건네받았다. 일부는 이 장비들을 지구가 아니라 우주를 연구하는 데 사용했는데 달 탐사가 그 시작이었다. 과학자들은 마이크로파의 전력 수준을 높이고 수신기의 감도와 신호 처리 능력을 향상시킨 레이더를 이용하여 달과 지구 간의 정확한 거리를 측량할 수 있었다. 이 과정과 함께 다른 관찰들을 통해 놀랍게도 우주 깊은 곳 어딘가에서 비롯되는 약한 마이크로파 신호를 수없이 발견했다. 저 멀리 있는 천체 어딘가에서 신호들을 발사하고 있는 것처럼 보였다. 연구가들은 분광학과 함께 우주의 알려지지 않은 새로운 영역을 연구하는 이 학문을 전파천문학(radio astronomy)이라고 불렀다.

마이크로파, 라디오, 그리고 가시광선이 단지 파장대만 다를 뿐 모두 같은 전자기 방사선과 같은 족에 속한다는 것을 처음 언급한 사람은 맥스웰이다. 막스 플랑크의 흑체 이론은 섭씨 영하 273도(절대 영도라고도 알려진, 모든 운동 움직임이 완전히 정지되는 온도)가 넘는 모든 물체는 모든 파장의 전자기 방사선을 일정량 뿜어낸다는 것을 증명했다. 우주 깊은 곳의 극도로 낮은 온도의 물체에서는 (그리고 일부 가스에서도) 대부분 마이크로파 주파수 범위의 방사선을 방출한다. 전파천문학은 마이크로파 스펙트럼 안의 행성, 별, 성간먼지에 사람이 인식할 수 있는 색깔을 덮어 쉽게 볼 수 있

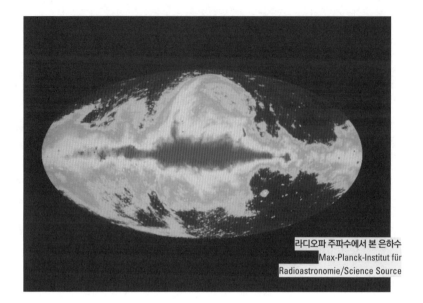

라디오파 주파수에서 본 은하수
Max-Planck-Institut für
Radioastronomie/Science Source

게 해 주었다. 이러한 발전 덕분에 인류는 우주의 신비를 관찰하고 이해하는 능력을 훨씬 향상시킬 수 있었다.

바깥 우주를 향한 마이크로파 연구를 통해 인류는 다양한 환상적인 주제들에 대한 지식의 불을 밝힐 수 있었다. 여기에는 우리 우주의 기원으로 간주되는 빅뱅 이론(Big Bang Theory)도 포함되어 있다. 전파천문학은 우주 끝 경계에 위치한 천체로부터 오는 가장 약한 신호도 감지할 수 있는 더 높은 수준의 감도를 가진 수신기를 요구하였고, 기술자와 과학자들이 마이크로파 감지 장치의 감도를 전례 없는 수준까지 밀어붙여 결국은 레이저의 발명을 위한 씨를 뿌리는 것으로 화답했다. 우주에 관한 우리의 거대한 지식체계의 뿌리가 전쟁 중의 레이더 개발에서 유래했다는 사실은 매우 경이로운 일이다.

11
컴퓨터
Computer

약한 아날로그 신호를 증폭할 수 있는 3극진공관의 능력은 장거리 전화 통신의 문제를 해결하는 데 결정적인 역할을 했다. 뒤이어 미디어 혁명이 일어나 라디오, 대중방송, 그리고 텔레비전의 탄생을 이끌었다. 제2차 세계 대전이 발발하면서 전자기파에 바탕을 둔 기술들은 레이더와 라디오 항법 분야로까지 확대되었다. 1940년대에 들어서자 진공 전자는 역사상 더할 나위 없이 중요한 또 하나의 획기적인 발명품을 탄생시킨다. 바로 컴퓨터였다.

계산기계

엄밀히 말하면, 컴퓨터는 전자 제품이라기보다는 일련의 지시에 따라 계산과 논리 연산을 수행하는 도구이다. 1,000년보다 더 오래전에 중국인들은 이미 구슬로 만든 주판을 이용하여 빠른 속도로 산술 계산을 하고 있었다. 19세기가 시작될 무렵 영국 수학자 찰스 배비지(Charles Babbage)는 차분기관(Difference Engine: 톱니바퀴를 이용하여 기억과 계산을 수행하는 기계로, 핸들을 돌려 동력을 얻었다 - 역자 주)이라는 기발한 기계식 계산기를 설계하여 거대한 양의 복잡하고 반복적인 계산을 빠르게 수행하였다. 이를테면, 함수표를 만들거나 인구조사 자료를 다양한 방법으로 분석할 수 있었다. 1930년대 후반에 이르러서는 다양한 설계의 기계식 계산기가 영국, 독일, 그리고 미국에서 광범위하게 사용되었다.

초기의 모든 계산기들은 기발한 기계적 구조에 바탕을 두고 있었다. 하지만 전기 기술의 발전과 함께 정밀 전기모터가 도입되면서 더 빠른 전기 기계식 계산기계의 시대가 도래했다. 20세기 초가 되자 이 전기 구동의 기계식 구조를 통해 많은 논리와 계산 기능을 빠르고 정확하게 수행할 수 있게 되었다. 하버드 대학에서 제작한 '마크 I(Mark I)' 컴퓨터는 당시 가장 앞선 것이었는데, 초당 세 개의 덧셈이나 뺄셈을 수행할 수 있는 능력을 선보여 기록을 세우기도 했다.

3극진공관의 발명은 새로운 차원의 계산기계를 위한 문을 열어 주었다. 앞서 설명한 바와 같이 3극진공관은 두 가지 중요한 기능을 제공했는데, 바로 신호 증폭과 스위칭이다. 전자식 스위치 기능은 대단히 빠르고 에너지 효율적이었고 논리나 산술 연산을 수행하는 데 적합했다. 1919년, 영국인 기술자 에클레스(W. H. Eccles)는 3극진공관과 축전기를 이용한 간단한 '플립플롭(Flip-Flop)' 회로를 소개했다. 이것은 디지털 0 혹은 1의 행렬식으로,

이진 논리 함수의 연산과 디지털 데이터를 저장하는 가장 기본적인 구성요소가 되었다. 라디오의 발진회로나 텔레비전에 사용된 CRT와 마찬가지로, 플립플롭을 사용하면 기계식 혹은 전기기계식 계산기보다 더 빠른 다용도의 계산기계 설계가 가능할 것 같았다.

컴퓨터 시대가 막 시작될 때만 해도 아직 3극진공관의 가격이 너무 비싸 대규모로 사용하기 어려웠다. 새로운 계산기계에는 수백 개에서 수천 개의 3극진공관 회로가 필요했는데, 기계를 만드는 데 필수적인 제반 비용을 감안할 때 진공관 기반의 계산기계를 만드는 일은 기술적인 난이도뿐 아니라 비용적인 관점에서도 헛고생으로 보였다. 그러던 중 라디오 시장이 급성장하면서 진공관의 가격이 급속히 떨어지기 시작했다. 동시에 진공관의 성능과 신뢰도는 눈에 띄게 향상되어 갔다. 1930년대에 이르러 몇몇 선구자들, 특히 독일인 콘라드 추제(Konrad Zuse)와 불가리아계 미국인 존 아타나소프(John Atanasoff)가 계산기계에 진공관 회로를 사용하는 소규모 실험을 시작했다.

빠르고 강력한 계산기계의 사용 가능성은 군대에는 아주 매력적인 것이었다. 특수한 수학적·논리적 지시와 결부된 전자 계산기계는 메시지를 암호화하거나 해독할 때, 또 발사체의 예상 궤도를 초고속으로 계산해 낼 때 효과적일 것 같았다. 또한 복잡한 병참 운영과 관련된 실시간 최적화 문제를 푸는 데도 유용해 보였다. 하지만 아직 계산기계에는 해결해야 할 기술적 난관이 많이 존재했다. 주로 어떻게 하면 계산을 좀 더 빠르게, 그러면서도 더 정확하게 수행할 것인가, 그리고 다양한 유형의 문제에 유연하게 대처할 수 있는가에 관한 문제였다.

전쟁에 대비하는 동안 영국은 전자 계산 기술의 발전에 상당한 노력을 기울였다. 여기에는 하드웨어의 설계와 구축뿐 아니라, 기기의 '지능

(intelligence)'을 개발하는 일도 포함되어 있었다. 이 '지능' 분야의 선구자는 수학자 앨런 튜링(Alan Turing)이었다. 1941년, 군대의 엄격한 통제하에 바깥 세상에는 철저히 비밀로 부쳐진 프로젝트가 시작되었다. 영국 기술자 토미 플라워스(Tommy Flowers)와 그가 이끄는 팀은 1,500개가 넘는 3극진공관을 사용하여 세계 최초로 프로그램이 가능한 고성능 전자 계산기계를 개발했다. 암호명 '콜로서스(Colossus)'로 불린 이 기계는 영국 첩보국이 독일군의 암호화된 메시지를 해독하고 분석하는 데 아주 중요한 역할을 했다. 전쟁이 끝나자 처칠은 기계를 분해하여 스파이들이 이 극비 기술을 소련에 유출하지 못하도록 지시했다. 콜로서스는 1970년대 후반에 가서야 설계도가 공개되었고, 2007년에는 컴퓨터 역사 연구를 취미로 하는 그룹에 의해 재탄생되기도 했다. 하지만 프로젝트 자체가 극비였기 때문에 콜러서스에 담긴 획기적인 기술은 그 뒤에 이어진 전자식 컴퓨터의 개발에 직접적으로 영향을 주지는 못했다.

에니악

콜로서스 작업이 고립적으로 진행되었음을 감안할 때 컴퓨팅 기술을 기계적 설계에서 완전 전자식으로 전환시키는 데 가장 광범위한 영향을 미친 것은 에니악(ENIAC) 프로젝트라고 할 수 있다. 1944년, 펜실베이니아 대학교 교수 존 모클리(John Mauchly)는 대규모의 다목적 전자식 컴퓨터를 설계하기 시작했다. 이 새로운 기계에는 움직이는 부품이 없었고 모든 논리와 계산 그리고 데이터 저장 기능은 3극진공관 회로의 스위칭 기능을 사용했다. 프로젝트에 참여한 사람들은 모두 그 작업이 얼마나 어려운 것인지 알고 있었지만, 새로운 계산기계가 계산 속도와 역량 측면에서 획기적인 발전이 될 것이라는 기대가 컸다.

모클리는 1937년 존스홉킨스 대학교에서 물리학 박사 학위를 받은 이후 필라델피아 근방의 작은 대학교에서 강의를 시작했다. 그는 항상 계산기계에 지대한 관심을 가지고 있었다. 1940년, 계산과학(computational science) 학회에 참석한 모클리는 아이오와 주립대학교에서 온 젊은 교수 존 아타나소프를 만났다. 아타나소프는 자신이 지난 3년간 학생 한 명과 함께 새로운 유형의 계산기계를 개발해 왔다며, 모클리를 자신의 실험실로 초대했고 모클리도 이에 흔쾌히 응했다.

존 **아타나소프**. Special Collections Department/Iowa State University Library

아이오와를 방문한 모클리는 아타나소프의 집에 머물렀는데, 이때 아타나소프는 자신의 아이디어들을 솔직히 나누어 주었다. 자신이 만든 기계의 상세한 설계를 보여 주고 모든 결정의 논리적 근거들도 자세히 설명해 주었다. 모클리는 4일간 머물면서 아타나소프의 기계를 상세히 살펴보았다. 사실 그것은 겨우 280개의 3극진공관을 사용한 소형 기계였다. 진공관 수가 그렇게 적었던 이유는 아타나소프가 학교의 일반 기금으로부터 받은 연구비가 극도로 적었기 때문이다. 모클리는 아타나소프의 기계가 구조 면에서 다른 기계와 차별되는 두 가지 혁신성을 담고 있음에 주목했다. 첫째는 모든 데이터가 '이진(binary)' 형태, 즉 '1' 혹은 '0'으로 표시된다는 것이었다. 둘째는 모든 이진 논리와 계산 기능이 3극진공관 회로의 전자 스위치 장치로 실행된다는 것이었다. 이 작동 원리는 불 대수(Boolean algebra)에 바탕을 둔 것이었다. 불 대수는 1854년 영국의 수학자 조지 불(George Boole)이 만들어 낸, 당시로서는 잘 알려지지 않은 수학의 한 부문이었다. 불 대수는 일반인에게 친근한 십진법 체계 대신 이진법에 바탕을 두어 수학과 논리 연산을 단지 0과 1만을 사용하여 통합했다. 불이 처음으로 그의 작업을 발표했을 때 대부분의 사람들은 불 대수의 실제 이용가치에 대해 회의적으로 생각했다. 하지만 불은 자신이 제시한 새로운 수학이 인류에 엄청난 영향을 미칠 것이라고 자신 있게 예언했고, 거의 한 세기가 지나 마침내 그가 옳았다는 것이 증명되었다(이진 데이터를 불 대수 기반으로 처리하는 데 3극진공관 회로를 사용한 것은 콜로서스가 아타나소프의 기계보다 앞선다. 하지만 당시 아타나소프는 그것을 알 길이 전혀 없었다. 콜로서스가 워낙 극비 사항이었기 때문이다).

당시의 많은 과학자나 기술자와 마찬가지로 아타나소프도 전쟁이 일어나자 1942년에 해군에 징집되었다. 그는 군대에서 수중음파 탐지 기술에 관련된 작업을 맡게 되면서 자신이 진행하던 계산기계에 대한 연구를 계속할 수 없게 되었다. 입대를 위해 아이오와를 떠날 준비를 하면서 아타나소프는 대학 사무국에 자신의 새로운 설계에 대한 특허 신청을 부탁했다. 하지만 학교는 그의 요청을 이행하지 않았고, 이것은 나중에 아타나소프에게 천추의 한을 남기고 만다.

아타나소프를 만나고 돌아온 후 모클리는 완전 전자식 계산기계를 설계하고 만드는 접근법에 더욱 확신을 가지게 되었다. 1942년, 바로 아타나소프가 징집되던 해에 모클리는 펜실베이니아 대학교 무어 공대 교수로 임용되었다. 그곳에서 그는 전기공학과의 대학원생인 프레스퍼 에커트(Presper Eckert)를 만나게 되는데, 에커트는 시스템과 회로 설계 모두에 정통한 뛰어난 기술자로 실험에도 소질이 있어 작업 동료로서 여러 모로 완벽한 자질을 갖춘 것 같았다. 게다가 두 사람 모두 컴퓨팅 기술을 새로운 경지로 끌

어올려 돈과 명예를 얻겠다는 거대한 야
망을 품고 있었다.

이 두 사람은 그 이듬해까지 대규모의
완전 전자식 계산기계의 설계를 마쳤다.
모클리는 이 기계를 만드는 데 필요한
자금을 마련하기 위해 그가 생각해 낼
수 있는 가장 큰 물주인 미국 육군성에
연락을 취했다.

펜실베이니아에서 약 한 시간 거리에
미국 육군탄도연구소(U.S. Army Ballistic
Research Laboratory) 부속 애버딘 성능 시
험장(Aberdeen Proving Ground)이 있었

존 모클리. Courtesy of John Mauchly
Papers, Rare Book and Manuscript Library,
University of Pennsylvania Libraries

다. 성능 시험장의 임무 중 하나는 새롭게 개발된 대포의 데이터 테이블을
계산하고 검증하는 것이었다. 이 테이블은 다른 지형이나 날씨 환경에서 목
표물을 향해 발사체를 겨냥할 때 미리 준비된 좌표 참조를 현장에 제공하
는 데 활용되었다.

모클리가 1943년에 성능 시험장을 방문했을 때는 300개 이상의 새로 개
발된 대포와 발사체가 발포 계산 결과를 기다리고 있었다. 당시 성능 시험
장에는 최신의 전기기계식 장비로 그런 계산만을 수행하는 전문 직원이
200명 넘게 있었는데, 이들을 '계산하는 사람', 즉 '컴퓨터(computer)'라고
불렀다. 그들은 많은 양의 작업을 제 시간에 끝마치지 못해 매일 가중되는
스트레스에 시달리고 있었다.

성능 시험장의 기술 책임자인 허먼 골드스타인(Herman Goldstine) 중위는
대학과의 대외 관계 임무도 맡고 있었다. 입대 전 시카고 대학교에서 수학

박사를 취득한 골드스타인은 자신의 고충과 모클리 기계의 잠재력 모두를 잘 이해하고 있었다. 그는 모클리의 제안서를 면밀히 읽어 본 후 시도해 볼 가치가 있다고 판단하여 미국 육군탄도연구소로부터 50만 달러를 얻어 내어 모클리의 프로젝트를 지원했다. 그는 모클리의 고성능 기계가 데이터 계산의 속도를 높여 밀린 작업들을 빨리 해치우고 또 전쟁에서 이기는 것을 도와줄 수 있기만을 간절히 희망했다.

프로젝트는 1944년에 시작되었고, 새로운 기계의 이름은 에니악(ENIAC: Electronic Numerical Integrator And Computer)으로 정해졌다. 이때 처음으로 '컴퓨터'라는 말이 사람(골드스타인의 성능 시험장에서처럼)이 아니라 물리적인 구조물을 언급하는 기계의 이름으로 사용되었다.

그 후 2년이 넘는 시간 동안 모클리와 에커트, 그리고 그들의 동료들은 에니악을 만드는 데 몰두하여 모든 노력을 기울였다. 모클리는 그 사이 워싱턴 DC 미국 해군병기연구소(Naval Ordnance Laboratory)에 배치된 존 아타나소프를 몇 차례 방문하여 그의 원조 이진 계산기계의 설계에 관한 많은 기술적 질문을 했다. 하지만 그는 한 번도 아타나소프에게 에니악 프로젝트에 대해 언급하지 않았고, 그가 진행하고 있는 작업의 실체도 밝히지 않았다. 결국 모클리는 컴퓨터의 많은(그가 아이오와에서 보고 배웠던 것들도 일부 포함하는) 측면에 대해 특허를 신청했는데, 아타나소프의 기여에 대해서는 어디에서도 전혀 이름을 찾아볼 수 없었다.

에니악은 1946년까지도 완성되지 못했다. 그때쯤에는 전쟁도 끝이 나 결국 에니악은 전쟁에서는 아무 역할도 하지 못했다. 그럼에도 불구하고 에니악은 전자 계산기계 개발에 있어 매우 중요한 사건으로 기록된다. 에니악은 원래 계획된 설계대로 완전 전자식이었다. 매 초당 357번의 곱셈 혹은 최대 5,000번의 덧셈과 뺄셈을 수행하여 하버드의 '마크 I'보다 1,000배 이상 빠른 성능을 보였다. 물론 이 모든것이 가능했던 건 자금력 덕분이었다. 에니악을 만드는 데는 1만 7,468개의 3극진공관이 사용되었고 5만 번 이상의 용접이 요구되었다. 작동할 때는 160킬로와트의 전력이 소비되었는데, 이것은 에디슨의 획기적인 펄 스트리트 발전소에서 생산할 수 있는 전력량을 넘어서는 것이었다. 무게만도 6만 파운드(약 27.2톤)가 넘었다!

에니악은 전자 컴퓨터의 실현 가능성을 성공적으로 입증했다. 하지만 동시에 심각한 결점도 많았다. 먼저, 컴퓨터의 기억 용량이 너무나도 부족했다. 이 때문에 많은 주요 기능을 수행할 수 있는 잠재력이 약했는데, 새로운 메모리 기술의 개발 없이는 쉽게 풀 수 없는 문제였다. 다음으로는 운영 소프트웨어가 복잡한 케이블 연결과 스위치 위치 설정을 통해 외부에서 프로그래밍된다는 것이었다. 재 프로그래밍이 가능하긴 했지만 많은 시간이 걸렸을 뿐 아니라 오류가 빈번히 발생했다. 마지막으로 에니악은 너무 많은 3극진공관에 의존했다. 당시 3극진공관의 평균 수명은 3,000시간 정도였고 에니악이 사용하는 3극진공관의 수는 거의 1만 8,000개에 육박했다. 통계적으로 보면 고장이 발생하는 시간과 3극진공관이 폭발하여 시스템이 정지되는 시간의 차가 평균 몇 초도 안 된다는 의미로, 기계의 신뢰도가 거의 쓸모없는 수준까지 낮았다. 사실 이런 기술적 약점은 개발 단계부터 아주 명확히 드러난 것이었다. 그 때문에 모클리는 1945년, 프로젝트가 채 완료되기도 전에 이미 에드박(EDVAC: Electronic Discrete Variable Automatic Computer)이라는 후속 모델을 설계하기 시작했다.

여러 가지 단점이 있었지만, 에니악이 역사적인 성과물이라는 점은 분명했다. 에니악은 빠른 속도의 다용도 완전 전자 컴퓨터가 실현될 수 있다는 것을 보여 준 첫 사례였다. 더욱이 에니악의 잠재적 능력은 사용되는 3극진공관 수에 따라 무한대로 확장될 수 있었다. 전문가들은 수백만 혹은 수십억 개의 3극진공관으로 작동되는 컴퓨터의 잠재적 성능에 눈독을 들이기 시작했다. 하지만 그렇게 강력한 기계가 기술적·경제적으로 실현될 수 있는 미래가 겨우 25년 만에 찾아올 것이라고 생각한 사람은 거의 없었다.

컴퓨터 아키텍처의 기반

모클리의 완전 전자식 컴퓨터를 지원한 미 육군성의 원래 의도는 성능 시험장의 구체적인 단기적 기술 문제를 해결하는 것이었다. 그 결정은 하부에서 내려졌기 때문에 총 지원액도 그다지 큰 액수가 아니었다. 반면에 상부가 주도한 레이더나 원자폭탄의 개발에는 전략적인 대규모 투자가 집행되었다. 이런 차이가 있었지만, 전자식 컴퓨터 개발의 영향은 이들 못지않게 중요했다.

방을 가득 채우고 있는 에니악. 가운데가 에커트이고 오른쪽에는 모클리가 있다.
Courtesy of John Mauchly Papers, Rare Book and Manuscript Library, University of Pennsylvania Libraries

골드스타인 중위는 에니악 구축 초기에 에버딘 기차역에서 우연히 저명한 수학자 존 폰 노이만(John von Neumann) 교수를 만났다. 그는 근처 프린스턴 대학교 소재 고등연구소에서 근무하고 있었다. 골드스타인은 에니악이 직면하고 있는 예상하지 못한 문제들에 대해 한탄을 늘어놓았다. 사실 폰 노이만 교수 역시 골스타인이 모르는 사이 미국 육군성에 고용되어 극비의 맨해튼 프로젝트를 위해 일하고 있었다. 그는 광범위한 지적

존 폰 노이만. Science Source

관심을 가진 사람으로서 고등수학을 양자역학이나 경제 모델링, 그리고 게임 이론에 적용하는 것뿐만 아니라 뇌 지능에도 깊은 관심이 있었다. 에니악이 그의 관심을 유발한 것도 놀라운 일은 아니었다.

골드스타인 중위는 폰 노이만을 초대하여 컴퓨터 설계 팀과 이야기를 나눌 수 있는 자리를 마련했다. 에니악의 전체적인 설계를 공부한 폰 노이만은 중앙처리장치(central processing unit: CPU)를 더 구비하면 컴퓨터의 아키텍처가 현저히 개선될 수 있을 것이라고 생각했다. 또 투박한 소프트웨어 프로그래밍 문제는 내부 저장 장소를 만들어 프로그램과 데이터를 같은 주소 공간에 저장함으로써 해결할 수 있을 것이라고 확신했다. 이 '저장 프로그램(stored program)' 접근법은 컴퓨터 설계에서 혁명적인 개념이었으며, 컴퓨터의 전반적인 기능성과 유연성을 대폭 향상시켰다.

에니악의 결점 분석에서 얻은 교훈들은 뒤이은 차세대 컴퓨터의 설계에서 매우 중요한 의미를 갖는 것들이었다. 이를테면, 모클리는 처음 아타나

소프를 방문했을 때 이미 이진 계산 접근법의 유용함을 배웠지만, 웬일인지 에니악에서는 십진법 시스템을 채택했다. 이후의 추가적인 연구들은 이진법 설계가 시스템 복잡성을 현저히 감소시킬 수 있다는 것을 확인하였다. 에니악을 잇는 에드박부터 시작하여 이후 거의 모든 컴퓨터는 이진법 시스템과 폰 노이만의 CPU를 장착한 아키텍처, 그리고 프로그램 저장 방식을 기본으로 하였다. 존 폰 노이만은 에드박 디자인에도 직접 관여해 큰 역할을 하면서 불가피하게 모클리 그리고 에커트와의 개인적 갈등을 야기하였다. 다행히도 그러한 갈등이 컴퓨터 개발의 급속한 기술적 발전을 저해하지는 않았다.

에드박이 거의 완성되어 갈 때쯤 새로운 문제가 등장했다. 과연 전자 컴퓨터 설계에 관한 이 모든 지식을 전파하고 새로운 컴퓨터 산업 개발에 박차를 가할 수 있는 최선의 방법은 무엇일까? 당시 펜실베이니아 무어 공대의 학장은 1946년 여름 일련의 강좌를 기획하기로 결정했다. 그는 다양한 기관으로부터 37명의 저명한 컴퓨터 과학자들과 기술자들을 초대해 8주간의 '무어 강좌'를 진행했다. 폰 노이만, 모클리, 에커트, 그리고 골드스타인을 포함하여 초청된 모든 강사들은 상세한 내용의 발표를 하였고, 특히 저장 프로그램 같은 개념에 대해서는 아주 자세히 설명하였다. 무어 강좌 시리즈의 영향은 결코 과소평가할 수 없는데, 실제 강좌에 참석한 사람 대부분은 훗날 컴퓨터 기술 개발 및 컴퓨터 산업 창출에 핵심적인 역할을 수행했다.

에니악과 에드박 프로젝트가 성공적으로 완료되면서 이제 완전 전자식 컴퓨터는 상업 세계로의 진출 준비를 거의 마치게 되었다. 원래부터 사업을 구상 중이던 모클리와 에커트는 산업계로 이동하여 자신들의 지식과 경험으로 큰돈을 벌 때가 왔음을 직감했다. 그들은 에니악 작업에 기초하여 전자 컴퓨터에 관한 핵심 특허를 신청했고, 그 특허를 근거로 자신들이 디지털 컴퓨터의 발명자라고 주장했다. 드디어 1946년, 두 사람은 필라델피아에 컴퓨터 판매 회사를 세웠다. 이 회사의 첫 수입원은 인구조사 자료를 처리하는 특수 컴퓨터를 만들어 달라는 인구조사국과의 계약이었다. 이 특수 컴퓨터 이름의 머리글자는 유니박(UNIVAC: UNIVersal Automatic Computer)으로, 후에 두 사람은 이것을 새 회사 이름으로 사용하기로 했다.

유니박은 1950년대 초에 등장한 새로운 컴퓨터 회사들의 선구적인 모델이었다. 사업이 성장하면서 또 다시 특허권을 둘러싼 법적 싸움이 벌어졌다. 역사는 언제나 반복되는 법이다. 전신, 전화, 텔레비전, 라디오의 사례와 마찬가지로 컴퓨터 발명 과정에서의 역할과 소유권 역시 논란이 되었다. 다른 회사들이 법정에서 모클리와 에케트의 에니악 특허를 공격하면서 결국 1970년대 중반 그들의 핵심 특허가 번복되었다. 그리고 디지털 컴퓨터 발명에 대한 공은 마땅히 받아야 할 사람, 바로 존 아타나소프에게 이양되었다.

아타나소프는 자신이 마땅히 받아야 할 영예를 결국 되찾기는 했지만 평생 그에 걸맞은 금전적 혜택을 누리지는 못했다. 비록 그가 컴퓨터를 처음 발명하기는 했지만 특허 신청을 챙기지 않아, 법원이 그 특허권을 누구나 쓸 수 있도록 지정했기 때문이다. 이 판결은 컴퓨터 제품을 개발하려는 개인이나 회사 누구도 특허 침해를 걱정하지 않도록 해 줌으로써 컴퓨터 산업의 고성장을 이끄는 데 지대한 영향을 미쳤다.

미래를 위한 토대

에니악과 에드박 프로젝트에 대한 미 육군의 투자는 현대의 전자 컴퓨터를 탄생시키는 데 필요한 기반을 제공했다. 민간 기업들의 경우 엄청난 비용과 높은 수준의 위험이 수반되는 데다가 새로운 제품에 대한 시장 잠재력이 불투명한 사업에 투자하는 것을 당연히 꺼린다. 이 때문에 가장 자유방임적인 경제학자나 사업가들도 정말 혁명적인 무언가를 창출하기 위해서는 가끔 정부가 나서서 뚝심 있게 전체 과정을 이끌어 주는 것이 필요하다는 것을 인정한다. 전신이나 레이더의 경우와 마찬가지로 컴퓨터에서도 그러했으며, 그 후 인터넷의 경우도 마찬가지였다. 미래 시장의 판도를 바꾸는 다른 혁신도 아마 그럴 것임이 확실하다.

컴퓨터 이야기를 하면서 IBM(International Business Machine)을 언급하지 않는다는 것은 상상도 할 수 없는 일이다. IBM의 근원은 기계식 컴퓨터 시대까지 거슬러 올라간다. 1888년, 미국의 기계식 계산기계의 선구자였던 허먼 홀러리스(Herman Hollerith)가 '태뷸레이팅 머신 컴퍼니(Tabulating Machine Company)'라는 회사를 설립했다. IBM의 전신인 이 회사는 1890년 인구조사 결과를 표로 만드는 천공카드 장치를 개발하기로 인구 조사국과 계약했다. 이후 1930년대에는 하버드 대학과의 '마크 I' 컴퓨터 개발 협업을 통해 지속적으로 컴퓨터 분야에서 전문성을 쌓아 나갔다.

냉전이 최고조에 이르렀을 때 IBM은 MIT 및 미국 공군과 밀착하여 일하면서 가장 선진화되고 복잡한 컴퓨터 시스템을 개발했다. 'SAGE'라는 암호명을 가진 이 대규모 방공 시스템은 미국 전역에 걸쳐 있는 레이더 시스템에서 보내는 방대한 정보를 중앙집중화된 지휘통제실로 연결해 주었다. 바로 이 경험이 IBM을 컴퓨터 하드웨어와 시스템 소프트웨어 기술의 최첨단에 서게 해 준 것이다.

IBM의 문화는 독특하다. 고객의 요구를 만족시키기 위해 통합 해결책을 제공하는 것이다. IBM은 컴퓨터가 복잡한 과학적 기술을 계산하는 것뿐만 아니라 반복해서 나타나는 방대한 양의 정보를 일상적으로 처리하고 분석하는 데도 적용될 수 있다는 것을 일찍부터 인식하고 있었다. 전쟁 후 기업에서 처리하는 정보량이 기하급수적으로 증가하면서 컴퓨터의 시장 잠재력 역시 덩달아 커졌다. 1950년대 초부터 시작하여 수십 년 동안 IBM은 세계 컴퓨터 산업에서 반론의 여지가 없는 리더였으며, 개인용 컴퓨터(Personal Computer: PC) 혁명을 일으키는 데도 중요한 역할을 했다. 그 과정에서 많은 컴퓨터 하드웨어와 소프트웨어 기반 기술을 개척하였는데, 오늘날 같은 정보 시대에 대용량의 데이터를 저장하는 데 필요한 핵심 역할을 하는 자기 하드디스크(magnetic hard disk) 역시 IBM의 작품이다.

PART

III

고체 전자의 시대

12

반도체

The Semiconductor

벨 연구소

20세기 전반부에 라디오와 컴퓨터를 비롯한 거의 모든 전자 제품의 발명이 가능했던 것은 3극진공관의 고유한 신호 증폭과 스위칭 기능 때문이었다. 하지만 3극진공관은 높은 단가, 짧은 수명, 잦은 고장, 거대한 크기, 전력 소모 등의 본질적 한계가 있어, 이를 기반으로 한 대부분의 혁신적 발명품들이 지속적으로 시장을 확대하고 개선하는 데 심각한 어려움이 있었다. 특히 에니악 컴퓨터는 역사적 성과임에는 틀림없으나 이러한 3극진공관의 한계를 여실히 보여 주었다.

이미 3극진공관의 한계가 노출된 만큼 급성장하는 컴퓨터와 전자 산업은 뭔가 새롭고 근본적인 돌파구가 필요했다. 3극진공관보다 훨씬 더 성능이 좋은 신호 증폭과 스위칭 장치가 절실히 필요했던 것이다. 이 혁명적 장치에 대한 탐색은 결국 전자 세계를 오늘날과 같은 높은 수준으로 이끌어 주었다. 이 혁명의 요람은 미국 뉴저지의 평화로운 언덕 위에 위치한 독특하고 놀라운 연구기관, 바로 벨 연구소였다.

1907년 AT&T로 돌아온 테드 베일의 주요 전략 중 하나는 통신 기술의 절대적인 선두 주자로서 회사의 위상을 확고히 하는 것이었다. 그는 AT&T가 다시는 다른 발명가나 회사들의 지적 재산에 신세를 지는 일이 없도록 하겠다고 결심하고, 이를 위해 뉴저지에 있는 AT&T 장비 제조 자회사인 웨스틴 전기의 감독하에 새로운 연구소를 설립했다. 베일은 공학 분야의 전 영역에 걸쳐 가능한 한 가장 우수한 기술 인재들을 모아 이 연구소에 배치했다. 연구소에서 수행하는 프로젝트의 범위는 방대하여, 물리학, 화학, 재료과학, 전기 공학, 수학, 정보과학, 그리고 네트워크 시스템을 총망라했다. 베일의 비범한 비전을 잘 모르는 사람들은 이해하기 어려웠지만, 이 다양한 학문들을 연결하는 것은 통신 기술의 경계를 확장하고 개선하려는 그의 뛰어난 구상의 일부였다.

1911년 AT&T 연구 팀은 기술과 시장의 요구에 대한 깊은 이해를 바탕으로 하여, 드 포레스트가 발명한 3극진공관의 기술을 세상에서 잊혀지기 직전에 다시 발굴하고 이것이 장거리 통신의 장애물을 해결할 수 있는 방법임을 확인했다. 3극진공관에 대한 권리를 사들인 후에는 신속한 보완을 통해 북미 횡단 장거리 통신선에 적용하는 데 성공함으로써 자신들의 독창적인 진가를 입증해 보였다. 1925년에는 웨스틴 전기의 기술 부서가 공식적

으로 벨 연구소로 이름이 바뀌었다. 그 후 계속 성공을 거두며 성장하던 벨 연구소는 곧 뉴욕 시의 건물이 협소하게 되어 아예 뉴저지의 시골에 있는 현재의 탁 트인 장소로 옮겼다.

벨 연구소의 자금 조달 모델은 아주 특이했다. AT&T는 계속해서 정부 제재하의 독점으로 운영되고 있었기 때문에 고객에게 부과하는 통신 서비스 요금에 대해 공적으로 임명된 위원회의 주기적 검열을 받아야만 했다. 이 위원회는 AT&T가 제출한 운영 예산을 검토하고 회사의 재무 상태를 살펴본 후, 승인된 비용에 합리적이고도 과하지 않은 이익금을 더하는 선에서 요금을 정하게 했다. 따라서 벨 연구소의 연구비는 어떤 경쟁적 시장의 힘으로부터도 본질적으로 보호되고 있었다. 그뿐만 아니라 벨 연구소의 연구비는 이 거대한 조직의 전체 사업경비 중 아주 작은 부분을 차지하고 있어서 회계 감사관들은 이 비용을 전체 운영비에 포함시켜 버렸다. 이 때문에 AT&T의 연구 예산은 남들이 부러워할 정도로 투자자들의 단기 운영이익에 대한 요구에 휘둘리지 않았다. 이런 독특한 안정성은 벨 연구소가 장기적이며 위험성이 높은 — 하지만 잠재적으로는 큰 보상을 가져다줄 수 있는 — 많은 프로젝트들을 추진하는 데 큰 힘이 되어 주었다. 벨 연구소에서 추진하는 연구 프로젝트는 거의 모두가 통신 시스템과 관련된 명확한 적용 대상을 가지고 있었다. 또 회사의 중심 사업과도 밀접하게 관련되어 있었다. 이 때문에 자신들의 연구 결과를 영향력 있는 제품과 서비스로 이행하는 데 있어 다른 어느 연구기관보다도 훨씬 더 성공적이었다. 대부분의 연구기관은 추상적이고 산만한 목표를 가지고 있었을 뿐 아니라 독자적으로 시장을 끌어가는 역량이 결여되어 있었다. 이러한 요인들로 인해 벨 연구소는 항상 뛰어난 인재들이 선망하는 매력적인 곳이 되었다. 최고의 기술을 가진 수많은 인재들이 세계 최고의 연구 지원을 받는 명망 높은 이 연구소에 들어가고 싶어 했다. 그들은 이곳에서 일하면서 사회에 지속적인 영향을 미치는 신기술 창출의 기회를 찾으려 했다.

켈리의 선견지명

1936년, 머빈 켈리(Mervin Kelly)가 벨 연구소의 연구 책임자로 임명되었다. 그는 시카고 대학교에서 물리학 박사 학위를 받은 후 1918년부터 벨 연구소에서 일해 왔다. 18년간의 근속 끝에 책임자 자리에 오르기까지 다른 일에서도 두각을 나타냈지만, 특히 성공적이었던 3극진공관 개발 팀의 핵심 연구원으로 활약했다. 이 팀은 20여 년에 걸쳐 3극진공관의 평균 수명을 800시간에서 8만 시간으로 100배나 개선하는 데 성공했다. 하지만 1930년대 중반이 되자 3극진공관의 성능과 관련된 거의 모든 것들이 다 최적화되

머빈 켈리. Courtesy of AT&T Archieves and History Center

었다. 3극진공관에 대해 누구보다도 더 잘 알고 있던 켈리는 이 기술이 한계에 도달했음을 직시했다. AT&T가 구상 중인 미래의 통신 역량, 이를테면 빠르고 자동화된 대규모 중앙전화교환기나 견고한 대서양 횡단 해저전화 케이블 등을 개발하기 위해서는 기존의 3극진공관을 대체할 수 있는 차세대 장치를 개발해야만 했다. 과연 어떤 새로운 기술이 그런 역할을 할 수 있을까? 뚜렷한 해답은 없었지만, 깊은 통찰력을 가진 켈리는 60여 년 전의 흥미로운 발견을 기반으로 새로운 전망을 세웠다. 1874년, 독일인 과학자 카를 페르디난트 브라운은 우연히 금속−방연석 점접촉 장치가 플레밍의 2극진공관과 같이 전류의 정류성을 보인다는 것을 발견했다. 드 포레스트는 진공관에 격자형 전극을 더하여 2극진공관을 3극진공관으로 진화시켰다. 이 두 가지 사실로 유추해 볼 때, 어떻게든 금속과 방연석 사이에 전극을 집어넣는다면 3극진공관과 동일한 고체 상태의 3극진공관을 만들어 낼 수 있을 것 같았다.

켈리는 자신의 특출한 직관력과 방대한 경험을 바탕으로 3극진공관처럼 작동하는 고체 장치의 개발이 가능할 것이라고 확신했다. 정말 기발한 생각이었다. 하지만 켈리는 그 실현을 위한 기술적 도전이 엄청난 것이며 실패의 위험이 크다는 것도 잘 알고 있었다. 어쨌든 이제 켈러의 고민은 어떻게 그런 혁신적 장치를 실제로 개발하는가 하는 것이었다. 켈리의 해답은 간단했다. 먼저 최고 기술자들을 모아 팀을 만들어 확실한 목표를 부과한 다음, 장기간에 걸쳐 강력한 경영적·재정적 지원을 제공하면서 팀이 스스로 솔루션을 찾아가게 한다는 것이었다. 그는 문제를 풀기 위한 열쇠가 기초물리학과 재료과학을 새롭게 이해하는 데 있다는 것도 본능적으로 느끼고 있었다.

예측 불허의 반도체

브라운이 우연히 발견한 금속-방연석 점접촉 정류기는 고체 상태 전자의 시작을 알리는 것이었다. 불행히도 당시 그 현상은 불안정하고 예측이 힘들었을 뿐 아니라 재연하기도 어려웠다. 모든 방연석이 단방향 전류를 허용하는 것도 아니었고 더군다나 정류성을 보여 준 샘플마저도 그 현상이 샘플 표면의 몇몇 지점에서만 발생하였다. 실험을 하려면 고양이 수염처럼 가는 황동선으로 샘플의 표면을 탐색하여 정류성을 보여 주는 지점을 찾는 정말 까다로운 과정이 요구되었다(그래서 흔히 '고양이 수염 정류기'라 불린다). 이 때문에 1900년 인도의 발명가 자가디시 보세 이전까지는 이 고양이 수염 정류기를 실제로 사용하는 경우는 거의 없었다. 보세는 처음으로 이 정류기가 무선 신호를 검파하는 데 필요한 뛰어난 감도를 가지고 있다는 것을 발견했다. 후에 라디오 방송이 인기를 끌면서 고양이 수염 정류기는 라디오 애호가들이 간단한 크리스털 라디오 수신기를 만드는 데 널리 사용되었다. 무엇보다도 이 정류기는 2극 진공관에 비해 저렴했다.

카를 페르디난트 브라운. Science Source

크리스털 라디오가 인기를 끌자 사람들은 황화납의 자연 결정인 방연석을 대체할 수 있는 더 나은 물질을 찾기 시작했다. 일부 과학자들은 곧 비슷한 성질을 가진 물질이 많다는 것을 알아냈다. 여기에는 원소인 실리콘(Si)과 게르마늄(Ge)이 포함되는데, 둘 다 주기율표의 Ⅳ족[IUPAC(International Union of Pure and Applied Chemistry: 국제 순수응용화학연맹)의 새로운 번호 체계에서는 14족]에 속한다. 이 물질들은 어떤 경우에는 전기 전도성을 갖지만, 다른 경우에는 그렇지 않기 때문에 중간적 성질을 지닌다 하여 '반도체'(semiconductor)라 불렸다.

계속되는 실험에서 반도체의 전도성은 극히 적은 양의 오염물질이나 경미한 구조적 결함에도 영향을 많이 받는다는 것이 밝혀졌다. 이 때문에 그렇게 예측 불가능한 움직임을 보였던 것이다. 반도체의 복잡한 특성 때문에 연구에 어려움을 겪던 과학자들은 이 물질을 좀 더 잘 이해하고, 또 그 작용을 예측하고 통제할 수 있으려면 원자 수준에서의 기초물리학을 더 배워야 한다는 것을 깨달았다.

1920년대 후반이 되자 과학자들은 새롭게 개발된 양자역학의 원리를 적용하여 고체의 다양한 속성을 분석하기 시작했다. 이 고체물리학(solid-state physics) 연구는 X선 회절(diffraction: 파동이 장애물에 부딪쳤을 때 뒤쪽으로 돌아 들어가 전파되는 현상 – 역자 주)을 사용하는 새로운 측정 기술의 발전에 도움을 받았는데, 이것으로 각 고체의 정밀한 원자 구조와 차원을 정확히 측정할 수 있었다. 독일의 과학자 파울 드루데(Paul Drude)는 이렇게 새로 입수된 정보를 응용하여 다양한 금속의 특성을 추정하고 성공적으로 예측하는 이론적 모델을 개발했다. 1931년, 영국의 앨런 윌슨(Alan H. Wilson) 역시 이와 관련된 작업을 시작했는데, 그는 금속 대신 반도체에 집중했다. 윌슨은 양자역학의 원리를 이용해 반도체 속 전자의 에너지는 일련의 띠

(band)를 이루어 분포하고 각 띠 사이에는 금단의 '에너지 갭(energy gap)'이 있다고 추정했다. 순수하고 완벽한 구조의 반도체 내에서는 에너지 갭에 위치할 정도의 에너지 수준을 지닌 자유전자가 존재할 수 없다. 에너지 갭의 규모는 반도체마다 달라, 물질 내 불순물과 더불어 전도성 같은 반도체의 기본적인 특성을 결정짓는 데 주요한 역할을 한다. 윌슨의 이 중요한 발견은 양자역학의 힘과 영향을 잘 보여 주는 것이었다. 그의 연구 결과가 발표된 후 반도체에 관한 이론적

앨런 윌슨. Courtesy of Master and Felloes of Trinity College, Cambridge

연구들은 고체물리학의 주요 부류로 성장했다.

독일의 과학자 발터 쇼트키(Walter Schottky)는 반도체 물질을 좀 더 깊이 이해하기 위해 고체물리학 이론을 적용하여 점접촉 정류기의 작용을 설명했다. 쇼트키는 지멘스의 수석 연구원이었을 뿐만 아니라 대학 교수였다. 1938년, 그는 「금속-반도체 접합 정류」(Metal-Semiconductor Junction Rectification)라는 중요한 논문을 발표하여 고양이 수염 방연석 정류기를 포함한 금속과 반도체 사이 점접촉의 기본적 물리학을 성공적으로 설명했다. 쇼트키에 따르면 정류 현상은 금속과 반도체의 점접촉에서 형성되는 에너지 장벽 때문에 생기는데, 이것이 전자의 흐름을 한 방향으로만 허용하고 그 반대 방향은 막는다는 것이었다. 이 장벽은 나중에 '쇼트키 장벽(Shottky Barrier)'이라 불렸으며, 금속-반도체 점접촉 정류기 자체도 '쇼트키 다이오드'로 알려지게 되었다.

쇼트키의 논문은 반도체 기술 발전에 한 획을 그었다. 처음으로 물리학의

발터 쇼트키. Siemens Corporate Archives, Munich

기본 원리가 반도체 장비에서 관찰된 기능적 행동을 설명하는 데 성공적으로 적용된 것이었다. 쇼트키의 이론은 방연석 접촉 시 왜 어떤 지점은 정류를 하고 어떤 곳은 하지 못하는지도 설명할 수 있었다. 그의 작업은 그야말로 반도체 연구의 신기원을 이룬 것이나 다름없었다. 하지만 시기가 적절하지 못했다. 그가 논문을 발표한 직후 제2차 세계 대전이 발발하면서 모든 국제 학회 교류가 중단되어 버렸던 것이다. 전 세계가 전쟁에 휘말리면서 쇼트키의 놀라운 업적은 잠시 묻히게 된다.

독일에서 나치가 권력을 잡으면서 과학자와 학자를 비롯한 많은 유대인들이 유럽을 떠나 미국에 정착했다. 다수의 이주 과학자들이 미국 대학에 취직하면서 그들의 연구 역량은 더욱 깊어지고 폭도 넓어졌다. 과학자들의 미국 이주는 후속적인 나비 효과도 가져왔다. 미국 학생들이 세계 각지에서 모여든 이 분야 전문가들로부터 최고의 교육과 훈련을 받으면서 고체 연구를 위한 더 넓은 인재 풀(pool)이 만들어진 것이다.

13

트랜지스터의 탄생
The Birth of the Transistor

이색적 천재

쇼트키가 금속-반도체 접촉의 물리학에 관한 그 유명한 논문을 발표하기 전인 1936년에 이미 머빈 켈리는 점접촉 정류기에 바탕을 둔 고체 3극진공관을 만드는 것이 가능할 것이라고 직감하고 있었다. 하지만 처음부터그의 목표를 달성하기 위한 명확하고 구체적인 접근법을 기대하기는 어려웠다. 또한 그 과정에서 기술적 도전이 엄청날 것이라는 것도 충분히 알고있었다. 그럼에도 불구하고, 고체 3극진공관 연구는 대단한 잠재력을 가지고 있고 만약 성공한다면 크게 영향력을 끼칠 것이라는 확신이 있었다. 결국 그는 밀고 나가기로 결심했다.

켈리는 종합적인 지식을 가진 최고의 인재들로 팀을 구성하는 것이 성공의 열쇠라고 믿었다. 이상적인 팀 구성을 위해서는 뛰어난 전기 기술, 반도체 재료 전문가, 화학자, 그리고 연구 물리학자가 필요했다. 큰 그림을 볼 줄 알고 팀의 리더로서 역할할 수 있는 최고의 고체물리학자가 필요하다는 것은 두말하면 잔소리였다. 벨 연구소의 높은 긍지와 연봉은 최고의 인재를 뽑는 데 보증수표였다. 바로 그해 벨 연구소의 클린턴 데이비슨(Clinton Davison)이 전자회절에 관한 연구로 노벨 물리학상을 수상하기도 했다. 하지만 불행히도 고체 3극진공관 프로젝트를 이끌 만한 후보는 없었다. 결국 켈리는 외부로 눈을 돌렸고, MIT 출신의 자신만만한 젊은 물리학자 윌리엄 쇼클리(William Shockley)를 발견했다.

윌리엄 쇼클리는 1910년 영국에서 태어났지만, 사실은 가장 오래된 미국

이민자 집안 출신이었다. 그의 선조들은 메이플라워(Mayflower)호를 타고 미국으로 건너갔고, 아버지는 MIT를 졸업한 광산 기술자였다. 어머니는 캘리포니아주 스탠퍼드 대학교를 졸업한 최초의 여성 중 한 사람으로 수학과 예술을 공부했다. 그의 부모는 배경은 서로 비슷했지만, 나이 차이가 25살이나 되어 주변 사람들로부터 의혹을 받기도 했다. 이 때문인지 그들 부부는 사람들과 잘 어울리지 않았고 둘 사이에 낳은 자식도 쇼클리뿐

윌리엄 쇼클리. Emilo Segre Visual Archives/ American Institute of Physics/Science Source

이었다. 이러한 상황이 쇼클리를 내성적인 성향으로 몰고 갔는지도 모른다. 쇼클리는 어려서부터 머리는 좋았지만 반항적이고 냉담한 성격이었다.

영국에서 미국으로 돌아온 후 쇼클리 가족은 어머니의 모교인 스탠퍼드 대학교 근처의 팰로앨토(Palo Alto)에 정착했다. 이후 쇼클리는 명문 캘리포니아 공대(California Institute of Technology: Cal Tech, 칼텍)에 입학하여 물리학과 수학의 기초를 탄탄히 쌓은 후 MIT에서 고체물리학 박사 학위를 받았다. 사회적 적응성이 결여된 어느 일면의 귀재들이 그렇듯이 쇼클리는 가끔 허세를 부렸는데, 때로는 주변 사람들이 참을 수 없을 정도였다. 그는 스스로를 높이 평가했고 극도의 야심가여서, 언젠가는 뭔가 큰 일을 하겠다고 마음먹고 있었다. 쇼클리는 스포츠카, 총, 마술을 좋아하고 위험한 암벽 타기와 같은 도전을 즐겼는데, 인생의 가장 큰 기쁨은 달밤에 깎아지른 듯한 절벽을 맨손으로 올라가는 것이라고 호언하기도 했다. 지금도 뉴욕 허드슨 계곡에 있는 샤완겅크 산(Shawangunk Mountains)에는 그의 이름을 딴 등산로가 있다.

1937년, 켈리는 이제 막 27살이 된 쇼클리를 설득해 벨 연구소로 들어오게 했다. 그는 집안 대대로 최고의 학벌을 자랑하는 이 똑똑한 젊은이가 자신의 비전을 실현시켜 줄 수 있을 것으로 기대하고 있었다. 처음 출근을 하던 날 켈리는 쇼클리를 따로 불러 그의 뛰어난 지능과 능력을 잘 활용해 고체 3극진공관을 개발해 보라고 격려했다. 켈리는 고체 3극진공관이 진공관을 대체할 것이며, 그렇게 되면 완전 전자식 중앙전화교환기에도 적용할 수 있어 회사나 사회 전체에 어마어마한 혜택을 가져올 것이라고 설명했다. 그런 장치가 가능한지 아직 누구도 모른다는 것에는 신경 쓰지 말라는 충고도 덧붙였다. 켈리는 쇼클리에게 큰 신뢰를 보이면서 쇼클리를 일단 노벨상 수상자인 데이비슨과 같이 진공관 연구 팀에서 일하도록 배정했다. 동시에 그가 스스로 적합하다고 보는 연구소 내 어느 프로젝트에도 참여할 수 있는 자유를 주었다. 켈리는 쇼클리에게 자신의 성공 기회를 찾으라고 격려했고, 쇼클리는 이 말을 평생 기억했다.

고체 3극진공관의 개념화

쇼클리는 열정적으로 일에 매진했다. 당시 벨 연구소에서 수행하던 모든 프로젝트를 면밀히 살폈으며 반도체에 관한 논문은 손에 잡히는 대로 다 읽었다. 물론 발터 쇼트키의 금속-반도체 접합 정류에 관한 연구도 빠뜨리지 않았다. 모든 연구 가운데 가장 그의 관심을 끌었던 것은 선임 연구원 월터 브래튼(Walter Brattain)이 이끄는 산화제1구리(cuprous oxide: Cu2O) 반도체 프로젝트였다. 쇼클리는 쇼트키의 개념을 브래튼의 산화제1구리 실험과 결합시키면 3극진공관처럼 신호를 증폭할 수 있는 고체 3극진공관을 만드는 것이 가능할 것이라고 생각했다. 쇼클리는 몇 달에 걸쳐 그의 아이디어를 공고히 하고 장치를 설계했다. 마침내 설계를 완성한 쇼클리는 실험을 시작했다. 먼저 직사각형의 작은 반도체성 산화제1구리 양끝에 고전도성 전극을 두었다. 그런 다음 세 번째 금속 전극을 샘플 표면 위에 얹었는데 이때 얇은 절연체로 금속 전극과 반도체 표면을 분리시켰다. 쇼클리는 쇼트키의 이론에 근거해 3극진공관의 '격자' 전극처럼 작동하는 세 번째 게이트(gate) 전극에 전압을 적용하면 양끝 전극 사이 산화제1구리판의 저항성이 변조될 것이라고 예측했다. 세 번째 전극으로부터의 전기장이 밑에 있는 반도체 물질 안으로 효과적으로 통과되면서 샘플의 저항성과 두 전극 사이의 전류 흐름을 바꿀 것이라고 확신했다(사실 이 설계는 에디슨의 탄소 입자 마이크로폰의 개념과 비슷했는데, 음향신호 입력을 위한 막이 게이트 전극으로 대체되고, 탄소 입자 저항기가 반도체로 대체된 것이었다).

쇼클리의 실험적 디자인은 단순하면서도 명쾌했지만 보기 좋게 실패하고 말았다. 쇼클리는 크게 낙담했다.
그는 자신의 오류에 익숙하지 않았
고 '전계(전기장) 효과(field effect)'를
이용한 고체 3극진공관의 이론적 견
고함에 나름대로 확신이 있었다. 따
라서 실험이 실패했다는 것은 기꺼
이 인정했지만 자신의 설계에는 오
류가 없다고 단호하게 주장했다. 하
지만 스스로가 이론만큼 실험에 강
하지 않다는 것을 깨닫고는 처음에
자신을 산화제1구리로 이끈 월터 브
래튼에게 접근해 도움을 요청했다.

월터 브래튼. Reprinted with permission of Alcatel-Lucent USA Inc.

브래튼은 1902년, 그의 아버지가 수학과 물리학을 가르치던 중국 샤먼
(Xiamen)에서 태어나 한 살 때 가족들과 같이 미국으로 돌아왔다. 그는 캐
나다 국경에서 멀지 않은 워싱턴주의 목장에서 자랐는데, 터프하고 독립적
이고 직선적인 카우보이 문화를 숭배했고 또 실제 그렇게 살았다. 아버지
의 영향을 받은 브래튼은 아주 어렸을 때부터 물리학에 깊은 관심을 가졌
다. 말을 타고 소떼를 몰며 하루를 보낸 후에는 종종 크리스털 라디오를 즐
겨 듣곤 했다. 그는 1929년에 미네소타 대학교에서 물리학 박사 학위를 받
고 바로 벨 연구소에 입사했다.

1930년대 후반까지 브래튼은 연구소 내 최고의 실험주의자로 명성을 쌓
았다. 손재주가 비상하고 창의적이었던 브래튼은 풍부한 경험과 더불어 예
리한 직관을 가지고 있었다. 이런 그에게 쇼클리가 자신의 고체 반도체 3극
진공관의 개선을 부탁한 것은 우연이 아니었다. 브래튼은 처음부터 쇼클리

의 산화제1구리 설계가 제대로 작동하지 않을 것이라고 확신했지만, 참을성 있게 쇼클리가 설계한 구조에 따라 새로운 삼단자 장치를 만들어 주었다. 새로운 장치를 테스트하기 시작하자 쇼클리는 브래튼이 전선을 연결하고 세 번째 게이트 전극에 전압을 올리는 것을 뚫어지게 지켜보았다. 하지만 산화제1구리판의 저항성을 측정하는 미터기의 바늘은 이번에도 움직이지 않았다. 아무리 게이트 전극의 전압을 올려도 전혀 변화가 없었다.

브래튼과 달리 쇼클리는 이 두 번째 실패에 크게 실망했다. 하지만 쇼클리는 이상적인 이론과 현실의 복잡성 사이에는 커다란 갭이 존재한다는 아주 중요한 교훈을 얻었다. 당시 반도체 관련 기술은 아주 초기 수준이어서 단순히 종이 위에 멋있는 장치를 설계하는 것만으로는 충분치 않았다. 반도체의 기본적 속성은 재질의 구성, 외부 전기장, 표면 상태, 주변 온도, 재질 내의 불순물 흔적, 그리고 물리적인 구조 결함 등 많은 요인들에 영향을 받는다. 쇼클리와 브래튼은 이런 요소 중 일부가 실험의 실패 원인일 것이라고 확신했지만 과연 어떤 변수가 문제를 야기한 것인지 전혀 단서를 찾지 못했을 뿐 아니라, 찾는다고 해도 그것들을 통제할 능력도 없었다. 기술적인 문제가 너무도 복잡해서 도저히 극복하기 어려웠던 것이다. 물론 생각할 시간도 많지 않았다. 1941년이 끝나기 전에 일본이 진주만을 습격했고 결국 미국도 전쟁에 휘말리게 되었기 때문이다.

더 나은 반도체

1940년, 티자드 일행이 역사상 가장 가치 있는 수화물, 즉 새로운 마그네트론을 미국에 가지고 온 후 영국과 미국의 기술자들은 공동작업을 통해 레이더의 성능을 향상시키고 생산 역량을 개발해 나갔다. 협업 초기에는 영국에서 만든 레이더 수신기의 성능이 미국의 것을 꾸준히 앞섰다. 미국 기술자들은 영국 레이더 수신기를 자세히 검토한 후 마침내 그 원인을 찾을 수 있었다. 영국은 마이크로파 수신기에 진공관을 사용하지 않고 정제된 실리콘이나 게르마늄 결정으로 만든 점접촉 정류기(혹은 쇼트키 다이오드)를 사용하고 있었던 것이다. 이 정류기는 제대로 작동되면 마이크로파 레이더 신호에 대한 반응 속도나 감도가 진공관보다 훨씬 더 우수했다. 그때부터 미국은 여러 기관 간의 협업을 통해 실리콘과 게르마늄 기반의 점접촉 정류기의 성능 향상을 꾀하기 시작했다. 당연히 벨 연구소도 그 작업에 참여했다.

마침내 미국이 전쟁에 참여하게 되자 나라 전체가 완전히 전쟁에 동원되었다. 벨 연구소에서도 많은 사람들이 소집되어 주요 전쟁 기술을 개발하는 여러 프로젝트에 투입되었는데, 쇼클리 역시 해군의 대잠전(antisubmarine warfare) 팀에서 일하게 되었다. 그 후 얼마 지나지 않아 워싱턴 D.C.의 육군성 본부로 옮겨져 경영과학(Operations Research)으로 알려진 수학의 새로운 부문을 개발하는 임무를 맡았다. 이 작업의 목적은 대규모 군사 작전을 분석하여 최적화하고, 군수 체계 설계를 개선하기 위한 수학적 알고리즘과 모델을 개발하는 것이었다.

쇼클리를 비롯한 많은 사람들이 군복무를 하는 와중에도 연구소에 온전히 남아 있던 팀 중에 고주파 레이더와 라디오 통신 기술 개발을 담당하는 팀이 있었다. 그들은 점접촉 정류기의 성능과 생산수율 향상에 집중하고 있었는데, 이 팀을 이끄는 사람은 러셀 올(Russell Ohl)이라는 선임 재료 기술자였다.

올은 다양한 반도체 재료로 만들어진 점접촉 정류기의 성능을 비교하는 데 팀의 노력을 집중시켰다. 그 과정에서 실리콘과 게르마늄이 지속적으로 최고의 성능을 보이는 것을 발견하였다. 이 두 물질은 황화물(방연석)이나 산화제1구리 같은 다른 반도체 정류기보다 훨씬 더 우수했다. 하지만 실리콘이나 게르마늄으로 만든 정류기들 간에도 성능 차이가 많았고, 심지어 동일한 물질군에서 추출한 재료를 같은 방법을 이용해 만든 정류기 간에도 차이가 있었다.

데이터를 자세히 분석하던 올은 정류기의 성능이 실리콘이나 게르마늄의 순도에 의해 결정되는 경향을 발견했다. 대개는 순도가 높을수록 성능이 더 좋았다. 올은 가능한 한 최고로 정제된 실리콘을 만들어 보기로 하고, 최고 품질의 실리콘(순도 99.99퍼센트 이상)을 구해 고온의 석영관에 녹여서 순도를 더 높였다. 그런 다음 불안정한 원자들을 모두 제거하기 위해 지속적인 펌프질로 고진공 상태를 유지하면서 오랜 시간에 걸쳐 굳혀 갔다.

금속공학 전문가였던 올은 실리콘을 식힐 때 열을 서서히 줄여야 한다는 것을 잘 알고 있었다. 그렇게 하지 않으면 열 충격이 일어나 재결정 과정에서 내부 결함이 생길 수도 있었다. 올은 장시간 온도를 조절해 가면서 식혀 극정제한 실리콘을 자르고 다듬어 테스트를 위한 표준 샘플로 만들었다. 놀랍게도 이렇게 준비한 샘플 중 일부가 전도성 테스트에서 이상한 움직임을 보이는 것이었다. 안정적인 테스트 결과를 얻는 것이 불가능할 때가 많았고, 더 이상한 것은 어떤 경우 빛을 비추면 아주 많은 양의 전류가 샘플 위를 가로질러 흐르는 것이었다. 도대체 이 결과가 의미하는 것은 무엇일까? 올은 전혀 짐작이 가지 않았고, 결국 연구 부서 책임자인 머빈 켈리에게 손을 내밀었다.

켈리는 올이 관찰한 내용이 엄청나게 중요한 것일 수도 있다는 것을 직감적으로 알아챘다. 어쩌면 반도체 퍼즐을 풀 수 있는 중요한 단서일지 모른다고 생각했지만 정확한 것은 그도 확신할 수 없었다. 그는 연구 부서 내 최고 기술 전문가를 모두 데리고 가서 올이 발견한 것을 직접 보여 주었다. 그

때는 쇼클리가 이미 해군으로 떠난 후였지만, 월터 브래튼이 ─ 해군연구소에서 유도어뢰용 자기감지기(magnetic sensing device)를 개발하는 데 참여하라는 통지를 받았음에도 불구하고 ─ 아직 남아 있었다.

올의 실험을 지켜본 브래튼은 잠시 생각을 한 끝에 아마도 그 이상한 움직임은 실리콘 샘플 속에 있는 전자의 흐름을 억제하는 에너지 장벽 때문일 것이라고 추측했다. 에너지 장벽은 발터 쇼트키가 1938년에 발견한 반도체와 금속 사이의 장벽과 아주 흡사한 것이었다. 그는 또한 빛이 샘플에 부딪치면 자유전자를 발생시키면서 장벽의 크기를 바꾸고 샘플이 전류를 만들도록 유도한다고 말했다. 이 장벽의 원인과 물리적 속성에 대해서는 아마도 실리콘 샘플에 남아 있는 약간의 불순물 원자의 공간 분포와 관련이 있을 수 있다는 의견을 제시하였다.

올은 브래튼의 견해에 깊은 감명을 받았다. 그것은 명확하고 합리적이며 일관성이 있었을 뿐 아니라 향후 연구 방향을 암시해 주는 것이기도 했다. 올은 모두의 힘을 합치면 이 수수께끼를 풀 수 있을지 모른다는 희망을 가지고 연구 부서 내 다른 연구진들과 협업을 하기로 했다. 머빈 켈리 역시 큰 감동을 받았다. 자기 연구소의 과학자들이 힘을 합쳐 일할 때 생기는 엄청난 지성의 힘을 보면서 켈리는 그들과 연구소에 대한 큰 자부심을 느낄 수 있었다. 그의 팀은 제대로 가고 있었다!

p-n 접합의 발견

시간이 흐르면서, 이 연합 팀은 반도체의 속성에 대해 더 많은 것을 배울 수 있었다. 실리콘은 불순물이 전혀 섞이지 않고 구조적으로 완벽할 때는 거의 전기를 전도하지 않는다. 에너지 갭 ─ 앨런 윌슨이 1931년에 발견한 반도체의 특성 ─ 이 있어 상온에서는 자유롭게 운동하면서 전도에

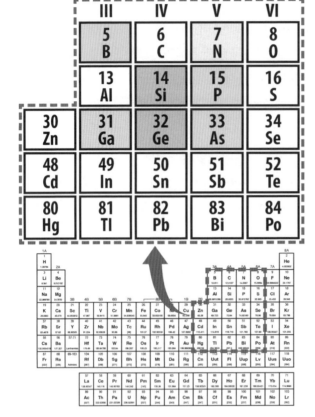

주기율표. IV족의 반도체 실리콘과 게르마늄, V족의 n형 불순물 인과 비소, III족의 p형 붕소와 갈륨 부분을 확대한 것임.
Derek Cheung

기여하는 전자가 거의 없기 때문이다. 하지만 이 실리콘에 불순물이 조금이라도 — 수백만 원자 가운데 약간의 불량 원자라도 — 섞이면 그 '도핑된(doped)' 재료의 전도성이 엄청나게 바뀌게 되는 것이다.

순수한 실리콘 샘플의 전기 전도성은 더해진 불순물의 양과 유형에 정비례했다. 예를 들면, 주기율표 V족의 인(P) 같은 원소가 실리콘에 섞이면 각 원자는 실리콘 호스트에 음으로 하전된 자유전자 한 개를 기여한다. 마찬가지로 III족의 붕소(B) 같은 원소에 불순물이 섞이면 이 원자는 실리콘 호스트 안의 전자를 흡수해서 양으로 하전된 빈 공간, 즉 '양공(陽孔, hole)'을 만들어 내는데 이것은 양전자의 이동 입자로 기능하게 된다. 반도체 속에는 이 두 유형의 하전된 입자가 동시에 흐르고 있는 것이다. 음으로 하전된 전자와 양으로 하전된 양공, 이들의 양은 정확히 실리콘 호스트 속에 존재하는 불순물 원자의 유형과 양에 의해 결정된다. 이 때문에 반도체의 속성을 확실히 그리고 정확하게 통제하기 위해서는 아주 정교한 재료 기술이 개발되어야 한다는 것이 명확해졌다.

벨 연구소 연구원들은 과잉 전자를 가지고 있는 반도체를 n형(negative를 뜻함)으로, 그리고 과잉 양공을 가지고 있는 반도체를 p형(positive를 뜻함)으로 불렀다. 이때부터 올의 팀과 다른 연구원들은 반도체의 움직임에 영향을 미치는 불순물의 역할을 파악하고 제어하는 기술 개발에 심혈을 기울였다.

누구보다도 이 작업의 가치와 중요성을 직감한 켈리는 모든 사람들에게 올의 발견에 대해 함구할 것을 지시했고, 심지어 연방정부에도 비밀을 지켰다. 연구진이 외부와의 경쟁에 따르는 부담 없이 실험을 계속해 나가도록 보호하기 위해서였다.

많은 사람들의 노력으로 올이 처음에 실리콘 샘플에서 발견한 이상한 특성의 비밀이 풀렸다. 올의 샘플 중 일부는 p형, 다른 것은 n형이었던 것으로 밝혀졌다. 이 때문에 그렇게 불안정한 특성을 보여 준 것이었다. 잔존하던 인과 붕소의 불순물 원자는 처음에는 샘플에 균등하게 분포되어 있었다. 하지만 용해물로부터 고체로 서서히 식어 가는 과정에서 불순물 원자가 야금(冶金) 원리에 의해 스스로 분리되었다. 즉, 인과 붕소의 원자가 각기 다른 쪽에 모이게 된 것이다. 금속공학 전문가인 올의 꼼꼼함이 이 이상한 — 하지만 아주 소중한 — 움직임을 유발했다.

샘플에 대한 추가적인 테스트를 통해 p- 와 n- 지역 사이의 접점 혹은 교차점에는 자생적인 전기장이 존재한다는 사실이 밝혀졌다. 이 전기장이 양쪽 전자와 양공 밀도 간의 균형을 잡아 주고 또 브래튼이 처음 상정한 전자 장벽을 형성한 것이다. 그 장벽을 낮추기 위해 전압을 적용하면 전자와 양공이 장벽에 넘쳐나면서 접점을 거쳐 전류가 흐르게 된다. 반대의 전압이 적용되어 장벽이 높아지면 전류는 흐르지 않는다. 그래서 p-n 접점은 전류가 한 방향으로만 흐르게 하는 것이다. 이 결과는 실리콘이 전류 정류의 속성을 가지고 있다는 것을 성공적으로 증명해 보였다.

연구 팀은 올이 발견한 빛의 전류 유도 효과에 관해서도 흥미로운 사실을 발견했는데, 실리콘이 과잉 전자와 과잉 양공의 쌍(pair)을 만드는 빛 에너지의 일부를 흡수한다는 것이었다. 이 자유 운반체들이 p-n 접점의 가장자리로 퍼지게 되면 즉시 붙박이 전기장에 의해 분리되면서 외부 전류를 만들어 내는 것이었다. 이 기술은 순수한 학문적 호기심과는 별개로 나중에 광기전 태양전지와 전자카메라의 이미징 센서를 뒷받침하는 기본 물리학을 제공했다.

장애물

쇼클리는 이 기간 동안 비록 몸은 벨 연구소에 없었지만 올의 발견에 한껏 고무되어 매 단계마다의 진전 사항을 꼼꼼히 챙겼다. 어떻게 p-n 접점을 이용해 고체 3극진공관을 설계할 것인지 — 원래 그가 채용되었던 목적 — 를 생각할 때마다 많은 아이디어들이 그의 머리속을 휘젓고 다녔다.

1945년, 전쟁이 끝나 가면서 쇼클리를 비롯한 많은 동료들이 연구소로 돌아왔다. 오래된 동료들뿐만 아니라 새로운 인재들도 많이 들어왔는데 주로 군 복무가 끝난 과학자와 고급 기술자들이었다. 새로운 인재들의 유입은 고체 전극 연구 팀을 더욱 강화시켜 주었다. 이 중에는 해군무기연구소에서 복무하던 존 바딘(John Bardeen)이라는 물리학자가 있었다. 바딘은 쇼클리처럼 특출한 고체이론 물리학자였는데, 그의 탁월한 물리학적 통찰력에 감탄하여 벨 연구소에 들어오도록 설득한 사람은 바로 쇼클리였다.

존 바딘은 1908년 위스콘신에서 위스콘신 대학교 의대 학과장의 아들로 태어났다. 어렸을 때부터 수학 천재였던 바딘은 겨우 15살의 나이에 대학에 입학해 전기공학을 전공

존 바딘. Physics Today Collection/American Institute of Physics/Science Source

했다. 졸업 후에는 정유회사에 들어가 몇 년간 원유가 매장된 지질 구조의 데이터를 분석하는 일을 했다. 그 후 물리학을 더 공부하기 위해 다시 학교로 돌아가, 20세기의 가장 뛰어난 이론물리학자 중 한 사람인 프린스턴 대학교의 유진 위그너(Eugene Wigner) 교수 밑에서 박사 학위 논문을 썼다.

쇼클리와 바딘은 둘 다 머리가 비상했지만 성격은 완전 딴판이었다. 바딘은 신사였고 겸손했을 뿐 아니라 유난히 조용한 사람이었다. 그의 유일한 취미는 주말에 골프를 치는 것이었는데, 쇼클리의 암벽 타기, 스피드 드라이빙, 그리고 권총놀이에 대한 열정과는 너무도 대비됐다. 그래서 둘은 서로의 전문성을 존중했지만 개인적으로는 가깝지 않았다. 반면에 바딘과 브래튼은 처음부터 죽이 맞아 심지어 사무실을 함께 쓰는 것까지 적극적으로 동의했다.

종전 후 켈리는 자신이 맡고 있는 연구 부서를 재조직하면서 고체 전자 연구 팀을 새로 만들어 쇼클리를 공동 리더로 임명했다. 바딘, 브래튼, 그리고 다른 많은 뛰어난 연구원들이 쇼클리의 명목상의 부하가 되었지만 그들은 선임 연구원으로서 자율적으로 일했고 쇼클리는 대개 중간에서의 전달 역할만 했다.

같이 일하게 된 바딘과 브래튼은 전쟁으로 중단된 고체 3극진공관 연구를 어떻게 재개하는 것이 좋을지를 논의했다. 그리고 쇼클리가 1939년 처음 제안한 '전계 효과 3극진공관' 개념에서부터 다시 시작하기로 결정했다. 비록 첫 시도가 브래튼의 도움에도 불구하고 실패하기는 했지만, 그 후 반도체 물리학에 대한 이론적 이해가 상당히 진전되었고, 재료도 훨씬 개선되었기 때문에 이번에는 전혀 다른 상황이 전개될 수도 있었다. 물론 항상 다소 이기적이었던 쇼클리도 적극 지지해 주었다.

브래튼은 순도가 높은, 그리고 구조적으로 거의 완벽한 게르마늄과 실리콘을 이용하여 — 전쟁 중 레이더 수신기의 수요에 맞추느라 이루어진 발전 덕분에 더 이상 변덕스러운 산화제1구리를 쓸 필요가 없어졌다 — 곧바로 고체 3극진공관 실험 장비를 만들어 냈다. 쇼클리의 원래 모델은 실패했지만 브래튼은 그 접근법의 장점만은 확실히 인정하고 있었다. 하지만 막상 테스트를 시작하자 7년 전과 똑같이 아무런 움직임도 일어나지 않았다. 게이트 전극으로부터 적용된 전기장은 밑에 있는 게르마늄이나 실리콘 판의 저항성에 어떠한 영향도 주지 못했다. 향상된 품질의 재료들을 사용하고, 반도체 물리학에 대한 이해도 훨씬 발전했는데 결과는 과거와 똑같았다. 몇 차례에 걸쳐 처음부터 끝까지 실험을 반복했지만 결과는 매번 부정적이었다.

두 사람은 처음으로 다시 돌아가 실험 결과들을 철저히 분석했다. 그동안 바딘은 아마도 실패의 원인이 게이트 전극 아래 있는 반도체 표면에 전자층이 갇혀 축적되어 있기 때문일 것이라는 이론을 세웠다. 이러한 생각에 바탕을 두고 마틴은 반도체 표면에 갇혀 있는 전자의 물리학을 탐구하는 새로운 이론을 개발했다. 그러면서 연구의 초점을 외부에서 적용된 전기장을 가로막는 이 갇혀 있는 표면 전자의 효과를 줄이는 방법을 찾는 것으로 옮겼다.

바딘과 브래튼의 더딘 진척에도 불구하고 고체 전자 팀 전체의 사기는 하늘을 찔렀다. 어느 연구 조직에서도 그렇게 다양한 분야의 최고 전문가들이 많이 모여 있는 경우는 매우 드물었다. 그 때문에 팀 멤버들이 서로 교환하는 지적 콘텐츠는 항상 풍부한 내용을 담고 있었고 가슴을 설레게 하는 것들이었다. 모두가 서로 같이 일하는 것을 정말로 즐기는 것처럼 보였다. 항상 혼자인 쇼클리는 개인적 관심사가 많아 종종 외부 활동으로 바빴지만, 그렇다고 고체 3극진공관에 관심이 없었던 것은 아니었다. 사실 그도 p-n 접점에 상당히 매료되어 있었고, 그 속성을 이용해 신호증폭을 할 수 있는 방법을 조용히 찾고 있었다.

위대한 돌파구

1947년 늦가을, 브래튼은 바딘의 이론을 기반으로 반도체 표면에 갇혀 있는 전자의 양을 측정하는 기술을 개발했다. 어느 날, 실험을 하던 브래튼은 수증기가 맺혀 있는 게르마늄 조각에 예상보다 훨씬 적은 수준의 전자가 갇혀 있는 것을 발견했다. 혹시 물방울 안의 움직이는 이온들이 샘플 표면에 갇혀 있는 전자에 어떤 영향을 준 것이 아닐까? 브래튼과 바딘은 11월 17일의 다른 실험에서 게르마늄 조각을 전해질 용액에 담갔다. 용액 속의 이동성 이온이 게르마늄 표면에 갇혀 있는 전자의 효과를 무력화시킬 것을 기대한 것이었다. 놀랍게도 용액 속 샘플에 전압을 적용하자 외부에서 가해진 전기장이 반도체 표면 전하막을 통과해서 그 아래 게르마늄의 속성에 영향을 미치는 것이 발견되었다. 이 결과는 쇼클리의 전계효과 3극진공관 개념이 실현될 수 있다는 것을 실질적으로 입증하는 것이었다.

이 새로운 발견에 극도로 흥분한 바딘과 브래튼은 데이터를 더 확보하기 위해 몇 가지 중요한 실험을 추가로 진행했다. 또 그동안 습득한 모든 지식들을 종합해서 새로운 테스트 장비를 만들었다. 먼저 순도가 높은 n형 게르마늄 결정판을 골라 얇은 표면층을 p형으로 전환시켰다. 그리고 결정판 뒤에는 골드필름(gold film)을 붙여서 베이스 전극으로 사용했다.

다음은 플라스틱으로 프리즘을 만들고 인접한 둘레 면에 역시 골드필름을 붙였다. 그리고 그 골드필름을 약 50마이크로미터(5천분의 1미터) 정도의 극도로 좁은 너비로, 프리즘의 꼭짓점을 따라 길게 잘라 두 쪽으로 갈라놓았다. 마지막으로는 스프링을 이용해 프리즘 꼭대기를 게르마늄 반도체 표면에 꽉 눌러 붙여 양면의 골드필름이 밑에 있는 게르마늄과 전기 접촉이 잘 되게 했다. 이렇게 하여 세 개의 전극 — 프리즘 위에 있는 두 개의 골드 스트립과 게르마늄 샘플 뒷면에 있는 골드 접점 — 을 가진 테스트 장비가 완성되었다

1947년 12월 16일, 브래튼은 연구실 의자에 앉아 조심스럽게 전선을 테스트 장비에 연결하고 있었다. 바딘은 공책을 들고 브래튼 뒤에 서서 긴장한 채 측정기의 미터값을 보고 있었다. 먼저 브래튼이 1볼트의 포지티브 바이어스(bias: 어떤 장치나 회로가 최적의 조건으로 동작할 수 있게 외부에서 전압·전류를 넣어 주는 것 – 역자 주)를 첫 번째 골드 접점(emitter)과 게르마늄 샘플 뒤의 전극(base) 사이에 적용했다. 그 다음은 10볼트의 네거티브 바이어스를 두 번째 골드 접점(컬렉터: collector)과 게르마늄 뒤 베이스 전극 사

이의 저항기를 통해 적용했다. 이 단계까지는 장비가 별다른 이상 없이 정상적으로 움직였다. 다음으로는 조심스럽게 1,000헤르츠의 작은 발진 전압을 연속해서 에미터 전극에 연결했다. 그러자 갑자기 컬렉터 전극에 있는 탄소 저항기를 지나는 전압을 측정하는 미터기가 1,000헤르츠의 증폭된 신호를 감지하기 시작하는 것이었다. 바딘은 충격에 휩싸였다. 이게 정말 사실인가? 다시 확인을 해 봤지만 틀림없는 사실이었다. 드디어 오랫동안 기다렸던 반도체 증폭기가 탄생한 것이었다! 두 사람은 믿어지지 않는다는 듯이 서로를 쳐다보았고 온갖 감회에 젖었다. 흥분이 가라앉자 바딘이 중얼거렸다. "쇼클리에게 알려야 하는 거 아냐?" 브래튼은 잠시 생각한 후 "내일." 이라고 답했다.

그날 저녁 집에 돌아온 바딘은 아내의 어깨에 팔을 걸치며 말했다. "오늘 엄청난 일을 해냈어!" 바딘은 천성적으로 자제력이 있었고 집에서는 절대 회사 이야기를 하지 않는 사람이었다. 그래서 바딘의 아내는 그가 무슨 일을 해냈는지는 몰라도 보통 일이 아니라는 것을 금방 알 수 있었다. 브래

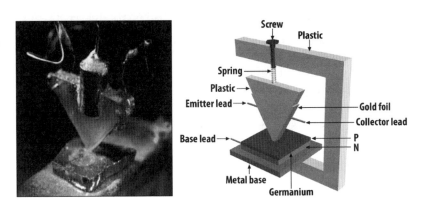

브래튼과 바딘이 만든 최초의 점접촉 트랜지스터(좌)와 실험 개념도(우).
Reprinted with permission of Alcatel-Lucent USA Inc., schematic by Derek Cheung

튼도 퇴근길의 카풀 동료들에게 그가 엄청난 일을 해냈으며 그것이 세상을 바꾸게 될지도 모른다고 말했다. 그게 무엇인지는 설명해 주지 않았지만. 어쨌든 그날 밤 브랜튼은 한숨도 잘 수 없었다.

다음 날 아침, 바딘과 브래튼은 출근하자마자 쇼클리에게 전화를 걸었다. 소식을 들은 쇼클리는 복합적인 감정에 휩싸였다. 한편으로는 바딘 팀의 성공이 감격스러웠지만, 다른 한편으로는 실제로 동작하는 3극진공관을 만드는 데 자신이 직접 관여하지 못했다는 것이 분하고 씁쓸했다. 그는 바딘과 브래튼에게 실험을 성공적으로 재연하기 전까지는 아무에게도, 심지어 켈리에게도 이야기하지 말라고 지시했다. 실험 결과가 단지 요행으로 드러날 수도 있기 때문에, 사람들을 미리 흥분시킬 필요가 없다고 생각했던 것이다. 결과를 재연하는 것은 과학에 있어 핵심 교리이다. 일주일이 채 되지 않아 브래튼은 고체 3극진공관의 신호 증폭 기능을 확실히 증명하는 완벽한 발진회로를 만들어 냈다. 마침내 자신들의 결과가 유효하다는 것을 확신한 두 사람은 그제서야 켈리에게 그들의 성공을 알렸다.

켈리도 쇼클리처럼 복합적인 감정으로 그 소식을 접했다. 처음에는 그 사실을 일주일 내내 자신에게 비밀로 했다는 데 발끈했지만 곧 그들의 엄청난 성공에 한껏 고무되었다. 그의 예견이 옳았다는 것이 증명되었고, 마침내 20년 동안 지녀 왔던 꿈이 실현된 것이었다. 켈리에게는 최고의 크리스마스 선물이었다. 쇼클리와 마찬가지로 켈리도 모든 부하들에게 다음 단계를 구상할 때까지 당분간 이 발견을 비밀로 할 것을 지시했다.

양산(量産)

바딘과 브래튼의 새로운 기술 개발에 더욱 박차를 가하기 위해 켈리는 연구원과 기술자들을 추가로 배정했다. 그들의 목표는 고체 3극진공관 시제품을 만들고 가능한 한 빨리 양산 체제를 갖추는 것이었다. 패키징 기술을 포함한 다른 지원 기술들도 동시 개발에 들어갔다. 반도체의 까다로운 속성 때문에 3극진공관은 어떻게든 보호 장치가 필요했다. 원소에 노출된 채 바깥에서 동작하게 해서는 안 된다.

얼마 후 켈리는 자신의 연구원들이 발견한 내용을 국방부에 알렸다. 혹 그것이 군사 기밀로 분류되어 국방부에 압수되지는 않을까 걱정되기도 했다. 다행히 국방부는 이 기술이 공개적으로 연구되어 세계적으로 대대적인 응용 분야를 찾아야 한다는 데 동의했다. 6개월간의 집중적인 비밀 작업 끝에 1948년 6월 30일, 벨 연구소는 뉴욕시 사무실에서 특별 기자회견을 열고 자신들의 새로운 발명품을 소개했다. 새로운 고체 3극진공관은 '트랜지스터(transistor)'라고 공식 명명되었다. 이 이름은 벨 연구소의 과학자 한 사람이 제안한 것인데 'trans(전환)-resistor(저항기)'를 줄인 말로, 장비의 기능 일부를 표현한 것이었다. 기자 회견장에는 트랜지스터를 이용한 새롭고 간편한 제품들이 많이 소개되었는데, 전화중계기, 라디오, 그리고 오디오 앰프도 포함되어 있었다. 회견장에 있던 기자들은 스피커에서 울려 나오는 음악이 당시 어느 앰프에나 있던 커다란 덩치의 뜨거운 진공관으로 만들어지는 것이 아니라는 사실에 모두 놀랐다. 대신 반도체 재료 입자들을 담고 있는 아주 작은 금속 깡통이 가는 전선으로 연결되어 음파를 증폭하고 있었다.

트랜지스터가 새로운 시대를 열게 될 것이라는 벨 연구소의 선언에도 불구하고 이 기술은 의외로 많은 주목을 받지 못했다. 기자 회견 바로 다음 날짜에 발행된 '뉴욕 타임스'는 트랜지스터의 최초 공개 기사를 저 뒤쪽 46페이지에 싣는 데 그쳤다. 확실히 60년 전 에디슨이 멘로파크에서 첫 조명 시스템을 시연했을 때의 열광적인 반응과는 큰 차이가 있었다. 하지만 그리 놀랄 일은 아니었다. 1948년에 트랜지스터가 처음 소개되었을 때는 그것이 향후 얼마나 큰 영향을 미칠지 아무도 상상하지 못했기 때문이다. 산업계 전문가들조차도 트랜지스터가 아마 전화중계기, 라디오, 그리고 TV에서나 진공관을 서서히 대체할지 모르겠다고 예측하는 정도였다. 그리고 전 세계적으로 아주 일부의 컴퓨터에서나 트랜지스터가 필요할 수도 있으리라 추측되었다. 그 누구도 장차 어떤 일이 벌어질지 정확히 예측하지 못했던 것이다.

기대에 못 미치는 찬사에도 불구하고 벨 연구소는 트랜지스터가 반드시 필요한 완제품 시장의 규모만도 상당할 것이라고 보았다. 그들은 새로운 아이디어와 개발에 대해 제대로 이해하지 못해 그 잠재력을 과소평가하는 흔한 함정에 빠지지 않았다. 와해성 혁신(disruptive innovations: 업계를 완전히 재편성하고 시장 대부분을 점유하게 될 신제품이나 서비스 – 역자 주)이 진정으로 대변혁을 일으키고 더 중요해지려면, 어느 정도 싹이 트는 시간이 필요하다는 것도 잘 알고 있었다. 벨 연구소의 경영진은 흔들리지 않고 계획대로 일을 진행해 나가면서, 트랜지스터의 양산 제품화를 웨스턴 전자 제조 부문에 지시했다. 처음에는 '점접촉 트랜지스터(point-contact transistor: 바딘 -브래튼 발명품의 일반적 이름)'를 생산하는 것이 지극히 어려웠다. 트랜지스터의 기본 설계와 관련해 아직 풀리지 않은 기술적 문제가 많았을 뿐 아니라 생산에 필요한 재료와 제조 기술도 거의 없었기 때문이다. 전체 생산 단계에서의 많은 변수들을 통제하는 것은 거의 불가능해 보였다. 상황이 이렇다 보니 몇 달 동안의 트랜지스터 생산수율은 극히 낮았고, 생산된 제품의 성능 역시 형편없었다. 하지만 다행히도 프로젝트 팀에는 걸출한 리더가 있었다.

벨 연구소와 웨스턴 전기의 단일 팀은 잭 모턴(Jack Morton)이라는 열정적이고 능력 있는 기술 매니저가 이끌고 있었다. 모턴의 지도하에 생산 부서 기술자들은 가차없이 진군하면서 수많은 기술적 문제들을 해결하고 개선해 나갔다. 그들의 노력은 에디슨의 유명한 인용구를 상기시켜 주었다. "발명은 1퍼센트의 영감과 99퍼센트의 땀이다." 하지만 1년간의 강도 높은 작업에도 불구하고 아직 사용 가능한 트랜지스터를 생산할 수 없었다. 점차 사람들은 이 새로운 발명품이 정말 생산 가능한 것인지, 그리고 재무적으로 성공할 수 있는 것인지 의문을 가지기 시작했다.

다툼

바딘과 브래튼이 트랜지스터의 증폭 능력을 성공적으로 보여 준 직후, 벨 연구소는 바로 특허 신청을 준비했다. 벨 전기 회사의 초기 성공은 상당 부분 전화 특허에서 비롯되었다. 그래서 이 회사의 경영진은 항상 특허 출원 과정을 매우 신중하게 처리했다. 특허청에 제출할 서류작업을 지휘하던 법무 팀은 특허 신청서에 존 바딘과 월터 브래튼을 트랜지스터 발명자로 기재했다.

이것을 알게 된 쇼클리는 극도로 격앙되고 분개했다. 프로젝트의 관리자로서 그리고 트랜지스터의 처음 시작점을 개념화한 사람으로서 그는 자신이 당연히 발명자에 포함되어야 한다고 생각했다. 하지만 브래튼은 직설적인 카우보이 스타일로, 발명의 주요 단계에서 쇼클리가 직접적인 역할을 한 것이 없기 때문에 발명자로 포함될 자격이 없다고 못 박았다. 그는 자신이 몇 달을 쏟아부어 성취한 작업을 쇼클리의 허세와 절충할 수 없었고, 결국 빈정대면서 그 유명한 말을 내뱉고 말았다. "이런, 빌어먹을! 쇼클리, 그럼 모든 사람을 다 포함시키자고!" 쇼클리는 얼굴이 벌겋게 되어 자리를 박차고 나갔다. 그날 이후 쇼클리와 브래튼 사이에는 깊은 갈등의 골이 생겼다. 바딘의 경우 브래튼의 편이었지만 언제나처럼 아무런 감정도 내색하지 않았다.

벨 연구소 경영진은 화가 난 쇼클리를 달래기 위해 1930년에 소개된 그의 전계 효과에 기반한 별도의 특허를 신청하기로 했다. 그렇게 함으로써 쇼클리가 세 사람이 공동의 영예를 함께 누리는 것으로 생각하기를 바랐다. 하지만 변리사의 서류 검토 과정에서 무명의 캐나다 교사가 이미 20년 전에 비슷한 특허를 신청했다는 것이 발견되었다. 그 아이디어는 한 번도 성공적으로 입증되지 못한 것이지만 결국 이 때문에 쇼클리의 작업을 별도의 특허로 등록하려는 시도는 좌절되었다. 쇼클리는 자신이 10여 년 이상 공들인 노력이 모두 허사가 된 반면에 그의 부하들은 모든 명성과 영예를 얻었다는 사실을 납득하기 힘들었다. 그는 항상 거만하고 극도로 전투적인 사람이었다. 시간이 지날수록 쇼클리와 다른 트랜지스터 발명가들과의 갈등은 점점 더 가열되어 갔다.

트랜지스터 발명가들을 소개하는 보도 자료. Reprinted with permission from Alcatel-Lucent USA Inc.

쇼클리를 달래기 위한 또 다른 해결책으로 벨 연구소는 차후 언론에 공표되는 트랜지스터 발명 관련 모든 사진에 반드시 쇼클리를 포함한 세 사람이 같이 나오게 했다. 이것은 트랜지스터 개발에 있어 세 사람 모두를 동등한 파트너로 보이게 하려는 것이었다. 하지만 이 전략은 또 다른 문제를 낳았다. 언론에 가장 널리 퍼진 사진은 쇼클리가 실험실 의자에 앉아 있고 바딘과 브래튼이 뒤에서 쳐다보고 있는 것이었다. 뒤의 두 사람은 마치 선생님에게서 가르침을 받고 있는 학생 같아 보였다. 이전 언쟁의 앙금이 남아 있던 월터 브래튼은 이 사진을 보고 극도로 화를 냈고, 그 후 평생 그것을 볼 때마다 매우 힘들어했다.

쇼클리의 마지막 웃음

1947년 연말이 가까워 오고 있을 때였다. 자신을 빼고 바딘과 브래튼 두 사람만 영예를 얻게 된 데 자극을 받은 쇼클리는 굳은 결심을 하고 p-n 접합에 대한 생각들을 정리하고 있었다. 마침내 쇼클리는 바딘과 브래튼의 점접촉 트랜지스터보다 더 나은 솔루션을 찾아냈다. 몇 년 동안 그는 막연하게 p-n 접합 현상을 고체 증폭기에 활용할 수 있는 방안을 생각해 왔다. 하지만 전쟁 기간과 전후 일 년 동안은 많은 일들에 끌려다니느라 그 생각들을 실제로 밀고 나가지 못했다. 어떤 조직적이고 구체적인 결론에 이른 것은 아니었지만 쇼클리는 바딘과 브래튼의 점접촉 트랜지스터가 과거 점접촉 정류기처럼 많은 기술적·이론적 미비점들에 시달릴 것으로 보았다. 따라서 더 나은 장비를 설계할 수 있는 여지가 충분히 있어 보였다. 논리, 충동, 혹은 질투, 그 어느 것에 고무되었든 상관없이 쇼클리는 더 열심히 그리고 잘해 보기로 결심했다.

바딘과 브래튼이 자신들의 점접촉 트랜지스터를 시연하고 2주가 채 안 되었을 때 쇼클리는 시카고 한 호텔의 방문을 걸어 잠근 채 틀어박혀 있었다. 쇼클리는 크리스마스 때부터 신년 연휴까지 점접촉 방식 대신 p-n 접합 방식을 사용해 트랜지스터를 만드는 방법을 생각하느라 머리를 쥐어짜고 있었다. 여러 가지 치열한 생각 끝에 마침내 간단하지만 명쾌한 해답이 그의 머릿속에 떠올랐다. 일차적 이론 검증을 통해 그의 개념이 논리적으로도 흠이 없는 것임을 확인했다. 아직 한 가지 기술적 의문점이 있어 철저한 실험적 검증이 요구되었지만, 쇼클리는 시작이 좋다고 느꼈고 당분간은 기다리기로 했다.

신년 연휴가 끝나자 쇼클리는 연구소로 돌아왔다. 고체 연구 전담 팀은 바딘과 브래튼이 소개한 점접촉 트랜지스터를 개선하느라 여념이 없었다. 이들은 정기적인 내부 기술 세미나를 개최하고 있었는데 여기에 참석한 모든 과학자들이 자신들의 최신 연구 결과를 공유했다. 어느 날 세미나에서 연구원 한 명이 n형 게르마늄에 있는 과잉 양공의 확산 움직임에 대한 연구 결과를 발표했는데, 그것은 운명처럼 쇼클리의 새로운 트랜지스터 설계에 남아 있던 마지막 질문에 대한 답이었다. 세미나가 끝날 무렵 쇼클리는 이제 자신의 p-n 접합 기반 트랜지스터의 개념을 밝힐 때가 되었다고 결정했다. 쇼클리는 앞으로 나가 자신의 발명품, 그리고 그것과 관련된 모든 이론적 분석들을 칠판 위에 써 가며 자세하게 설명했다. 세미나에 참석해 있던 바딘과 브래튼을 포함한 그의 동료들은 깜짝 놀라 서로 멀거니 쳐다보기만 했다. 쇼클리의 충격적인 아이디어는 포괄적이면서도 흠잡을 데 없이 탄탄한 논리를 가지고 있었다. 그것은 두말할 나위 없이 고체 3극진공관 기술에서 아주 인상적인 진전을 보여 주는 것이었다. 쇼클리는 자신의 생각을 누구와 논의한 적이 결코 없었다. 2주 만에 오로지 혼자의 힘으로 머릿속에 흩어져 있던 아이디어를 끌어모아 걸작을 탄생시켰던 것이다. 그것이 바로 점접촉 기술에 의존하지 않는 트랜지스터 설계였다.

쇼클리의 혁명적인 발명에는 3개 층의 '샌드위치(sandwich)' 설계가 사용됐다. 매우 얇은 p형 반도체 층 하나가 두 개의 n형 반도체 층 사이에 끼여 있었다(이 n-p-n 트랜지스터 외에 그는 p-n-p 트랜지스터도 개발했는데, 여기서는 하나의 n형 반도체 층이 두 개의 p형 층에 싸여 있다). 아주 작은 전류나 신호가 가운데 p형 층에 주입되면 증폭된 신호 전류가 위의 n형 반도체로부터 얇은 p형 층을 지나 아래쪽 n형 반도체 안팎으로 흘렀다. 가운데 층은 마치 수도꼭지와 같은 역할을 한다. 수도꼭지는 돌리는 만큼 물의 양을 ― 여기서는 주입된 전류의 양을 ― 조절할 수 있을 뿐 아니라, 극단적으로는 물을 흐르게 하거나 차단시키는 기능도 가진다. 3극진공관은 물 대신 전류를 이동시키는 것이지만 개념은 비슷했다. p-n-p 트랜지스터는 마치 3극진공관처럼 작동했는데, 유일한 차이점은 모든 기능을 극도로 작은 그 고체 조각이 해낸다는 것이었다.

쇼클리가 제안한 설계는 간단하면서도 견고해서 아주 매력적이었다. 재연하거나 조정하기가 힘들기로 악명 높았던 금속 점접촉에 의존하지도 않았다. 아직까지는 순전히 이론적인 발명이었지만 켈리는 쇼클리의 새로운 접근법을 점접촉 트랜지스터의 개발과 병행하여 추진하도록 승인했다. 쇼클리는 한술 더 떠서 '접합 트랜지스터(junction transistor)' 혹은 '양극성 트랜지스터(bipolar transistor)'라고 이름붙여진 이 발명품에 대해 실험적으로 검증하기도 전에 켈리의 허락을 받고 특허 신청을 했다. 물론 이 특허에는 쇼클리 자신을 단독 발명자로 등록했다.

쇼클리는 1948년 중반까지 p-n 접합과 접합 트랜지스터에 대한 과학적 이론을 완성해 권위 있는 학술지 『피지컬 리뷰(Physical Review)』에 발표했고, 또 그것을 바탕으로 트랜지스터 물리학에 관한 책인 『반도체의 전자와 양공(Electrons and Holes in Semiconductor)』을 출간했는데, 이 책은 반도체 물리학에 관한 최고의 책 중 하나이다. 쇼클리의 이론은 그 후 60년간 반도체 장비와 통합 회로의 설계에서 가장 중요한 것으로 입증되었다. 몇 년이 지나 쇼클리는 이때를 회상하며 그 당시 자신에게 원동력이 되었던 요인 중 하나를 '생각하려는 의지(the will to think)'라고 말했다. 사람들은 아이디어는 많이 갖고 있지만 끝장을 보겠다는 투지가 부족한 경우가 허다하다. 만약 충분한 의지를 가지고 자신의 꿈을 최대한으로 실현시키기 위해 매진한다면 일생을 사는 동안 더욱 많은 것을 성취할 수 있을 것이다. 물론, 당시 쇼클리의 의지의 상당 부분은 어둡고 쓰디쓴 경험에서 비롯된 것이지만 그렇다 하더라도 그의 위대함은 결코 부인될 수 없다.

쇼클리는 대부분 혼자 일했지만 시카고 대학교 엔리코 페르미(Enrico Fermi) 교수의 연구만큼은 진심으로 동경했다. 페르미는 핵분열에서의 연쇄 반응을 입증한 것으로 잘 알려져 있는데, 쇼클리는 통계학에서 페르미의 생각이 자신에게 가장 큰 영감을 주었음을 인정했다. 그래서 p-n 접합 이론을 성문화할 때 기술적 용어 중 하나를 'Imref'라고 이름 짓는 것으로 경의를 표했다. 'Imref'는 이미지너리 레퍼런스(Imaginary Reference)의 약어인데, 거꾸로 읽으면 Fermi(페르미)가 된다. 쇼클리는 비록 약간은 괴팍한 사람이었을지 모르지만, 가끔은 자신의 성과나 농담을 기꺼이 나눌 줄도 알았다.

틸의 열의와 판의 기백

쇼클리가 트랜지스터의 이론 구축에 집중하고 있는 동안, 예비실험 결과가 나와 그의 접합 트랜지스터 개념이 실현 가능하다는 것이 입증되었다. 하지만 p-n 접합 기반 트랜지스터의 양산은 여전히 힘든 과제였는데, 재료와 제조 기술의 결함이 주요 장벽으로 존재하고 있었기 때문이다. 벨 연구소가 우위를 점하고 있는 뛰어난 경쟁 요소 중 하나는 연구소에 우수한 인재들이 넘치게 많다는 것이었다. 사실상 거의 모든 분야에 걸친 최고의 전문가들이 일하고 있었으며, 그들의 인원수와 기술적 다양성은 복잡하고 다방면에 걸친 문제들을 다루는 데 필요한 임계 질량(critical mass: 바람직한 결과를 얻기 위해 필요한 양 – 역자 주)으로 간주되었다. 그즈음에도 벨 연구소 화학 부서에 고든 틸(Gordon Teal)이라는 아주 뛰어난 연구원이 있었다. 그는 순도가 높고 구조적으로 완벽한 게르마늄과 실리콘 결정을 구해 쇼클리나 브래튼 같은 연구원들의 실험 샘플로 만들어 제공하는 전문가였다.

고든 틸. Courtesy of Texas Instruments, Inc.

반도체 샘플을 준비하는 표준 공정은 먼저 재료를 용액 형태로 정제하는 '용융' 과정부터 시작된다. 그 다음 용액을 서서히 식혀 다시 결정으로 만드는데, 바로 이 과정에서 러셀 올이 p-n 접합 발견을 했던 것이다. 이런 방법으로 준비된 게르마늄이나 실리콘은 굳어지면서 다결정(polycrystals)으로 알려진 고체가 되는데, 이처럼 부피가 큰 재료들은 여러 부분으로 구성되어 있다. 각 부분, 또는 '결정립(grain)' 안에는 원자들이 완벽한 순서로 정렬되어 있는데, 이것이 바로 단결정(single crystals)이다. 다결정 샘플 안에는 원자의 구조적 방향성이 각기 다른 결정립들이 다수 포함되어 있다. 각 결정립 사이에는 경계가 있는데, 그곳에 구조적 결함과 불순물 원자가 축적되는 경향이 있다. 만약 가공된 트랜지스터의 구조 속에 이런 결정립 경계(grain boundary)가 포함되어 있다면 성능이 떨어지고 심지어는 전혀 기능을 하지 못할 수도 있다. 이 문제에 대한 궁극적 해답은 결정립이 없고 따라서 결정립 경계도 전혀 없는 단결정 재료 기반 소재를 개발하는 것이었다.

1949년, 틸은 폴란드의 재료 과학자 얀 초크랄스키(Jan Czochralski)가 제1차 세계 대전 중 개발한 공정을 수정 적용하면 실리콘과 게르마늄 결정 제조 기술을 향상시킬 수 있다고 제안했다. 이 기술을 '초크랄스키법' 또는 '결정인상법'이라고 하는데, 과거에는 이 방법이 금속에만 제한적으로 사용되었다. 틸은 이 기술이 반도체에도 똑같이 적용될 수 있다고 확신했고 더 나아가 실리콘과 게르마늄 재료를 완전 단결정 형태로 대량생산하는 열쇠를 쥐고 있다고 믿었다.

틸의 제안은 실현 가능한 주요 돌파구로 보였지만, 쇼클리는 틸의 연구비 지원 요청을 거절했다. 그러나 틸은 굳은 결의로 자신의 계획을 밀고 나가기로 했고, 결국 점접촉 트랜지스터 생산 팀의 리더인 잭 모턴으로부터 지원을 받게 되었다.

틸은 이 기회를 결코 헛되이 쓰지 않았다. 그는 짧은 시간 안에 결정립 경계가 하나도 없는 완벽한 단결정 게르마늄을 만들어 내는 데 성공했다. 이 단결정 재질로 점접촉 트랜지스터를 만들자 성능과 생산수율이 즉각 뚜렷한 향상을 보였다. 모턴은 열광했고 쇼클리도 자존심을 굽히고 자기가 틀렸음을 인정했다.

틸이 개발한 공정에서는 먼저 조그만 단결정 종자 재료를 포함한 막대를 정확한 온도 조절하에 게르마늄 용액 통에 살짝 담근다. 그러면 용액의 일부가 온도가 약간 더 낮은 종자 결정 끝으로 침전되기 시작하는데, 이 시점에서 막대를 돌리면서 서서히 위로 끌어올린다. 이 과정이 제대로 진행되면 막대가 올라가면서 종자 밑으로 게르마늄이 지속적으로 굳어져 쌓인다. 그러면서 단결정의 원통형 잉곳(ingot)을 만드는데, 결국 녹아 있던 모든 재료가 이 잉곳으로 합쳐지는 것이다. 마지막으로 원통형 잉곳을 원형의 얇은 조각, 즉 웨이퍼(wafer)로 잘라 닦아 준다. 결정립 경계가 없는 단결정 웨이퍼는 바로 점접촉 트랜지스터를 만드는 데 사용되었다.

연구를 계속하던 틸은 인상 공정 중에 정확한 양의 p형과 n형의 불순물을 필요에 따라 용액에 첨가하면 잉곳 안 원형 횡단면에 균일한 p-n 접합을 만들어 낼 수 있다는 것을 알아냈다. 추가적인 개선 작업을 통해 p-n-p나 n-p-n 샌드위치 구조 역시 이 공정을 이용해 만들 수 있고 또 결정 잉곳을 끌어올리는 속도로 중간층의 두께를 조정할 수 있다는 것도 알게 되었다. 틸의 인상 기법은 바딘과 브래튼의 점접촉 트랜지스터뿐 아니라 쇼클리의 더 진화된 접합 트랜지스터에도 적용될 수 있는 것이었다.

1950년 겨울, 틸은 인상 기법을 이용해 최초의 접합 트랜지스터를 만들어 냈다. 그리고 이듬 해 봄이 되자 접합 트랜지스터의 성능, 신뢰도, 재연 가능성, 그리고 생산수율이 점접촉 트랜지스터를 훨씬 앞질렀다. 더 중요한 것은 이렇게 만들어진 트랜지스터들이 정확히 쇼클리의 이론적 예측에 맞아떨어지는 움직임을 보인다는 것이었다. 마침내 벨 연구소는 각기 다른 용도들에 최적화된 고성능 트랜지스터들을 설계하고 생산할 수 있게 되었다. 이 트랜지스터들은 신뢰할 수 있을 만큼 안정적이었고 생산수율도 일정했다.

한편, 틸의 인상 기법 말고도 다른 혁신적인 기술이 연구소 내에서 개발되고 있었는데, '부유대 정제(floating zone refining)'로 알려진 이 기술은 단결정 반도체의 순도를 전례 없는 수준으로 끌어올려 주었다. 이 공정은 반도체가 녹으면 그 속에 있는 대부분의 불순물이 고체 호스트로 돌아가는 대신 녹은 지역에 그대로 남는 경향이 있다는 사실에 기반한 것이었다. 먼저 게르마늄 고체 막대의 양 끝을 특별히 설계된 용광로 안에 고정시킨다. 용광로 안에는 동심원의 이동식 코일 히터가 막대의 가운데 좁은 부분을 완전히 에워싼다. 이 코일을 게르마늄이 녹는 온도 바로 위까지 유도 가열하면 그때부터 막대기의 가는 교차점이 녹고 나머지 부분들은 계속 고체로 남는다. 용융 구역은 양 접점의 표면장력에 의해서 그대로 고정, 혹은 '부유(floated)'하게 된다. 불순물 원자는 이 용융 구역에 그대로 남고, 코일이 천천히 막대를 가로질러 움직이면서 더 많은 불순물 원자가 이 움직이는 용융 구역에 쓸려 담기게 된다. 코일이 끝에서 끝까지 천천히 왔다 갔다 움직이면서 대부분의 불순물은 결국 막대의 어느 한쪽으로 분리되고 가운데의 샘플은 불순물 원자로부터 거의 자유로워진다. 이 부유대 정제 공정을 통하면 게르마늄에 있는 불순물을 100억 개 중 하나 이하로 줄일 수 있어 믿기 어려운 수준인 99.9999999 퍼센트 순도의 게르마늄을 얻을 수 있었다.

이 기발한 부유대 정제 공정을 발명한 사람은 윌리엄 가드너 판(William Gardner Pfann)이었다. 판은 고등학교 졸업 직후 벨 연구소 우편배달실에서

작은 캔 안에 포장된 트랜지스터 칩의 단면.
Courtesy of Fairchild Semiconductors

일을 시작했다. 그는 손재주가 좋고 뭐든지 빨리 배웠다. 가까운 쿠퍼 유니언(Cooper Union) 대학에서 야간에 화학 기술 강좌를 듣기 시작한 후부터는 실험실의 초급 조수로 자리를 옮겼다. 판은 뛰어난 직감의 소유자였으며, 믿음직스럽고 능력이 좋아 곧 많은 선배 연구원들이 그를 찾았다. 점차 문제 해결사로서 평판을 쌓아 가던 판은 점접촉 트랜지스터가 발명되었을 때, 신속한 제품화를 위해 켈리가 추가 투입한 인력의 일원으로 당당히 뽑혔다.

판의 원래 임무는 초소형 트랜지스터 칩을 견고하게 패키징하는 방법을 고안하는 것이었다. 그가 개발한 해결책은 작은 밀폐식 메탈 하우징(metal housing)으로서, 그 안에 질 좋은 골드 와이어를 넣어 트랜지스터의 도체 패드에 땜질을 했다. 판의 기발한 발명은 바로 적용되었고, 1950년대부터 1970년대까지 트랜지스터 패키징에 폭넓게 사용되었다. 오늘날 판의 부유대 정제 공정은 발명 당시보다 더 큰 영향력을 발휘하고 있으며, 재료 기술의 진정한 걸작으로 인정받고 있다.

해결

1951년 6월, 벨 연구소는 새로운 접합 트랜지스터의 시작을 알리는 또 다른 기자 회견을 뉴욕시에서 열었다. 점접촉 트랜지스터의 첫 발표 후 3년이 되는 날이었다. 발표에 이어진 리셉션에서 쇼클리는 관심의 초점이 되었지만, 바딘과 브래튼은 참석조차 하지 않았다.

그 후 얼마 지나지 않아, 바딘은 벨 연구소를 떠나 일리노이 대학교의 교수가 되어 초전도성의 이론적 연구에 매진했다. 그는 1956년에 트랜지스터의 발명으로, 또 1972년에는 초전도성 이론에 대한 기여로 노벨 물리학상을 두 번이나 받았다. 역사적으로 바딘처럼 두뇌가 뛰어나고 생산적인 과학자는 그리 많지 않았지만, 그럼에도 그는 극도로 겸손한 사람이었다. 바딘은 1991년 83세의 나이로 조용히 숨을 거두었다.

브래튼은 계속 벨 연구소에 머물다 1967년에 은퇴한 후 고향인 북서부로 돌아가 학생들을 가르치기도 했다. 말년에 브래튼은 1970년대와 1980년대의 젊은이들이 공공장소에서 붐 박스(boom box)로 귀청이 터지게 음악을 트는 것에 몹시 짜증을 냈다고 한다. 불행히도 그가 발명한 트랜지스터가 붐 박스를 작동시키고 있었으므로, 그는 종종 농담조로 트랜지스터를 발명한 것이 정말 후회된다고 말하곤 했다. 브래튼은 1987년에 85세의 나이로 사망했다.

쇼클리는 접합 트랜지스터를 만든 후에도 전자 산업계에 계속 남아 자신의 접합 트랜지스터가 바딘과 브래튼의 발명품을 완전히 대체한 성공을 즐기고 있었다. 하지만 여전히 자존심과 행동력이 강했던 쇼클리는 얼마 안 가 이번에는 사업적인 측면에서 또 다른 논란의 중심에 서게 된다.

14

전자 산업의 시작
Launching the Electronics Industry

기술의 공유

쇼클리, 틸, 판, 그 외 많은 사람들의 작업에 힘입어 접합 트랜지스터는 양산을 시작했다. 하지만 핵심 기술에 대한 문제가 해결되었음에도 불구하고 사업 관련 의문들이 여전히 많이 남아 있었다. 과연 벨 연구소의 트랜지스터 다음 단계는 무엇일까? 트랜지스터 기술을 어떻게 상용화할 것인가?

벨 연구소의 사업 모델은 영리를 추구하는 민간 기업들과는 달랐다. 모기업인 AT&T가 정부의 허가 아래 제한적 독점 형태로 운영되었기 때문이다. 연구에 필요한 운영 자금은 정부가 승인하고 허가한 적정 이윤이 반영된 가입자 요금으로 조달되었다. 물론 트랜지스터는 회사의 핵심 전화 사업인 장거리 전화와 네트워크 스위칭의 품질과 운영비 개선 같은 분명하고도 유용한 분야에 적용될 수 있었다. 하지만 트랜지스터의 상업적 가치와 잠재력은 AT&T의 사업 영역을 훨씬 넘어서는 것이었고, AT&T는 전자부품 사업을 하고 있지도 않았다. 여기에 또 다른 중요하지만 말할 수 없는 고민도 있었다. 만약 AT&T가 이 기술을 자산화하여 시장에서 큰 수익을 올린다면 정부가 이미 승인된 이윤 폭을 유지하도록 전화료를 인하하게끔 압박할 수 있다는 것이었다.

마지막으로, 연방 정부가 전화 산업의 경쟁을 높이기 위해 웨스틴 전기를 AT&T로부터 분사시키려 한다는 — 심지어는 AT&T의 독점 보호막을 제거하려 한다는 — 소문도 돌고 있었다. 따라서 AT&T로서는 트랜지스터 기술을 꼭 움켜쥐고 있거나, 다른 회사들처럼 그것을 가지고 시장에 군림하는 것이 전혀 도움이 되지 않았다. 그랬다가는 오히려 더 부정적인 상황이 발생할 수 있었다.

결국, 벨 연구소는 AT&T 최고 경영진의 동의하에 자신들의 트랜지스터 기술을 세계 시장과 공유함으로써 기술의 영향력을 더 확대하기로 결정했다. 이제 어느 회사나 제조, 생산, 그리고 라이선싱 권리를 위한 2만 5,000달러만 지급하면 트랜지스터 기술을 마음대로 활용할 수 있게 되었다. 단, 이것은 나토(NATO) 연합국에만 한정되었다. 1940년대 말과 1950년대 초는 냉전 초기 단계였고 AT&T로서는 정치적 현실에 적절히 대응할 필요가 있었기 때문이다. 선견지명이 있는 회사들에 있어서 이것은 일생에 한 번 찾아오는 기회임이 분명했다. 그리고 전혀 예기치 않게 벨 연구소는 원래 가지고 있던 방대한 기술 능력 및 특유의 사업 방식과 더불어 R&D 연구소의 완벽한 롤 모델이 되었다. 최첨단의 시기적절한 기술을 개발하고, 그 지식을 유용하게 전파하여 산업계의 다른 회사들에 고른 혜택을 주는 연구소가 되었던 것이다.

1952년 4월, 세계 곳곳의 40여 개 회사로부터 100명이 넘는 기술자들이 벨 연구소로 와서 열흘 동안 트랜지스터 기술에 관한 교육을 받았다. 벨 연구소는 진정을 다해 그들이 축적해 온 모든 지식을 전달했다. 반도체 장비의 핵심 물리학, 트랜지스터 설계의 원리, 틸의 '결정 인상' 장비의 도안과 설명, 그리고 판의 부유대 정제 공정에 대한 정보 등을 설명하는 상세 강좌와 워크숍이 다른 소중한 정보들과 함께 제공되었다. 참석한 회사들 중에는 GE, IBM, RCA, 지멘스, 필립스 같은 대기업을 비롯해서 모토롤라, 실바니아(Sylvania), 필코(Philco), 레이시온(Raytheon) 같은 중견 기업들도 다수 포함되어 있었다. 또 당시에는 작고 잘 알려지지 않았던 TI(Texas Instruments) 같은 회사도 참석했다. 1946년 여름의 무어 강좌가 컴퓨터 산업의 시작을 선두에서 도왔던 것처럼 벨 연구소의 강좌는 글로벌 반도체 산업의 시작을 알리는 중요한 역할을 했다.

새로운 강자들

벨 연구소는 1952년에 트랜지스터 기술 전수 과정을 세 번 더 개최하였다. 후반기 과정에 참여한 회사 중에는 TTK(Tokyo Tsushin Kogyo)라는 작은 일본 회사가 있었다. 다른 나라에서는 이 회사에 대해 들어 본 사람이 거의 없었고, 또한 이 회사가 후에 세계에서 가장 수익성이 좋고 영향력 있는 회사가 될 것이라고 예측한 사람도 없었다. TTK는 벨 연구소와 트랜지스터 기술 라이선싱 계약을 체결함으로써 사업 성공에 결정적인 계기를 맞이했다. 트랜지스터가 불붙인 전자 산업의 극적인 성장 과정에서, 당시의 주요 기업들이 반도체 사업에서는 특별한 두각을 나타내지 못했다는 것은 주목해 볼 필요가 있다. 그들 기업의 대부분은 기존의 수익성 높은 진공관 사업에 목숨을 걸고 있었기 때문에 기술진이나 경영진 모두 새로운 트랜지스터를 달갑지 않은 경쟁자로 보았다. 반면에 반도체 기술로 성공한 회사들은 과거에 얽매이지 않았던 모토롤라, TI, 그리고 TTK 같은 회사들이었다. 사실 이런 경우는 자주 있다. 웨스턴유니언이 초기에 전화의 사업성을 묵살한 것처럼 현재의 기술로 큰 성공을 거두고 있는 회사들은 의도적으로 새 기술에 눈을 감아 버리거나 혹은 그런 와해성 기술 시장에서 성공하기 위해 전념을 다하지 않는 경우가 많은 것이다.

모토롤라는 1928년 자동차용 라디오를 만드는 회사로 출발했다. 회사 이름도 자신들의 주력 시장에서 따왔는데, '모터(motor)'는 자동차를 뜻하고, '올라(-ola)'는 RCA의 라디올라(Radiola)처럼 당시 오디오 제품에 흔히 쓰이던 이름이었다. 후에 모토롤라는 경찰차에 쓰이는 양방향 무선전화를 개발하기도 했다. 이러한 제품들을 기반으로 제2차 세계 대전 중에는 많은 종류의 군용 휴대 라디오 통신 장비를 생산했는데, 여기에는 그 유명한 워키토키(walkie-talkie)가 포함되어 있었다.

전쟁 후에도 모토롤라의 라디오 사업 및 그에서 파생된 사업은 급격히 성장했다. 특히 트랜지스터는 모토롤라의 핵심 사업인 휴대용 통신을 잘 보완하는 핵심 기술이었다. 결국 모토롤라의 반도체 부문은 급성장을 하면서 회사의 엄청난 자원이 되었다. 아직 규모가 작은 회사였던 모토롤라는 트랜지스터 팀이 빛을 발하도록 그들을 육성하고 보살피는 데 아낌없는 지원을 해 주었다.

TI는 원래 지구물리 서비스 주식회사(Geophysical Services Incorporated)라는 이름으로 설립된 회사였다. 당시 이 회사는 텍사스의 중심 산업인 유전 탐사를 위한 수중음파탐지기 몇 종을 주력 상품으로 했고, 종전 후 초기 연 매출이 300만 달러 정도였던 작은 회사였다. 1946년, 팻 해거티(Pat Haggerty)가 이곳의 새로운 대표로 부임했는데, 그는 훈련된 기술자였지만 사업적 예지력이 있었고 '전략적 경영(strategic management)' 기법의 선구자이기도 했다. 해거티는 부임 후 계속해서 회사의 도약 기회를 살펴보고 있던 중 벨 연구소의 새 트랜지스터 기술에 주목하게 되었다. 벨 연구소와 기술 라이선싱을 체결한 후 TI는 트랜지스터 사업에 걸맞은 사업 문화를 구축하기 위해 자신들의 한정된 자원 전부를 쏟아부었다. 그 후 30년 사이에 TI는 세계에서 가장 큰 반도체회사로 성장했으며, 오늘날까지도 글로벌 반도체 산업의 핵심 사업자로 군림하고 있다.

TTK의 경우 앞선 모든 회사들보다 더 큰 성공을 거두었지만, TTK라는 원래 이름으로는 알려진 적이 없다. TTK에 대해서는 뒤에서 이야기하기로 하겠다.

실리콘의 등장

1953년부터 많은 회사들이 벨 연구소의 기술을 기반으로 트랜지스터를 생산하기 시작하면서 드디어 새로운 산업이 탄생하게 되었다. 물론, 아직은 산업 초창기라 생산율이 낮고 고정비가 높아 트랜지스터의 가격은 여타의 신기술 제품의 경우처럼 비쌌다. 1950년대 중반에 3극진공관의 가격이 2달러가 채 안 되었던 것에 비해 비슷한 성능의 트랜지스터가 개당 약 20달러에 팔렸다. 하지만 트랜지스터만의 차별화된 장점, 즉 낮은 전력 소모, 높은 신뢰성, 긴 수명, 간편한 크기 등은 특히 군대의 많은 분야에서 아주 요긴했다. 군용 제품에서 가격은 거의 항상 기능과 성능 다음으로 고려되는 중요한 사항이었다. 한국전쟁이 끝나고 냉전이 가열되면서 더 나은 무기 시스템이 필요해졌고 이에 따라 최첨단 고체 전자 부품의 수요를 불러왔다. 미군이 사용하는 라디오, 레이더 시스템, 컴퓨터의 대부분에서 3극진공관 대신 트랜지스터가 쓰이기 시작했다. 바로 이 방위산업이 트랜지스터 산업의 초기 성장을 막후에서 뒷받침해 주었다.

1950년 틸이 '결정 인상법'을 이용해 첫 접합 트랜지스터를 선보였지만 이 방법으로는 비용이 많이 들어서 저가의 양산에는 쉽게 적용할 수 없었다. 생산 가격을 낮추기 위해 GE의 연구원 한 명이 게르마늄을 기반으로 새로운 '합금 트랜지스터(alloying transistor)'를 개발했다. RCA와 또 다른 회사들이 이 기술에 대한 라이선싱 계약을 체결했고 곧바로 양산 체계를 갖추었다. 하지만 합금 트랜지스터는 과도기적인 제품일 뿐이었고, 1950년대 중반에 실리콘에 바탕을 둔 훨씬 더 우수한 기술로 대체되었다.

1954년에는 두 가지 중요한 기술이 새로 개발되었다. 첫째는 기체상 불순물 확산(gas phase impurity diffusion) 기술이었다. 고온에서 붕소나 인 같은 기체 상태의 불순물 원자를 게르마늄 속으로 의도적으로 확산시켜 p형과 n형 불순물 원자가 게르마늄 단결정 웨이퍼에 통제된 농도와 투과 깊이로 정확하게 합체되게 하는 것이었다. 그렇게 함으로써 웨이퍼의 표면 전체에 걸쳐 균일하고 큰 면적의 고품질 p-n 접합을 만들 수 있었다. 연구가들은 한 걸음 더 나아가 완전한 n-p-n 및 p-n-p 접합 트랜지스터를 만들어 낼 수 있는 더 정교한 다단계 확산 공정도 개발하기 시작했다. 이러한 발전은 트랜지스터 생산비를 틸의 '결정 인상법'의 경우보다 10배 이상 끌어내렸고, GE의 합금 트랜지스터 기술보다 성능 균일성과 생산수율 측면에서 우월함이 입증되었다.

원가를 낮춘 것에 더해, 불순물 확산 공정은 전체 웨이퍼에 걸쳐 크고 균일화된 p-n 접합을 만들어 내는 데 이상적이었다. 이 넓은 면적의 p-n 접합

외진 곳에 있는 전기 중계기를
구동하는 데 사용된 태양광
패널(1956). Reprinted with
permission of Alcatel-
Lucent USA Inc.

은 또 다른 새롭고 중요한 응용에 적합한 것으로 증명되었다. 1941년 러셀
올이 우연히 발견했듯이, 반도체는 빛을 흡수하면 p-n 접합을 가로질러 흐
르는 전류를 생성하면서 빛 에너지를 전기 에너지로 전환시킨다. 이 현상은
광기전 효과(photovoltaic effect)로 알려져 있다. 쇼클리의 팀에서 일하던 실
험물리학자 제럴드 피어슨(Gerald Pearson)은 이 넓은 면적의 p-n 접합을 햇
빛에 노출시킴으로써 태양 에너지를 바로 전력으로 전환시킬 수 있다는 것
을 알아냈다.

　게르마늄은 에너지 밴드 갭이 더 작기 때문에 태양 에너지를 전기로 전
환하는 데 적합하지 않았다. 하지만 실리콘은 이 작업에서 거의 완벽했
다. 1956년, 피어슨과 그의 팀은 불순물 확산 공정을 실리콘에 수정 적
용해서 최초의 대면적 단결정 실리콘 태양광 전지(solar photovoltaic cell)
를 선보였다. 이 최초의 실리콘 태양광 전지의 전환 효율은 6퍼센트 이상

에 달해 외진 곳에 설치된 전화 중계기에 전력을 공급하기에 충분했다. AT&T는 트랜지스터 기술이 매우 훌륭하게 응용된 이 제품으로 본격적인 태양광 에너지 시대를 열었다.

피어슨이 태양광 전지를 개발한 것과 거의 비슷한 시기에 트랜지스터 기술이 또 다른 주요 발전을 맞이했는데, 이번에는 벨 연구소의 작품이 아니었다. 1952년, TI는 벨 연구소의 트랜지스터 기술을 라이선싱하여 게르마늄 트랜지스터의 양산에 들어갔다. 선견지명이 있는 리더 팻 해거티가 밝혔듯이 TI의 전략은 먼저 기본적인 트랜지스터 기술을 마스터하고 그 다음에 경쟁사보다 우월하고 고유한 TI만의 역량을 개발하는 것이었다. TI는 해거티의 지도 아래 이 전략을 추진해 나갈 특별한 연구소를 만들었다.

과학 혁신의 성공과 실패는 거의 항상 연구진의 자질에 달려 있다. 해거티도 이것을 잘 알고 있었기 때문에 최고의 인재를 찾아 데려오는 것을 최우선 과제로 삼았다. 영입 후보 1순위는 벨 연구소의 고든 틸이었다. 반도체 재료 기술과 접합 트랜지스터 생산 공정을 혁신했던 바로 그 틸이었다. 해거티는 고든 틸을 창의력이 뛰어난 연구가, 강력한 리더, 그리고 트랜지스터 생산 기술의 모든 상세 내용과 직접적인 노하우를 완벽하게 보유한 사람으로 평가하고 있었다. 또한 이미 핵심 반도체 기술을 라이선싱해 주고 있는 벨 연구소가 더 이상 기술 개발에 대규모 투자를 하지 않을 거라고 예상하고 있었다. 그렇다면 틸이 전직 제의를 받아들일 수도 있을 것 같았다. 해거티는 즉시 틸에게 연락을 취했고, 마침 텍사스 출신이기도 했던 틸은 고향에서 트랜지스터 연구를 계속할 수 있고 또 자신의 생산 팀을 이끌 수 있다는 제안에 크게 고무되었다. 결국 1952년, 틸은 벨 연구소를 떠나 그의 고향인 텍사스로 돌아갔다.

TI에 합류한 틸은 곧바로 게르마늄 트랜지스터의 생산 방법을 개선하는 연구를 재개했다. 하지만 더 중요한 것은 실리콘에 바탕을 둔 트랜지스터 제조 기술을 개발하기 시작한 것이었다. 틸은 이미 벨 연구소에 있을 때 그 연구를 시작했다.

그때까지만 해도 모든 트랜지스터를 게르마늄으로 만들었는데, 실리콘보다 작업하기가 훨씬 더 쉬웠기 때문이었다. 게르마늄의 녹는점이 섭씨 900도 바로 아래인 데 비해 실리콘은 섭씨 1,400도가 넘었다. 부유대 정제 같은 제조 기술을 게르마늄에는 사용할 수 있었지만 실리콘에는 적용하지 못했던 이유도 실리콘 재료를 녹일 수 있을 만큼 용광로를 데울 수 없었기 때문이다. 하지만 그런 제조상의 난관에도 불구하고 실리콘 트랜지스터의 아이디어는 너무도 매력적인 것이었다. 우선, 실리콘은 게르마늄보다 에너지 밴드 갭이 더 크기 때문에 더 높은 온도에서도 작동할 수 있었다. 게르마늄 트랜지스터가 통상 섭씨 70도까지만 작동하는 데 비해 실리콘 트랜지스터는 섭씨 120도가 넘어도 작동이 되었다. 작동 중에 뜨거워지는 트랜지스터의 속성상 운용 온도 한계가 향상된다는 것은 실리콘 트랜지스터가 게르마늄보다 더 많은 응용 영역과 시장을 찾을 수 있다는 것을 의미했다. 더욱이 게르마늄은 비싼 반면 실리콘은 지금도 그렇지만 그때도 저렴했다. 실리콘은 모래에서 추출해 낼 수도 있으므로 그 원료가 지구상에서 무궁무진하게 공급될 수 있는 것이다. 더군다나 실리콘은 무독성이고, 화학적으로 안정적이고, 기계적으로 강하며, 뛰어난 열전도성을 가지고 있다. 이 모든 속성들 때문에 최소한 이론적으로는 트랜지스터의 재료로 실리콘을 선택하는 것이 맞았다(실리콘에는 매우 중요한 이점이 한 가지 더 있는데, 당시에는 잘 몰랐지만 나중에 집적회로에서 그 중요성이 밝혀졌다. 이 내용은 다음 장에서 논의될 것이다). 세계 최초의 실리콘 접합 트랜지스터를 만들 기회는 틸이 직장을 옮기면서 뽑은 가장 큰 카드였고, 1954년, 그는 마침내 놀라운 결과를 내놓았다.

TI로 옮기고 1년 동안 틸은 엄격한 보안 속에서 묵묵히 일을 했다. 그리고 마침내 세계 최초의 실리콘 트랜지스터를 성공적으로 만들어, 아주 특이한 방법으로 세상에 발표했다. 그날 틸은 어떤 기술 회의에 참석하고 있었다. 다른 발표자들이 실리콘 트랜지스터의 이론적 장점을 극찬하면서 아직 제조상의 문제점을 해결하지 못하였다고 한탄하는 것을 지켜보던 틸은 그의 발표 순서에 맞춰 단상으로 나갔다. 단상에 선 틸은 게르마늄 트랜지스터로 만든 오디오 앰프로 음악을 틀었다. 그리고 음악이 나오는 도중 돌연 회로판을 끓는 물이 담겨 있는 잔에 빠뜨렸다. 당연히 음악이 중단되었지만 아무도 놀라지 않았다. 게르마늄 트랜지스터가 물이 끓는 온도인 섭씨 100도에서는 작동되지 않는다는 것을 모두 알고 있었기 때문이다. 틸은 주머니에서 대체 트랜지스터를 꺼내 교체한 후 다시 앰프의 버튼을 눌렀다. 그리고 음악이 나올 때 다시 한 번 회로판을 끓는 물에 푹 담갔다. 그런데 이번에는 음악이 끊기지 않고 계속 흘러나오는 것이었다. 이제 청중들은 자신들이 방금 목격한 것의 정확한 의미를 깨닫게 되었다. 이윽고 청중들의 우레와 같은 박수가 터지자 틸은 TI가 새로운 실리콘 전자 기술의 시대를 열었음을 극적으로 발표했다.

트랜지스터 라디오

초창기에는 주로 군대에서 트랜지스터를 많이 사용했다. 그러나 군수품은 단가가 높기도 했지만 아직 전체적인 시장 규모가 작다 보니 생산자들이 수익성을 맞추기가 쉽지 않았다. 사업을 확장할 수 있는 열쇠는 좀 더 큰 시장에서 기존 제품의 진공관을 트랜지스터로 대체하는 것이었다. 그 당시 규모가 큰 시장은 컴퓨터와 가전제품 시장이었다. 컴퓨터 시장의 경우 이미 트랜지스터 수요가 지속적으로 성장해 가고 있었지만, 가전제품 시장의 경우는 전망이 불투명했다.

항상 시대를 앞서 갔던 팻 해거티는 소비재에 트랜지스터를 사용하는 것이 중요하다는 것을 인식한 최초의 산업계 리더였다. 그중에서도 라디오를 가장 자연스러운 진입점으로 생각하고 있었다. 그의 아이디어는 트랜지스터를 장착한 휴대용 소형 라디오를 만드는 것이었다. 암스트롱이 1922년 해변으로 피크닉을 가면서 가져간 주문제작형 휴대용 라디오와는 달리, 트랜지스터로 만든 라디오는 작고 가벼워서 주머니에 넣고 다닐 수 있는 것이었다. 휴대용 소형 라디오는 완전히 혁신적인 아이디어였고, 시장 잠재력 또한 엄청나 보였다. 더군다나 소비자들에게 완전히 새로운 형태의 엔터테인먼트 기기를 파는 것도 아니었다. 라디오는 이미 오랜 기간 인기를 끌어온 제품이기 때문에 소비자들에게 그들이 좋아하는 라디오를 새롭고 더 편한 방법으로 즐겨 보라고 설득만 잘하면 되는 것이었다. 이미 엄청나게 성장한 라디오 시장의 일부만 가져올 수 있어도 TI의 성공은 보장된 것이나 다름없었다.

해거티의 사업적 본능은 흠 잡을 데가 없었지만 한 가지 문제가 있었다. 원래 TI가 목표로 한 틈새시장은 트랜지스터 부품 시장이었는데, 해거티는 이전에 석유 산업에서 일해 본 것이 전부였다. 소비시장에는 전혀 발판이 없던 TI로서는 결국 적절한 사업 파트너가 필요했다.

TI는 많은 중견 라디오 회사들을 만났지만 아무도 TI의 제안을 진지하게 받아들이지 않았다. RCA와 몇몇 주요 회사들은 트랜지스터의 가격과 성능에 대해 의문을 표했다 — 그들은 시장이 그런 제품을 좋아할 것이라는 해거티의 비전도 믿지 않았다. 또 일부 호감을 보인 회사도 새로운 시도에 대한 조직적 지원을 얻어 내지 못했다. 꽤 시간이 흐른 후에 TI는 IDEA라는 혁신적인 기술을 보유한 중간 규모의 라디오 회사를 찾았다. 다른 거대 회사들이 너무 위험을 기피하고 자신들의 몫을 챙기는 데만 급급한 반면, IDEA는 당장이라도 뛰어들어 산업에 일대 혁신을 일으킬 모험을 — 잠재 적으로는 아주 수익성 좋은 모험을 — 기꺼이 하려 했다.

TI와 IDEA는 바로 공동 작업에 들어가 최초의 포켓 사이즈 트랜지스 터 라디오를 만들어 냈다. 이 라디오는 '리전시(Regency) TR-1'이라는 이 름으로 판매되었다. TR-1은 IDEA가 특허를 받은 새로운 회로판 공정으 로 제조되었는데, TI가 만든 게르마늄 트랜지스터 네 개가 들어갔다. 라 디오의 가격은 49.95달러로, 2012년 가격으로 환산하면 약 600달러로 책 정되었는데, 바로 적자를 보는 수준은 아니었다. 그 사이에 생산 기술이 많이 향상되면서 트랜지스터를 개당 20달러가 아닌 8달러 정도에 만들

수 있었기 때문이다. 하지만 순수한 판매 기회 측면에서만 본다면 TI에 는 손해였다. 1954년 당시 TI 게르 마늄 트랜지스터의 군대 납품가격 은 개당 16달러였다. 즉, TR-1에 사 용된 네 개의 트랜지스터가 군대에 서라면 64달러에 팔릴 수 있었는데, 이것은 두 회사가 파는 완제품 라디 오의 가격보다 높은 것이었다. 하지 만 두 회사는 새 라디오를 그 이상의 가격에 팔 수 없다는 데 동의했다. 고객의 피드백을 통해 49.95달러가 시장에서 받아들일 수 있는 최고 가

TI의 리전시 TR-1 휴대용 트랜지스터 라디오.
Courtesy of Texas Instruments, Inc.

격 수준임을 확인했기 때문이다. 그 가격을 맞추기 위해 선택할 수 있는 유일한 옵션은 생산단가, 특히 트랜지스터의 가격을 대폭 낮추는 것뿐이었다.

리전시 TR-1은 1954년 크리스마스 쇼핑 시즌에 집중적으로 홍보되었다. 역시 해커티가 옳았다. 비싸기는 했지만 많은 사람들이 TR-1을 원했고 수요가 공급을 훨씬 앞섰다. IBM 사장은 무려 300대의 라디오를 구입해 회사의 우수 사원들에게 선물하기도 했다. 그는 자신의 참모들에게 이 작지만 혁신적인 텍사스 회사를 본받을 것을 촉구하고 향후 IBM 제품에서는 진공관을 떼어 내라고까지 말했다. 우연히도 TI는 항상 IBM과 좋은 사업 관계를 맺고 있었고, IBM은 그 후로도 TI의 가장 큰 고객이었다.

시장에서는 성공했지만 TR-1 자체는 회사에 별 수익을 가져다주지 못했다. 다음 해부터 게르마늄 트랜지스터의 개당 생산비가 극적으로 떨어지기는 했지만 더 싼 가격의 경쟁품들이 등장하면서 TI는 여전히 TR-1에서 수익을 올리는 데 어려움을 겪었다. 회사의 매출이 약간 증가했고 해거티도 개념적으로는 옳았지만, 점차 이것이 회사가 나가야 할 전략적인 방향은 아닐지 모른다는 회의가 경영진 사이에서 커져 갔다. 전통적으로 TI의 핵심 사업은 첨단 군수산업과 산업 전자계기 제품들이었다. 소비자용 전자 제품 시장에서 경쟁하는 데 필요한 문화와 철학은 TI의 전통 사업에서 요구되는 것과는 전적으로 달랐다. 두 시장 모두에서 성공하려면, 두 개의 서로 경쟁적이고 상충되는 기업 문화를 동시에 운영해야만 했다. 이것은 어떤 회사로서도 지극히 어려운 도전이었고, 최고의 경영자가 있는 회사라 해도 결코 쉽게 해결할 수 없는 것이었다.

결국 TI는 라디오 및 IDEA와의 합작에서 한걸음 물러설 수밖에 없었다. 훗날 TI는 다시 가전제품 시장으로 진입을 꾀했으나 성공을 거두지 못했다.

그 주된 이유는 TI가 경쟁자들에 비해 장기적이고 지속 가능한 경쟁 우위를 유지하기 어려웠기 때문이다. TI와 마찬가지로 많은 대형 하이테크 회사나 항공 방위산업 회사들이 자신들의 기술적 강점을 바탕으로 하여 규모가 큰 소비재 시장으로 다각적인 진입을 시도했지만, 성공한 경우가 거의 없거나 아주 드물었다.

TR-1의 높은 판매량과 기존 시장으로의 자연스런 진입을 보고 다른 회사들도 TI의 뒤를 따랐다. 그들은 라디오보다 이윤이 높은 틈새 제품들을 시장에 내놓았는데, 여기에는 보청기나 전자식 탁상계산기 등이 포함되어 있었다. 진공관으로 만든 제품에 비해 트랜지스터로 만든 제품들은 훨씬 더 작고 가볍고 견고했다. 소비자들은 이 새로운 기술을 사랑했으며, 마침내 직접 트랜지스터를 경험하게 되었다. 이 새로운 제품의 유일한 단점은 가격이 아직도 높다는 것이었다.

일본의 선구자들

1952년 벨 연구소의 트랜지스터 강좌에 참석한 사람들 중에는 일본 TTK에서 온 사람들도 있었다. TTK는 두 명의 젊은 사업가 아키오 모리타(Akio Morita)와 마사루 이부카(Masaru Ibuka)가 만든 회사이다. 두 사람은 제2차 세계대전이 끝나갈 무렵 일본 해군에 근무하면서 알게 된 사이였다. 이부카는 뛰어난 제품 설계 기술자이자 믿음직한 매니저였으며, 모리타는 르네상스 시대 사람처럼 여러 가지 주요 학문에 조예가 깊었다.

모리타는 집안에서 운영하는 제법 알려진 사케 공장의 후계자로, 13살 때부터 말쑥하게 차려 입고 다녔다. 그 사케 공장은 일본의 중부 나고야에 위치하고 있었는데, 14대에 걸쳐 가업으로 이어 온 것이었다. 모리타의 아버지는 — 마치 마르코니의 아버지가 그랬던 것처럼 — 아들이 가업을 이어 가기를 바랐다. 사실, 모리타는 어려서부터 본능적이고 창의적인 사업 감각을 보이기는 했지만, 개인적 관심사가 워낙 다양해서 라디오에도 푹 빠져 지냈다. 그는 대학에서는 전기공학을 공부했다. 전쟁이 끝나고, 집안의 사업도 다행히 큰 피해를 입지는 않았지만, 모리타는 독립해서 이부카와 함께 조그만 라디오 및 녹음기 회사를 도쿄에 차리기로 결심했다. 두 젊은이는 그들의 회사 이름을 TTK(Tokyo Tsushin Kogyo의 약칭)라고 지었으며, 영어로는 'Tokyo Telecommunications Technology Company(도쿄통신기술회사)'라고 하였다.

TTK는 3년 이내에 소형의 테이프 녹음기를 성공적으로 출시했다. 그들의 첫 녹음기는 당연히 당시 표준이었던 진공관을 사용했다. TTK는 신속하게 새로운 제품의 틈새시장을 구축했지만, 두 야심가는 그 정도 성공에 만족하지 않았다. 두 사람은 항상 자신들의 사업을 더 멀리 끌고 갈 수 있는 새로운 기회를 엿보고 있었다.

모리타는 1948년 벨 연구소가 트랜지스터를 발명했다는 것을 처음 발표했을 때부터 트랜지스터의 발전을 주시하고 있었다. 그는 순수한 기술적 호기심에 더해 이 기술이 아마도 TTK의 미래에 영향을 미칠지 모른다는 막연한 생각을 했다. 1952년, 벨 연구소가 트랜지스터 기술을 광범위하게 라이선싱하기로 결정하자, 모리타는 단호하고도 대담한 전략적 결정을 내렸다. TTK가 공식적으로 라이선스 계약을 하고 아시아에서 트랜지스터 라이선스를 가진 유일한 회사가 되기로 한 것이다. 두 사람은 2만 5,000달러의 수수료를 마련하여 라이선스를 신청했고, 드디어 미국 정부의 승인이 떨어지자 한껏 고무되었다.

1952년 모리타와 그의 작은 기술 팀은 처음으로 미국 출장을 갔다. 새로운 아이디어와 기회로 가득한 신세계 방문은 그들의 눈을 뜨게 해 주는 놀라운 경험이었다. 모리타는 더 빨리 움직여야 할 때라는 확신을 가지게 되었다. 벨 연구소 강좌에 참석한 후, 일본으로 돌아온 모리타와 TTK 팀은 벨 연구소의 노하우를 이용하여 자체 게르마늄 트랜지스터 생산을 시작했다. 제품은 좋았지만 실망스럽게도 별로 돈을 벌지는 못했다. 문제는 일본 내에서의 트랜지스터 수요가 극히 적었다는 것이다. 전쟁 직후의 국내 경제가 첨단의 컴퓨터나 국방 전자 산업을 키울 여력이 없었다는 것이 주 원인이었다. 미국에서는 이 두 분야가 트랜지스터 산업의 초기 몇 년을 지탱해 준 힘이 되었던 것과는 대조적인 상황이었다.

라이선스와 노하우는 있지만 활동을 펼칠 시장이 없었던 TTK는 그 다음 2년을 근근히 생존해 나갔다. 그러던 중 1954년, TI의 리전시 TR-1 트랜지스터 라디오가 출시되자 모리타는 이를 입수해 상세히 분석하기 시작했다. 그리고 즉시 이것이 그가 그렇게 오랫동안 기다려 온 절호의 기회임을 직감했다. TTK는 이미 트랜지스터를 만들고 있었을 뿐 아니라, 핵심 사업으로 소형 라디오와 테이프 녹음기를 생산해 내고 있었다. 더군다나 TI처럼 두 개의 사업 영역에서 뛰어야 하는 사업적 딜레마도 없었다. 이 사업의 구석구석을 너무도 잘 알고 있었던 모리타와 이부카는 트랜지스터 라디오야말로 성장과 수익성 모두를 잡을 수 있는 확실한 기회라고 믿었다.

1955년, 모리타는 다시 미국으로 향했다. 이번 방문의 목적은 트랜지스터 라디오 시장을 평가하는 것이었다. 약간의 조사만으로도 그는 장래 시장이 방대하는 것을 알 수 있었다. 또 일본의 생산비를 기준으로 계산했을 때 ― 일본의 생산비는 당시 수출에 유리한 환율을 포함해서 미국보다 훨씬 낮았다 ― TTK 라디오로 짭짤한 수익을 거둘 수 있다는 확신도 생겼다. 하지만 TTK에는 TI에 없는 장애물이 있었다. 바로 자본이었다. TI처럼 자금이 충분하지 않았던 것이다. 새로운 트랜지스터 라디오를 생산하기 위해

이부카(좌)와 모리타. Paris Match via Getty Images

서는 오직 그것에만 모든 자원을 집중하고 회사의 운명을 맡겨야 했다. 하지만 모리타와 이부카는 그들의 제품과 아이디어를 믿고 기꺼이 그 위험을 감수하기로 결심했다. 모든 에너지와 남아 있는 자원 전부를 오직 한마음으로 제품의 성능, 품질, 그리고 원가 관리에 집중한다면 이 미로를 헤치고 나가 승리할 수 있을 것이라 믿었다.

TTK는 회사 사업 계획을 근거로 채권 시장에서 돈을 빌릴 수 있었고, 곧 트랜지스터 라디오 개발을 시작했다. 선견지명이 있었던 모리타는 새로운 제품의 출시에 앞서 브랜딩을 고민하기 시작했다. 그는 회사와 자신들의 제품을 전 세계에 성공적으로 홍보하기 위해서는 사람들이 좋아하는 특징 있는 이름이 필요하다고 생각했다. 자신은 'Tokyo Tsushin Kogyo(도쿄 츠신 고교)'라는 이름을 쓰고 싶었지만, 그 이름으로는 세계 시장에서 먹히지 않을 것 같았다. 특히 'Tokyo(도쿄)'는 부정적인 의미를 함축하고 있었다. 당시에는 '일본산(Made in Japan)'이라는 말이 저가 제품의 상징이었기 때문이다. 모리타와 이부카는 몇 번의 논의를 거쳐 좀 더 짧고, 영어로 쉽게 기억되는 이름이 필요하다는 데 의견을 모았다. 제품이 오디오 기기이기 때문에 그들은 'sound'의 뜻을 가진 라틴어 'sonus'를 떠올렸고, 여기에 미국의 속어로 그 시대와 잘 어울릴 것 같은 'sonny("애야", "젊은이" 하고 부르는 친근한 호칭 – 역자 주)'라는 말을 섞어 보았다. 그렇게 하여 탄생한 새로운 이름이 바로 — Sony(소니)였다.

1955년, 소니는 소형 라디오 TR-55를 출시했다. IDEA는 소니를 특허 침해로 고소하려 했지만 한 우물만을 파 온 이 작은 일본 회사는 호락호락한 상대가 아니었고, 결국 소송이 진행되지는 않았다. 실제로 TR-55는 외관이나 성능에서 TR-1과 아주 비슷했으나 가격에서 많은 차이가 났다. 소니 라디오는 가격이 겨우 29달러였는데, IDEA로서는 도저히 맞출 수 없는 가격이었다. 하지만 간접 비용이 적게 드는 소니는 그 가격에도 많은 수익을 낼 수 있었다. 추가적인 개선 작업을 통해 소니는 1957년 모델 TR-63을 출시했고, 이 트랜지스터 라디오에 힘입어 소니는 마침내 세계를 정복했다.

소니가 휴대용 라디오에 성공한 신화는 전자 제품 시장에서 미국 회사가 처음 개발을 하고 후에 아시아 회사들이 완벽하게 만들어 시장을 장악하는 첫 사례가 되었다. 그리고 이 패턴은 계속해서 여러 번 반복되어 왔다. 그 근본적인 이유는 뒤에서 논의될 것이다.

트랜지스터 시대가 시작되다

1956년, AT&T는 첫 대서양 횡단 전화 케이블을 완성했다. 전신이 생긴 지 30년 후에 전화가 발명되었지만 해저 전화선은 해저 전신 케이블이 깔리고 거의 100년이 지나서도 완성되지 못하고 있었는데, 그 원인은 주로 기술적 이유에 있었다. 전신에 사용되는 디지털 신호는 간단한 중계기를 통해 먼 거리까지 신호를 보낼 수 있는 반면에 아날로그 신호를 사용하는 전화는 고성능 증폭기를 탑재한 중계기가 여러 대 있어야 장거리에 걸쳐 통화

음질을 유지할 수 있었다. 하지만 전화 중계기용 3극진공관 증폭기는 전력이 많이 소모되고 신뢰도가 낮아서 수중 공사와 운영에는 매우 부적합하고 어려웠다. 정말 놀랍게도 1세대 대서양 횡단 전화 케이블에는 실제로 이 진공관이 사용되었다. 1959년에 이르러서야 진공관을 트랜지스터로 대체하면서 비로소 대서양 횡단 전화가 현실화되었다.

1956년에는 바딘, 브래튼, 쇼클리가 트랜지스터 개발에 기여한 공으로 노벨 물리학상을 공동 수상했다. 바딘과 브래튼은 점접촉 트랜지스터를 발명함으로써 고체 증폭기의 실현 가능성을 세상에 입증했다. 쇼클리의 경우, 그 발명을 더욱 실용적인 접합 트랜지스터로 발전시켰고 전체 전자산업의 성장을 이끈 기본적인 반도체 장비 물리학을 개발했다.

물론 트랜지스터의 개발에는 다른 많은 뛰어난 사람들의 기여가 있었다. 특히 무대 뒤에 있던 켈리의 선견지명과 지원은 이 모든 작업을 가능하게 했다. 벨 연구소 역시 단지 그 존재만으로도 이 성공에 중요한 역할을 했다. 이 기간 동안 유럽과 아시아의 모든 국가들은 아직도 제2차 세계대전의 피해를 복구하는 중이어서 세계 어디에도 그렇게 뛰어난 전문가, 고급 교수진, 그리고 혁신 정신이 한곳에 집중되어 있는 곳이 없었다. 벨 연구소의 자원, 독특한 운영 모델, 집중된 연구 목표, 그리고 비교할 수 없는 기술적 역량이 하드웨어와 정보 과학 모두에서 그 시대의 가장 위대한 발명의 길을 닦아 주었던 것이다. 트랜지스터는 그 모든 발명들 중 가장 중심적인 것이었다. 이것은 전자의 힘을 이용하려는 인류의 지속적 노력에 있어서 매우 중요한 진전이었다. 일부 역사학자들은 트랜지스터 발명의 중요성을 바퀴에 비유하기까지 한다. 바퀴가 운송의 혁명을 가져온 것처럼 트랜지스터는 오늘날 우리가 살고 있는 정보사회를 근본적으로 가능하게 했기 때문이다.

15

실리콘밸리의 여명
The Dawn of Silicon Valley

『월스트리트 저널』? 『피지컬 리뷰』?

1950년대 말이 되자, 트랜지스터는 당당히 기술혁명의 맨 앞자리를 차지하게 되었다. 이미 가전제품과 통신 시스템에서는 자리를 잡았고, 새로운 컴퓨터 산업에 동력을 공급하는 역할도 확고해졌다. 초강력 에니악의 한계가 주로 3극진공관의 기질과 짧은 수명에 그 원인이 있었다면, 대신 트랜지스터를 사용하면 훨씬 더 강력하고 믿을 만한 컴퓨터를 만들 수 있을 것이란 상상은 너무도 자명한 것이었다.

트랜지스터가 주도하는 새로운 전자산업의 전망은 밝고 창창해 보였다. 다만 한 가지 슬픈 사실은 벨 연구소의 가장 생산적이고 창의적인 반도체 연구의 시기가 끝났다는 것이다. 벨 연구소는 라이선스 계약을 통해 트랜지스터 개발의 핵심 기술을 공유했기 때문에 해거티가 틸을 데려갈 때 직감했듯이 더 이상 기본적인 반도체 연구에 대규모 투자를 할 이유가 없었다. 이제 새장의 문은 활짝 열렸고 새들이 둥지를 떠나는 것은 단지 시간 문제였다.

1952년에 가장 먼저 둥지를 떠난 사람은 틸이었고, 그 뒤를 이어 1954년에 바딘이 벨 연구소를 떠났다. 항상 밖에서의 모험 — 절벽을 기어오르고 스포츠카를 모는 — 을 즐기던 쇼클리도 이 대탈출에 동참하고 싶은 유혹을 받았다.

1954년, 44살이 된 쇼클리는 중년의 위기를 겪기 시작했다. 아끼던 MG 스포츠 컨버터블을 팔아 품위 있는 재규어 세단을 구입하기도 했다. 쇼클리는 과학 연구계에서는 이미 유명인이었다. 하지만 그는 명예뿐 아니라 돈도 벌고 싶어 했다. 문제는 벨 연구소에서는 부자가 될 방법이 없다는 것이었다. 벨 연구소의 연구원들이 만든 모든 기술은 그 소유권이 연구소에 있었다. 발명자가 얻는 것이라고는 자신이 신청한 특허당 1달러를 상징적으로 받는 것이 전부였다. 직장생활 면에서 보면, 쇼클리는 벨 연구소의 리더가 될 가능성이 그리 커 보이지 않았다. 쇼클리 자신도 동료들이 자기를 기술자로서 존경하는 것이지 매니저나 동료로서는 별로 좋아하지 않는다는 것을 잘 알고 있었다. 얼마간의 깊은 자기성찰 후 쇼클리는 벨 연구소와 그곳에서의 연구원 생활에 작별을 고할 때가 되었다고 결론 지었다. 그는 기본적인 반도체 연구의 정점은 이미 지났고, 논리상 다음 단계는 미지의 것을 탐사하는 선구자들의 등장과 더불어 새로운 반도체 산업의 급속한 부상이 될 것이라고 보았다.

　1954년 말, 쇼클리는 벨 연구소를 떠나 모교인 칼텍의 초빙 교수가 되었다. 하지만 그곳에 오래 머물지는 않았는데, 결국 학계도 돈을 벌기에 적합한 곳은 아니었던 것이다. 그 후 국방부의 선임 고문으로 근무했는데 역시 만족스럽지 못했다. 결국 그는 사업계로 나가기로 결심했다. 쇼클리는 더이상 순수 기술 문제를 해결하거나 과학 논문을 발표하는 것에는 동기 부여가 되지 않았다. 그가 추구하는 것은 돈과 사업적 성공이었다. 동료들에게 넌지시 말했듯이 쇼클리의 이름은 『피지컬 리뷰(Physical Review)』 같은 주로 권위 있는 학계 출판물에서 숱하게 볼 수 있었지만, 이제 쇼클리는 『월스트리트 저널(Wall Street Journal)』에서 자신의 이름을 보고 싶었던 것이다.

　쇼클리는 자신이 선택할 수 있는 것들을 찬찬히 저울질해 본 결과, 새로운 목표를 달성할 수 있는 최선의 방법은 직접 회사를 차려 최신 반도체 장비를 만드는 것임이 확실해졌다. 비록 사업에 대해서는 거의 아는게 없었지만 사장이 되고 싶다는 분명한 목표가 있었기 때문에 기존 반도체회사에 들어가는 것은 애초부터 논외였다. 사업을 시작하기 위해서는 먼저 투자자를 끌어들여야 한다는 것도 잘 알고 있었다. 이 점에서는 쇼클리가 유리했다. 그는 대단한 명성을 가지고 있는, 누구나 인정하는 이분야 최고의 기술 권위자였다. 실제로 그가 사업을 하고자 한다는 말을 듣고 존 D. 록펠러 주니어(John D. Rockefeller, Jr.)를 비롯한 몇몇 막강한 투자자들이 접근해 오기도 했다. 하지만 쇼클리를 만나 본 사람들은 모두 그의 사업 능력이 너무나 부족하고 성격이 완고한 것을 알고는 뒤로 물러났다. 쇼클리 자신도 화가 나서 사업을 체념하려던 순간 문득 학부 과정때 칼텍에서 만났던 옛 친구가 떠올랐다. 아놀드 벡맨(Arnold Beckman)이라는 성공한 사업가였다.

아놀드 벡맨은 뛰어난 과학자로, 원래 화학 박사였지만 전자 분야의 실력도 탄탄하여 벨 연구소의 선구자격인 웨스턴 전기의 기술 부서에서 몇 년간 일하기도 했다. 그는 쇼클리가 칼텍의 학부생이었을 때 대학원을 다니고 있었고 훗날 아주 성공적인 사업가가 되었다.

벡맨의 친구 중 한 명이 남부 캘리포니아에 선키스트 레몬 회사를 가지고 있었다. 이 친구는 레몬을 짜서 보관할 때 농축액과 첨가물의 산도(酸度)를 지속적으로 측정할 수 있는 방법이 필요했다. 하

아놀드 벡맨. Courtesy of the Archives, California Institute of Technology

지만 그 시절에는 그런 측정 도구가 없었는데, 이 이야기를 들은 벡맨은 친구를 위해 효과적이면서도 기발한 전자 pH미터(산성·알칼리성의 농도 지표인 pH를 측정하는 계기 – 역자 주)를 만들어 주었다. 그것을 계기로 벡멘은 '벡맨 계측기(Beckman Instruments)'라는 자신의 회사를 설립하고 화학, 생의학, 광학 연구를 위한 계측기를 전문적으로 생산해 냈다. 그리하여 1955년에는 회사의 연 매출이 2,000만 달러에 이르렀다.

벡맨은 돈이 많았지만 거들먹거리지 않았고 진실한 신사였으며, 과학과 기술에 특별한 열정을 가지고 있었다. 쇼클리가 사업에 대한 지원을 요청하자 벡맨은 장고 끝에 100만 달러를 투자하기로 결심했다. 쇼클리는 이 돈으로 상용 실리콘 트랜지스터 제품 회사를 만들어 '쇼클리 반도체 연구소(Shockly Semiconductor Laboratory)'라고 이름을 지었다. 벡맨은 이 회사를 칼텍과 LA 외곽에 있는 자신의 회사 가까운 곳에 세우려고 했다. 하지만 쇼클

리는 북부 캘리포니아의 샌프란시스코 남쪽에 있는 팰로앨토에 회사를 세우기로 했다. 이곳은 기후도 좋고 근처에 스탠퍼드 대학교와 버클리 대학교가 있어 그 분야의 가장 최신 과학과 기술을 접할 수 있다는 이유에서였다. 또한 스탠퍼드 대학교 공과대학의 예지력 있는 학장 프레드릭 터먼(Fredrick Terman) 역시 그에게 없어서는 안 될 지원자였다. 터먼은 쇼클리를 위해 열심히 벡맨을 설득했고, 결국 벡맨도 동의를 해 주었다.

쇼클리가 회사를 팰로앨토에 세우기를 고집했던 것은 그곳이 자신의 고향이라는 것이 가장 큰 이유였다는 것을 벡맨은 몰랐을 것이다. 쇼클리는 아직도 노모가 살고 있는 자신의 고향으로 돌아가고 싶었던 것이다. 하지만 LA가 아니라 북부 캘리포니아에 회사를 세우기로 한 그의 결정이 바로 실리콘밸리의 탄생을 이끌게 될 줄은 그 누구도 — 아마 쇼클리 자신조차 — 알지 못했다.

쇼클리와 '8인의 반역자'

1955년, 드디어 쇼클리 반도체 연구소가 정식으로 설립되었다. 쇼클리는 그와 함께 일할 전국 최고의 인재들을 뽑기 위해 엄청난 노력을 기울였다. 그러나 벨 연구소의 오랜 동료들 중 단 한 명도 그의 회사에 오지 않았는데, 이것은 쇼클리에게 쓰라린 실망감을 주었다. 하지만 놀랄 일은 아니었다. 쇼클리와 함께 일해 본 사람들은 모두 그가 함께 지내기에 지극히 어려운 사람이라는 것을 잘 알고 있었기 때문이다. 대부분의 사람들은 쇼클리와 조금 거리를 두고 싶어 했을 것이다. 결국 쇼클리는 갓 명문대를 졸업한 젊은 기술 인재들을 모으는 쪽으로 방향을 돌렸다. 이것 역시 향후 세대 전반에 영향을 미쳐, 오늘날에도 실리콘밸리와 하이테크 산업에는 젊은이들의 기백과 열정이 곳곳에 넘치고 있다.

쇼클리의 명성은 1950년대 중반에 그 정점에 이르렀다. 많은 젊은 과학자들이 쇼클리의 연구소로부터 입사 제의를 받는 것을 개인적인 영광으로 생각했다. 무엇보다도 쇼클리는 뛰어난 기술 인재들을 본능적으로 잘 알아보았다. 그는 특화된 기술 전문성으로 무장한 20대 후반에서 30대 초반의 젊은 인재들을 주축으로 강하고 열정적인 회사를 구축했다. 그중에는 MIT에서 박사 학위를 받고 실바니아에서 근무하다 온 연구원 로버트 노이스(Robert Noyce)를 비롯하여 쇼클리와 같은 칼텍 출신의 두뇌가 비상한 고든 무어(Gordon Moore)도 있었다. 미국 전역에 흩어져 있던 젊은 멤버들은 기꺼이 팰로앨토로 옮겨 왔다. 그들은 모두 트랜지스터 기술의 세계 최고 권위자와 함께 일하면서 새로운 산업을 지배하게 될 회사를 만들어 간다는 사실에 한껏 들떠 있었다. 회사 창립 다음 해에 쇼클리가 노벨 물리학상을 받으면서 그들의 열정은 더욱 뜨거워졌다. 모든 직원들이 열의와 영예에 휩싸여 있었다.

그러나 불행히도 쇼클리 반도체 연구소의 행복한 날들은 그리 오래 가지 못했다. 쇼클리는 과학 연구를 할 때에는 정말 뛰어났고 누구도 그와 견줄 수 없는 인물이었지만 사업을 경영하고 사람을 다루는 데 있어서는 그야말로 최악이었다. 그는 지극히 비이성적이고 독재적이었으며 남의 감정에 둔감했다. 더군다나 심각한 편집증에 사로잡혀 있었다. 하지만 이 모든 단점들은 만약 그가 시장의 요구, 제품 전략, 혹은 팀 포커스에 대해 조금이라도 이해하고 있었다면 다 극복될 수 있는 것들이었다. 회사가 문을 열고 얼마 되지 않아 쇼클리는 제품 개발의 초점을 트랜지스터에서 그가 벨 연구소에서 만든 또 다른 기술인 4층 다이오드(four-layer diode)로 옮기기로 결정했다. 4층 다이오드 ─ 기본적으로는 통제된 전자 스위치 - 는 네 개의 별도 p- 및 n- 반도체 재료로 구성되어 있었다. 전류 신호를 켜거나 끈 후에도 4층 다이오드는 추가적인 전력 소비 없이 그대로 있을 수 있다는 것이 특징이자 장점이었다. 이런 속성은 이론상 중앙 교환기에 이상적으로 적용될 수 있었는데, 1937년으로 돌아가 쇼클리가 처음 벨 연구소에 출근했을 때 켈리가 그에게 원했던 목표 중 하나이기도 했다. 하지만 이 장비는 구조적 요구 사항들이 부가되어 트랜지스터보다 훨씬 더 복잡했고, 또 트랜지스터와는 달리 증폭기로 사용될 수도 없었다. 그러다 보니 제품의 목표 시장도 훨씬 작았다.

노이스와 무어를 비롯한 다른 멤버들은 갑자기 사업 방향이 바뀐 데에 크게 낙담해서 직접 쇼클리를 찾아가 4층 다이오드 개발을 말렸다. 하지만 항상 자신이 누구보다도 가장 잘 안다고 확신하는 쇼클리는 그들의 이야기를 단번에 일축해 버렸다. 그는 이미 틸과 TI가 실리콘 트랜지스터 시장에서 선도적인 위치를 차지하고 있는데, 자신의 이름을 건 대표 연구소가 남의 것을 따라 해서는 안 된다고 생각했다. 이것은 학문을 연구하는 사람들 사이에는 흔한 사고방식이다. 쇼클리는 성공하기 위해서는 전적으로 새로운 제품을 개발해야 하고 만약 이 때문에 원래 의도했던 목표와 완전히 다른 시장을 공략해야 한다면 그래야 한다고 단정적으로 말했다. 젊은 기술자들은 마지못해 그들의 보스에게 굴복했다. 하지만 그때부터 그들과 쇼클리 사이에는 서서히 긴장이 조성되기 시작했다.

쇼클리는 사업 전략에 대해 변덕스러웠을 뿐 아니라, 회사의 재무 상황에도 전혀 관심을 보이지 않았다. 사실 그의 신제품 프로젝트에 많은 돈이 투자되면서 회사의 재무 상태가 크게 나빠졌다. 하지만 쇼클리는 이 상황을 헤쳐 나가기 위한 어떤 조치도 취하지 않았다. 4층 다이오드의 출시가 몇 번이나 지연되면서 모두들 곧 닥쳐올지도 모를 재앙을 두려워하고 있었지만 쇼클리는 그들을 내버려 둔 채 계속 현실을 외면하고 있었다. 회사가 점점 붕괴되어 가는 것을 지켜보던 노이스와 무어 그리고 몇몇 다른 젊은 이들이 모여 현 상황을 논의했다. 그리고 더 이상 가만히 있어서는 안 된다는 결론을 내렸다. 자신들의 보스가 회사를 경영하기에는 적합하지 않다고 확신한 그들은 쇼클리 몰래 회사의 재정 후원자인 벡맨을 만나 이야기하기로 결심했다. 로버트 노이스, 고든 무어, 셸던 로버츠(Sheldon Roberts), 유진 클라이너(Eugene Kleiner), 빅터 그리니치(Victor Grinich), 줄리어스 블랭크(Julius Blank), 장 회르니 (Jean Hoerni), 그리고 제이 래스트(Jay Last) 등 여덟 명이 이 거사에 참여했다.

회사를 걱정하는 젊은 기술자들은 벡맨과 두 달에 걸쳐 네 차례 회의를 갖고 회사의 급박한 상황에 대해 논의했다. 그들이 제안한 계획은 쇼클리를 회사 운영에서 손을 떼게 하고 대신 전문 경영인을 고용해 그 역할을 맡기자는 것이었다. 벡맨은 그들에게 다그쳐 물었다. "만약 외부에서 사업의 귀재를 데려온다면 기술과 제품 개발, 그리고 생산은 누가 감독할 것인가?" 그들은 자신들이 하겠다고 자신 있게 대답했다.

결국 벡맨도 상황을 이해했다. 그리고 젊은 기술자들의 말에 일부 동조하기도 했다. 하지만 벡맨은 자신이 쇼클리에게 사업적인 약속뿐만 아니라 개인적인 약속도 한 것이라고 믿고 있었다. 결국 벡맨은 J. P. 모건이 에디슨을 GE에서 내쫓은 것처럼 쇼클리를 내쫓지는 않겠다고 했다. 이 미팅과 결정에 대한 소문은 직원들 사이에 퍼졌고, 결국 쇼클리도 자신의 등 뒤에서 무슨 일이 벌어졌는지를 알게 되었다. 쇼클리는 격노하고 비탄에 빠졌다. 자신이 뽑은 젊은 기술자들에게 배신당했다고 느낀 쇼클리는 그들을 그 유명한 '8인의 반역자(Traitorous Eight)'로 낙인 찍었다고 전해진다. 이 사건 이후 벡맨은 사태를 완화시키기 위해 소폭의 조직 개편을 단행했지만 이미 생긴 균열은 수습할 수 없을 만큼 컸다. 그 8인은 계속해서 쇼클리의 회사에 근무했지만 마음은 이미 딴 곳에 가 있었다.

머지않아 노이스를 비롯한 여덟 명은 쇼클리의 회사를 떠나기로 결심했다. 하지만 그들은 흩어질 생각이 없었다. 그들은 자신들이 하나로 응집된 비전을 가지고 있으며 모두가 함께 그것을 지켜야 한다고 믿었기 때문에 함께 회사를 떠나 다른 회사에 들어가기로 했다. 여덟 명 중 한 명인 유진 클라이너의 아버지가 월 스트리트 투자 중개업 쪽에 인맥이 있었으므로 그를 통해 조언을 구하기로 했다. 놀랍게도 투자회사 쪽에서는 두 명의 자문가를 직접 샌프란시스코까지 보내 8인과 미팅을 가지게 했다. 그중 한 명이 하버드 경영대를 막 나온 아서 락(Arthur Rock)이라는 젊은이였다. 특히 새로운 기술 기반 회사에 대한 투자에 관심이 많았던 락은 패기와 자질이 넘치는 여덟 명의 젊은이에게 깊은 감명을 받았다. 순전히 투자 관점에서만 보더라도 그 여덟 명의 결집된 지식과 역량 자체가 대단한 사업의 기회였다. 미팅이 끝나자 락은 그들을 기존 회사에 소개하는 대신, 투자자를 찾아 자신들의 회사를 만들 것을 과감하게 제안했다.

벤처 캐피탈의 탄생

그 운명적인 미팅 이전까지 노이스 일행은 자신들이 회사를 직접 차린다는 것은 전혀 생각도 못하고 있었다. 하지만 락의 제안이 그들의 비전을 넓혀 주었다. 여덟 명 모두 자신들이 보스가 된다는 생각에 몹시 흥분했다. 하지만 그들은 눈뜬장님은 아니었다. 새로운 사업을 시작하는 것, 특히 사업 경험이나 실적이 많지 않은 젊은이들이 사업을 시작하는 것은 위험성이 아주 크며, 그렇기 때문에 락의 투자중개회사를 포함해서 보수적이고 위험을 기피하려는 은행들이 그들에게 돈을 빌려 주지 않으려 할 것이라는 정도는 잘 알고 있었다. 일단 그들은 락과 같이 다우존스 산업평균지수 목록에서 트랜지스터 사업에 관심이 있을 것이라 생각되는 회사 30개를 추려 냈다. 락은 그 목록을 가지고 뉴욕으로 돌아가 그들 대신 각각의 회사를 접촉하기로 했다.

다음 날부터 락은 30개의 회사에 다량의 문의 서한을 발송했다. 하지만 접촉한 많은 회사들이 그의 제안을 바로 거부하거나 아니면 아예 회신 자체를 거부했다. 가장 문제가 되었던 것은 여기에 관심이 있는 회사들은 이미 내부에 팀을 만들어 트랜지스터 기술을 개발하고 있다는 것이었다. 그런 경우 비슷한 일을 하는 제2의 회사를 외부에 만들어 투자한다는 것은 자연적으로 두 조직 간의 갈등을 유발하고 내부 인력의 사기에 영향을 줄 수 있었다. 나머지 회사들은 단순히 트랜지스터가 그들의 기존 사업과 어떻게 맞을지 모르겠다는 이유로 결국 모두 거절을 했다.

별 진전 없이 시간만 흘러가면서 멤버 여덟 명의 불안감은 점점 더 높아 갔다. 쿠데타를 시도했음에도 불구하고 그들은 여전히 쇼클리의 회사에서 일하고 있었지만, 그 사건 이후로 일하는 것이 우울해졌고, 때로는 노골적으로 불쾌감을 표출하였다. 여덟 명 모두 그곳을 떠날 수 있기를 간절히 바랐으며, 결국 같이 움직이지 못하면 따로 직장을 찾더라도 당장 회사를 그만두자는 말까지 나왔다. 새로운 가능성이 거의 없어 보이던 바로 그때 뉴욕의 락이 셔먼 페어차일드(Sherman Fairchild)와 만날 기회를 얻었다. 셔먼 페어차일드의 아버지는 IBM 창립자 중 한 사람으로, 뉴욕의 거물이었다. 외아들인 그는 아버지의 재산을 모두 물려받아 IBM의 최대 개인주주이자 대부호가 되어 있었다.

페어차일드는 상속받은 재산 외에도 롱아일랜드에 있는 항공과 상업계기 회사를 운영하고 있었는데, 이 회사는 고성능의 항공 카메라 시스템을 전문으로 제작했다. 그의 취미는 비행기와 사진이었는데 엄청난 부자였기 때문에 그 둘을 마음껏 누릴 시간과 기회가 충분했다. 그가 특별한 관심을 가졌던 또 다른 취미는 현란한 신기술이었다. 파티장에서 락을 만난 페어차일드는 그가 제안한 벤처 투자에 귀가 솔깃했고, 바로 얼마 후 샌프란시스코에서 노이스 일행과 미팅을 가졌다. 미팅은 잘 진행되었고, 페어차일드는 미팅에서 보고 들은 것에 깊은 관심을 가졌다. 그는 곧 뉴욕 롱아일랜드에 본부가 있는 '페어차일드 카메라 계기 회사(Fairchild Camera and Instrument Corporation)'의 자회사로 '페어차일드 반도체회사(Fairchild Semiconductor Company)'를 세우는 데 150만 달러를 투자하기로 결정했다. 이 투자에 대한 대가로 페어차일드 카메라 계기 회사가 신규 자회사 지분의 70퍼센트를 소유하고, 나머지 지분에 대한 소유권 및 페어차일드라는 이름의 권리는 향후 되살 수 있도록 했다. 락의 투자중개회사도 일부 현금을 투자해 20퍼센트의 지분을 가지기로 하고, 나머지 10퍼센트는 최초의 창립자 여덟 명이 똑같이 나누었다. 회사의 성공에 전념하겠다는 의미로 각각 500달러씩을 투자하는 것이 회사 설립 시 그들에게 금전적으로 요구된 전부였다. 하지만 그들에게는 피 같은 돈이었다. 모든 당사자들이 동의한 이 거래 형태는 당시에는 누구도 생각지 못한 것이었지만, 오늘날 일반적인 벤처 캐피탈을 탄생시킨 시초가 되었다. 락은 뉴욕에서 샌프란시스코로 이사 오면서 서부 남자가 되어 실리콘밸리 최초의 벤처 캐피탈 펀드를 조성했다. 몇 년이 지나 인텔과 애플 컴퓨터가 창업 자금을 구하러 찾아오면서 아서 락의 회사는 각 회사의 주요 초기 투자자가 되었다.

임무 교대

1957년 9월에 새 회사를 차릴 준비가 모두 끝났다. '8인의 반역자'는 동시에 쇼클리 회사에 사직계를 제출하고, 바로 다음 날 페어차일드 반도체로 출근했다. 그들이 세를 내어 새롭게 둥지를 튼 공장 자리는 쇼클리 반도체 회사에서 겨우 몇 마일 떨어진 비어 있던 건물이었다. 당시에는 반도체 제품 제조 장비를 전문적으로 생산하는 회사가 따로 없었기 때문에 그들은 신생 회사의 장비를 모두 백지 상태에서 새로 설계하고 만들어야만 했다.

그들 여덟 명 중 광학에 대한 경험과 지식이 많았던 로버트 노이스와 제이 래스트는 중고 16밀리 카메라 렌즈로 정밀 노광(light exposure) 기기 3세트를 직접 설계하여 만들었다. 이 기기들은 포토리소그래피 (photolithography) — 빛 에칭(light etching) — 라는 트랜지스터 생산의 핵심 공정에 사용되었다. 무어와 장 회르니는 기체상 확산 전기로(furnace)를 설계하여 만들었다. 그리고 이와 연계된 석영관의 배관도 맡았다. 무어는 과거에 배운 유리 부는 기술을 십분 활용하면서 많은 도움을 주었다. 셸던 로버츠는 실리콘 단결정 인상 장비를 설계하여 만들었다. 빅터 그리니치는 전자 시스템의 전문가였는데 생산된 트랜지스터의 성능을 테스트하는 반자동 장비를 설치했다. 마지막 두 사람, 줄리어스 블랭크와 유진 클라이너는

페어필드 8인, 좌측으로부터 고든 무어, 셸던 로버츠, 유진 클라이너, 로버트 노이스(가운데), 빅터 그리니치, 줄리어스 블랭크, 장 회르니, 그리고 제이 래스트. Wayne Miller/Magnum Photos

이전에 장비 제조에 관여한 경험이 있었다. 그래서 전체 제조 공정의 흐름을 개발하고 모든 장비를 통합하여 작업이 완전하게 이루어지도록 하는 책임을 졌다. 클라이너는 솜씨 좋은 기계공이기도 해서 공장을 갖추는 데 필요한 많은 부품들을 직접 선반 위에서 만들어 냈다. 확실히 이 여덟 명의 남자들은 단순히 책상 앞에만 앉아 있는 기술자들이 아니었다. 그들은 실천적인 개발자들이었고 자신들의 지식을 손에 잡히는 결과로 만들어 내는 능력을 가지고 있었다.

몇 년 안 되는 짧은 기간에 트랜지스터 생산 시설을 백지에서 시작하여 완성하는 작업을 두 번이나 해낸다는 것은 분명 쉬운 일이 아니었을 것이다. 하지만 그들은 신이 나서 열정적으로 일했다. 그들 모두가 새 회사의 지분을 똑같이 가지고 있는 주인이었기 때문이다. 이제 자신들의 운명을 자기들 마음대로 바꿀 수 있었고, 더 이상 쇼클리가 그들의 길을 방해하지 않을 것이라는 데 한껏 고무되어 있었다. 독재적이고 변덕스러운 쇼클리 때문에 회사가 궤도에서 벗어나는 일도 다시는 없을 것이었다. 그들 회사의 목표는 분명하고 확고했다. 모든 에너지는 확산 기술을 사용해 최고의 실리콘 트랜지스터를 만드는 것에 집중되었다. 두 달 후, 그들은 IBM으로부터 50만 달러 상당의 첫 주문을 받았다. 이 수입으로 본격적인 성장의 발판이 마련되면서, 전국적으로 숙련된 전문가들을 대거 채용했다. 페어차일드 반도체는 새 공장 건물로 입주한 지 10개월 만에 IBM으로부터 주문받은 트랜지스터를 성공적으로 생산하여 납품했다. 이제 사실상 새 회사가 탄생한 것이었다.

이후 이 '8인의 반역자'를 흉내 낸 비슷한 일들이 실리콘밸리의 다른 회사들에서 수없이 반복되었다. 만약 벡맨이 그 8인의 제안을 받아들이기만 했더라도 그들은 계속 쇼클리 반도체 연구소에 머물렀을 것이고, 연구소는 아마 세계에서 가장 크고 성공적인 반도체 기업이 되었을지도 모른다. 그리고 북부 캘리포니아가 창업 활동의 본거지가 되는 일도 결코 없었을 것이다. 마찬가지로 만약 락이 그 긴박한 마지막 순간에 셔먼 페어차일드를 만나 벤처에 대한 투자를 이끌어 내지 못했다면 그 8인은 각각 자신의 길을 갔을 것이고, 오늘날 우리가 아는 실리콘밸리는 존재하지 못했을 것이다. 인생이 그런 우연과 기회들에 따라 얼마나 좌지우지되는지를 생각해 보면 그저 경이로울 뿐이다.

페어차일드의 성공과는 대조적으로, 사업 초기부터 극히 허약했던 쇼클리 반도체 연구소는 그 8인이 떠난 후 심각한 위기에 빠졌다. 무엇보다 이 연구소에서 만든 4층 다이오드의 시제품 샘플을 벨 연구소에서 테스트했는데 불행히도 중앙전화교환기의 규격을 맞추지 못했다. 8인이 경고했듯이 이 제품을 소비할 다른 큰 시장이나 고객은 없었고, 결국 쇼클리의 회사는 붕괴되고 말았다. 벡맨은 마침내 그 상황을 현실로 받아들였고, 회사를 잘 알려지지 않은 클리바이트(Clevite)라는 소기업에 조용히 매각했다.

돌이켜보면, 쇼클리가 인재를 알아보는 날카로운 눈을 가지고 있었음은 인정하지 않을 수 없는 사실이다. 그가 발굴한 8인은 모두 최고의 기술자였고 각자의 전문성이 서로를 완벽하게 보완해 주었다. 쇼클리가 그들이 가져다준 기회를 자신의 지도력 부족으로 제대로 활용하지 못한 것은 안타까운 일이다. 그들은 회사의 수익성을 높이고, 쇼클리가 그토록 바라던 부를 창출해 줄 수 있는 최고의 인재들이었다. 하지만 그들은 다른 곳으로 떠났고 쇼클리는 결국 실패하고 말았다. 그런데 이 8인이 쇼클리의 회사를 떠나기도 전에 이미 새 회사를 세우고 운영할 준비를 했다는 것은 흥미롭게 봐야 할 대목이다. 그렇다면 그들이 쇼클리의 회사에 아직 고용되어 있는 동안 취업 규칙을 위반하고 회사의 등록 기술을 가지고 나왔을 가능성이 분명히 있다는 것이다. 실제로 벡맨은 그 8인을 법정에 세우는 것까지 고려했지만 결국 그러지는 않았다. 아마도 벡맨은 그들이 회사를 떠나기 전에 수 차례 그를 찾아와 회사의 문제를 같이 풀려고 했다는 사실을 존중했던 것일 수도 있다. 어찌 되었건 간에 페어차일드의 성공과는 대조적으로 쇼클리의 회사는 실패를 했고 그는 완전히 파탄에 빠졌다.

자신의 대표 연구소가 제3자에게 팔리고 연구소 이름에서 자신의 이름도 없어지자 쇼클리는 다시 비록 보수는 적지만 안전한 피난처인 학교로 돌아갔다. 그는 스탠퍼드 대학교의 교수로 지내면서 실리콘밸리가 눈부신 성장을 하는 동안 조용히 옆으로 밀려나 있었다. 낙담한 쇼클리는 어딘가 불안정해 보였으며, 물리학에 대한 연구를 대부분 중단하고 대신 논란이 많았던 우생학 ─ 목적에 기반한 인간의 번식 ─ 에 집중했다. 그는 전립선암으로 79살에 세상을 떠났는데, 임종 시 적어도 버림받은 사람은 아니었지만 그가 그렇게도 원했던 칭송받는 영웅도 아니었다. 쇼클리가 반도체의 역사에 가장 많은 영향을 미친 사람이라는 것은 의심의 여지가 없는 사실이다. 하지만 그는 결함 있는 천재였다. 그는 눈에 보이지도 않는 작은 전자를 활용하려는 인류의 여정에 핵심적인 기여를 했지만, 그가 늘 바랐던 대로 그의 이름이 일반 언론에서 빛나는 영예를 차지하는 데는 결코 이르지 못했다. 아이러니하게도 그의 이름이 『월스트리트 저널』에서 가장 유명하게 다루어진 것은 그의 이름이 들어간 쇼클리 반도체 연구소의 특가 처분을 알릴 때였다.

교육자 쇼클리

– 대릭 청

1960년대 후반과 1970년대 초, 스탠퍼드의 학부생이었던 나는 운 좋게도 쇼클리 교수가 가르치는 수업을 세 과목이나 들을 수 있었다. 그의 인상은 대단히 명석하고 부드러운 성격을 지닌, 그러면서도 강한 경쟁 본능에 이끌렸던 사람이었다. 그는 절대 학생들 앞에서 잘난 체하지 않았다. 강의에는 항상 이례적으로 진지했고 수업을 빼먹은 적은 한 번도 없었다. 우리가 공부했던 교재는 그의 1950년도 명저인 『반도체의 전자와 양공』이었다. 강의 중에 쇼클리는 주제에 대한 개념적인 이해, 머릿속에 그림 그리기, 그리고 솔루션에 이르는 데 필요한 노력과 비용의 추정치를 빨리 개발하는 것이 중요하다고 강조했다. 다른 많은 과학자들과 달리 그는 개념을 표현하고, 계량적인 가치를 끌어내는 데 수학을 유용하게 활용했다. 그리고 개념적인 솔루션과 그 개발을 위한 추정치가 나온 다음에 상세한 공학적 설계에 수학을 활용해야 한다고 강조했다.

쇼클리는 활기찬 정신을 가졌고, 고정관념을 벗어난 가능성을 즐겨 찾았다. 복잡한 문제를 풀 때는 먼저 그것을 일련의 단순한 문제들로 나누고, 그중 가장 간단한 문제부터 먼저 공략하여 답을 이끌어 냈다. 또 여러 가지 이유로 즉시 답을 찾을 수 없는 문제들이 많다는 것을 자주 강조했다. 오랫동안 열심히 연구를 했는데도 문제가 풀리지 않는다면 뒤로 물러나서 모든 기본적 요소들을 다시 고려해야 한다고 했다. 아직도 생생하게 기억나는 것은 시험 시간에 아무도 풀 수 없는 양자역학 문제가 나와 모두가 당혹해했던 사건이다. 나중에 우리의 이야기를 듣고 쇼클리는 한바탕 크게 웃고는 말했다. "혹시 여러분 중에 내가 제시한 경계 조건들이 서로 모순된다고 생각한 사람은 없나?" 그제야 우리는 이해가 되기 시작했다. "문제 자체가 옳게 정의되지 않았기 때문에 이 문제에 대한 답은 없네!" 아마 우리가 쇼클리처럼 넓게 생각하는 것을 배우지 못해서 그랬을 수 있다. 아니면 모두가 그처럼 권위 있는 사람에게 겁을 먹어 그가 제시한 프레임워크에 감히 의문을 달지 못했을 수도 있다. 여하튼 그 사건은 우리 모두에게 항상 문제가 타당한지 먼저 물어보라는 것과, 모든 힘을 쏟아 문제를 공략하기 전에 그 정의를 충분히 생각해야 한다는 것을 가르쳐 준 아주 소중한 교훈이었다.

쇼클리는 자신도 인정했듯이 시장에서는 실패했지만 억울해하는 것 같지는 않았다. 그는 가끔 강의 중에 벨 연구소에서의 지난날들에 대해 한두 마디 이야기는 했지만 절대 우생학이나 '8인의 반역자'에 대해서는 이야기하지 않았다. 그는 자신만의 비판적인 사고법에 대하여 논의하는 것을 매우 좋아했는데 특히 '생각하려는 의지'와 '창조적 실패'를 극찬했다. '생각하려는 의지'는 1947년 연말에 2주간을 호텔 방 안에 칩거하면서 접합 트랜지스터에 대한 생각을 정리한 것을 예로 들었다. '창조적 실패'로서는 바딘과 브래튼의 점접촉 트랜지스터의 예를 가장 좋아했다. 비록 그 장비가 시장에서 실패하기는 했지만 더 나은 접합 트랜지스터의 발명을 이끌어 냈다는 것이다! 그래서 창조적 실패는 비난받아서는 안 된다는 것이 그의 생각이었다. 사고방식만 바르다면 창조적 실패야말로 성공을 위한 중요한 전제 조건이라는 것이다. 결국 쇼클리의 반도체 연구소가 도산한 사실 자체도 '창조적 실패'의 표본이 되어 실리콘밸리의 엄청난 성공을 낳은 것이 아닐까?

16

집적회로와 칩
The Integrated Circuit and the Chip

 1957년, 소련에서 스푸트니크(Sputnik) 위성이 성공적으로 발사되자 미국은 충격과 놀라움에 빠졌다. 사실상 도발에 가까운 이 사건에 대응해 미국은 1958년 초 두 개의 새로운 정부 기관을 설립했다. 항공우주국(NASA: National Aeronautics and Space Administration)과 방위고등연구계획국(DARPA: Defense Advanced Research Projects Agency)이 그것이다. 이 두 기관은 우주와 군사 기술 분야에서 미국의 세계적 지도력을 빠르게 회복하고 지속시키는 임무를 맡았다.

두 기관 모두에 많은 예산이 할당됐다. 이는 아직 성장 중인 반도체회사들에게는 특히 좋은 소식이었는데, 그들의 주요 고객이 방위산업에 있었기 때문이다. 페어차일드가 회사를 설립하고 6개월이 채 되지 않아 IBM으로부터 주문받았던 고급 실리콘 트랜지스터도 국방용으로 주문 생산되는 컴퓨터에 쓰인 것이었다. 얼마 지나지 않아 페어차일드는 NASA나 DARPA와 구매 혹은 기술 개발 계약을 직접 체결하게 되었다. 그러면서 엄청난 돈이 쏟아져 들어와 회사는 금방 흑자로 돌아섰고 덩달아 트랜지스터 기술도 더 발전하기 시작했다. TI, 모토롤라, 그리고 다른 반도체회사에서도 역시 비슷한 상황이 벌어졌다.

마침내 트랜지스터가 진공관을 대체하게 되면서, 우주선과 로켓을 위한 가볍고 간편한 전자 유도 장치와 통신 시스템의 구축도 가능하게 되었다. 초기 트랜지스터 패키징은 벨 연구소의 판(Pfann)이 개발한 작은 금속 캔이 표준이었다. 진공관보다 훨씬 작았지만 크기나 무게가 아직 최적 수준에는 많이 미치지 못했다. 트랜지스터의 크기를 좀 더 줄이자는 의견도 있었지만, 더 나은 방법은 캔 자체를 없애는 것이었다.

킬비와 최초의 집적회로

1943년, 영국에서 활동 중이던 오스트리아의 연구가 폴 아이슬러(Paul Eisler)가 인쇄 회로기판(printed circuit board: PCB) 기술을 발명했다. PCB는 회로판 위에 금속화된 연결 패턴을 디자인하고 거기에 포장되지 않은 작은 저항기와 축전기를 직접 납땜하는 것이었다. 미군의 기술 전문가들은 PCB가 전체 전자회로의 크기와 무게를 대폭 줄일 수 있는 가능성이 아주 크다고 보았다. 더군다나 철사로 연결해야만 했던 부품들의 수를 줄임으로써 회로의 신뢰도를 높이는 효과도 기대할 수 있었다. 군의 자금 지원에 힘입어 곧

PCB 개념을 바탕으로 한 '박막 하이브리드(thin-film hybrid)'라는 한층 더 발전된 반도체 패키징 기술이 개발되었다. 이것은 별도로 설계된 금속화된 연결 패턴을 가진 다층의 얇은 세라믹 막 ─ 절연체 ─ 을 정확히 쌓은 후 금속 기둥으로 채워진 구멍들을 통해 전기를 이용하여 수직으로 상호 연결하는 것이었다. 그런 다음 축전기, 저항기, 다이오드, 그리고 포장되지 않은 트랜지스터 칩 같은 극소형화된 전자 부품들을 이 세라믹 더미 위의 정확한 자리에 놓았다. 마지막으로 이 전자 부품들을 세라믹 기판 위 전기 연결 패턴에 납땜하면 간편하고 견고하며 모든 것이 들어 있는 회로가 완성되었다.

박막 하이브리드 기술을 사용하면 레이더 추적 회로를 아주 작게 만들어 유도 로켓의 노즈콘(nose cone) 안에 장착할 수도 있었다. 설계자들이 회로의 물리적 크기는 줄이고 복잡도는 늘리는 방법들을 발견하면서 박막 하이브리드 회로의 힘과 능력은 점점 더 강해졌다. 젊은 기술자 잭 킬비(Jack Kilby)도 이런 전문 설계자 중의 한 사람이었다.

잭 킬비는 과묵했지만 사고방식이 누구보다도 논리적이고 철저한 사람이었다. 제2차 세계 대전이 터지자 건장한 젊은이였던 킬비는 다른 젊은이들과 마찬가지로 육군에 입대했다. 하지만 키가 198센티미터나 되어 전방에서 근무하기에는 너무 컸기 때문에 미얀마에 있는 후방 캠프로 가게 되었다. 그가 미얀마에서 맡은 주 임무는 부대의 라디오 통신 장비를 유지 보수하는 일이었다. 아시아 대륙의 심한 습도로 인해 부대의 라디오

잭 킬비. Courtesy of Texas Instruments, Inc.

장비는 수시로 고장이 났다. 문제 해결능력이 뛰어났던 킬비는 라디오 설계를 일부 수정하여 장비의 신뢰성을 크게 향상시킴으로써 자신의 부대에 매우 소중한 기여를 했다.

전쟁이 끝난 후 킬비는 일리노이 대학교에서 학업을 마치고 전기 공학사 학위를 받았다. 그리고 1947년 밀워키에 있는 중간 규모의 전자회사 센트라랩(Centralab)에 취직했다. 센트라랩은 박막 하이브리드 기술에 바탕을 둔 회로를 설계하고 제작하는 전문 회사였다. 입사 후 5년이 지나자 킬비는 자신이 맡은 일에 싫증이 나기 시작했다. 그 무렵 마침 행운이 그를 찾아왔다. 1952년, 센트라랩은 킬비를 벨 연구소에 보내 역사적인 트랜지스터 기술강좌를 듣게 했다. 킬비는 즉시 이 반도체 기술에 매료되었고 그 최첨단 기술과 관련된 일을 계속 하고 싶어 했다. 하지만 불행히도 센트라랩은 트랜지스터 기술의 라이선스는 얻었지만 그것을 사업에 이용할 계획이나 자원이 없었다. 결국 킬비는 그의 관심사를 계속 이어 나가기 위해서는 회사를 떠날 수밖에 없다는 것을 깨달았다.

1958년, 킬비는 TI로 옮겨 중앙연구소(Central Research Lab)에서 일하게 되었다. 이 연구소는 팻 해거티가 TI를 트랜지스터 기술의 세계적 리더로 만들겠다는 비전 아래 만든 조직이었다. 킬비는 새로운 조직이 주는 가능성에 대한 기대로 온통 흥분에 휩싸였다. 그는 뭐든지 빨리 배우고 획기적인 사고력을 가지고 있었지만, 무엇보다도 잘 훈련된 사색가이기도 했다. 얼마 안 가 그의 마음속에는 새로운 아이디어가 자리 잡기 시작했다.

TI에서 처음 맞는 7월, 여름 휴가철이 되자 대부분의 직원들은 가족여행을 가느라 회사를 비웠다. 하지만 신참이었고 아직 휴가 일수를 충분히 쌓지 못한 킬비는 남아 있는 몇 안 되는 직원들과 함께 쓸쓸하게 연구소를 지키게 되었다. 이 시간과 공간은 자신의 생각들을 주위의 간섭 없이 정리할 수 있는 흔치 않은 기회였고, 킬비는 그 기회를 잘 활용했다.

센트라랩에 있던 몇 년 동안 킬비는 박막 하이브리드 기술을 활용해 회로를 설계하는 공정에 아주 익숙해 있었다. 또 그런 회로에서 통상적으로 사용하는 부품들, 즉 칩 형태의 트랜지스터, 다이오드, 저항기, 축전기, 그리고 유도기 등도 잘 알고 있었다. 킬비는 이전 회사에서 쌓은 지식과 새로 접한 트랜지스터 제조 과정을 접목하여 확산 공정 후에는 게르마늄이나 실리콘 웨이퍼가 개별 트랜지스터로만 에칭되는 것이 아니라 다른 동등 부품으로도 만들어질 수 있다는 것을 알아냈다. 예를 들면, 트랜지스터의 두 접합 중 하나만을 사용하면 트랜지스터가 다이오드처럼 작동했고, 비전도성 모드로 작동되는 다이오드는 축전기 같은 역할을 했다. 그리고 p-n 접합이 없는 반도체 자체는 본질적으로는 저항기였다. 생각을 거듭할수록 박막 하이브리드 회로에 사용되는 모든 필요 부품들을 실제로는 반도체 재료 하나로 다 만들 수 있다는 것이 더욱 분명해졌다. 킬비는 제조 과정을 충분히 고려하여 하나의 게르마늄 조각 위에 현실적으로 조립할 수 있는 부품들의 수를 분석해 보았다. 그 결과 모든 유용한 전자회로가 하나의 작은 게르마늄 조각 위에 바로 만들어질 수 있다는 것을 확신하게 되었다.

휴가를 갔던 직원들이 돌아오자 킬비는 바로 상사들을 찾아가 자신의 아이디어를 상세한 분석 결과와 함께 설명했다. 그들은 킬비가 뭔가 해낼 것 같다는 데 의견이 일치했고, 경영진 역시 자신의 아이디어를 증명하기 위한 킬비의 열정과 시도를 아낌없이 지원해 주었다. 킬비는 트랜지스터 제조를 위해 이미 이중의 확산 공정을 거친 게르마늄 조각을 연구소 기술자에게 요청해서 받았다. 그리고 샘플의 표면을 에칭하여 트랜지스터, 다이오드, 축전기 및 저항기를 만들어 줄 것을 요청했다. 마지막으로 자신이 직접 골드 와이어를 납땜해 모든 부품들이 전기적으로 연결된 완전한 회로를 만들

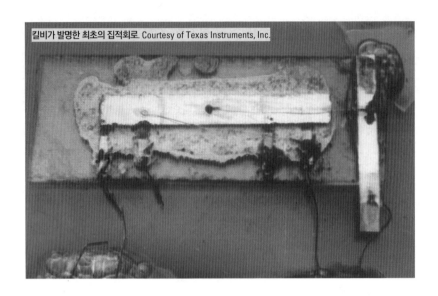

킬비가 발명한 최초의 집적회로. Courtesy of Texas Instruments, Inc.

었다. 와이어는 추가적으로 유도체 기능을 제공함으로써 부품에 필요한 요구사항 모두를 완성시켜 주었다. 킬비가 실행하고자 했던 회로는 간단한 발진기였다. 그것은 1914년 라디오 시대를 열었던 에드윈 암스트롱이 반송파를 발생시키기 위해 만든 것과 똑같은 설계였다.

킬비가 대단히 조악한 그의 '집적회로(integrated circuit)'에 연결된 골드 와이어에 조심스럽게 전압을 적용하자 회로의 출력신호를 측정하는 CRT 스크린에서 뭔가 움직이는 것이 보이기 시작했다. 회로를 좀 더 다듬자 설계목표에 근접한 초당 100만 사이클의 발진신호가 스크린에 뚜렷이 나타났다. 성공이었다! 처음으로 전체 회로가 하나의 반도체 조각 안에 통합된 것이다. 이렇게 하여 1958년 9월 12일, 세계 최초의 집적회로가 탄생했다.

첫눈에 집적회로의 중요성을 알아본 TI 경영진은 특허 신청 전까지 킬비의 발명을 철저히 비밀에 붙였다. 게르마늄 집적회로가 성공한 지 얼마 되지 않아 킬비는 같은 개념을 더 범용적 소재인 실리콘에도 적용할 수 있음을 증명했다. 그리고 계속해서 더 많은 부품을 칩 위에 에칭해야 하는 더 복잡한 회로를 설계하고 만들어 나갔다. 하지만 이 모든 과정에서 한 가지 풀리지 않는 근본적 문제가 있었다. 어떻게 해야 하나의 칩 위에 에칭된 모든 부품들을 서로 견고하게 연결할 수 있을까? 일단 하나의 칩 위에 실제 작동하는 회로를 만드는 데는 성공했다. 하지만 각 부품을 그가 한 것처럼 돌출된 골드 와이어를 가지고 납땜하는 것은 단지 임시방편일 뿐이었다. 그것은 거추장스럽고 신뢰할 수 없는, 그리고 꼴사나운 것이었다. 더 큰 회로를 만들기 위해 확장할 수도 없었고, 무엇보다 대량생산이 어려울 것 같았다. 킬비는 이 장애물에 많이 당황했는데, 그의 천재성에도 불구하고 좀처럼 적절한 해결책을 찾을 수 없었다. 집적회로에 대한 최종 특허를 신청할 때도 다수의 부품들을 잠재적으로 박막재료를 이용해 연결한다는 것을 모호하게 언급하는 데 그치고 말았다. 그는 이 개념을 박막 하이브리드 기술에서 빌려 왔지만 실제로 칩 제조 공정에 호환될 수 있는 구체적 기술은 아직 없었다. 누군가 구체적이고 실질적인 해결책을 찾아내야만 했다.

회르니와 플레이너 공정

스위스 태생의 장 회르니는 소년 시절부터 눈이 쌓인 스위스의 아름다운 산을 즐겨 탔다. 학업이 우수한 학생이기도 해서 아주 어려서부터 연구 물리학자가 될 꿈을 꾸었다. 그는 제네바 대학에서 물리학 박사 학위를 받았으며, 케임브리지 대학에서 이론물리학으로 두 번째 박사 학위를 받았다. 1954년에는 박사 후(post-doctoral) 과정을 위해 칼텍으로 옮겼고 당시 초빙 교수로 와 있던 윌리엄 쇼클리를 만나 깊은 감명을 받았다. 쇼클리가 벨 연구소를 나와 자신의 다음 거취를 고민하고 있을 때였다.

1955년, 자신이 창업한 새 회사의 직원을 뽑고 있던 쇼클리는 회르니를

장 회르니. Wayne Miller/Magnum Photos

떠올리고 직접 칼텍까지 가서 그를 만났다. 회르니는 그때까지 자신이 산업계에서 일한다는 것은 생각해 본 적이 없었지만 쇼클리의 진실된 태도와 솔깃한 제안을 거절하기가 어려웠다. 결국 회르니는 일단 한번 해 보기로 결심하고 쇼클리 반도체에 입사했다. 하지만 다른 사람들과 마찬가지로 쇼클리의 퉁명스럽고 생소한 경영 스타일을 못 견뎠고 결국 8인 반역자의 한 사람이 되어 페어차일드로 떠났다.

킬비가 TI에 들어갈 때쯤에는 회르니와 그의 동료들이 모두 페어차일드에서 실리콘 트랜지스터의 양산을 위한 확산 기술을 열심히 개발하고 있었다. 페어차일드의 트랜지스터는 성능이 아주 좋았고, 덕분에 고객들로부터 인기가 높아 매출이 가파르게 상승하고 있었다. 하지만 그런 상업적 성공에도 불구하고, 트랜지스터의 생산수율은 여전히 낮았고 일부 중요한 장비의 신뢰도 문제를 해결하는 데 어려움을 겪고 있었다.

통상 p-n 접합 형성을 위한 불순물 확산 공정이 완료되고 나면 포토리소그래피(photolithography) 기법으로 웨이퍼를 에칭하여 격리되고 독립된 트랜지스터를 만들어 낸다. 완성된 트랜지스터의 에칭된 옆모습은 꼭 평평하고 넓은 정상과 가파른 경사면을 가진 사막의 메사(mesa)를 축소해 놓은 것 같았다. 그래서 '메사 트랜지스터'라는 이름까지 생겨났는데, 이 메사의 급경사면에 노출된 p-n 접합은 매우 민감해서 세심한 주의를 요했다. 하지만 실제로 이 부분을 보호하기가 아주 어려워, 모든 트랜지스터 생산업체들이 수율과 신뢰도 문제를 겪는 주요 원인이 되었다.

이 문제 해결을 위한 기본 기술은, 놀라운 일이 아닐 테지만, 벨 연구소에서 나왔다. 1954년, 칼 프로시(Carl Frosch)가 이끄는 연구 팀은 실리콘의 기체상 불순물 확산 기법을 더 정제하는 연구를 하고 있었다. 그들은 우연히 고온의 확산 과정 중 기체 흐름에 수증기를 더하면 실리콘 표면의 손상이 최소화된다는 것을 발견했다. 대개 확산 처리 과정에서 실리콘의 표면이 기체에 의해 손상되고 파이게 되는데, 이 증기가 실리콘 표면을 산화시키면서 얇고 균일한 유리 같은 실리콘 산화막(silicon dioxide: SiO_2)을 만들어 주는 것이다. 이 실리콘 산화막은 지속적이고, 밀도가 높고, 화학적으로 안정되어 있으며, 전기 절연성이 있어 외부 환경으로부터 실리콘 내부를 보호하는 완벽한 방패 역할을 했다. 자동 절연은 실리콘과 이 '열성장(thermally grown)' 실리콘 산화물의 독특한 속성이다. 게르마늄을 비롯한 다른 반도체 중에는 이런 속성을 보여 주는 것이 없다. 1956년, 프로시 팀은 이 중요한 발견을 공개적으로 발표했지만 급성장하는 반도체 산업에서 별 관심을 끌지는 못했다.

당시 급부상한 페어차일드 반도체는 고객의 대량주문을 소화해 내는 데 많은 어려움을 겪고 있었다. 전형적인 고성장 신생 회사들처럼 신상품을 개발하고, 급한 문제를 해결하고, 고객 요구에 대응하느라 바빠서 정신을 차릴 수가 없었다. 회르니 역시 낮은 수율 문제로 골치를 앓고 있던 한 트랜지스터의 생산을 맡아 줄곧 스트레스를 받고 있었다. 하지만 다른 기술자나 매니저들이 신기술을 공부할 여유가 없었던 것과는 달리, 천생 학자였던 회르니는 어떻게든 시간을 내어 새로운 기술 발전, 특히 벨 연구소에서 나오는 반도체 연구에 관한 최신 소식을 늘 듣고 있었다. 그래서 프로시의 실리콘과 실리콘 산화물의 기본적 속성에 관한 연구에 대해서도 알고 있었다. 1957년 초, 회르니는 불현듯 이 지식을 적용하면 실리콘 트랜지스터 제조 공정을 새롭게 개선할 수 있겠다는 생각이 들었다. 그리고 그해의 대부분을 프로시의 아이디어를 활용하는 방법을 생각하며 보냈다. 쇼클리가 봤으면 기뻐했을 '생각하려는 의지'를 보여 준 것이었다. 1957년 말이 되어, 회르니는 트랜지스터를 제조하는 완전히 새로운 공정의 초기 설계를 완성했다.

회르니의 새 제조 기법은 포토리소그래피, 에칭, 확산·산화, 그리고 실리콘 웨이퍼에 대한 박막 금속화 등의 조합을 반복적으로 사용하는 것이었다. 이 접근법은 확산 공정에서 자연스럽게 형성된 열성장 실리콘 산화막을 최대한 이용하여 민감한 실리콘 표면 ─ 특히 p-n 접합들 ─ 을 외부로부터 효과적으로 보호하고 봉쇄해 주었다. 마치 고치가 연약한 누에 유충을 보호하는 것과 같았다. 이 공정의 핵심 장점은 모든 트랜지스터가 평평한 면 위에 같이 만들어지고 날카로운 모서리나 급격한 경사로 에칭된 메사가 없다는 것이었다. 이 때문에 회르니는 새 공정을 '플레이너 공정(planar process: 평면 공정)'이라고 이름 지었다.

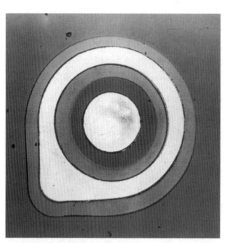

회르니의 첫 번째 플레이너 트랜지스터.
Courtesy of Fairchild Semiconductors

처음에는 페어차일드의 어느 누구도, 심지어는 예지력 있는 노이스와 무어까지도 이 플레이너 공정의 중요성을 인식하지 못했다. 그들 모두는 납기 일정을 맞추기 위해 미친 듯이 메사 트랜지스터를 만드느라 정신이 없었다. 새로운 실험에 신경을 쓸 사람이나 장비의 여력이 전혀 없다 보니 회르니의 아이디어는 일 년 동안 책상 속에서 잠들어 있어야 했다. 그러던 중 1959년 1월, 회르니는 우여곡절 끝에 전체 공정을 완성하여 첫 번째 플레이너 트랜지스터를 만들어 냈다. 그의 플레이너 공정을 통해 만들어진 트랜지스터는 테스트 결과 모든 사람(물론 회르니를 제외한)이 놀랄 정도로 균일성, 신뢰도, 수율 등 주요 지표 전부에서 메사 트랜지스터를 압도했다. 이 지표들은 성공적인 양산 및 적용 시 신뢰도와 밀접하게 관련되어 있는 것들이다. 이로써 페어차일드는 트랜지스터 디자인과 생산을 획기적으로 향상시킬 수 있는 결정적 기술을 보유하게 되었다. 회사는 서둘러 회르니의 공정에 대한 특허 보호를 신청하는 동시에 대담한 사업적 결정을 내렸다. 그 시점 이후로 모든 페어차일드 트랜지스터는 새로운 플레이너 공정으로 만든다는 것이었다.

노이스와 칩

플레이너 공정의 성공적인 개발과 실행은 페어차일드에 중요한 사건이었을 뿐 아니라 전체 산업에도 지대한 영향을 미쳤다. 페어차일드 반도체 특허 출원을 위해 모든 기술자들이 모여 미팅을 하던 중 특허 대리인이 참가자들에게 특허 신청에 포함되어야 할 관련 아이디어가 더 있는지를 물어보았다. 이 질문이 노이스의 '생각하려는 의지'를 자극했다. 플레이너 공정의 평면성과 통일성을 생각하던 노이스는 절연 실리콘 산화물 층에 박막 금속화를 적용해 회로의 모든 부품들을 하나의 반도체 칩에 상호 연결하는 것을 그려 보았다. 노이스는 킬비가 TI에서 진행하고 있는 작업에 대해 구체적인 지식은 없었지만 두 사람은 확실히 같은 생각을 하고 있었다. 노이스의 아이디어는 킬비의 첫 시연 이후에 나왔지만 그는 회르니의 작업을 잘 이해한 덕분에 플레이너 공정의 간단한 연장으로 모놀리식 집적회로(monolithic integrated circuit) ─ 상호 연결을 위해 압출 가공한 와이어가 필요 없는 회로 ─ 를 설계하고 만들 수 있다는 것을 알게 되었다. 노이스와 페어차일드 팀은 킬비가 혼자 쩔쩔 매고 있던 문제를 드디어 해결한 것이었다.

노이스는 광범위한 분석과 실험 끝에 그의 새로운 개념에 기초한 간단한 플립플롭(flip-flop) 논리회로를 디자인했다. 1961년, 8인의 반역자 중 한 명인 제이 래스트는 플레이너 공정을 사용해 새로운 집적회로를 성공적으로 만들어 냈다. 이 집적회로는 두 개의 트랜지스터, 몇 개의 저항기, 그리고 한 개의 축전기로 이루어졌는데, 모든 부품들이 단일 실리콘 칩 위에 완전히 통합되어 상호 연결되어 있었다. 그러나 와이어는 하나도 달려 있지 않

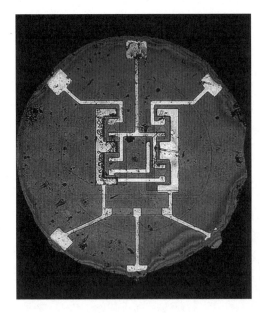

로버트 노이스가 디자인하고 제이 래스트가 만든 최초의 모놀리식 집적회로, 혹은 칩.
Courtesy of Fairchild Semiconductor

았다. 후에 노이스의 접근법은 킬비의 것과 구분하기 위해 '모놀리식 집적 회로' 혹은 간단히 '칩(chip)'이라 불리게 된다.

노이스의 칩은 별다른 오류 없이 잘 작동했다. 더 중요한 것은 이 칩이 만 들어진 순간부터 생산 준비가 되어 있었다는 것이다. 그것은 실용적이고 견 고하며 확장성이 있고 양산에 적합했다. 칩은 역사적인 업적이었고 현대 전 자 세대의 시작을 상징했다. 이제 인류는 이 작은 실리콘 조각에 만들어진 실제 기능하는 회로 — 칩 — 를 통해 전자의 복잡한 흐름을 정확히 통제할 수 있게 되었다. 칩 기술은 초기 기본 개념과 제조 기법에 바탕을 두고 그 후 50여 년간 극적인 성장을 하게 된다. 1961년에 만들어진 최초의 플립플롭 칩은 두 개의 트랜지스터만을 사용한 것이었다. 오늘날 그것과 비슷한 크기 의 칩에는 50억 개 이상의 트랜지스터를 사용할 수 있다. 이것은 1903년 라 이트 형제(Wright Brothers)의 최초의 비행기를 A-380 혹은 보잉787과 비교 하는 것과 비슷하다 — 비행기의 기본 디자인과 공기역학의 원리는 똑같지 만 연루된 복잡도가 전혀 다른 것이다.

칩은 참으로 감명 깊은 발명이었지만, 이것을 두고 벌어진 법적 다툼은 결코 그렇지 못했다. 킬비의 특허 신청이 노이스의 것보다 먼저 접수되었음 에도 불구하고 특허는 노이스에게 먼저 주어졌다. TI의 항소로 결정이 뒤 집어졌지만, 이번에는 페어차일드가 그 결과에 맞서 항소를 하면서 다시 결 과가 뒤바뀌었다. 이런 상황이 반복되면서 결국 양측이 타협을 해야 한다는 것이 분명해졌다. TI는 집적회로에 대한 배타적인 특허를 원했지만, 그렇더 라도 페어차일드의 플레이너 공정 없이는 생산이 불가능할 것이 확실했다. 마찬가지로 노이스와 페어차일드의 기술자들도 그들이 실용적인 집적회로 를 처음 소개하기는 했지만, 한 칩에 다양한 부품들을 모은 것은 자신들이 최초가 아니라는 것을 알고 있었다. 결국 양측은 타협만이 서로에게 최선의 선택임을 깨닫게 되었고, 1966년 각자의 특허를 크로스 라이선스(cross-license: 상호 특허 사용 계약)하는 데 합의했다. 하지만 그들의 기술을 사용하기 원하는 회사들은 라이선스 계약에 대한 협상을 TI와 페어차일드 두 회사와 따로 해야만 했다.

두 회사의 리더들은 이 합의를 묵인했지만 양측 변호사들은 결국 소송을 대법원까지 끌고 갔다. 1971년, 대법원은 최종적으로 노이스가 집적회로의 진정한 발명자임을 선언했다. 하지만 이 판결 결과는 실제로는 전혀 중요하지 않았는데, 이미 5년 전에 합의가 이루어졌고 TI와 페어차일드 양쪽 다 특허 사용 대가로 수억 달러를 벌었기 때문이다. 이것은 칩 산업 초창기에 두 회사 모두에게 아주 중요한 수입원이었다.

대법원의 판결(그리고 그들이 전적으로 서로 독립적인 작업을 했다는 사실)에도 불구하고 킬비와 노이스는 오늘날까지도 집적회로를 발명한 것에 대해 공동으로 공헌한 것으로 인정받고 있다. 하지만 회르니의 플레이너 공정이 없었다면 노이스는 절대 칩을 생각해 낼 수 없었을 것이며, 또 기술자 커트 레호벡(Kurt Lehovec)의 발명을 잘 적용하지 않았다면 두 사람의 작업도 불가능했을 것이다. 레호벡은 플레이너 공정상의 부품들을 확산 기술을 이용하여 절연하는 멋진 방법을 개발했는데, 이는 노이스의 칩이 작동하는 데 있어 대단히 중요한 것이었다. 따라서 칩의 발명에 대해서는 이들 네 명 모두가 그 역할에 대한 공을 인정받는 것이 마땅하다.

회르니의 플레이너 공정은 칩 기술의 초석이 되었지만, 사실 그는 초기 반도체 산업 외의 분야에서는 잘 알려지지 않았다. 1961년, 플레이너 공정이 발명된 직후 회르니는 페어차일드를 떠나 세 개의 반도체회사를 연달아 설립하는 데 성공했다. 그는 또 평생 산악 등반을 즐겨, 매년 여름이면 카슈미르에서 아프카니스탄에 걸쳐 있는 쿤룬산맥을 등반하였다. 1977

년에 세상을 떠날 때 그는 재산의 상당 부분을 중앙아시아협회(Central Asia Institute)에 기부해 그 지역의 여성과 아이들에게 교육의 기회를 제공하고 등산가가 되고자 하는 사람들이 꿈을 이루도록 도와주었다.

2000년, 킬비는 집적회로를 발명한 공으로 노벨 물리학상을 받았다. 노벨상은 생존해 있는 후보만을 고려하는데, 그때는 노이스와 회르니 둘 다 이 세상에 없었다. 노벨상을 수상하는 영광스러운 자리에서 킬비는 노이스를 비롯하여 칩 기술의 발전에 큰 공헌을 한 다른 사람들의 공을 어느 정도 기렸다. 킬비는 늘 자신을 지식을 창출하는 과학자가 아니라 문제를 해결하는 기술자로 생각했다. 자신의 회사와 노이스의 회사 간 법적 분쟁에도 불구하고 킬비는 대단한 겸손과 동료 의식을 가지고 노벨상을 받았다. 2005년 그가 81살의 나이로 죽자, 전자 산업계 전체가 그의 죽음을 애도했다.

노이스에 관해 말하자면, 지금까지는 그의 전설의 시작에 불과하다.

칩에 대한 논의를 끝내기 전에 한 가지 짚고 넘어갈 것이 있다. 다른 많은 혁명적 기술처럼 칩에 대한 열광과 지지 역시 그렇게 보편적이지는 않았는데, 특히 초기에는 더 그랬다. 칩에 대한 회의론을 주도한 사람은 트랜지스터 초기에는 경영 후원자였고, 나중에는 머빈 켈리의 후임으로 연구 책임자를 지낸 벨 연구소의 잭 모턴이었다. 모턴은 트랜지스터의 양산을 가능케 한 자신의 직접적인 경험에 비추어 볼 때 개별 트랜지스터의 낮은 수율은 실용적인 대규모 집적회로의 성공에 영원한 장애가 될 것이라고 꼬집었다. 모턴은 통계상으로 칩 위에 트랜지스터가 많을수록 칩의 수율이 낮아지고 고장 확률은 더 높아질 것이라고 주장했다. 당시에는 트랜지스터가 메사 공정으로 만들어지고 있어 수율과 신뢰도 모두가 극히 낮았다. 그 때문에 많은 사람들이 이 분야의 권위자로 널리 알려진 모턴과 그가 주장한 '숫자의 횡포(tyranny of numbers: 성능 향상이 그에 따르는 엄청난 수의 부품 증가로 인해 제한되는 문제 – 역자 주)' 개념을 믿고 따랐다. 하지만 모턴은 지나치게 자신의 개인적 경험에 얽매여 있었다. 노이스와 그의 동료들은 플레이너와 같은 획기적 기술의 도움으로 대담무쌍하게 칩 기술을 발전시키고 있었는데, 모턴의 점진적 논리에는 그 부분이 간과되어 있었던 것이다. 몇 년 후, 노이스는 그때를 반추하면서 젊은 사람들에게 다음과 같은 유명한 인용구를 항상 들려주었다. "역사에 구애받지 말라. 박차고 나가 뭔가 신나는 일을 하라!"

페어차일드와 실리콘밸리 현상

노이스의 지도력, 플레이너 공정의 우월성, 그리고 모놀리식 집적회로의 성공에 힘입어 페어차일드 반도체는 1960년대부터 반도체 산업의 리더로 자리 잡게 되었다. 그리고 회사의 혁신성에 대한 명성이 높아져 세계 곳곳으로부터 최고의 인재들이 모여들었다. 회사 설립 후 2년이 되었을 때 모회사인 카메라 계기 회사(Fairchild Camera and Instrument Company)는 반도체 사업의 현황을 면밀히 살펴본 후 미래가 아주 밝다는 확신을 가지게 되었다. 그리고 아서 락의 회사와 8인의 창업자가 가지고 있는 30퍼센트의 회사 지분에 대한 바이백(buy back) 권리를 행사하기로 결정했다. 협상을 통해 남아 있는 지분을 600만 달러에 사는 것으로 최종적인 합의가 이루어졌다. 이것은 창업자 8인당 각각 25만 달러에 해당하는 것으로, 초기 투자 500달러에 비해 대단히 큰 수익이었다. 꽤 큰 소득이었음에도 불구하고 8인의 창업자들은 이러한 상황 전개를 복합적인 감정으로 바라보았다. 한편으로는 자신들의 성공에 대해 그만한 보상을 받는 것에 만족감을 느끼기도 했지만, 이제 그들이 그렇게 힘들여 만든 회사의 지분은 하나도 없는, 단순히 월급을 받고 일하는 종업원의 신세가 된 것이다. 그들은 이러한 생각으로 마음이 흔들리면서 일에 대한 열정과 헌신이 이전보다 줄어들었고, 그들의 기업가 정신 역시 시들어 버렸다. 이제 각기 받은 25만 달러로 경제적인 독립도 가능해졌다. 만약 그들이 페어차일드를 떠나려 한다면 그들을 잡을 수 있는 것은 하나도 남아 있지 않았다.

나머지 지분을 다 사들인 페어차일드 뉴욕 본사는 노이스를 반도체 부분의 새로운 총책임자로 임명했고, 이것은 8인의 창업자 사이의 관계를 미묘하게 만들었다. 이제 나머지 일곱 명은 자신들의 상사가 된 노이스에게 업무에 대해 보고를 해야 했다. 몇 사람은 이를 수용할 수 없었고, 결국 1961년, 이제는 부자가 된 회르니, 래스트, 로버츠, 그리고 클라이너가 페어차일드를 떠나 텔레다인(Teledyne)이라는 회사의 반도체 부문을 함께 설립하였다. 아서 락이 다시 한 번 중재 역할을 해 주었다. 클라이너는 텔레다인에 오래 머물지 않았다. 재미있게도 락으로부터 배운 모델을 가지고 자신의 벤처 캐피탈 회사를 만들어 떠난 것이었다. 그가 만든 클라이너—퍼킨스(Kleiner-Perkins)는 후에 실리콘밸리에서 가장 중요한 벤처 캐피탈 회사로 성장했다. 그의 회사는 아마존, 구글, 그리고 제넨테크(Genentech) 같은 혁명적 기술회사들이 태어나게 하는 데 중요한 역할을 했다.

창업자 중 네 명이 회사를 떠나면서 페어차일드의 소위 기업가 정신을 가진 많은 직원들도 이 회사에 머무는 것이 더 이상 미래가 없다는 생각을 하기 시작했다. 모회사인 카메라 계기 회사는 대륙의 반대편인 뉴욕 롱아일랜드에 위치하고 있는 지극히 보수적이고 전통적인 회사였다. 그들의 조직 문화와 운영 스타일은 실리콘밸리에 있는 반도체 계열사의 그것과 끊임없이 충돌했다. 셔먼 페어차일드는 처음 반도체 사업을 시작하는 데에는 깊숙이 관여했지만 그 이후의 회사 운영에 대해서는 별로 관여하지 않았다. 대신 그의 부서장들이 경영을 감독했는데, 이 동부 연안의 매니저들은 반도체 사업에 대해 전혀 몰랐고 그들의 상사보다 신경을 덜 썼다. 그들의 유일한 관심사는 단기 이익뿐이었다.

페어차일드 반도체가 양호한 현금 흐름을 창출해 내자 뉴욕 본사는 거의 모든 수익을 가져가고 쥐꼬리만큼만을 재투자에 썼다. 이렇게 자본이 부족해지자 당시 급속도로 확대되던 시장에서 성공의 가능성이 충분하던 페어차일드 반도체의 성장은 심각하게, 그리고 인위적으로 늦추어졌다. 반도체 계열사들이 기획한 프로젝트와 투자 계획들은 모두 뉴욕 본사의 승인이 필요했는데, 본사의 느릿하고 때로는 비이성적인 대응에 부딪히면서 황금 같은 기회들이 사라져 버렸다. 노이스와 그의 팀은 미숙한 본사와 상대를 하는 것에 점점 더 좌절했고, 격렬한 갈등과 알력이 쌓여 가면서 직원들의 사기 역시 심각한 타격을 입기 시작했다. 그 사이 락이 개척한 벤처 캐피탈 시스템이 북캘리포니아에서 모양을 갖추면서, 이제 확실한 사업 계획과 결정적 기술을 가진 역량 있는 기업가라면 직장을 나와 창업 자금을 마련하는 것이 크게 어렵지 않게 되었다.

아서 락이 촉발하고 8인의 반역자가 전형을 보여 준 기업 철학의 근본적 변화는 많은 이들의 기업가 정신을 고취시켰다. 1959년, 페어차일드 반도체가 만들어지고 겨우 1년이 지났을 때 회사의 수석 영업부장이 기술자 몇 명을 데리고 퇴사하여 림 반도체(Rheem Semiconductor)라는 또 다른 트랜지스터 회사를 세웠다. 노이스 일행은 그들이 쇼클리에게 했던 것을 그대로 돌려받은 셈이 되었다. 더군다나 이는 단발성 이벤트로 그치지 않고 이후 10년에 걸쳐 분사 및 창업의 물결이 계속되면서 오히려 더 확산되어 갔다. 계속하여 기업가 정신을 가진 직원들이 회사를 떠나 자신의 사업을 시작했는데, 문제는 새로 개발된 기술과 제품의 아이디어를 같이 가지고 나간다는 것이었다. 페어차일드 경영진은 림 반도체의 첫 분사 외에 다른 창업 기업에 대해서는 소송을 제기하지 않기로 결정했다. 이렇게 눈을 감아 주는 것이 회사를 떠나는 것에 대한 또 다른 무언의 격려가 되기도 했다. 아마 경영진들 자신도 적절한 시점에 짐을 싸서 떠날 계획이었을 수도 있고, 아니면 단순히 멀리 떨어져 있는 페어차일드 본사의 얼굴 없는 경영진들보다는 자신들의 친구와 옛 동료들에게 더 충성을 보여야 한다고 생각했을 수도 있다. 그것도 아니면 백맨이 자신들에게 소송을 걸지 않았다는 사실을 잘 기억해서 자신들도 그 고상한 처분을 따라 하기로 합의한 것일 수도 있다. 어쨌든 파생 기업들이 마치 홀씨가 초원에 뿌려지는 것처럼 시장에 산재하기 시작하면서 그 수가 몇 배로 늘어났다.

1961년이 되자 아서 락은 월 스트리트에서 북캘리포니아로 영구 이주하여, 동부 연안 투자 은행의 평사원이 아닌 초기의 벤처 캐피탈 산업을 선도하는 인물이 되었다. 페어차일드 반도체와 모기업 간의 관계가 악화되자, 락은 과거에 그랬던 것처럼 노이스와 무어에게 회사를 떠나 자신의 회사를 세우라고 조언했다. 이미 경험해 본 일이고, 또 이제는 반도체 산업에서 나름대로 리더로서 명성을 얻고 있었기 때문에 필요한 자본을 끌어오는 것은 그들에게 전혀 문제가 되지 않았다. 노이스와 무어는 처음에는 꺼려했지만 곧 상황이 과거에 쇼클리 연구소에서처럼 심각하고 변론의 여지가 없다는 것을 깨달았다.

1968년, 반도체 산업은 곧 어마어마한 새 시장을 창출하기 직전에 있었다. 바로 컴퓨터 메모리칩 시장이었다. 이때 페어차일드 본사에서 경영진의 변동이 있었다. 노이스의 반도체 부문은 페어차일드 그룹 전체 순이익의 110퍼센트를 책임지고 있었다. 다른 부문의 수익은 모두 적자였고 오직 노이스의 반도체 사업만 흑자를 내고 있었던 것이다. 당연히 그에게 사장 자리를 주었어야 했지만, 본사는 노이스를 외면했다. 동부 해안의 이사회는 노이스를 아웃사이더로 보았고 신뢰하지 않았으며 오히려 무시하기까지 했다. 이런 상황에 넌더리가 나고 의욕마저 상실한 노이스와 무어는 결국 그들이 9년을 바쳐 설계하여 만들고 운영해 왔던 페어차일드 반도체를 떠나기로 마음먹었다. 당시 새롭게 부상하고 있던 컴퓨터 메모리칩은 그들이 새로운 사업 아이템으로 집중할 수 있는 더할 나위 없는 기술이었다. 아직 이 사업을 하는 업체도 없었고 페어차일드와의 직접적인 충돌도 없는 분야였다.

노이스는 락에게 전화를 걸어 그의 결정에 대해 알려 주었다. 두 사람의 통화는 아침에 이루어졌는데, 그날 오후가 지날 무렵 락은 이미 무담보 전환사채로 250만 달러를 마련했다. 노이스, 무어, 그리고 락이 각각 더 출연을 하면서 초기 투자금은 300만 달러가 되었다. 초 단기간에 창업 자금이 마련된 것인데, 이 돈을 마련하기 위해 필요했던 것은 락이 만든 단 한 장짜리 사업 계획서뿐이었다! 하지만 그것만으로 충분했다. 몇 주 후 노이스와 무어는 페어차일드를 떠나 그곳에서 멀지 않은 곳에 그들의 회사를 차렸다. 두 사람은 앞으로 만들고자 하는 제품 — integrated electronics products(통합 전자 제품) —의 이름을 따서 회사의 이름을 'Intel' 이라고 지었다. 사실은 휴렛패커드(Hewlett-Packard: HP)를 따라 회사 이름을 무어 노이스(Moore-Noyce)로 하려는 생각도 해 봤지만 발음이 '모어 노이즈(More Noise, 잡음이 많다)'로 들릴 수도 있어 포기했는데, 확실히 '모어 노이즈'는 전자회사의 이름으로는 바람직하지 않은 것이었다.

1967년부터 1969년까지 새로 생겨난 많은 주요 회사들이 무너져 가는 페어차일드 반도체를 기반으로 태어났다. 1967년, 생산을 맡고 있던 찰리 스포크(Charlie Sporck) 부사장이 내셔널 반도체 회사(National Semiconductor Company)를 회생시키기 위해 페어차일드를 떠났다. 영업 부사장이었던 제리 샌더스(Jerry Sanders)는 1969년에 AMD를 설립했다. 그리고 노이스와 무어는 인텔(Intel)을 시작했다. 그 밖에 남은 8인의 반역자를 보면, 줄리어스 블랭크는 노이스와 무어가 떠난 후에도 페어차일드에 남아 있다가 후에 자이코(Xicor)를 창업했다. 마지막 멤버인 빅터 그리니치는 학교로 가서 오랫동안 스탠퍼드 대학교와 버클리 대학교에서 강의를 했다.

노이스와 무어의 지휘하에 인텔은 반도체 사업의 새로운 리더로 빠르게 성장했다. 반면 그들이 떠난 페어차일드는 심각한 타격에 허덕였다. 흥미롭게도 결국 원래의 페어차일드는 역사의 뒤안길로 사라졌지만 회사의 영향과 발자취는 오늘날까지도 뚜렷이 남아 있다. 오늘날 400개가 넘는 실리콘밸리의 회사들이 직접 혹은 간접적으로 페어차일드의 기반 위에 탄생했다. 산업 발전의 역사상 한 회사가 이렇게 많은 번창하는 회사들을 탄생시킨 것은 상당히 특이한 현상이다. 이 계보는 크게 보면 페어차일드의 가공할 인재 풀과 모회사의 형편없는 경영 실패에 기인한 것이다. 페어차일드를 떠나온 사람들은 스스로 독립하겠다는 추진력뿐 아니라 핵심 기술의 노하우와 창조적 에너지를 가지고 있었다. 그들은 전 동료들이 잇달아 성공하는 것을 보면서 가슴속에서 야망을 불태웠고, 억제할 수 없는 폭발적인 힘으로 결국 실리콘밸리의 성공 신화를 탄생시킨 것이었다. 실리콘밸리의 성공이 문화적인 측면에서, 그리고 기층에서 성장했다는 것도 흥미로운 사실이다. 정부에서 특별한 정책을 추진하지도 않았고 또 계획을 세워 어떤 역할을 한 것도 없었다.

물론 페어차일드 반도체는 칩 기술의 요람 그 이상이었다. 그리고 TI, 모토롤라, IBM, RCA를 비롯한 다른 회사들 역시 중대한 기여를 했다. 하지만 이런 대기업들의 경영은 훨씬 더 규율이 서 있고 문화도 더 보수적이다. 그러다 보니 이런 회사들로부터의 분사 효과는 상대적으로 작을 수밖에 없었다.

1960년대 후반, 페어차일드에서 일하다

— 데릭 청

1969년에서 1972년까지 나는 운 좋게도 페어차일드 반도체에서 처음에는 R&D 연구소의 신참 기술자로, 나중에는 트랜지스터 생산 라인에서 일하게 되었다. 돌이켜 보면 대학 졸업 후 다닌 첫 직장이어서 기술을 다루는 것이나 사람들과 어울리는 것 모두 전혀 경험이 없었다. 조직 내에서 벌어지고 있는 일들에 대해 이해하거나 제대로 인식하는 것도 매우 서툴렀다. 1969년 초 처음 출근했을 때, 노이스가 반년 전에 그곳을 떠났다는 것을 들은 기억이 난다.

반도체 부문의 지도력에 공백이 생기자 모기업인 페어차일드 카메라 계기 회사는 모토롤라 반도체 사업 부문의 전 총지배인이었던 레스 호간(Les Hogan)을 비싼 몸값을 주고 데려왔다. 호간은 모토롤라에서 50명 이상을 데리고 와서 회사를 접수했는데, 그들은 '호간의 영웅들(Hogan's Heroes)'이라 불렸다. 갑작스러운 외부인들의 유입은 기존 운영진들과 심각한 문화적·사업적 충돌을 야기했다. 또한 가뜩이나 침체되어 있던 페어차일드 직원들의 사기를 더 떨어뜨렸다. 얼마 지나지 않아 또 한 차례 페어차일드의 인재들이 인텔과 다른 신생 회사로 대탈주를 하였다. 하지만 그 상황에서도 아직까지 회사에는 믿기 어려울 정도의 기술 인재들이 넘쳤고, 그 최고 인재들이 시장 잠재력이 뛰어난 최첨단 기술들을 열심히 개발하고 있었다.

나는 젊고 잠재력이 높은 직원 양성을 목표로 하는 특별 프로그램에 의해 페어차일드에 채용되었는데, 훈련의 일환으로 획기적인 기술과 프로젝트를 담당하는 팀에 배정되었다. 거기서 참여하게 된 첫 프로젝트는 256비트 메모리 칩을 설계하는 것이었다. 후에는 메모리 적용을 위한 전하 결합 소자(charge-coupled devices: CDDs) 연구에 참여했다. 또 다른 참여 프로젝트는 새로운 반도체 재료인 단결정 갈륨 인화물을 끌어다 녹색 LEDs를 만드는 것이었다. 중간에 생산 라인에도 직접 배정되어 텔레비전에 사용되던 초고압 트랜지스터용 확산로의 운영을 책임지기도 했다

내가 페어차일드에서 얻은 깊고 폭넓은 지식은 이루 말할 수 없이 소중한 것이었다. 현장 연수에 더해 기술진을 위한 밀도 있는 내부 기술 훈련이 있었는데, 이것들은 정식 숙제와 시험으로 완료되었다. 훈련의 각 과정은 내부 전문가가 담당했는데 그들 모두 자기 분야에서 최고인 사람들이었다. 강의 교재는 이론과 실질적 정보가 적절히 조합되어 있었으며, 많은 최신 지식들이 회사의 자체 실험실에서 개발된 것이었다. 오리지널 커리큘럼은 로버트 노이스와 앤디 그로브(Andy Grove)가 페어차일드 재직 시 개발한 것이었다. 그것들은 실전 훈련을 받은 기술자들을 실리콘밸리에 대량으로 배출해 내는 데 지대한 영향을 미쳤다. 비록 페어차일드 반도체가 사업적으로는 적절하게 운영되지 못했을지 몰라도 회사의 기술 훈련 프로그램의 수준은 아주 최고였다. 훈련이 끝날 무렵이면 모든 직원들이 트랜지스터나 간단한 칩을 주어진 제품 성능의 상세 규격에 맞게 성공적으로 설계할 수 있었다. 그리고 모든 직원들이 그러한 제품을 생산하는 데 필요한 정확한 제조 과정을 상세히 열거할 수 있었다.

페어차일드에 근무하면서 얻을 수 있었던 가장 값진 것 중의 하나는 회사가 진행하는 폭넓은 프로젝트였다. 점심시간이 되면 구내식당에서 샌드위치를 먹으면서 여러 부서의 기술자들이 기술 발전에 대해 열띤 대화를 나누던 기억이 아직도 생생하다. 논의되는 주제에는 우수하고 새로운 기술

들이 광범위하게 망라되어 있었다. 하지만 그에 못지않게 누가 어떻게 인텔로 갔는지, 혹은 어느 직장을 찾아 떠났는지 하는 이야기도 많이 나왔다. 가끔은 불만에 찬 직원들이 롱아일랜드의 늙은이들이 또 다른 좋은 기회를 망쳐 버렸다고 탄식하거나, 생산과 영업 인력들이 연구소에서 나온 위대한 기술의 진가를 바보같이 알아보지 못한다고 한숨을 쉬기도 했다. 거의 끊임없이 반복되는 불평은 "우리끼리 할 수만 있다면!"이었다.

또 하나 기억에 남는 것은 페데리코 파긴(Federico Faggin)이라는 이탈리아 출신 기술자가 인텔로 떠난 것이다. 옆 사무실에서 일하던 파긴은 머리가 비상했고 일 중독자였으며 높은 평가를 받고 있었다. 모든 사람이 그의 환송 파티에 참석했던 기억도 생생하다. 페어차일드에 있을 때 파긴은 '실리콘 게이트' 기술을 만든 팀의 핵심 멤버였다. 그 기술은 게이트 전극을 만드는 데 알루미늄을 대신하여 고도의 전도성 다결정 실리콘 필름을 사용하는 것이었다. 그 새로운 실리콘 게이트 기술은 이전보다 훨씬 더 작고 더 빠른 칩을 만들어 냈을 뿐 아니라 신뢰성을 높이면서도 전력 소비는 줄였다. 그의 독창성과 지식은 이미 페어차일드 전체에 잘 알려져 있었으며, 인텔에서도 매우 유용할 것이라는 데 의심의 여지가 없었다. 그리고 실제로 그랬다.

파긴이 떠난 지 몇 달 후 포토마스크 — 칩 위에 정교한 줄을 명시하기 위한 포토리소그래피에 사용되는 네거티브 포토그래픽 판 — 의 개발을 맡고 있던 동료가 자신도 떠나겠다고 말했다. "나랑 같이 갈래?" 그가 나에게 제안했다. 어느 회사로 가느냐고 묻자, 그는 은밀하게 대답했다. "내 회사를 시작할 거야. 포토마스크를 만들 건데 주문 제작으로 여기보다 더 빨리, 싸게, 그리고 더 좋게 만들 거야! 어때?" 그러나 내가 알기로는 포토마스크 제작은 전체 칩 제작 과정에서 아주 작은 부분인데 그걸 가지고 어떻게 독립적인 사업을 유지할 수 있을까? 그래서 거절했지만, 결국 그는 성공했다. 얼마 지나지 않아 그는 나를 자신의 체리 레드 포르쉐 914에 태우고 가서 점심을 사 주었는데, 정말 부러웠다. 점심 후 회사로 데려다주던 그의 얼굴에 보였던 확신과 만족은 나의 가슴속에 매우 분명한 메시지를 남겼다. 동기가 부여된 용기 있는 사람이 가진 에너지와 창의력에는 한계가 없다. 항상 남들이 만들어 놓은 원칙을 따라야만 하는 것은 아니다. 자기 마음에 따라 자기 방식대로 하는 것이다!

비록 최고의 기술자들이 계속해서 페어차일드를 떠났지만 새로운 수재들 역시 계속해서 들어왔다. 페어차일드는 전 세계에서 최고의 두뇌들을 끌어모았다. 그들 중 많은 수가 그곳에서 견습 기간을 마친 후 결국은 회사를 떠나 자신의 사업을 시작했다. 창의력과 기업가 정신이 소용돌이치는 역사적 진원지에 있으면서, 그러한 경험을 한 것은 아직도 큰 행운이라고 생각한다.

17

칩 기술의 만개
Chip Technology Blossoms

칩의 초기 시장

1961년, 노이스는 최초로 작은 실리콘 조각 위에 플립플롭 논리회로를 만들어 오늘날 정보 시대의 기초를 놓았다. 물론 당시에는 아무도 그 기술의 의미를 완전히 이해하지 못했다. 초기의 칩은 새로 등장한 기술이었기에 상대적으로 가격이 비쌌고, 더 문제가 된 것은 신뢰할 만한 자료가 턱없이 부족하다는 것이었다. 가격 장벽에 더해 운용 신뢰도에 대한 보장이 없다 보니 기술자들은 자신들의 제품 설계에 칩을 넣기를 꺼렸다. 이런 상황에서 그나마 칩에 대한 수요와 생산의 원동력이 하나 있었으니 바로 또 다른 세계 전쟁의 위협이었다.

1960년대 초, 세계는 냉전에 휩싸여 있었다. 긴장이 최고조에 이르면서 미국과 소련은 군사와 우주기술 역량을 강화하는 치열한 경쟁에 돌입했다. 미군은 지상 기반의 미니트맨(Minuteman) 미사일과 잠수함 발사용 폴라리스(Polaris) 미사일 같은 새로운 대륙 간 탄도탄(intercontinental ballistic missile: ICBM) 시스템을 개발 중이었으며, NASA는 아폴로 달 착륙 프로그램에 총력전을 펼치고 있었다. 이 군사와 우주 프로젝트에서는 기내와 선상에 사용되는 전자 장치의 크기, 무게, 신뢰도가 그 무엇보다도 중요했다. 가격은 상대적으로 2차적 고려 요소였다. 그래서 1960년대 내내 이 방위 산업과 우주 산업이 거의 유일하게 칩에 대한 수요를 견인해 주었다. 마치 1950년대에 군의 수요가 초창기 트랜지스터 산업을 지원해 준 것과 비슷했다.

집적회로가 다수의 개별 트랜지스터를 대체할 수 있다는 것이 점차 분명해지자, 군은 제조 및 패키지 기술의 향상을 통해 칩의 신뢰도를 높이기 위해 대규모의 투자를 유치했다. 이러한 자금의 유입으로 칩 생산업체들은 어느 정도 경영을 유지하면서 많은 초기 문제들을 해결함과 동시에 생산 경험과 믿을 만한 데이터베이스를 구축할 수 있었다. 군은 자신들이 원하던 것을 얻었으며, 페어차일드, TI, 모토롤라 등의 칩 제조사들 역시 큰 혜택을 보았다.

1964년이 되자, 칩이 개별 트랜지스터보다 더 우수하고 신뢰할 수 있다는 것이 일반적으로 인정되었다. 또한 군대에 이어 민간 산업계에서도 얼리 어댑터(early adopter)가 생겨났는데, 이번에도 역시 IBM을 비롯하여 다른 컴퓨터 회사들이었다. 컴퓨터 회사들은 차세대 고성능 컴퓨터에 다수의 트랜지스터를 대신하여 논리회로를 포함한 간단한 칩을 사용하기 시작했다. 과거에 진공관을 대체했던 트랜지스터가 이제 똑같은 운명을 맞이하게 된 것이었다. 칩에 대한 수요가 늘어나면서 마침내 대규모 상업 시장이 형성되었다. 시장의 성장과 더불어 칩 자체도 더욱 정교해졌고, 안에 들어가는 트랜지스터 수도 기하급수적으로 늘어나기 시작했다.

초창기 칩에 사용된 트랜지스터들은 모두 쇼클리의 접합 트랜지스터 설계를 기반으로 하여 회르니의 플레이너 공정으로 제조되었다. 트랜지스터 자체의 성능은 많이 좋아졌지만, 그 제조 기술은 여전히 복잡했고 전력 소비도 과다했다. 이러한 제조 기술 관련 문제로 단가가 필요 이상으로 올라갔고, 트랜지스터의 높은 전력 소비는 더 큰 문제를 야기했다. 전력 소비가 많다는 것은 더 많은 열을 발생한다는 의미였다. 따라서 많은 트랜지스터가 한꺼번에 빽빽이 포장되면 과열이 발생하여 칩의 성능과 신뢰도가 나빠질 수 있었다. 칩 기술을 제대로 활성화시키려면 낮은 전력을 요구하는 더 단순한 트랜지스터가 필요했다.

1958년, 벨 연구소의 M. M. 아탈라(Atalla)와 그의 팀은 실리콘과 실리콘 산화막 사이 접점의 전자적 속성을 응용하는 연구를 하고 있었다. 그는 그때까지 주로 수동 보호막(passive protective layer)으로 사용되었던 산화물을 능동 트랜지스터의 일부로 만들 수 있는 가능성에 주목했다. 연구를 통해 보호 산화막 위에 놓인 금속 게이트 전극에 적절한 전압을 적용하면 게이트 밑에 있는 실리콘과 실리콘 산화막 접점에 전도 '채널'을 만들 수 있다는 것이 발견되었다. 그 채널의 전기 전도성은 게이트 전극에 적용하는 전압으로 조절할 수 있었다. 이 아이디어는 쇼클리가 1938년에 처음 제안한 전계 효과 트랜지스터의 개념과 유사했지만, 채널의 전도성을 조절하는 데 있어서의 민감도와 용이성은 아탈라의 것이 훨씬 더 우수했다. 1960년, 이

원리에 기반하여 아탈라는 최
초의 '금속 산화막 반도체 전
계 효과 트랜지스터(metal-
oxide-semiconductor field-effect
transistor: MOS)'를 성공적으로
개발했고, 이를 통해 진정한
새로운 칩 기술의 시대를 열
었다.

MOS 트랜지스터는 전도 채
널이 전자로 만들어져 n-채널
이 되거나, 아니면 정공으로
만들어져 p-채널이 될 수 있

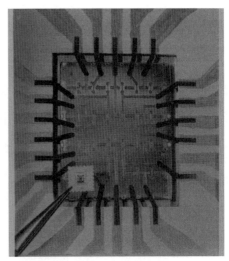

RCA의 최초의 MOS 칩.
Courtesy of Hagley Museum and library

어, 접합 트랜지스터에 비해 두 가지 장점을 가지고 있었다. 첫째는 제조 과
정이 훨씬 더 간단하고 확장성이 좋아 트랜지스터 크기를 더 작게 만들 수
있었다. 둘째는 접합 트랜지스터보다 전력 소비가 훨씬 더 적고, 발생하는
열도 감소했다. 열 발생이 적다는 것은 높은 신뢰도를 유지하면서 더 좁은
공간에 더 많은 트랜지스터를 집어넣을 수 있다는 것이었다. MOS 트랜지
스터의 이 두 장점은 고밀도 칩에 매우 이상적이었다.

1962년, RCA 연구소가 MOS 기술을 이용한 첫 번째 칩을 성공적으로 만
들어 낸 후 몇 년이 안 되어 MOS 칩은 접합 트랜지스터 칩을 완전히 대체
했다. 1963년, 페어차일드 반도체의 기술자 프랭크 완래스(Frank Wanlass)
와 C.T. 사(C.T. Sah)는 n-채널과 p-채널 트랜지스터를 같은 칩에 결합시키
면 전력 소비가 더 절감될 수 있다는 것을 발견했다. 이러한 이중 채널 기
술은 상보형 MOS(Complementary MOS: CMOS)라 불렸는데 1967년에 RCA

연구소가 세계 최초의 CMOS 칩을 성공적으로 소개하면서 트랜지스터 기술의 대세가 되었다.

무어의 법칙

1960년대 중반까지는 페어차일드와 TI가 파는 칩 제품의 대부분이 컴퓨터에 사용되는 논리회로였고, 각각 10개에서 많게는 100개의 트랜지스터를 사용하고 있었다. 컴퓨터가 점점 더 빠르고 강력해지면서 시장은 단가를 크게 인상하지 않고도 더 많은 논리 기능과 연산을 수행할 수 있는 칩을 요구하기 시작했다. 이러한 요구는 칩 제조업체들에게 딜레마를 야기시켰다. 어떻게 칩 사이즈를 크게 하거나 단가를 올리지 않으면서 칩에 들어가는 트랜지스터 수를 늘릴 수 있을까? 그 해법은 트랜지스터의 크기와 트랜지스터를 연결하는 금속화된 패턴의 공간을 줄여, 고정된 칩 공간에 더 많은 트랜지스터 회로를 끼워 넣는 것이었다. 물론 생산 단가의 인상은 최소화해야 했다.

일단 MOS의 확장성 덕분에 한 개의 칩에 더 많은 트랜지스터를 넣을 수 있게 되었다. 여기에 더해 줄어든 트랜지스터의 크기는 부수적인 혜택까지 가져왔는데, 전력 소비는 줄어든 반면 작동 속도는 더 빨라진 것이다. 그 결과 이전보다 훨씬 더 복잡하고 빠른 고성능의 칩을 설계하고 생산하는 것이 가능해졌다. 이에 따른 생산비의 증가는 거의 무시해도 될 수준이었다. 1960년대 중반부터 시작한 칩 기술 개발의 주요 관심사는 지속적으로 트랜지스터의 크기를 줄여 나가는 것이었다. 그 결과 각 칩에 포함되는 트랜지스터의 수는 몇 개에서 수백 개로 대폭 늘어났다.

1965년, 페어차일드 반도체의 고든 무어는 반도체 산업의 짧은 역사를 되돌아보다가 1962년과 1965년 사이에 각 칩의 트랜지스터 수가 12개월마다 두 배로 늘어난 것을 발견했다. 여기서 영감을 얻은 무어는 논문을 통해 이러한 추세가 앞으로 수년간 더 지속될 것이라는 유명한 예측을 했다. 그의 예측은 전 산업계에 걸쳐 '무어의 법칙(Moore's Law)'으로 알려졌다. 후에 칩 위의 트랜지스터 수가 12개월이 아니라 약 8개월 만에 두 배가 될 것이라는 예측으로 수정되기는 했지만, 그의 관찰은 놀랍도록 정확한 것이었다. 물론 그의 예측은 과학적 의미의 '법칙'이라기보다는 아직 걸음마 단계인 칩 산업에 필요한 합리적이고 선견지명 있는 기술 로드맵에 가까웠다. 이후의 인터뷰에서 무어는 논문을 발표할 당시 자신이 진정한 과학자가 아니라 뭔가를 팔려고 열을 올리는 영업사원같이 느껴졌다고 겸허히 인정했다. 그는 고객들에게 페어차일드가 만드는 칩 제품들이 시간이 지나면서 계속해서 발전해 나갈 것이며 훨씬 더 선진적인 기술이 될 것이라는 확신을 주고 싶었고, 그렇게 하면 고객들이 계속해서 페어차일드와 거래를 할 것이라고 기대했던 것이다.

그의 동기와 상관없이 무어의 예상은 기가 막히게 맞아떨어졌다. 1961년, 노이스가 최초로 만든 플립플롭 칩은 두 개의 트랜지스터를 사용했지만, 2013년 현재 그와 비슷한 크기의 인텔 62-core Xeon Phi 마이크로프로세서 칩에는 50억 개의 트랜지스터가 들어 있다. 50여 년 사이에 칩 위 트랜지스터의 밀도가 10억 배 이상 증가한 것이다. 반면에 칩의 기본적인 제조비는 크게 오르지 않았다. 인류 역사상 어떠한 산업도 이렇게 놀랍고 지속적인 발전을 자랑한 적은 없었다. 무어의 법칙을 따라 사다리를 오르다 보면 매번 칩의 제조, 설계, 혹은 구조 방법론이 자연적인 물리적 한계에 다다르면서 더 이상의 성장이 어려워 보이는 상황이 발생하곤 했다. 그럴 때마다 몇 년 전에 소개되었을 때만 해도 초자연적으로 보였던 기술들이 새로운 도우미가 되어 더욱 더 큰 장벽을 뚫고 나가게 해 주었다. 금속화된 라인과 트랜지스터 크기의 해상도가 종래의 포토리소그래피 해상도 한계에 부딪치자 액침 기법(liquid-immersion techniques)의 새로운 원자외선(deep UV) 시스템이 개발되어 더욱 더 작은 나노(nano) 규모의 장비를 향한 행진을 이어가게 해 주었다. 기체상 확산 기술이 실리콘 내 불순물 원자를 정확히 조절하는 데 한계에 이르자 이온 주입법(ion implantation)이 이것을 대체했다. 이온 주입법의 등장으로, 대전된 불순물 이온을 통제된 양과 깊이 일람표대로 정확하게 실리콘에 주입하는 것이 가능해졌다. 실리콘과 실리콘 산화물을 에칭하기 위한 액산 사용의 정확도가 한계에 다다르자, 플라스마 보조의 드라이 에칭 기술이 등장하기도 했다. 이들 각각의 발명과 응용

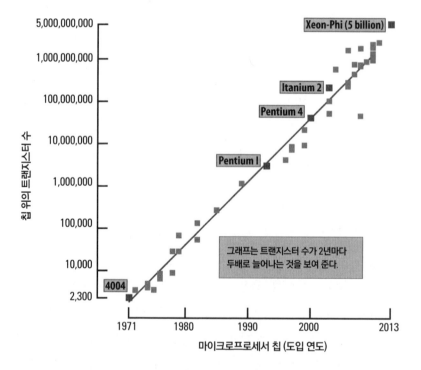

마이크로프로세서에 관한 무어의 법칙. 하나의 마이크로프로세서 칩 위의 트랜지스터 수와 그 제품이 소개된 해의 대수 도표이다. 트랜지스터 수가 거의 2년마다 두 배가 된다. Derek Cheung

은 그 자체만으로도 놀랄 만한 발전이었지만, 더 경이로운 것은 이 모든 기술들이 매끄럽게 통합되어 무어의 법칙이 계속해서 실현되게 해 주었다는 것이다. 그러한 기술 발전이 지난 50년간 우리 사회의 생산성 향상과 경제적 성장에 가장 기본적인 원동력의 하나가 되었다는 것은 결코 지나친 말이 아니다. 전자 제품을 살 때마다 항상 몇 달 후에 나온 동일 제품의 더 나은 버전이 더 싼 가격에 팔리고 있음을 주목해 보라. 이것이 실제 작용하고 있는 무어의 법칙의 예시이다.

메모리 칩

지난 반세기 동안, 무어의 법칙은 사막의 깃발 같은 역할을 하면서 칩 제조 산업의 발전을 이끌어 왔다. 2013년 현재 칩 제품의 상당수가 그 안에 몇 십억 개의 트랜지스터를 담고 있다. 그리고 일부 부품들의 크기는 20나노미터 — 200억 분의 1미터 — 까지 줄어들었다. 이러한 발전이 놀랍기는 하지만 아직 기본적인 질문이 하나 남아 있다. 왜 칩 위에 그렇게 많은 트랜지스터가 필요한가?

처음 이 질문에 대한 답은 컴퓨터 산업에서 요구되는 성능 대비 비용의 비율이었다. 이 비율은 불가피하게 더욱 더 많은 논리회로가 하나의 칩에 합쳐질수록 좋아졌다. 따라서 컴퓨터 산업과 칩 산업은 공생 관계를 즐기고 있었다. 칩으로써 얻게 된 모든 이점들은 고스란히 공급사슬의 하류로 흘러가 컴퓨터 제품의 성능을 향상시켜 주었다. 이를 통해 더 확대된 컴퓨터 산업은 결과적으로 칩 산업에 더 큰 사업 기회를 가져다주었다. 따라서 IBM처럼 선견지명 있고 돈 많은 컴퓨터 회사들은 내부적으로 자체적인 반도체 연구에 투자하기 시작했다. 마찬가지로 인텔 같은 칩 회사들은 컴퓨터 아키텍처에 대한 엄청난 내부 지식을 쌓아 갔다.

로직 프로세서로서의 초기 용도에 더해 칩은 컴퓨터 중앙 프로세서와의 상호작용 같은 고속의 메모리 저장과 검색 작업에도 아주 뛰어난 것으로 입증되었다. 1950년대와 1960년대의 컴퓨터는 자심기억장치(magnetic core memory)에 의존했다. 여기서는 아주 작은 자심의 자기 방위(magnetic orientation)가 전류의 펄스를 통해 한쪽 혹은 그 반대 방향으로 정해질 수 있었다. 이 메모리 솔루션은 하버드에서 교육받은 기술자 안 왕(An Wang)이 개척했는데, 그는 전기기계식 컴퓨터 '마크 Ⅲ'의 디지털 후손격인 '마크 Ⅳ' 개발 작업에 참여한 이력이 있다. 기업가 정신이 뛰어났던 왕은 자신의 발명품을 잘 활용하여 왕 랩(Wang Labs)을 만들어 코어(core) 컴퓨터 메모리의 주요 공급자가 되었다. 그는 뛰어난 사업가였지만 자심기억장치는 한계가 많았는데, 특히 원가, 물리적 크기, 그리고 용량 제한 문제가 심각했다. 뭔가 새롭고 좀 더 나은 솔루션이 절실했던 이 분야에서도 실리콘 칩이 거대한 잠재력을 가지고 있는 것으로 드러났다.

1967년, IBM 기술자 로버트 데너드(Robert Dennard)는 하나의 트랜지스터와 아주 작은 축전기로 이루어진 메모리 회로를 설계했다. 축전기는 충전되어 있거나 또는 아니거나의 두 가지 상태를 가지고 있어 자심의 방향 자화(directional magnetization)처럼 '0'이나 '1'로 표시될 수 있었다. 이 때문에 데너드의 메모리 회로는 많은 응용 분야에서 자심기억장치의 대체 역할을 할 수 있었다. 데너드가 DRAM(Dynamic Random Access Memory)이라 이름 붙인 이 메모리 회로는 획기적인 발명품이었다(존 아타나소프가 아이오와 주립대학교에서 개발한 컴퓨터도 본질적으로는 같은 원리를 사용하는 3극진공관 기반의 메모리 회로를 가지고 있었다). 1960년대 후반에 실리콘 제조 기술과 칩의 수율이 계속해서 향상되면서 한 개의 디지털 '비트'('0' 혹은 '1' 상태에 대한 이름)의 정보가 저장된 이 회로를 하나의 칩에

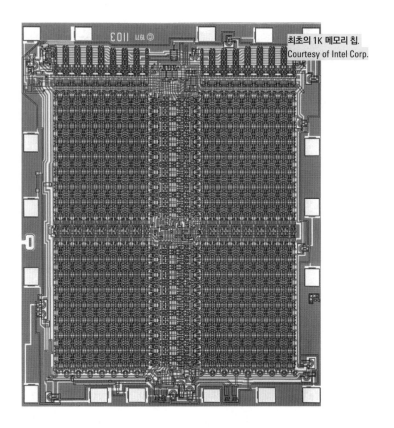

다량으로 합칠 수 있다는 것이 확실해졌다. 실리콘 DRAM과 다른 메모리 칩은 원가, 크기, 전력 소비, 속도, 그리고 확장성 측면에서 이전의 자심 기억장치를 훨씬 앞섰다. 곧 대부분의 주요 반도체회사들이 이 거대한 잠재력을 가진 새로운 시장을 선점하기 위해 서둘러 연구를 시작했다.

1968년, 데너드가 획기적인 DRAM을 발명한 지 1년 후, 노이스와 무어는 페어차일드를 떠나 인텔을 설립했다. 그들은 이 거대한 잠재력을 가진 메모리 칩 시장에 아직까지는 특별한 경쟁 우위를 가진 업체가 없다는 것을 정확히 인식하고 있었다. 따라서 메모리 칩에 집중하는 사업을 시작하기에는 지금이 최적기라고 확신했다. 설립 후 1년이 채 안 되어 인텔은 세계 최초의 1,024비트, 즉 1킬로비트(Kb)의 DRAM 칩을 출시했다. 이 기술적 개가 덕분에 그들의 작은 회사는 칩 산업 분야에서 실질적으로 세계적인 리더가 되었다. 인텔이 무대를 차지하고 나자 칩의 발전에 완패한 왕의 자심기억장치는 거의 사라지고 말았다.

고속 메모리 칩에 대한 컴퓨터 산업계의 요구는 끝이 없었다. 무엇보다도 훨씬 더 큰 메모리 용량과 빠른 속도의 칩이 등장하면서, 더 강력하고 복잡한 애플리케이션을 지원할 수 있는 컴퓨터의 설계와 개발이 가능해졌기 때문이다. 사용자들은 컴퓨터 그래픽의 화질이나 해상도의 지속적인 개선을 지켜보면서 그런 발전을 생생하게 경험할 수 있었다. 이전에는 윤곽이 거칠어 보이던 형태가 이제는 실물처럼 보이게 된 것이다.

그 후 몇 년간에 걸쳐 메모리 칩 산업은 빠르게 성장했고 인텔도 그와 더불어 급성장했다. 노이스와 무어는 4킬로비트부터 시작해 16킬로비트까지 계속해서 획기적인 메모리 칩을 내놓았다. 새로운 칩의 트랜지스터 수도 무어의 법칙에 따라 기하급수적으로 늘어났다. 1975년까지는 최고 메모리 칩들의 경우 1만 개의 트랜지스터가 탑재되어 있었는데, 10년 후에는 거의 100만 개로 늘어났다. 오늘날에는 수 기가바이트(1기가바이트=10억 바이트, 1바이트=8비트)의 용량을 가진 DRAM이 일반적이다. 이제 DRAM은 세계적인 거래 상품이 되어 매일매일 거래소에서 면, 금, 삼겹살, 냉동 오렌지주스 농축액 등의 다른 상품들과 같이 시세가 매겨지고 있다.

DRAM 말고도 여러 목적에 특화된 메모리 칩들이 많이 등장했다. 이 중 가장 쉽게 볼 수 있는 것은 일상생활에 관련된 가전제품들, 이를테면 디지털 카메라나 USB 드라이브 등에 사용되는 플래시 메모리(flash memory)일 것이다. 플래시 메모리 칩에 저장된 디지털 정보는 '비휘발성(nonvolatile)'이다. 계속해서 업데이트해야 하는 DRAM과는 달리 플래시 메모리 칩에 저장된 정보는 실질적으로는 영구적이다. 플래시 메모리 칩 설계에 관한 최초 특허는 1980년 후지오 마스오카(Fujio Masuoka)가 신청했다. 그는 도시바(Toshiba)의 기술자였는데 1967년 벨 연구소의 강대원(Dawon Kahng) 연구원과 S. M. 제(S. M. Sze)가 처음 소개한 개념에 입각하여 이 기술을 개발했다. 불행히도 도시바는 그의 플래시 메모리 칩을 상용화할 생각이 없었고, 그 때문에 마스오카의 획기적 기여도 별 인정을 받지 못했다. 결국 인텔이 1988년 세계 최초의 플래시 메모리 칩을 출시하면서 대부분의 혜택을 가져갔다. 플래시 메모리는 2011년에 전 세계적으로 230억 달러어치가 팔렸고, 점점 더 많은 사진, 비디오, 음악 등이 전자 클러스터 형태로 이 실리콘 원자 격자에 기록되고 있다.

마이크로프로세서 — 칩 위의 에니악

반도체 기반의 메모리 칩이 오늘날의 생활에서 매우 중요한 역할을 하는 것은 사실이지만 그것은 퍼즐의 한 조각일 뿐이다. 만약 마이크로프로세서를 발명하지 못했더라면 메모리 칩은 아마도 오늘날 누리고 있는 그 명성에 절대 도달하지 못했을 것이다.

1954년, TI의 팻 해거티는 새로운 트랜지스터 기술로 무장한 포켓 라디오 사업을 진두지휘하여 TI를 거대한 가전제품 시장으로 이끌었다. 라디오 자체는 꽤 인기가 있었지만, 시장에서 성공하는 데 실패했고 결국 몇 년 후 TI는 가전제품 시장에서 철수했다. 1968년, 새로운 칩 기술이 가전제품에 적용될 수 있는 가능성을 보이자 TI는 두 번째 도전을 시도했다. 이번에는 손에 들고 다닐 수 있는 가볍고 작은 계산기였는데, 특별히 제작된 몇 개의 칩으로 구동되는 것이었다. TI는 이 제품 개발을 회사의 주력 프로젝트로 정하고 최고 기술자 잭 킬비를 기술 책임자로 임명하는 등 최선을 다했다. TI의 칩 구동 포켓 계산기는 킬비의 강력한 기술 지도에 힘입어 출시하자마자 대성공을 거두었다. 특히 모든 사용자가 환호를 보낸 독특하면서도 유용한 기능은 킬비가 제안한 소형 감열식 프린터(thermal printer)였다. 새로운 포켓 계산기는 TI에는 효자 상품이 된 반면, 부피가 훨씬 크고 비싼 트랜지스터 기반의 기존 데스크톱 계산기에는 큰 위협이 되었다. 위기의식을 느낀 데스크톱 계산기 제조사들은 급히 TI에 맞설 방안을 찾아 나섰다. 그런 회사 중의 하나가 일본 계산기 주식회사(Nippon Calculating Machine Company)라는 중간 규모의 회사였는데, 회사의 제품명인 비지콤(Busicom)으로 더 알려져 있었다.

1969년, 인텔이 창업한 지 겨우 1년이 지났을 때 비지콤은 TI와의 싸움에서 도움을 얻고자 인텔의 문을 두드렸다. 그들은 12개의 칩이 요구되는 상세 회로 설계를 그려 왔는데, 그것이 고차 수학 함수를 쉽게 수행할 수 있는 차세대 고성능 포켓 계산기의 핵심이 될 것으로 기대하고 있었다. 비지콤은 막후에서 일본의 새롭게 떠오르는 별인 샤프(Sharp)의 지원을 받고 있었다. 그들은 인텔 측에 자신들의 설계를 더 정교하게 다듬어 줄 것과 CMOS 기술로 12개의 칩을 만들어 줄 것을 부탁했다.

비지콤이 인텔에 접근한 것은 이해될 수 있었다 — 어쨌든 인텔은 칩 제조 산업의 리더였으니까. 하지만 인텔의 입장에서는 비지콤과의 파트너십이 과연 최선의 선택인지 확신이 서지 않았다. 1969년이면 인텔은 신생 회사에 불과했고, 아직까지는 원래 목표로 했던 선구적인 메모리 칩 제품을 내놓는 것에 집중해야 할 시기였다. 하지만 비지콤과의 사업을 통해 기대할 수 있는 현금 유동성 역시 절실했다. 결국 인텔은 탐탁지는 않았지만 비지콤과의 계약에 사인하고 선임 설계 기술자인 테드 호프(Ted Hoff)에게 프로젝트의 책임을 맡겼다.

호프는 컴퓨터 아키텍처가 전문인 노련한 기술자이자 스탠퍼드 출신의 박사였다. 호프는 비지콤의 설계를 면밀히 검토한 후 대담한 역제안을 했다. 원래의 12개 칩 설계를 네 개로 줄이고 그중 하나인 코어는 고도의 메모리 기능과 논리 및 연산 회로를 결합한 다목적 컴퓨터(중앙처리장치―CPU)로 만들자는 것이었다. 이렇게 되면 각종 계산 기능을 고정된 하드웨어 조작을 통해서 하는 것이 아니라 컴퓨팅 지시문, 즉 소프트웨어를 통한 프로그램으로 할 수 있게 되는 것이다. 일찍이 폰 뉴만이 에니악·에드박 프로젝트에서 마음속에 그렸던 것과 같은 설계였다. 호프는 인텔이 비록 젊은 회사이지만 칩 제조 기술만은 이미 이 '칩 위의 컴퓨터'를 합리적인 수율로 만들 만큼 발전되어 있다고 장담했다. 비지콤은 급진적이고 한편으로는 위험스러운 호프의 제안을 따라야 할지 오랫동안 망설였다. 더군다나 그것은 한 번도 검증되지 않은 설계였다.

비지콤 경영진이 최종 답변을 주지 않고 시간만 흐르자 프로젝트에 대한 인텔의 관심도 시들해졌다. 마침내 비지콤은 TI가 시장 점유율을 계속 늘리는 데도 다른 대안이 보이지 않자 호프의 제안에 따르기로 동의했다. 그런데 이번에는 호프가 문제였다. 그 사이 우선 순위가 높은 다른 제품의 개발을 맡게 되어 너무 바빴던 것이다. 그는 비지콤과의 프로젝트에 제한된 시간밖에 할애할 수 없었고, 그러다 보니 작업 진행 속도가 극도로 느렸다. 이런 상황이었기 때문에 비지콤의 제품 출시 일정도 늦어지게 되었다.

제품 출시 계획이 늦어지자 비지콤 경영진은 극심한 스트레스에 시달렸다. 그들은 자신들이 망설이다가 시간을 지체했음에도 불구하고, 칩의 설계와 생산을 빨리 끝마칠 수 있는 좀 더 구체적인 행동을 취해 줄 것을 인텔 측에 끊임없이 요구했다. 결국 인텔은 비지콤과의 프로젝트를 위해 최고의 디자이너와 강력한 프로젝트 책임자를 배정하고 그들이 그 프로젝트에만 전념하게 한다는 결정을 내렸다. 이제 호프는 여기에서 빠져나와야 했다. 그는 회사의 다른 중요 프로젝트에 없어서는 안 될 사람이었기 때문이다. 새로운 투사가 필요한 그 시점에 혜성처럼 등장한 사람은 페어차일드 반도체에서 온 출중한 이탈리아인 기술자 페데리코 파긴이었다.

파긴은 비범한 기술과 함께 호전적인 성격으로도 잘 알려져 있었는데, 당시 막 인텔로 옮겨 와 자신의 주력 프로젝트를 찾고 있던 중이었다. 비지콤과의 계산기 프로젝트는 비록 회사의 핵심 사업 라인은 아니었지만 그의 관심을 끌기에 충분했다. 창조적인 기술에 대한 도전이 그를 흥분시켰고 프로젝트의 상대적 독립성 역시 그의 구미에 딱 맞았다. 무엇보다도 파긴은 다른 프로젝트에 관여되어 있지 않았기 때문에 당장이라도 투입이 가능했다. 인텔 경영진들은 기쁜 마음으로 파긴에게 계산기 프로젝트를 맡겼다. 이로써 일본 고객으로부터의 압박도 덜고 또 파긴이 자발적으로 일을 맡으면서 신참과 기존 멤버들 간의 잠재적 갈등도 걱정할 필요가 없게 되었다.

프로젝트의 책임을 맡게 된 파긴은 의욕적으로 일에 달려들었다. 호프는 그에게 개념 노트와 칩 세트에 대한 전반적인 설계를 전해 주었다. 작업에 착수한 후 이미 많은 시간이 흘렀지만 계산기 팀은 아직 칩의 상세 설계에 손도 못 대고 있었다. 하지만 파긴은 단념하지 않고 비지콤에서 온 일본 기술자 몇 명을 포함한 정예 팀을 구성하여 믿기 어려운 열정과 헌신으로 밤낮을 가리지 않고 일했다.

파긴은 팀원들에게 요구가 많은 상사였다. 그의 팀이 맡은 칩의 설계를 극히 미세한 부분까지 모두 온갖 공을 들여 완벽하게 완성시키고자 했다. 이렇게 고도의 집중 작업을 하느라 설계가 지연되기는 했지만 마침내 1971년에 칩이 완성되었을 때는 누가 봐도 뭔가 대단한 일을 해낸 것이 분명했다. 내

부적으로 '4004'로 이름 붙여진 이 제품은 세계 최초의 '칩 위의 컴퓨터'였다. 그리고 이것은 우리가 잘 아는 이름인 '마이크로프로세서(microprocessor)'로도 알려지게 되었다. 4004 칩은 크기가 겨우 0.32×0.42cm에 지나지 않았는데도 자그마치 2,300여 개의 트랜지스터를 담고 있었다. 크기는 작지만 컴퓨팅 파워는 거의 에니악에 맞먹었다. 또 작동에 필요한 전력은 겨우 1.2와트였는데, 이는 16만 와트가 필요했던 에니악과 극명하게 대비되는 것이었다. 게다가 에니악의 무게는 6만 파운드나 되었다. 에니악에서 4004 칩까지 진화하는 데는 고작 25년이 걸렸다. 1946년 당시에는 그런 극적인 기술 진전이 그렇게 짧은 시간 내에 이루어질 수 있으리라고는 꿈에도 생각지 못할 일이었다. 이것은 트랜지스터, 그리고 이후의 칩 기술 개발의 위력이 어떠했는지를 가장 단적으로 보여 주는 사례였다.

4004는 기술적으로 엄청난 성공이었고 실제로 대량생산되었다. 하지만 이것이 세계 계산기 시장을 놀라게 하기에는 출시가 너무 늦었다. 시기를 놓쳤을 뿐 아니라 오랜 개발 과정에서 자금이 고갈되어, 결국 파긴의 성공에도 불구하고 비지콤은 프로젝트를 종료해야만 했다. 비지콤이 프로젝트에 대한 비용을 지불했기 때문에 계약에 따라 4004에 대한 IP는 비지콤이 소유하게 되었다 — 그것의 진정한 가치를 전혀 짐작도 하지 못하는 회사의 선반 위에서 먼지만 쌓이게 될 IP였다.

파긴은 4004와 그의 파생물들을 독자적인 제품으로 만들려고 열심히 로비를 했다. 초창기 인텔의 경영진은 전력을 기울여 메모리 칩에 계속 집중하고 있었기 때문에 마이크로프로세서 4004는 회사의 사업 계획과 맞지 않아 보였다. 하지만 그들도 4004가 아직은 막연하지만 미래에는 분명 중요한 기회가 될 것이라는 것을 감지하고 있었다. 노이스는 민첩한 사업 감각으로 일본에 건너가 비지콤으로부터 4004의 IP 소유권을 6만 달러에 다시 사들였다. 이 거래에서는 인텔이 4004 기술을 계산기 시장에서 비지콤과 경쟁하는 것을 제외한 모든 응용 분야에 사용할 수 있다는 조건이 명시되었다. 이 시기적절한 대처로 인텔은 향후 마이크로프로세서 기반의 신사업을 구축할 수 있는 선택권을 최소한의 투자로 계속 보유하게 된 것이다.

개인용 컴퓨터의 출시

1974년, 노이스와 호프의 지원을 받은 파긴 팀은 좀 더 상급의 강력한 마이크로프로세서 '8008'을 설계하기 시작했다. 4004는 4비트 칩으로 매우 제한적인 유틸리티(utility)를 가지고 있었기 때문에 간단한 산업 제어, 신호등, 그리고 프로그래머블 계산기 등에 한정하여 사용하기가 좋았다. 하지만 8비트의 8008 칩은 더 넓은 범위의 '내장된' 디지털 신호 처리 응용 프로그램을 잘 수행해 낼 수 있었고 훨씬 더 정교했다. 소형 컴퓨터의 일부 기능도 수행할 수 있었다. 이러한 잠재력이 10대의 신예 소프트웨어 프로그래머 빌 게이츠(Bill Gates)를 유혹했다. 빌 게이츠는 8008에서 수행되는 기본적인 프로그램 언어를 개발하겠다고 나섰다. 하지만 아직 칩의 성능이 그 일을 수행할 만큼 강력하거나 빠르지 않아 성공을 거두지는 못했다.

시장에서의 피드백과 그동안 축적된 경험을 바탕으로 파긴은 곧 세 번째 마이크로프로세서 '8080'을 개발해 냈다. 8080은 엄청난 상업적 성공을 거두었다. 1975년 8080 칩이 소개되자 바로 MITS라는 작은 회사가 이 칩을 CPU로 사용하여 역사상 최초의 마이크로컴퓨터(microcomputer)인 'Altair 8800'을 만들어 낸 것이다. 그리고 빌 게이츠와 그의 파트너 폴 앨런(Paul Allen)은 드디어 8080을 위한 베이식(BASIC: Beginners' All-purpose Symbolic Instruction Code) 언어 개발에 성공했다. 두 사람은 이 성공을 지렛대 삼아 새로운 회사 '마이크로소프트(Microsoft)'를 세우는 데도 성공했다. 이제 새로운 마이크로컴퓨터 사업의 전망은 현실로 다가왔다.

인텔의 선구적인 노력에 이어 모토롤라, TI, 페어차일드, 그리고 다른 회사들도 마이크로프로세서 칩 시장에 진입했다. 그들 중 일부는 인텔을 뛰어넘어 16비트 아키텍처에 바탕을 둔 더 선진화된 칩을 소개하기도 했다. 1976년, 스티브 잡스(Steve Jobs)와 스티브 워즈니악(Steve Wozniak)은 모토롤라의 마이크로프로세서 칩을 사용해 '애플 II (Apple II)' 컴퓨터를 개발했다. 애플 II는 새로운 PC 시대를 열면서 인텔의 시장 선도 위치를 위협했다. 경쟁사들로부터의 엄청난 도전에 직면한 인텔은 그들의 사업 모델을 수정했다. 프리미엄 칩 공급자가 되는 것 외에도 컴퓨터 시스템 아키텍처 역량을 쌓는 데 대대적 투자를 하기로 한 것이다. 이렇게 하여 쌓은 소프트웨어 분야의 전문성을 가지고 인텔은 소위 '완전 제품(complete products)'을 고객에게 제공했다. 또한 '제품 로드맵(product roadmap)' 개념을 선도했는데, 이것은 고객들이 인텔에서 개발한 미래 마이크로프로세서 칩의 기대 성능과 가용 시기를 좀 더 잘 알 수 있게 해 주었다. 고객들은 이 로드맵을 통해 미래를 위한 좀 더 나은 생산 계획을 수립할 수 있었다. 물론 이러한 과정은 인텔이 그간 고객들과 지속해 온 거래를 더 견고히 해 주는 역할도 했다.

한편, 애플 II 컴퓨터의 믿기 어려운 성공을 지켜보던 컴퓨터 산업계의 거인 IBM은 다른 회사들이 이 성장하는 시장을 장악하도록 마냥 내버려 둘 수 없다는 결론을 내렸다. 새 시장을 규정하고 장악하기 위해서는 단순히 자신들의 힘을 과시하는 것 외에도 신속하고 단호한 조치가 필요했다. 이에 따라 IBM은 민첩하고, 거의 독립적으로 움직이는 팀을 별도로 만들어 부상하는 마이크로컴퓨터 시장에 대응하기로 했다. 새로운 팀은 제품을 정의하고 통합하는 데 총력을 기울였다. 이 과정에서 상대적으로 시장 진입이 늦었다고 생각한 IBM은 운명적인 결정을 내렸다. 개발 시간 단축을 위해 외부 업체의 마이크로프로세서 칩과 소프트웨어 운영 시스템을 사용하기로 한 것이다.

1981년, 드디어 IBM이 마이크로컴퓨터 시장에 등장했다. IBM은 곧 유행을 선도하면서 자사의 새로운 제품에 '개인용 컴퓨터(personal computer: PC)'라는 적절한 이름을 붙였다. IBM PC는 엄청난 사업적 성공을 거두었다. 그리고 전문적인 기술 애호가들이 집에서 은밀히 사용하던 PC를 산업계에서 합법적으로 사용하는 사무용 PC로 그 위상을 높였다. 하지만 IBM PC의 가장 중요한 핵심 기술 두 가지는 IBM의 것이 아니었다. 소프트웨어 운영 시스템은 마이크로소프트의 것이었고, 마이크로프로세서 칩은 인텔에서 가져온 것이었다. 더군다나 IBM은 마이크로소프트와 인텔이 그들의 제품을 다른 컴퓨터 회사에 파는 것을 효과적으로 통제하지 못했다. 그 결과, 거대한 IBM PC 호환 컴퓨터 시장이 탄생하면서 신규 회사와 기존 회사 모두가 이 시장의 공략에 나섰다. 여기에는 델(Dell), 컴팩(Compaq), 그리고 휴렛패커드 등이 포함되어 있었다. 돌이켜 볼 때 IBM의 PC 전략은 회사 입장에서는 엄청난 사업적 실수였음이 분명하다. 하지만 이 실수는 PC 혁명의 수문을 열었고, 이로 인해 눈에 보이지도 않는 작은 전자가 상상도 하지 못한 방식으로 우리 생활에 영향을 미치게 된 것이다. 그 과정에서 인텔의 마이크로프로세서 개발과 마이크로소프트의 소프트웨어로의 도약은 두 회사에 천문학적 가치를 지닌 보물상자의 열쇠를 가져다 주었다. 인텔의 마이크로프로세서는 시스코(Cisco) 등이 선도하는 서버(servers)의 탄생도 가능하게 했는데, 이것은 믿을 수 없이 강력한 인터넷 혁명의 기반을 제공하는 것이었다.

유비쿼터스(Ubiquitous) 실리콘

플레이너 공정과 CMOS 트랜지스터 기술, 이 두 가지를 기반으로 실리콘 칩의 기능은 그 범위가 급속히 확장되었다. 최초의 논리회로를 메모리 칩이 뒤따랐고 이제 인텔은 두 기능을 하나의 칩에 결합한 마이크로프로세서를 만들었다. 마이크로프로세서는 산업을 새로운 경지로 끌어올렸으며, 우리가 아는 컴퓨터들의 개발을 가능하게 했다. 그 밖에도 다수의 시스템 응용을 지원하고 창출하는 다양한 종류의 실리콘 칩들이 많이 있다. 여기에는 아날로그 칩, 혼합신호(mixed-signal) 칩, 이미징(imaging) 칩, 파워 칩, 미세전자 기계 시스템(micro-electromechanical systems: MEMS), 그리고 모든 기능을 한 개의 칩에 모은 슈퍼 칩(Systems-On-a-Chip: SOC) 등이 있다.

아날로그 칩

인간을 둘러싸고 있는 자연 세계에 대한 신체의 감각 인터페이스는 모두 아날로그 혹은 계속해서 변하는 신호에 바탕을 두고 있다. 이를테면 보고, 듣고, 만지는 것을 지각하는 것이 그렇다. 1876년의 전화 음성 통신의 발명은 전자의 아날로그 시대를 열었다. 그런데 이 아날로그 신호는 간단한 'on' 혹은 'off' 두 가지 상태의 디지털 신호보다 보내

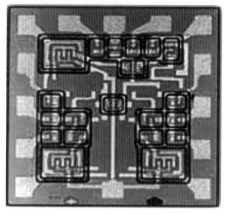

최초의 아날로그 칩: 선형 증폭기(linear amplifier). Courtesy of Fairchild Semiconductors

고 처리하기가 훨씬 더 까다로웠다.

아날로그 칩은 처음에는 전화, 라디오, 텔레비전처럼 3극진공관으로 구동되는 제품에 폭넓게 사용되었다. 3극진공관은 후에 트랜지스터로 대체되었다. 하지만 칩 개발 초기부터 항상 전체 아날로그 회로를 하나의 칩에다 만들고 싶다는 바람이 있었다. 결국 페어차일드 반도체나 내셔널 반도체 같은 회사들이 핵심 아날로그 기능을 하나로 담은 아날로그 칩을 성공적으로 출시해 냈다. 여기에는 증폭기와 발진기부터 주파수 튜너와 주파수 선택 필터가 망라되어 있었다. 이러한 칩들은 통신과 가전제품 시장에서 기존의 많은 아날로그 제품들의 신뢰도와 소형화를 한 단계 높여 주었다.

각각의 아날로그 칩에 요구되는 트랜지스터의 수는 통상 동급의 디지털 칩보다 훨씬 적다. 하지만 각 부품의 성능 사양은 더 엄격하고 정확하다. 아날로그 칩의 전체 시장 규모는 꽤 큰 편이지만 디지털 칩 시장보다는 많이 세분화되어 있어 주로 고도로 전문화된 칩 회사들이 시장을 떠받치고 있다.

혼합신호 칩 — 데이터 변환기

생활 속에서 우리가 직접 상대하는 신호는 본질적으로 모두 아날로그다. 하지만 아날로그 신호는 보내거나 저장할 때 왜곡되거나 약해지고 잡음이 끼어들기 쉽다. 디지털 신호는 아날로그 신호에 비해 훨씬 더 견고하다. 초기의 전신 계전기가 입증했듯이 쉽게 재생산될 수도 있다. 여기에 더해 또 다른 주요 이점이 있다. 컴퓨터를 활용하여 다양하고 강력한 소프트웨어 기반의 수학적 알고리즘으로 신호들을 쉽게 '디지털 방식으로 처리'할 수 있어 고객에게 더 큰 가치를 가져다줄 수 있다는 것이다. 예를 들면, 디지털화된 그림은 콘트라스트, 색깔, 선명도를 쉽게 향상시킬 수 있다. 저장이나 전송의 편의성을 위해 그림을 '압축'할 수도 있으며, 심지어는 컴퓨터에 지능(intelligence)을 주어, 컴퓨터 스스로 그림의 특징을 인식하여 어떤 작업을 하게 하는 좀 더 진화된 처리도 가능하다. 예를 들면, 페이스북에서 컴퓨터가 얼굴 인식을 하여 사진 속 개인에게 이름표를 붙이는 것 등이다.

디지털 신호의 속성을 이용하기 위해서는 아날로그 신호를 디지털과 동등한 0과 1의 문자열로 전환해야 한다. 이 디지털 근삿값은 원래의 아날로그 신호를 표현하기 위해 더 많은 비트가 사용될수록 정확도가 더 높아진다. 컴퓨터에 있어서는 베토벤의 심포니나 다빈치의 그림은 둘 다 1과 0의 조합에 불과하다. 그리고 화면에 표시되는 이미지와 재생되는 음악의 질은 본질적으로 디지털 부호화 과정의 비트 심도(bit-depth)에 의해 좌우된다. 그래서 아날로그와 디지털 상태 사이에서 신호를 앞뒤로 바꾸는 방법을 향상시키는 것이 컴퓨터 등장 초기부터 주요 기술 목표가 되어 왔다.

마이크로프로세서의 등장으로 이 변환 과정을 최대한 빠르고 정확하게 수행할 수 있는 저가의 고성능 데이터 변환기에 대한 요구가 이전보다 훨씬 더 커지고 시급해졌다. 그리고 이러한 요구를 해결하기 위해 디지털과 아날로그 기능 두 가지를 모두 같은 칩에 통합시킨 새로운 칩 기술, 곧 '혼합신호(mixed-signal)' 기술이 개발되었다. 칩의 기능이 계속하여 합쳐지면서 데이터 변환기 기능도 센서, 구동 장치, 그리고 마이크로프로세서와 점점 더 통합되어 아날로그와 디지털 세계 간의 차이가 명확해졌다. 이 혼합신호 변환기 덕분에 마이크로프로세서의 파워와 가치가 십분 발휘되면서 CD 플레이어나 지능형 밥솥 같은 새로운 세대의 디지털 제품들이 탄생했다.

혼합신호 칩 — 무선

'무어의 법칙'의 혜택 중 하나는 트랜지스터의 크기가 줄어들면서 최대 운용 속도가 가속화되어 마침내 모바일폰에서 사용되는 2기가헤르츠(초당 20억 사이클) 혹은 그 이상의 무선 신호를 효과적으로 증폭할 수 있게 되었다는 것이다. 이에 발맞추어 마이크로프로세서의 운용 속도 역시 빨라져서 하나의 칩에 무선 송신기와 수신기의 통합하는 것이 가능해졌고, 이를 통해 전력 소모가 적고 휴대 가능한 소형 무선 장비들, 이를테면 휴대폰, GPS 수신기, 와이파이(Wi-Fi)와 블루투스(Bluetooth) 장비들이 탄생했다. CMOS 칩은 생산 단가가 낮아 일반 대중들이 이런 제품들을 쉽게 구매할 수 있게 되었다. 마이크로프로세서가 이처럼 광범위하게 적용되면서 궁극적으로는 스마트폰과 모바일 애플리케이션의 새로운 세대를 열게 된다.

이미징 칩

1969년, 실리콘과 실리콘 산화물 간의 인터페이스를 연구하던 벨 연구소의 윌러드 보일(Willard Boyle)과 조지 스미스(George Smith)는 재미있는 발견을 했다. 양성의 전압을 p형 실리콘의 게이트 전극에 적용하면 양공이 실리콘/실리콘 산화물 인터페이스로부터 밀려나는 것이었다. 그 게이트 전극

밑의 공간은 빛을 흡수함으로써 그곳에 만들어진 자유전자의 버킷(bucket)으로 사용될 수 있었다.

보일과 스미스는 근접한 게이트 전극들의 선형배치를 이용하여, 전압을 게이트에 순차적으로 적용하면 버킷 주변에 저장된 전자 패킷(packet)들을 통제된 방식으로 실제로 움직이게 할 수 있다는 것을 입증했다. 이 현상을 이용하기 위해 그들이 만든 장비는 전하결합소자(charge-coupled-device: CCD)라고 이름 지어졌고, 곧 2차원 배열의 CCD도 생산됐다.

보일과 스미스의 원래 아이디어는 CCD를 각 게이트 아래 저장된 전자 패킷으로 0과 1을 표현하는 새로운 형태의 전기 메모리로 사용하는 것이었다. 그러나 CCD가 이런 기능을 수행할 수는 있지만, 저장 밀도나 전력 소비에서 DRAM과 경쟁할 수 없다는 것이 추가 실험결과 밝혀졌다. 결국 DRAM에 도전하려는 목표는 달성하지 못하게 되었다. 이 과정에서 CCD의 특별한 속성이 전기 이미징에 완벽하게 적용할 수 있다는 것이 발견되었다.

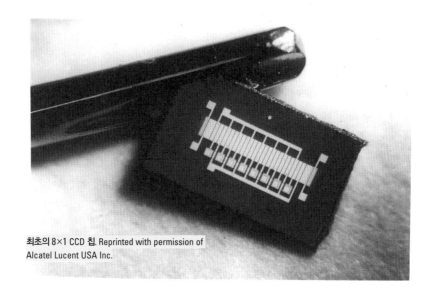

최초의 8×1 CCD 칩. Reprinted with permission of Alcatel Lucent USA Inc.

이미지가 2차원 CCD 배열에 투사되면 실리콘이 빛을 흡수하면서 전자와 양공을 발생시킨다. 양공은 p형 실리콘 재료 안으로 쓸려 들어가면서 퇴장하지만 전자는 실리콘 또는 실리콘 산화물 인터페이스로 끌려와 각 전극 밑 버킷에 축적된다. 게이트 밑에 저장된 전자의 양은 입사광의 세기와 노출 시간에 비례한다. 그리고 각각의 전극은 CCD 칩의 2차원 매트릭스 위에 점(픽셀)을 정의한다. 그래서 CCD의 각 게이트 밑에 축적된 전자의 공간 분포는 캡처된 광 이미지의 정확한 복제가 되는 것이다. 그리고 이 2차원 전자 분포 패턴은 즉시 디지털 직렬전류로 전환되어 출력되거나 메모리에 저장될 수 있다. 이 전류의 순서는 복제나 재생산될 수 있어 전자 디스플레이나 프린터를 사용하여 원래 이미지를 무한정으로 다시 만드는 데 사용된다.

CCD는 월등한 이미징 능력과 극강의 민감도를 제공한다. 신호 해독률 역시 빨라서 비디오 영역에도 쉽게 적용될 수 있다. 더군다나 실리콘에 있는 빛을 흡수하는 특성이 사람의 눈과 잘 맞기 때문에 각 픽셀에 컬러 필터 배열을 사용하여 간단한 재보정만 하면 캡처된 이미지의 색깔까지도 쉽게 재생산하거나 향상시킬 수 있다.

비록 CCD는 보일과 스미스가 원래 바랐던 것처럼 독자적인 메모리 도구로서 기능하는 데는 실패했지만 결국은 전기 이미징 분야에서 더 많은 것을 입증해 냈고, 두 사람은 이 공으로 2009년에 노벨 물리학상을 수상했다. 바로 혁명적인 실패였던 것이다!

CDD의 기본적인 생산 기술은 메모리와 마이크로프로세서를 위한 CMOS에 사용되는 것과 매우 비슷해서 기존의 칩 생산 설비를 이용해 쉽게 대량생산할 수 있었다. 소니는 몇 년간 CCD 기술의 선두 주자였는데, 그 장점을 지렛대 삼아 최첨단 전자 텔레비전 카메라를 공급하는 데 주도적인 역할을 했다.

그들의 발명 이후 수십 년 동안 CDD의 최고 해상도(픽셀의 수로 측정된다)는 마이크로프로세서 및 메모리 칩과 똑같이 무어의 법칙에 따라 증가했다. 지금은 휴대폰에서도 1,000만 픽셀(화소) 이상을 자랑하는 초고감도 CCD 화상 촬영기를 흔히 볼 수 있다. 전자 감시 카메라는 이제 너무나 도처에 존재하여 빅 브라더(Big Brother: 조지 오웰의 소설 『1984』에 등장하는 감시자를 지칭하는 용어가 일반화되어 정보를 독점함으로써 사회를 감시, 통제하는 권력을 일컬음 – 역자 주)가 항상 우리를 감시하는 사회가 이미 현실로 나타나고 있다.

최근에는 새로운 CMOS 기반의 이미징 기술이 개발되어 CCD에 도전하고 있는데, 특히 저가 핸드폰의 카메라처럼 가격에 민감한 분야에 적용되고 있다. CCD와 새로운 CMOS 이미지 기술은 함께 디지털 사진 기술의 대변혁을 이끌면서 화학 처리 기반의 사진 필름은 이제 거의 과거 유물로 남겨지게 되었다.

파워 칩

실리콘 칩은 대부분 통신과 정보 처리를 다루는 데 응용되며, 이런 칩들은 통상 아주 낮은 전력 수준에서 운용된다. 하지만 극한 수준의 전기 부하를 다루고 관리하기 위해 특별히 설계된, 차원이 다른 반도체 장비들도 있다. 이 파워 트랜지스터와 다이오드는 전력망이나 전기기차 같은 고출력 전기 시스템에 주로 사용된다. 파워 애플리케이션을 위해 특히 중요한 실리콘 장비는 절연 게이트 양극성 트랜지스터(Insulated Gate Bipolar Transistor: IGBT)로, 고출력 스위칭 운영에 광범위하게 사용되고 있다. IGBT는 신세대의 최적화된 에너지 효율 응용의 핵심을 이루는, 이를테면 에너지스타

(EnergyStar: 온실가스 배출을 줄이기 위해 에너지 효율이 높은 전기 · 전자 제품의 고효율성을 인정하는 프로그램 - 역자 주) 준수형 에어컨 같은 다양하고 폭넓은 가변주파수 모터 드라이브를 가능케 한다.

MEMS(Micro-Electromechanical-Systems: 미세 전자기계 시스템)

실리콘 칩의 제조는 최고 수준의 정확성과 통제를 요구한다. 1990년대 초기에 연구가들은 높은 정확도의 포토리소그래피, 에칭, 그리고 박막 기술을 지렛대 삼아 축소된 전자기계 시스템을 통합된 유동 부품과 함께 실리콘 칩에 만들었다. MEMS의 개발은 실리콘 칩에 새로운 차원의 기능성을 더해 주었고, 많은 인상적인 제품들을 탄생시켰는데, 여기에는 고속의 소형 모터와 가속도계, 그리고 자이로스코프(gyroscope: 항공기, 선박 등의 평형상태를 측정하는 데 사용되는 기구 - 역자 주) 등이 포함된다. 이러한 제품들은 이제 어디서나 볼 수 있는데, 예를 들면 거의 모든 휴대폰에 내

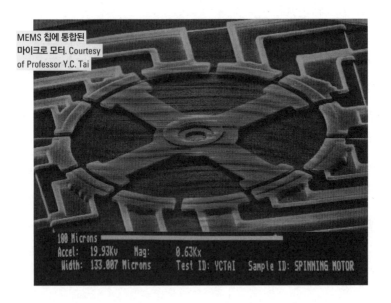

MEMS 칩에 통합된 마이크로 모터. Courtesy of Professor Y.C. Tai

장되어 장비가 모션과 방향을 감지하게 해 주고 있다. 상업적으로 이용할 수 있는 MEMS 기반의 제품으로는 조정 가능한 마이크로미러, 축소된 마이크로폰 배열, 그리고 광범위한 화학 및 생물학적 탐지기를 갖춘 칩 크기의 이미지 프로젝터 등이 있다. 이것들이 바로 완전히 통합된, 사람에게 이식할 수 있는 바이오센서(biosensor)의 미래를 여는 열쇠이다.

SOC(System-On-a-Chip: 칩 위의 시스템)

칩 개발의 역사를 통틀어 줄곧 진가를 발휘한 격언이 하나 있다. "하나의 칩에 가능한 한 많은 회로 기능을 통합하는 것이 유리하다." 무어의 법칙이 진화하면서, 생산 기술도 지속적으로 향상되어 더욱 더 복잡한 칩 설계를 구체화할 수 있게 되었다. 그 과정에서 하드웨어와, 운영 시스템을 포함한 전체 시스템 역량을 하나의 칩에 통합하는 것도 가능해졌다. 이 새로운 차원의 슈퍼 칩은 '칩 위의 시스템(System-On-a-Chip: SOC)'으로 알려지게 된다. 고도의 집적 장치인 이 SOC는 칩의 성능과 신뢰도를 향상시키면서 전체 완제품 단가를 낮추는 데 성공했다.

최초의 SOC는 테드 호프가 개념화하고 페데리코 파긴이 제작한 4004 마이크로프로세서 칩이다. 인텔의 '칩 위의 마이크로프로세서' 이후 TI는 '칩 위의 계산기'를 개발했고, 그 뒤를 이어 '칩 위의 시계'가 등장했다. 1980년대에는 록웰 인터내셔널(Rockwell International)이 '칩 위의 모뎀'을 개발하여 최신 데이터 커뮤니케이션 시대를 열었다. 이것은 아날로그 전화선을 통해 디지털 데이터를 보내고 받을 수 있는 장비로, 팩스 기계에 널리 사용되었다.

그 후로도 전체 시스템을 하나의 칩 위에 구현하려는 노력은 계속해서 가속화되었다. 이제는 무선 칩 기술을 마이크로프로세서와 결합해 '칩 위의 휴대폰'을 만들고 있다. 이미징 칩을 마이크로프로세서와 합친 '칩 위의 카메라'도 있다. 그리고 MEMS 기반의 가속도계와 자이로스코프를 GPS 수신기 및 마이크로프로세서와 통합한 본격적인 내비게이션 시스템이 하나의 칩만으로 가능해졌다. 최근의 추세는 이 SOC를 '시스템의 시스템(system of system)'으로 더욱 확장하는 것이다. 이것이 바로 가볍고 전력 소비량이 낮은 소형 스마트폰과 태블릿의 새로운 세대를 가능케 한 핵심적인 요소이다. 여러 기능을 한데 모음으로써 얻을 수 있는 장점이 남아 있는 한, 설계와 제조 기술이 운용에 필요한 조건들을 지원해 줄 수만 있다면 아마도 이 행진은 끝이 없을 것이다. 그 과정에서 SOC에 의해 가능해진 제품들은 더 많은 기능을 가지게 되고, 더 간편해지고, 더 부담 없는 가격이 될 것이다.

SOC의 설계는 극도로 복잡해서 시스템에 대한 많은 지식과 전문성을 요구한다. 대부분의 경우 SOC 공급자들이 핵심 시스템 기술과 IP를 장악하고 있다. 완제품 생산자들은 공사장 인부가 건축 블록을 쌓는 것처럼 SOC와 다른 주변기기를 조립하는 역할만 한다. 이 추세는 반전된 공급사슬을 만들었다. 공급자들이 대부분의 최신 기술을 소유하면서 하층에 있는 제품 생산업체와 유통업체들에게 막강한 영향력을 행사하고 가격 결정력을 가지는 것이다.

기술적으로 말하자면 SOC와 새로운 '시스템의 시스템' 칩의 개발이야말로 전자의 힘을 이용하기 위한 오랜 여정에서 인류를 현재의 수준으로 이끌어 온 것이라고 할 수 있다. 이 건축 블록 같은 칩은 유용하고 필수적인 많은 일을 수행할 수 있는 스마트폰과 태블릿 컴퓨팅 플랫폼을 가능하게 하여 우리의 일상생활을 풍요롭게 해 주었다. 불과 10년에서 20년 전만 해도 이러한 기능의 대부분은 꿈도 꾸지 못한 일이었고, 그것이 가능할 것이라는 상상도 아예 할 수 없었다.

18

전자 산업의 진화
Evolution of the Electronics Industry

아시아에서 온 경쟁자들

1970년대와 1980년대 초에 걸쳐 전 세계 반도체 산업은 활력이 넘치는 가운데 급속도로 성장하고 있었다. 무수히 많은 신생 회사들이 우후죽순으로 등장하여 저마다 새로운 칩 제품을 가지고 새로운 시장을 탐색했다.

일본 기업들은 1970년대부터 소니의 뒤를 이어 글로벌 반도체 산업에 진출하기 시작했다. 이 거대 일본 기업들은 풍부한 자본을 잘 관리하고 있었으며, 친(親)산업적인 국가 경제정책의 지원을 받고 있었다. 그들은 상대적으로 짧은 시간 안에 세계 수준의 반도체 공장을 많이 만들었다. 일본 회사의 기술자들과 생산 직원들은 잘 훈련되어 있고 꼼꼼할 뿐 아니라 고도의 규율이 서 있었다. 이러한 특성들은 복잡하고 고도로 정밀한 제품을 대량 생산하는 데 매우 적합했다. 또 이 회사들은 전사적 품질경영(Total Quality Management) 기법을 도입해 그들의 경쟁 우위를 더욱 공고히 했다.

일본의 신흥 기업들이 겨냥한 주력 제품은 DRAM 칩이었다. DRAM은 대상 시장이 거대한 반면 제품 설계는 상대적으로 간단하며, 새 제품의 사이클도 예측할 수 있고 꽤 오랜 기간 지속된다는 뚜렷한 장점이 있었기 때문이다. 제품들 간의 상대적인 차이는 가격이었는데, 만약 품질만 자신 있다면 이 점에서는 일본 회사들이 다른 나라의 경쟁사들을 앞서고 있었다. 일본의 엔은 미국 달러보다 상대적으로 약해서 일본 DRAM 칩의 시장 가격을 바이어들에게 매력적인 수준으로 낮출 수 있었다. 1980년대 초반 일본의 DRAM 제품은 세계 시장을 독식하려는 조짐을 보였다. 이제 인텔을 포함한 다른 탄탄한 생산자들도 일본의 위협을 심각하게 받아들이게 되었다.

메모리 칩은 인텔이 창업한 바로 그날부터 주력해 온 회사의 핵심 제품이었다. 하지만 이제 인텔은 하나의 기업이 아닌 일단의 강력하고 결연한 라이벌 그룹과 맞서 싸워야 했다. 인텔은 시장 점유율이 떨어지고 수익률이 줄어들면서 무언가 대책을 세울 필요가 있었다. 다행히도 노이스의 전략적 비전과 파긴의 집요한 끈기 덕분에, 몇 년간의 개발을 거친 마이크로프로세서 사업이 PC 시장의 경이적인 성장과 함께 비약하기 시작했다. 인텔의 마이크로프로세서는 최초이자 최고였다. 그리고 산업의 표준인 IBM PC를 비롯한 대부분의 PC에 사용되었다. 마이크로프로세서의 성장 전망이 매우 밝아지자 — 메모리 칩보다 훨씬 더 전망이 좋았다 — 인텔은 1986년, 중요한 전략적 결정을 내렸다. DRAM 사업을 접고 오로지 마이크로프로세서 사업을 개발하는 데 집중하겠다는 것이었다. 이 뉴스는 미국 전자 산업에 엄청난 충격을 주었다. 밖에서 보기에는 인텔이 DRAM을 양보한다는 것이 마치 일본 회사들이 전자 시장에서 미국 회사들을 눌렀음을 인정하는 것처럼 보였다. 하지만 꼭 그런 것은 아니었다.

반도체 시장은 높은 성장률 덕분에 아직 제로섬(zero-sum) 게임은 아니었다. 꾸준히 확장되고 있던 시장의 공급사슬 여기저기에 걸쳐, 그리고 많은 종류의 완제품 시장에서 승자가 될 기회가 여전히 남아 있었다. 한 회사의 성공이 반드시 다른 회사의 실패를 의미하지는 않았다. 하지만 너무 많은 회사들이 싸우고 있었다. 극도로 경쟁적이고 차별화된 이 환경에서 살아남기 위해서는 민첩하고 유연해야만 했다. 또 자신만의 고유한 경쟁 우위를 가지고 있어야 했다.

인텔도 예외는 아니었지만, 다행인 것은 경영진들이 과거라는 눈가리개를 벗어던지고 현실을 겸허하게 받아들였다는 것이다. 그 현실이란 인텔이 그간의 역사적인 시장 지배에도 불구하고 앞으로는 DRAM의 글로벌 리더로 오래 머물지 못할 것이라는 사실이었다. 국제통상의 간단한 진리가 그것을 허락하지 않았다. 이와는 반대로 마이크로프로세서 부문에서는 자신들이 시장을 이끌 수 있다는 확신이 있었다. 이 분야만큼은 인텔이 그 어느 회사보다도 많은 경험과 노하우를 가지고 있었기 때문이다. 거기다가 PC와, 마이크로프로세서를 내장한 고급 '스마트' 제품들의 시장이 빠르게 성장하고 있었다. 특히 잠재적인 경쟁사들이 직면할 여러 진입 장벽들, 즉 복잡한 디자인, 빠르게 진화하는 하드웨어, 소프트웨어, 시스템 애플리케이션의 기술적 요구사항, 고객과 다방면의 협조적 관계를 구축하기 위한 섬세한 전략 등을 감안한다면 이 시장만은 안전하게 지켜 낼 수 있어 보였다. 인텔이 내세운 것은 그들이 과거에 가졌던 강점이 아니었다. 오히려 그것은 시

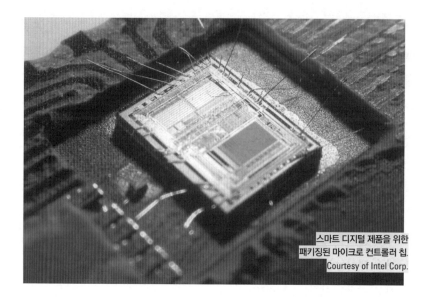

장 변화에 기술적으로 맞추고, 새롭게 성장하는 시장을 적절히 공략하기 위해 자신을 탈바꿈시키는, 새롭게 습득된 능력이었다. 인텔은 반도체 제조회사일 뿐 아니라 컴퓨터 아키텍처에 대한 방대한 전문성을 갖춘 최첨단의 시스템 회사였다. 이 분야에서의 압도적 우위로 그들은 시장 대부분을 통제할 수 있었으며 가격 결정력까지 가지게 되었다. 1986년 인텔이 주력을 DRAM에서 마이크로프로세서로 옮기기로 한 것은 진정으로 터를 양보한 것이 아니었다. 그것은 장기적인 사업 관점에서 새롭고 더 수익성 좋으며 더 강력한 기반을 찾겠다는 전략이었다.

그러한 결정을 한 지 몇 년 되지 않아 인텔은 다시 빠른 속도로 성장하기 시작했고, 세계 최대의 반도체회사라는 타이틀도 되찾아 왔다. 반면, 메모리 칩 시장의 경쟁사들은 이제 상품 시장에서 메모리 칩의 낮은 수익성을 두고 치열한 싸움을 벌여야만 했다. 일본 경제는 거품이 붕괴되면서 반도체 산업에 대한 투자가 점점 줄어들었다. 대신 타이완, 싱가포르, 한국, 그리고 한참 후의 중국을 비롯한 아시아의 새로운 회사들이 등장하여 일본이 자신했던 게임에서 일본을 이겼다. 오늘날 DRAM 시장에서는 한국의 삼성이 세계적으로 압도적인 공급자가 되어 있다. 또 당시 인텔이 굽실거렸다고 알려진 일부 회사들은 칩 사업에서 완전히 떠난 지 오래되었다.

컴퓨터 지원 설계(Computer-Aided Design)

반도체 산업이 계속해서 성장하자 이에 따라 여러 가지 혁신이 일어나면서 제조 역량의 한계도 계속해서 확대되었다. 일부는 기술적인 발전이었고, 다른 것들은 사업 방법론이나 칩 설계, 그리고 제조 분업에 관련된 것이었다. 이러한 발전 역시 글로벌 반도체 사업의 진화에 중대한 영향을 미쳤다.

무어의 법칙에 따라 1970년 중반에는 최첨단 칩들의 경우 1만 개 이상의 트랜지스터를 포함할 정도로 성장했다. 또 서로 다른 기능을 가진 회로들이 결합되고 통합되기 시작했다. 예를 들면, 전자 시계를 조립할 때 원래는 5개의 칩이 필요했다면 이제는 하나의 통합된 칩 위의 시스템으로 충분했다. 하지만 이에 따라 복잡성이 증대함으로써 칩 설계 방법론에서 또 다른 심각한 문제를 야기시켰다.

대규모 집적회로(Large scale integration: LSI) 칩은 고도로 전문화된 분야이다. 산업 초기에는 대부분의 칩 설계 기술자들이 인텔이나 TI 같은 큰 반도체회사에 고용되어 있었다. 자격을 갖춘 경험 많은 칩 설계사는 거의 찾아볼 수 없거나 극히 드물었다. 그들은 회로 설계뿐 아니라 칩 제조 기법과 반도체 물리학의 한계에 대해서도 알아야만 했는데, 그것은 여러 분야에 대한 숙달과 다년간의 경험이 있어야만 가능한 것이었다. 사실 최고 중의 최고 설계사는 기술자라기보다는 예술가에 더 가까웠다. 페데리코 파긴 같은 최고의 기술자를 찾기란 하늘의 별 따기였고 또 채용하는 것은 더 어려웠다. 그렇게 소중한 자원이다 보니 회사의 가장 중요한 제품을 설계하는 권위 있는, 동시에 스트레스가 많은 자리에만 고급의 기술자를 고용하는 경향이 있었고 대우도 아주 좋았다. 문제는 이런 전문성을 보유한 소수 인재들 사이에서조차 지식을 공유할 방법이 없었다는 것이다. 모두가 직접 현장 체험을 통해 배웠고 자기 자신의 경험의 집합을 만들어, 거기서부터 모든 것을 도출해 내었다. 표준화가 거의 안 되어 있었기 때문에 어떻게든 칩 설계를 위한 체계적인 방법론을 개발하는 것이 시급히 요구되었다. 방법론을 통해, 수가 적은 칩 설계사에 대한 의존도를 최소화하면서 기본적 교육을 받은 좀 더 많은 기술자들에게 칩 설계를 개방하려 한 것이었다. 많은 연구가들이 이 장애를 돌파하기 위한 작업을 했는데, 그중 한 사람이 이 분야에 크게 공헌한 카버 미드(Carver Mead)였다.

카버 미드는 칼텍의 전기공학과 교수로 원래는 반도체와 금속 간 인터페이스의 물리적 현상을 전문으로 연구했다. 1930년대에 월터 쇼클리가 처음으로 탐구했던 바로 그 분야이다. 하지만 미드는 폭넓은 관심사를 가진 다재다능한 사람이었다. 그는 칩 설계의 방법론을 일대 혁신하려는 요구가 엄청난 것을 보면서 컴퓨터가 중요한 역할을 할 수 있겠다고 생각하게 되었다.

칩 설계의 방법론은 전적으로 혁신이 가능했고 잠재적으로 엄청난 보상이 기대되는 분야였다. 미드는 비록 이 연구 분야가 자신의 전문 분야는 아니었지만,

카버 미드. Courtesy of Carver Mead

시야를 넓혀 무언가 파급 효과가 큰 일을 하고 싶었기 때문에 열정을 가지고 이 일에 달려들었다.

미드는 총명했지만 개성이 강한 사람이어서 항상 문제를 주류와는 다르게 접근했다. 그는 제대로 된 칩 설계가 반드시 다양한 분야에 걸친 다년간의 예술가적 경험을 통해서만 나온다는 생각을 고집하지 않았다. 그보다는 시간이 지나면서 일종의 베스트 프랙티스(best practices)가 나오고, 일부 설계 전략들이 결국은 수렴되는 것이라고 생각했다. 당시 칩 생산은 기술이 성숙해 감에 따라 점점 더 많은 부품 기능들이 안정되고 재생산될 수 있었다. 이제 칩들의 활용성이 본질적으로 알려졌기 때문에 다른 수학적 표현들처럼 컴퓨터 시뮬레이션(simulation)을 통해 모델화할 수 있어야 했다.

이런 사고방식에 입각하여 그 논리적 결론에까지 도달한 미드는 어떤 논리 시스템 설계라도 연속적인 표준 블록으로 전환시키고 또 각 블록들을 하나의 칩 설계로 전환하는 방법론을 개발했다. 미드는 소프트웨어를 이용하여 그 미래 칩들의 성능을 시뮬레이션해서 필요한 성능 요구 사항과 성능 목표를 맞출 수 있는지를 평가했다. 만약 맞출 수 있다면 바로 생산으로 들어가면 되었다. 하지만 요구 사항을 맞추지 못한다면 다시 수정을 하여 바람직한 결과가 나올 때까지 설계를 반복해야 했다.

그의 컴퓨터 지원 칩 설계(computer-aided chip design)는 혁명적인 개념이었다. 1980년, 미드와 그의 파트너 린 콘웨이(Lynn Conway)는 『초고밀도 집적 시스템 개론(An Introduction to Very Large Scale Integration Systems)』이라는 책을 발간했다. 이 책은 미드의 방법론과 적절한 소프트웨어 설계 도구를 사용한다면 기술자들이 반도체에 대한 사전 지식이 없이도 경쟁력 있는 디지털 칩 설계사가 될 수 있다는 주장을 담고 있다. 시스템과 완제품 지향의 칩 사용자들은 그 주장이 가능성이 있음을 알고 즉시 미드의 아이디어를 받아들여 자신들이 원하는 특별한 칩을 개발하기 위해 그들의 회사 내에 칩 설계 부서를 설치했다. 그 결과, 그동안 많은 기업들의 문젯거리였던 기술자 의존 문제를 어느 정도 해결하고 가치사슬을 바로잡았다. 이제 산업은 더욱 순조롭게 성장하면서, 빠르게 늘어나는 제품의 다양성을 마음껏 즐기게 되었다.

컴퓨터 지원 칩 설계가 관심을 끌게 되자 새로운 소프트웨어 산업이 창출되었다. 강력한 칩 설계와 시뮬레이션 소프트웨어들이 대거 등장하게 된 것이다. 그것들은 광범위한 설계 요구를 아우르면서 수백만 개의 부품이 들어간 복잡한 칩을 아무런 에러나 오차 없이 설계하는 데 결정적인 역할을 했다. 또한 칩 설계사가 다양한 새로운 기능을 가진 무수히 많은 칩을 새롭게 개발할 수 있는 문턱도 낮추어 주었다.

컴퓨터 지원 설계는 디지털 칩을 설계하는 데 요구되는 비용과 시간을 현저히 감소시켰다. 하지만 완전히 새로운 특수 용도의 칩을 밑바닥에서부터 새로이 만든다는 것은 여전히 많은 시간이 소요되는 값비싼 투자였다. 이러한 요구에 대응해서 새로운 형태의 칩 제품이 탄생했다. 그것은 게이트 어레이(gate array)였다. 개념적으로 보면 게이트 어레이는 아직 서로 연결되지 않은 모듈 식의 조립식 논리회로 블록들을 포함하고 있는 칩이다. 마치 아이들의 레고 장난감 같은 것이다. 사용자들은 특수 목적의 설계 도구를 사용하여 이 중간 단계의 칩들을 자신의 구체적인 애플리케이션에 맞춰 원하는 대로 바꿀 수 있다. 컴퓨터 지원 디자인 도구가 만들어 주는 상호연결 마스크(mask: 2차원 설계도 – 역자 주)를 사용하면 여러 가지의 부품들을 적절하게 연결하여 미완성 칩 위에 블록들을 쌓을 수 있다. 이 상호 연결된 패턴이 비특정 기능의 게이트 어레이를 고유의 기능을 가지는 특화된 칩으로 바꾸는 것이다. 이 단순한 게이트 어레이는 곧 '현장 프로그래머블 게이트 어레이(field-programmable gate array: FPGA)'로 진화되었다. FPGA는 이미 완전히 연결된 완성품 상태여서 부품들을 물리적으로 연결할 필요가 없다. 하지만 부품의 라우팅이나 와이어링은 사용자가 소프트웨어 입력을 통해 변경할 수 있다. 이 능력은 게이트 어레이의 적용 폭을 훨씬 더 확장시켜 주었다.

오늘날 모든 칩은 정교한 설계, 배치, 그리고 시뮬레이션 소프트웨어로 청사진이 만들어진 다음에야 물리적 제조에 들어간다. 칩의 복잡도가 인간의 능력 한계를 훨씬 뛰어넘고 있어 컴퓨터의 도움 없이는 설계를 할 수 없다. 마이크로프로세서가 등장한 1971년까지만 해도 파긴과 그의 팀이 맨손으로 4004 칩의 거의 모든 부품들을 설계하고 배열했다는 것을 생각해 보라. 그것도 한 치의 오차도 없이……. 지금은 결코 상상도 할 수 없는 일이다.

타이완의 반도체 공장

칩 설계의 진입 장벽이 무너지자 반도체 산업의 구조가 바뀌기 시작했다. 많은 종속 회사들 — 공급사슬의 맨 뒤에 있는 — 이 이제 자신들이 필요한 칩을 직접 만들 수 있게 되면서 더 이상 칩 공급자들에게 휘둘리지 않게 된 것이다. 하지만 회사 내부에서 칩을 직접 설계할 수 있다 하더라도 물리적 생산을 위해서는 여전히 반도체 업체들이 필요했다.

당시에는 칩 개발을 주력으로 하는 회사들은 모두 자체 생산 라인을 가지고 있었다. 그중 상당수에서는 수요의 계절적 등락으로 가끔 생산 과잉이 생기곤 했다. 일부 회사들은 매출을 늘리고 비용을 상쇄하기 위한 수단으로, 자체적으로 칩을 새로 설계하기 시작한 회사들에게 제한적인 위탁 생산 서비스를 제안했다. 칩 설계와 제조의 분업이 이루어질 징조가 보이기 시작한 것이다.

1973년, 파긴이 처음으로 마이크로프로세서를 소개한 직후, 아직 컴퓨터 지원 칩 설계 혁명이 일어나기 이전에 타이완의 전통 산업은 어려운 상황에 처해 있었다. 타이완의 장 징궈(Chiang Ching-Kuo, 蔣經國) 총통은 국가 경제의 도산을 막기 위해 새로운 사업 방안이 필요함을 절감했다. 이때 선견지명이 있던 자문단 그룹이 반도체 산업을 개발하자는 대담한 제안을 했고, 타이완 정부는 그 제안을 바탕으로 1,400만 달러를 투자하여 반도체 산업의 초석을 다지기로 결정했다.

정부는 준정부기관인 산업기술연구소(Industrial Technology Research Institute: ITRI)에 반도체 기술을 선정하고 라이선스를 받아 오는 책임을 맡겼다. 그리고 ITRI가 선택한 기술을 바탕으로 타이완 전자 산업을 키워 나가기로 했다. ITRI는 반도체 기술을 이전받는 것 외에도 재능 있는 사람들을 뽑고, 작업 인력을 훈련시키고, 기술을 더 개발하여 궁극적으로는 타이완의 민간 기업에 해당 기술의 전문성을 전수하는 책임도 맡았다.

ITRI는 RCA의 반도체 부문에서 성공적인 커리어를 쌓은 후 막 은퇴한 판 웬위안(Pan Wen-Yuan, 潘文淵)을 설득하여 전체 프로젝트를 책임지게 했다. 판과 그의 팀은 세밀한 분석 후 판의 이전 직장인 RCA로부터 CMOS 기술 라이선스를 받기로 결정했다. CMOS가 급속히 주류 기술로 부상하고 있던 때였기 때문에 당시로서는 옳은 결정이었다. 문제는 타이완에 기술적 기반을 구축하고, ITRI 팀의 기술을 필요한 수준으로 끌어올리는 데 장장 10여 년이 걸렸다는 것이다. ITRI는 1980년대 초가 되어서야 몇몇 CMOS 기반의 반도체회사를 분사시킬 수 있었고, 그 사이 CMOS 기술이 미국과 일본을 중심으로 급속도로 발전하면서 타이완이 보유한 CMOS 기술은 이미 두 세대 정도 뒤처진 낡은 기술이 되어 있었다. 결과적으로 타이완 반도체회사들이 거둔 성공은 극히 제한적일 수밖에 없었다. 다른 글로벌 경쟁자들과 견주어 특별한 경쟁 우위를 갖는 산업을 구축하려는 꿈은 여전히 요원해 보였다. 타이완의 반도체 산업은 다시 고민에 빠졌다. 과연 여기서 더 전진하기 위해서는 어떠한 특단의 조치들이 필요한 것인가?

1983년, ITRI는 모리스 창(Morris Chang)을 새로운 리더로 선임했다. 창은 1931년 중국의 중산층 가정에서 태어나 어린 시절에 중일 전쟁과 국공내전으로 인한 대대적인 파괴로 오랫동안 살던 곳을 떠나야만 했다. 그는 일찍이 혼란, 빈곤, 그리고 사회적 부정의 등을 직접 목격했고, 이 경험은 그에게 깊은 인상을 남겼다. 1949년, 창과 그의 식구들은 미국으로 이주했다. 뛰어난 학생이었던 창은 하버드 대학교에 입학한 지 1년 후 MIT로 옮겨 기계공학을 전공했는데, 특히 자동화 기술에 집중했다. 학사와 석사 학위를 받은 후 박사 과정을 계속했지만 뜻밖에도 자격시험에서 떨어졌다. 어떤 변화가 필요한 시점이라고 느낀 창은 먼저 산업계에서 일자리를 찾기로 결심했다. 그리고 벨 연구소에서 트랜지스터 기술 라이선스를 가장 먼저 받은 업체의 하나인 실바니아(Sylvania)에 취직했다.

실바니아에 들어간 창은 트랜지스터 제품 개발 작업에 배정되어 난생 처음으로 반도체 기술을 접하게 되었다. 그는 쇼클리의 역작인 『반도체의 전자와 양공』을 공부하면서 반도체 물리학을 독학했다. 하지만 실바니아는 아주 보수적인 회사였고 비전과 적극성이 전혀 없었다. 또 기존의 사업이 성공하는 데 진공관의 덕을 많이 보았기 때문에 경영진들은 트랜지스터에 대한 열정을 전혀 가지고 있지 않았다. 야망에 찬 젊은이였던 창은 실바니아의 나태함에 좌절했고, 2년이 지나자 새로운 일자리를 찾기로 결심했다.

1958년, 잭 킬비가 아주 비슷한 이유로 TI에 입사한 그해에 모리스 창도 TI의 직원이 되었다. 킬비처럼 창은 이 새롭고 고무적인 환경에서 눈을 반

모리스 창. Global Views Monthly/Chen Chih-Chun

짝이며 일했다. 그리고 거침없이 승진하여 TI의 반도체 사업을 총괄하는 전무가 되었으며, 틈틈이 시간을 내어 공부한 끝에 마침내 스탠퍼드 대학교에서 박사 학위를 받기도 했다. 하지만 TI에서 25년을 보낸 창은 변화가 필요하다고 생각하여 다시 이직을 결심했다. 바로 그때 타이완으로부터 오래된 친구의 전화를 받았다. 30여 년을 미국에서 살았던 창은 타이완 경제에 기여하려는 결의를 가지고 다시 아시아로 돌아왔다. 1983년, 창은 ITRI의 지휘권을 쥐고 최선을 다해 조직을 이끌어 나갔다. 하지만 회사가 가지고 있는 기술이 너무나도 시대에 뒤떨어져 고전을 겪고 있었다. 그러던 중 1987년이 시작될 무렵 타이완의 주요 정부 인사인 리궈딩(Li Kuoh-Ting, 李國鼎)이 창을 불렀다. 리궈딩은 과거 정부의 경제 개발부처 수장으로 임명된 후 타이완 GDP를 4배나 성장시켜 '타이완 경제 기적의 아버지'로 알려져 있었다. 창은 그런 위치에 있는 사람과의 만남이 이전과는 전혀 다른 시험을 의미한다는 것을 잘 알고 있었다.

예상했던 대로 리궈딩은 창에게 타이완 반도체 산업의 미래가 극히 불확실하고 특히 타이완만의 경쟁 우위가 없다는 것에 대해 강한 질책을 했다. 그리고 새로운 칩 회사를 만들어 어떻게든 타이완의 반도체 산업을 끌어올리고 글로벌 위상을 강화하라고 독려했다. 리궈딩은 이 지시만으로 성이 안 찼는지 창에게 4일 안에 사업 계획을 짜 오라고 요구했다. 새로운 도전을 찾아 TI를 떠났던 창은 결코 피해 가지 않았다.

창은 반도체 분야에서 25년에 걸쳐 축적한 글로벌 전자 시장에 대한 깊은 이해를 바탕으로, 쇼클리의 '생각하려는 의지'로 몸을 풀면서 과연 타이완 반도체 산업 특유의 강점과 약점이 — 사실 약점이 더 많았지만 — 무엇인가를 곰곰이 생각했다. 마침내 한 가지 아이디어가 떠올랐다.

창은 리궈딩에게 과감한 제안을 했다. 새로 설립할 회사의 사업을 실리콘 파운드리(foundry, 주조 공장)에 집중하겠다는 것이었다. 다시 말하면, 이 회사는 고객에게 오직 칩 생산 서비스만을 제공할 것이며, 이 서비스를 필요로 하는 회사에 소속되는 제조업체로서 자체 제품을 상업적으로 생산하지 않겠다는 것이었다.

당시로서는 정말 혁신적인 아이디어였다. 반도체 사업을 제품 중심의 문화에서 서비스 산업으로 옮긴 것이었다. 창은 시장 판매를 위한 자체 제품 개발 단계를 없애 버림으로써 잠재 고객과 이해가 충돌할 여지를 아예 없애 버렸다. 오로지 제조업체로만 기능하면서 고객의 요구에 충실히 맞추는 데 집중한 것이었다. 이렇게 되면 고객은 자사 전매 디자인의 보호에 대해 걱정할 필요가 없게 된다. 이 파운드리의 궁극적인 고객 기반은 공장을 갖고 있지 않은 회사, 즉 자신들의 칩을 설계하고 팔지만 실제 내부 생산은 하지 않는 회사들이었다. 1987년 당시는 아직 컴퓨터 지원 설계 방법론이 널리 사용되지 않았기 때문에 새 회사의 틈새시장은 별로 크지 않았다. 하지만 창은 산업이 성장하면서 더 많은 회사들이 차별화 시도를 위해 이런 부류의 회사를 이용할 것이라고 기대했다. 그런 시장에서는 분업이 성공의 열쇠가 될 것이라 본 것이다. 사실 초기 트랜지스터 산업에서 성공한 회사들은 GE 같은 거대기업이 아니었다. 그들은 오직 한 가지 목적에만 집중하여 제대로 해낸 조그만 창업 회사들이었다. 마찬가지로 창은 새롭게 만들 회사도 한 가지 목적에만 집중해야 한다고 보았고, 그 목적은 바로 칩 생산이었다. 물론 이것은 큰 도박이었지만 창은 확신이 있었다. 리궈딩도 창의 의견에 동의하여 새로운 타이완 반도체 제조 회사(Taiwan Semiconductor Manufacturing Company: TSMC)의 탄생을 촉진시켰다.

창의 직감과 타이밍은 완벽했다. 실제로 컴퓨터 지원 설계 기술이 성숙해 가면서 더욱 더 많은 회사들이 공장 없이 칩 시장에 진입해 들어왔다. 이제 그들은 더 이상 대형 칩 제조업체의 융통성 없는 스케줄에 신세를 질 필요가 없게 되었다. 더불어 TSMC에 생산을 맡기면 자신들의 전매 상품인 칩 설계의 유출 위험도 걱정할 필요가 없어졌다. 창의 지도력하에 TSMC는 세계에서 가장 큰 최고의 실리콘 공장이 되었고, 2013년에는 매출액이 200억 달러가 넘었다. 창의 회사는 최고의 고객 서비스를 제공하고 또 가장 선진화된 칩 제조 기술을 사용하는 것으로 잘 알려졌다. 뒤이어 다른 순수 파운드리들이 TSMC를 따르면서 산업 전체를 부양하는 효과를 가져왔다. 그들은 공장 없는 칩 회사들의 확산을 견인했으며 그것은 결과적으로 고객 기반의 확대를 가져왔다. 이 결과 또 한 차례 전체 전자 산업의 공급사슬이 변화하게 되었다. 하지만 그 어떤 회사도 결코 TSMC에 도전하지 못했고, TSMC는 시종일관 정상을 지켰다.

시간이 흐르면서 트랜지스터는 더욱 더 작아졌다. 반면에 웨이퍼 — 동그랗고 얇은 디스크 형태의 단결정 실리콘 재료로 그 위에 칩이 만들어진다 — 의 최대 사이즈는 더 커졌다. 그 결과, 각 웨이퍼는 더 많은 칩을 담을 수 있었고 이것은 다시 칩 가격의 하락을 이끌었다. 초기 1950년대의 실리콘 웨이퍼 지름은 겨우 1~2인치에 불과했다. 그러던 것이 4인치, 6인치, 8인치, 그리고 12인치까지 점차 늘어났다. 2014년에는 가장 큰 실리콘 웨이퍼의 지름이 18인치에 이르렀다. 이것은 초대형 피자보다 큰 순도 높고 깨지기 쉬운 디스크를 대량생산할 수 있다는 의미이다. 각 웨이퍼에는 수천 개의 칩이 담긴다. 물론, 차세대 웨이퍼의 사이즈가 적용되면 생산 설비와 장비도 따라서 업그레이드되어야 하고, 그런 최신의 실리콘 칩 공장을 세우는 데는 수십억 달러의 투자가 요구된다. 또 공장의 운영비도 매우 많이 들고 장비의 감가상각률 또한 높다. 그 때문에 자금이 충분한 인텔이나 TSMC, 그리고 다른 상위 실리콘 공장 같은 극소수 회사의 경우에만 그러한 자본 투자가 경제적인 타당성을 갖는다. 파운드리의 사업 모델은 계속 칩 제조 기술의 최첨단에 있으면서 그들의 역량, 생산 능력, 그리고 관련된 비용들을 많은 고객들과 나누는 것이다. 고도로 효과적인 이 사업 모델은 현대 칩 산업의 극적인 성장을 가능케 한 쐐기돌이 되었다.

노이스, 무어, 그리고 그로브

역사는 DRAM 시장을 떠나기로 한 인텔의 결정이 옳았음을 보여 주고 있다. 마이크로프로세서로의 진입에 힘입어 인텔은 PC 산업의 향방에 큰 영향을 미칠 수 있었다. 마치 Edison-GE가 전기화의 발전을 이룩한 것과 같다. 전기화 과정과 그 뒤를 잇는 전기 발전소 및 송전 시스템의 구축은 에디슨, 테슬라, 그리고 지멘스 같은 핵심 선구자들로부터 많은 영향을 받았다. 마찬가지로 실리콘 칩 산업에서는 영웅적인 삼총사, 즉 로버트 노이스, 고든 무어, 그리고 앤디 그로브가 그와 같은 역할을 했다.

간단히 살펴보자. 노이스와 무어는 1951년 쇼클리 반도체 연구소에 입사했으며, 그들은 1957년 '8인의 반역자'의 핵심 멤버로서 페어차일드 반도체를 설립하여 실리콘밸리 발전의 씨앗을 뿌렸다. 그리고 11년 후인 1968년에는 앤디 그로브와 함께 페어차일드를 떠나 인텔을 창립했는데, 이 신생 회사는 세계에서 가장 크고 가장 성공한 반도체회사가 되었다.

로버트 노이스. Courtesy of Intel Corp.

　로버트 노이스는 1927년 아이오와의 벌링턴에서 태어났는데, 어려서부터 머리가 좋고 운동을 좋아했다. 그는 카리스마가 있었으며, 폭넓은 관심사를 가지고 있었고 사교적이기도 했다. 그의 지도력은 어려서부터 뚜렷하게 드러나, 학교 합창단에서 단장 및 지휘자로 활동했고 수영 팀에 들어가서는 주장으로 활약하였다. 모든 사람이 그와 함께 있기를 좋아했고 그의 지도력을 기대했다.

　벌링턴에는 훌륭한 문과 대학인 그리넬 대학이 있는데, 노이스는 고등학교 졸업 후 이 대학에 들어가 물리학과 수학을 전공했다. 1949년, 그의 물리학 교수인 그랜트 게일(Grant Gale)은 친구이며 벨 연구소의 핵심 과학자인 존 바딘으로부터 몇 개의 점접촉 트랜지스터를 얻었다. 게일 교수가 이 새로운 트랜지스터를 학생들에게 보여 주고 이에 대한 물리학적 현상을 설명해 주었을 때 노이스는 이 트랜지스터에 완전히 마음을 뺏기고 말았다.

졸업 후 노이스는 MIT에 합격하여 보스턴으로 옮겨 공부를 하고 1953년에 반도체 물리학 박사 학위를 받았다.

학업에서 두각을 나타내었음에도 불구하고 노이스는 실용성을 매우 중시하는 사람이었고 그의 목표는 언제나 산업계에서 일하는 것이었다. 그의 첫 직장은 벨 연구소로부터 초기에 트랜지스터 라이선스를 받은 회사인 필코(Philco)였다. 노이스는 필코에서 트랜지스터를 일부 개선했고 이를 바탕으로 기술 학술지에 여러 편의 논문을 발표했는데, 이 논문들이 쇼클리의 관심을 끌었다. 노이스는 점차 자신의 모든 재능과 성공 가능성을 고려할 때 필코에서는 자신이 꿈꿀 수 있는 미래에 한계가 있다고 확신하게 되었다. 필코는 시대에 뒤떨어지는 보수적인 회사였고, 이 젊은이가 그렇게 관심을 가지는 반도체 사업을 새로이 개발할 구체적인 계획도 없었다(이것은 킬비나 모리스 창이 직면했던 것과 똑같은 커리어 딜레마였다). 1955년, 노이스는 자신을 캘리포니아로 초대하는 쇼클리의 전화를 받자 조금도 망설이지 않고 짐을 꾸렸다. 정식 입사 통보를 받기도 전에 이미 팰로앨토에 집을 살 정도로 노이스는 항상 충동적이었다. 그리넬 대학에서는 축제 때 뒷일을 생각지도 않고 돼지를 훔쳐 도축하기도 했다. 결국 그 일로 체포되어 캠퍼스 재판소에서 재판을 받고 퇴학 위기에 직면하기도 했다. 하지만 게일 교수가 이 젊은이의 뛰어난 재기가 영원히 헛된 것이 되지 않도록 열정적으로 변론해 준 덕에 처벌이 감해졌다.

쇼클리 반도체에 입사한 노이스는 많은 면에서 그와 비견될 만큼 출중한 젊은이들과 어울리게 되었다. 그곳의 모든 직원들은 세상에서 가장 유명한 전문가와 함께 일하면서 최고의 트랜지스터 제품을 만든다는 한 가지 생각만을 가슴에 품고 있었다. 쇼클리조차도 노이스의 비범한 경쟁력에 깊은 감명을 받고 항상 그를 남들과 조금 달리 대했다. 이 때문에 사실 노이스는 쇼클리에 대한 존경과 충성심을 버리고 다른 반역자 7인과 합류하는 것을 처음에는 주저했다. 물론, 결국은 동조했고 그 불굴의 지도력을 인정받아 함께 참여한 새 회사에서 그들을 이끄는 역할을 맡았다.

1957년, 셔먼 페어차일드는 페어차일드 반도체를 만드는 데 150만 달러를 투자했다. 그는 훗날 8인의 반역자 중 노이스가 가장 인상 깊었고, 특히 그의 사업적 통찰력과 투자 설명회 때 보여 준 열정에 감명 받았다고 말하곤 했다. 페어차일드 반도체가 사업을 시작한 후에 노이스는 점차 회사의 리더가 되어 갔다. 그리고 페어차일드가 8인의 지분을 되샀을 때 본사 경영진은 노이스에게 직접 본사에 보고하는 책임을 맡겼다.

노이스의 창조성과 혁신성은 결코 마르지 않았다. 하지만 노이스의 과감성 혹은 충동성은 그의 큰 장점인 동시에 아킬레스건이기도 했다. 그 때문에 좋은 아이디어와 나쁜 아이디어를 신중하게 가려 내거나, 좋은 아이디어가 떠올랐더라도 그것의 결과까지 차분히 생각하지 못하는 경우가 있었다. 노이스도 자신의 단점을 잘 알고 있었다. 자신이 종종 문제를 끝까지 완벽하게 검토하지 못한다는 것을 알고 있었고, 이 때문에 일부 불완전하거나 아예 완전히 틀린 아이디어들이 머릿속에서 불쑥불쑥 튀어나오곤 한다는 것도 알고 있었다. 하지만 이 약점이 노이스를 멈추게 하지는 못했다. 그는 자신의 충동성에 대한 해결 방안을 가지고 있었는데, 바로 고든 무어였다.

고든 무어는 노이스가 가장 신뢰하는 파트너였다. 노이스는 자신이 도달한 결론에 대해 확신이 서지 않을 때마다 무어와 상의를 했으며, 자신의 아이디어가 무어의 주의 깊고 철저한 검토를 통과하면 주저하지 않고 바로 실행에 옮겼다.

고든 무어는 1929년 샌프란시스코에서 태어났으며, 성장한 곳은 그의 아버지가 지역 보안관으로 일했던 북캘리포니아 외곽의 페스카데로였다. 무어는 산호세 주립대학교에서 대학생활을 시작했지만 곧 버클리 대학교로 옮겨 화학을 전공하고, 이후에는 칼텍에서 화학 박사 학위를 받았다.

졸업 후 무어의 첫 직장은 메릴랜드에 있는 존스홉킨스 대학교 응용물리 연구소였다. 거기서는 군사 기술에 대한 연구를 했다. 권위 있는 자리이기는 했지만 일은 별로 편하지 않았다. 대다수 프로젝트는 그 목적이 무엇인지 이해할

고든 무어. Courtesy of Intel Corp.

수 없는 것들이었고, 또 연구소 자체의 생산성도 낮고 많은 연구원들이 동기가 결여되어 있는 것 같았다. 그는 자신의 능력과 시간을 단지 돈 때문에 헛되이 쓰지 않고 뭔가 영향력 있는 일을 하고 싶었다. 결국 응용물리학 연구소에서 일 년이 지난 후 무어는 다른 기회를 찾기 시작했다. 고향인 북캘리포니아 근처의 로렌스 라이브모어 국립연구소(Lawrence Livermore National Laboratory)에서 일자리 제안을 받았지만 현재 있는 곳과 너무도 비슷해서 거절하기도 했다.

무어가 자신의 다음 일자리를 고민하고 있던 바로 그때, 로렌스 라이브모어 국립연구소를 통해 무어의 이력서를 발견한 쇼클리가 연락을 해 왔다. 운명은 갈 길을 정해 두고 있었던 것이다. 무어는 쇼클리 반도체에 합류하

고, 다음에는 그곳을 떠나 페어차일드를 시작하고, 그리고 다시 그곳을 떠나 로버트 노이스와 함께 인텔을 설립했다.

무어는 대단히 영리하고 꼼꼼했다. 동시에 참을성 있고 겸손하기도 했다. 취미도 가장 수동적인 스포츠의 하나인 낚시였다. 대부분의 모임에서 무어는 거의 말을 하지 않고 다른 사람들의 이야기를 주의 깊게 들었다고 한다. 마지막에 가서야 몇 마디 했는데, 그것은 늘 간결하고 정확하면서도 실행 가능한 것이었다.

1968년, 노이스와 무어는 페어차일드 반도체를 떠나 인텔을 세웠다. 그들은 다시 한 번 자신들의 회사에서 책임을 맡아 회사를 성공시킬 것이며, 페어차일드에서의 실수를 되풀이하지 않을 것이라고 굳게 결심했다.

인텔 설립 초기부터 노이스와 무어는 충분히 훈련된 경영 스타일을 정립해 나갔다. 동시에 일부 혁신적인 사업 관행을 실시하기도 했다. 예를 들면, 연구 활동을 생산 관리와 통합함으로써 기술 이행과 관련된 통상적인 위험을 피했다. 또 핵심 기술 지식을 한 곳에 두지 않고 여러 팀 간에 분산시켜 지적 자산의 손실을 최소화했다. 그것은 페어차일드에서 인재들이 지속적으로 빠져 나가면서 많이 경험했던 문제였다. 그들의 깊은 이해, 통찰력, 열정, 그리고 반도체 분야의 기술적 동인에 대한 비전은 전통적으로 훈련받은 재무 중심의 회사 경영자들과 비교했을 때 그들을 더욱 돋보이게 했다.

노이스와 무어는 강력한 회사 규율을 세우는 한편 위계질서를 강요하는 것은 피했다. 쇼클리의 지배와 페어차일드 동부 본사의 노쇠한 관료주의에 치를 떨었던 경험 때문이었다. 인텔에서는 매니저라고 해도 주차 특권을 갖지 않는다 — 아침 일찍 나오는 사람이 원하는 자리에 먼저 차를 댄다. 매니저 자리의 가구와 장식 역시 일반 직원들의 것과 다르지 않았고, 매니저들도 대개는 구내식당에서 직원들과 같이 편하게 점심 식사를 하면서 기술에 대한 수다를 떨었다. 오늘날에는 이러한 관행이 흔하지만 당시에는 대부분의 회사들과 확연히 대비되는 것이었다. 사실 오늘날 위계질서를 피하고 평등주의와 능력주의를 선호하는 기업 문화는 실리콘밸리 회사들이 초기에 도입한 관행에 많은 영향을 받은 것이다.

노이스와 무어는 처음부터 메모리 칩을 인텔의 주력 사업으로 정했다. 그럼으로써 회사의 방향이 다른 솔깃한 기술들 쪽으로 기울어지는 것을 피하려 한 것이다. 새로운 기술에 대한 강박관념의 포로가 되는 것은 연구가 출신 사업가에게는 흔한 함정이다. 그들은 쇼클리 반도체에서처럼 집중력 결여가 자신들의 운명에 악영향을 미치는 것을 원치 않았다. 부분적으로는 이런 확고한 원칙 때문에 파긴이 4004를 성공적으로 만든 후에도 마이크로프로세서 사업에 들어가기를 주저했던 것도 사실이다. 물론, 그렇게 엄청난 기회 앞에서 끝까지 원칙만을 고집할 정도는 아니었다.

사업 초기부터 급성장하던 인텔의 메모리 칩 제품은 1970년대부터 일본 회사들과 치열한 경쟁을 하게 되면서부터 매출과 이윤 폭이 떨어지기 시작했다. 노이스의 열정적인 노력으로 만들어진 반도체 산업 협회(Semiconductor Industry Association)는 로비를 통해 일본 제품의 미국 수입을 제한하려 했지만 그마저도 별 효과가 없었다. 결국 인텔은 고통스러웠지만 꽤 많은 인력을 정리할 수밖에 없었다. 회사에 필요한 것은 새로운 방향과 새로운 지도력이었다.

무어는 1975년에 노이스로부터 사장자리를 이어받았고 1979년에는 최고경영자 자리를 넘겨받았다. 그는 맡은 역할을 잘 수행했지만 시간이 지날수록 누군가 좀 더 얼굴이 두꺼운 사람이 필요하다는 것이 분명해졌다. 회사와 직원들을 가차없이 휘어잡고 책임지는, 그러면서도 기술과 사업에 대한 선

왼쪽부터 앤디 그로브, 노이스, 무어. Courtesy of Intel Corp.

견지명을 가지고 있는 그런 냉혹하면서도 철권을 행사할 줄 아는 사람이 필요했다. 마침 인텔에는 그런 사람이 딱 한 명 있었다. 그의 이름은 앤디 그로브(Andy Grove)였다.

앤디 그로브는 헝가리 부다페스트에서 태어났으며, 어렸을 때의 이름은 안드라스 그로프(Andras Grof)였다. 유대인 가정에서 태어난 그는 홀로코스트와 소련 위성 공산당의 통치, 그리고 1956년의 혁명을 겪으며 살아남았다. 어릴 때 미국으로 도망쳐 와서 뉴욕에 정착한 그로프는 시립대학에서 학사 학위를 받았고 이후 버클리 대학교로 옮겨 화학공학 박사 학위를 받았다. 그 후 페어차일드에 입사하여 이름을 떨치기 시작했다. 그는 능력 있고 똑똑하고 정력적이어서 노이스와 무어 두 사람 모두에게서 높은 평가를 받았다. 두 사람이 인텔을 만들 때 가장 먼저 데려온 사람도 그로브였다. 즉, 그는 인텔 역사상 세 번째 직원이었던 것이다.

그로브는 노이스나 무어와는 경영 스타일이 달랐다. 그는 사람들을 바짝 휘어잡으며 능숙하게 이끌어 나갔으며, 엄격하고 세부적인 것을 중요시하는 원칙주의자였다. 자기 자신과 부하들에게 거칠고 가차 없이 많은 것을 요구했다. 그로브는 모든 직원들에게 8시 전까지 출근할 것을 요구했다. 늦은 사람은 벌금을 내야 했으며 사장인 그로브 자신도 예외는 아니었다. 시장에서의 경쟁이 점점 더 치열해지면서 이런 강경한 규율의 중요성이 새롭게 대두되었던 것이다.

아마도 노이스와 무어라면 그런 경영 스타일을 시도하지 않았겠지만 어쨌든 그것은 먹혀들었다. 그로브는 거의 20년 동안 인텔을 이끈 후 1998년에 은퇴했다. 그가 회사를 이끌어 나가는 동안 인텔의 시가 총액은 40억 달러에서 거의 2,000억 달러로 50배나 성장했다. 내용상으로는 순수 반도체 칩 제조업체에서 컴퓨터 아키텍처에 관한 가장 심도 깊은 지식을 보유한 전자 시스템 왕국으로 탈바꿈했다. 그로브는 공산당 치하에서 자란 유대인 소년 시절의 아픈 경험으로 항상 '최악의 경우'에서 생각하는 경향이 있었다. 그는 현 상태에 안주하는 분위기를 결코 용납하지 않았다. 그의 좌우명은 "편집증이 있는 사람만이 살아남는다."였는데 이상하게 들리기는 하지만 회사의 장기간에 걸친 성공은 그로브의 지도력이 유효했음을 입증해 주고 있다.

그로브는 노이스와 무어가 회사의 지배권을 이양한 뒤에도 몇 년간 더 인텔을 이끌었다. 그 후 경영에서 손을 뗀 뒤로는 조경, 노래, 비행, 스쿠버 다이빙을 즐기고 헤밍웨이를 읽으면서 완벽하게 자신의 인생을 즐겼다. 또 자신의 모교인 그리넬 대학에 아낌없는 기부를 했으며, 수학과 과학의 대중교육을 향상시키기 위해 그가 만든 재단에도 기부를 아끼지 않았다. 1990년, 노이스는 아직 젊은 나이인 62살에 집에서 수영을 하다가 심장마비로 사망했다. 그는 말년에 '반도체 제조 기술(SEMATECH: Semiconductor Manufacturing Technology)'이라는 독특한 비영리 연구조합을 설립했는데, 이것은 많은 미국 회사들이 연대하여 자금을 지원해서 '경쟁 전(precompetitive)' 반도체 제조 기술과 장비를 개발하고 그 결과를 공동으로 활용하기 위한 것이었다. 이 연구조합의 목표는 칩 제조사, 칩 제조 장비 회사, 재료 공급 회사, 그리고 연구기관으로부터 자원들을 모아 활용하는 데 있었다. 모두 한데 힘을 합쳐 반도체 기술에서 글로벌 경쟁사들을 상대로 미국의 선두를 유지해 나가자는 것이었다.

무어 역시 극도로 너그러운 독지가였다. 언론에서 그를 위대한 기술자이자 사업가로 칭송할 때 그는 겸손하게 자기 자신을 '우발적 기업가(accidental entrepreneur)'라고 불렀다. 아마 이것이 그에 대한 가장 정확한 묘사였을지도 모른다. 2001년, 무어는 아무 조건 없이 6억 달러를 칼텍에 기부했는데 당시로는 개인이 교육기관에 기부한 가장 큰 액수였다. 2005년, 이번에는 거의 60억 달러를 출연하여 환경보호 연구를 전문으로 하는 재단을 설립했다. '무어의 법칙' 덕분에 그의 이름은 계속해서 대중의 인식 속에 떠오르고 있다. 그는 『피지컬 리뷰』뿐 아니라 쇼클리가 생전에 그렇게 바랐던 『월스트리트 저널』에서도 자주 언급되고 있다.

실리콘을 금으로 바꾸다

인류가 전자의 힘을 본격적으로 활용하게 된 지난 50년에 걸쳐 셀 수 없이 많은 위대한 정신들이 칩 기술을 성장시키는 데 기여해 왔다. 그들의 노력은 많은 사람들이 큰 부를 쌓는 것을 도와주기도 했다. 사실, 실리콘밸리 시대는 인류 전체 역사에서 아마도 부가 최고로 지속되었던 기간일 것이다. 암흑시대의 연금술사는 알루미늄과 납을 금으로 바꾸려 노력했지만 결코 많은 것을 얻지는 못했다. 하지만 우리 시대의 과학자와 사업가들은 정말로 실리콘을 금으로 바꾸었다.

1940년대 후반과 1950년대 초반의 실리콘밸리는 매우 평화롭고 아름다운 농지였다. 군데군데 오렌지 농장, 살구나무 숲, 떡갈나무들이 구불구불한 언덕길을 따라 흩어져 있었다. 1951년 프레더릭 터먼(Frederick Terman)이 하이테크 산업공원 개념을 선도한 스탠퍼드 산업공원(Stanford Industrial Park)을 설립하면서 록히드(Lockheed)와 같은 일부 산업체들이 이곳에 이주하기 시작했다. 지역 인재들이 창립한 베리언 어소시에이츠(Varian Associates)와 휴렛패커드도 들어섰다. 3극진공관을 만든 리 드 포레스트도 한때 자신의 회사를 팰로앨토에 세웠다. 하지만 그때까지만 해도 팰로앨토는 나른하고 조용한 동네였다. 이 모든 것이 1955년 쇼클리가 그의 트랜지스터 사업을 시작하고 전국 곳곳에서 인재들을 충원하면서 바뀌기 시작한다. 쇼클리 반도체 연구소는 그 지역을 영원히 바꿔 놓았다. 급속한 성장 시기와 페어차일드, 인텔, 그리고 다른 회사들을 탄생시킨 분사 시대를 통해 이 지역은 스스로를 세계에서 가장 중요한 하이테크 허브로 탈바꿈시켰다. 그 결과 엄청난 부가 탄생했고 실리콘밸리는 계속해서 미국에서 가장 부유한 지역 중 하나로 꼽히게 되었다. 하지만 도대체 어떻게 이런 부가 창출되고 축적되었을까?

이에 대한 가장 좋은 예는 무어의 경우에서 찾을 수 있을 것이다. 칼텍 박사 출신으로 2년간의 직장 경력이 있었던 무어는 1955년 쇼클리에 의해 오늘날의 화폐 가치로 연봉 6만 5,000달러에 스카웃되었다. 지극히 평범한 수준의 연봉이었다. 그리고 1957년, 8인의 반역자가 쇼클리를 떠나 페어차일드 반도체를 설립했을 때 그들은 각각 500달러를 형식적 출자금으로 내놓았다. 그들의 노력으로 페어차일드는 떠오르던 반도체 산업의 리더가 되었고, 매출과 이익 모두가 급성장하면서 회사의 가치도 크게 올라갔다. 2년 후 그들의 지분을 되팔 때 초기 투자금 500달러는 25만 달러(2012년 달러 가치로 거의 200만 달러)가 되어 있었다. 이러한 보상은 그 8인의 엄청난 재능과 비범한 지식, 그리고 전적인 헌신으로 창출된 것이었다. 그리고 그러한 기회가 만개하도록 해 준 적절한 환경·역시 도움을 주었다.

1968년에 페어차일드를 떠난 무어와 노이스는 재미있게도 그들이 페어차일드로부터 지불받은 액수만큼을 인텔 창립에 투자했다. 인텔의 사업이 성장하면서 그들의 회사 지분은 수십억 달러의 가치가 되었다. 초기의 500달러를 지렛대 삼아 수십억 달러를 만든 것은 자유 기업 체제에서도 정말 놀랄 만한 성공 신화로 꼽힌다. 더 깊이 생각해 보면 그들의 부는 사용자와 사회 전체에 어마어마한 가치를 제공해 준 그들 제품의 영향력에서 비롯된 것이다. 1968년 창립 당시 인텔의 직원은 고작 세 명이었고 이렇다 할 제품도 매출도 없었다. 하지만 이후 누구나 PC 혹은 디지털 제품을 살 때마다 약간씩을 노이스와 무어의 기여에 대한 대가로 지불했을 공산이 아주 크다. 두 사람의 기여는 칩이라는 소중한 도구를 만들어 사용자들의 직장 업무나 개인 생활에서의 생산성을 크게 향상시켜 준 것이었다. 2011년까지 인텔의 총 종업원 수는 거의 10만 명에 가까웠고 매출은 총 550억 달러에 이르렀다. 순이익은 연 160억 달러가 넘었다.

성공한 수많은 하이테크 회사들이 실리콘밸리에 본사를 두고 있다. 이는 주로 혁신적 문화와 효과적인 창업 인프라 때문인데, 이러한 문화와 인프라는 수년 간에 걸친 전자 산업의 성공을 통해 육성되고 발전된 것이다. 이 성공적인 회사들의 창업자 중 다수가 무어처럼 엄청난 부를 얻었다. 그리고 그러한 부가 더 많은 경영자와 핵심 기술자들에게 스톡 옵션이나 보너스 형태로 흘러 들어갔다. 엄청난 재산을 창출한 기술가적 사업가에 더해 선견지명 있는 벤처 자본가들 역시 대박을 터뜨렸다. 락과 클라이너 같은 사람들은 재능 있는 기업가들이 성공적인 하이테크 회사를 시작할 수 있도록 도와주면서 투자와 정통한 사업의 조언을 지렛대 삼아 거대한 자본을 만들었다. 새로운 사업 창출을 위한 실리콘밸리의 인프라는 시간이 지나면서 점차 더 완벽해져 갔다. 기술가적 사업가(technical entrepreneurs)와 자본가에 더해 변호사, 회계사, 헤드헌터, 그리고 특수 분야 전문의 컨설턴트들이 자신들의 틈새시장을 찾았다. 이 모든 요소가 지속적인 네트워크로 합쳐져 새로운 하이테크 산업의 창출을 부채질한 것이다.

칩 기술이 점차 성숙하면서 반도체회사들의 성장이 둔해지자 이 신사업 창출 기계가 작동하여 반도체 영역 외에 새로 부상하는 매력적인 분야들에 관심을 돌렸다. 이 분야들에는 컴퓨터 시스템, 소프트웨어, 인터넷, 소셜 네트워킹, 생명공학, 그리고 전기자동차도 포함되어 있었다. 새로운 아이디어를 가진 많은 기업가들이 실리콘밸리와 그곳의 비옥한 토양에 매력을 느꼈다. 애플컴퓨터, 야후, 오라클, 구글, 이베이(eBay), 페이스북, 제넨테크, 테슬라, 그 밖의 많은 회사들이 창업자들의 기업가적인 정신과 아이디어뿐만 아니라 실리콘밸리의 사업 창출 인프라에 힘입어 탄생했다. 실리콘밸리에 위치한 최고 명문 스탠퍼드 대학교와 버클리 대학교는 이 지역의 지적 중심으로 필수적인 역할을 하면서 글로벌한 새로운 아이디어와 재능의 원천을 끊임없이 제공하고 있다.

19

LED, 광섬유, 액정 디스플레이
Leds, Fiber Optics, and Liquid Crystal Displays

발광 반도체

실리콘 칩은 아마도 현대 전자 산업에서 가장 중심 무대를 차지하는 기술일 것이다. 하지만 전자 산업의 성장을 견인한 것은 칩만이 아니었다. 발광다이오드(light-emitting diodes: LED), 반도체 레이저, 광섬유 통신 시스템, 액정 디스플레이(liquid crystal display: LCD), CD/DVD/Blue-ray(블루레이) 디스크, 대용량 자기 하드디스크 저장 장치, 그리고 선진화된 전자 부품 패키징 기술 같은 하드웨어 기술들 역시 지난 50년간 정보 시대의 화려한 성공에 크게 기여해 왔다. 이 기술들 중 일부는 빛 또는 사진의 생성, 감지, 그리고 조작 ― 총괄해서 포토닉스(photonics)라고 알려진 분야 ― 과 관련되어 있는데, 이 기술들은 여러 가지 중요한 방법으로 전자공학을 보완해 주었다.

물론 실리콘은 매우 이상적인 다기능 반도체이다. 하지만 중요한 속성 하나가 빠져 있는데, 그것은 최소한의 기본적 형태의 빛도 발산할 수 없다는 것이다. 전자와 양공이 실리콘에서 재결합할 때 방출되는 에너지는 원자 격자 진동 형태의 운동 에너지로 바뀐다. 이 움직임은 본질적으로는 열의 한 형태이고 고체물리학 이론에 의해 정확히 예측된 것이다. 그런데 일부 반도체에서는 똑같은 이론을 적용했을 때 전자와 양공의 재결합 시 방출되는 에너지가 빛으로 바뀔 수 있다는 예측이 나왔다.

실리콘과 게르마늄 같은 재료들은 주기율표 IV족의 한 가지 유형의 원

	III	IV	V	VI
	5 B	6 C	7 N	8 O
	13 Al	14 Si	15 P	16 S
30 Zn	31 Ga	32 Ge	33 As	34 Se
48 Cd	49 In	50 Sn	51 Sb	52 Te
80 Hg	81 Tl	82 Pb	83 Bi	84 Po

III 족과 V 족 원소를 보여 주는 주기율표의 일부. Derek Cheung

소로만 형성되어 있기 때문에 '원소 반도체'라 불린다. 이와는 달리 Ⅲ족과 Ⅴ족의 원소가 조합되어 형성되는 다른 거대 부류의 반도체가 있다. 바로 Ⅲ-Ⅴ족 화합물(compounds)이다. 이 Ⅲ-Ⅴ족 화합물의 한 예가 비화갈륨(GaAs)인데, 이름 그대로 갈륨과 비소의 결합으로 이루어진 것이다. 이론에 따르면 대부분의 Ⅲ-Ⅴ족 화합물 반도체는 빛을 발산하도록 만드는 것이 가능했으며, 더 나아가 이 화합물의 에너지 밴드 갭을 기반으로 발산되는 빛의 컬러까지도 예측할 수 있었다. 모두가 이러한 가능성에 한껏 들떠 있었지만, 한 가지 문제가 있었다. 역사상 어느 Ⅲ-Ⅴ족 화합물도 자연 상태에서 존재한 유례가 없다는 것이다.

이미 Ⅲ-Ⅴ족 화합물 반도체의 잠재력에 푹 빠진 과학자들은 그 대안으로 인공적인 합성을 시도하기로 했다. 1953년, 지멘스의 연구 팀이 뛰어난

하인리히 벨커. Siemens Corporate Archives, Munich

물리학자 하인리히 벨커(Heinrich Welker)의 지휘하에 처음으로 안티몬화인듐(indium antimonide: InSb)과 비화갈륨의 단결정을 합성해 내는 데 성공했다. 테스트 결과 인공적으로 합성된 Ⅲ-Ⅴ족 반도체는 이론적으로 예측된 그대로 움직였다. 이 발견은 다른 돌파구들을 연쇄적으로 이끌어 내는 촉매 역할을 했다.

안티몬화인듐의 경우 에너지 갭 ―각 반도체의 고유 행동에 있어 중요한 파라미터 ― 이 너무 작아 대

부분의 응용 분야에는 적절하지 않은 것으로 판명되었다. 반면에 비화갈륨은 실리콘과 아주 비슷한 속성을 보이면서 오히려 두 가지 주요 이점을 가지고 있었다. 첫 번째는 전자의 '유동성' — 전기장의 영향 아래서 전자가 움직이는 속도 — 이 실리콘에서보다 훨씬 뛰어났다. 이 때문에 무선통신이나 레이더 시스템 같은 초고속의 전자 칩 응용에 탁월한 재료가 될 수 있었다. 실제로 오늘날의 휴대폰에는 이 비화갈륨 칩이 전력 증폭기로 사용되어 무선신호를 송신하고 있다. 두 번째 장점은 더 흥미로운 것인데, 비화갈륨이 실제로 빛을 발산할 수 있다는 것이다. p-n 결합을 통해 전류를 전도하면 과잉 전자와 양공이 비화갈륨 p-n 결합 안에 전기적으로 주입된다. 이 과잉 전자와 양공이 재료 안에서 재결합되면, 재조합된 에너지가 빛 에너지로 바뀌어 빛을 발하는 것이다. 이 때문에 발광 다이오드, 즉 LED라는 이름이 생겼다.

발광된 빛의 파장은 반도체의 에너지 갭에 의해 결정된다. 비화갈륨의 경우 발광된 빛이 스펙트럼상의 적외선 영역에 해당하기 때문에 맨눈으로 볼 수가 없었다. 하지만 비화갈륨의 비소 부분을 V족의 인 원자로 대체하면 에너지 갭이 더 넓어졌다. 이것은 발사되는 빛의 파장을 짧게 하여 적외선 영역에서 가시광선의 적색광 영역으로 옮겨가게 해 준다(55쪽의 '전자기파' 참조).

1962년, GE 연구소 출신의 닉 홀로니악(Nick Holonyak Jr.)이 처음으로 실제 작동되는 적색 LED를 선보였다. 그것은 갈륨 — 비소화물 — 인화물 합금으로 만든 것이었다. 이 적색 LED는 1970년대 초부터 상업적 양산에 들어가 계산기나 전자시계 디스플레이에 광범위하게 사용되었다. 빨간색은 밝고 눈에 편할 뿐더러 디스플레이를 초현대적으로 보이게 했다. 곧 상당 규모의 상업 LED 시장이 등장했고 동시에 LED 연구도 꾸준히 지속되었다. LED

를 더 밝게 만드는 것 외에 가시광선 스펙트럼의 더 많은 영역으로 가져오려는 노력도 있었다. 1970년대 초, 매우 넓은 에너지 밴드 갭을 가진 인화갈륨(GaP)으로 만든 LED가 개발되었다. 이 인화갈륨 LED는 적색, 황색, 녹색 등을 포함한 다양한 빛을 발하도록 제작될 수 있었지만, LED를 더 광범위하게 적용하기 위해 갈망되던 비밀의 청색 빛은 만들어 낼 수 없었다.

왜 사람들은 그렇게 청색 LED를 원했을까? 그것은 적색, 녹색, 그리고 청색 빛을 다양한 비율로 조합하면 전 영역에 걸쳐 강렬한 색깔을 만들어 낼 수 있기 때문이었다. 물론 하얀 색도 가능했다. 이 때문에 1970년대와 1980년대의 전면 프로젝션 TV 앞에는 적색, 녹색, 청색 세 개의 전구를 달고, 로터리식 칼라 CRT TV에는 칼라 농도 조절을 위한 색조 손잡이를 달았던 것이다. 청색이 없이는 제한적인 컬러밖에 만들 수 없어 LED로 자연 세계를 생생하게 표현하는 것이 불가능했다.

나중에 밝혀진 것처럼 청색 LED를 만드는 것은 기술적으로 극히 어려운 도전이었다. 스펙트럼상의 적색에서 녹색, 그리고 청색으로 옮겨 가면서 빛의 파장은 점점 짧아진다. 이에 따라 반도체 재료에 요구되는 에너지 밴드 갭도 더욱 커져 간다. 요구되는 값이 너무 크다 보니 그 정도 에너지 갭을 가진 재료는 반도체가 아니라 거의 절연체처럼 움직였다. 인화칼륨이 개발되면서 녹색 LED는 쉽게 만들 수 있었지만, 청색 LED의 비밀을 푸는 데는 거의 20여 년에 걸친 치열한 연구가 필요했다. RCA 연구소를 비롯한 세계 유수 연구기관들이 이 과정에서 수없이 벽에 부딪치고 좌절했다. 결국 이 비밀은 일본의 뛰어난 연구가 슈지 나카무라(Shuji Nakamura)가 풀었다.

Ⅲ-Ⅴ족 화합물의 하나인 질화갈륨(gallium nitride: GaN)과 관련 합금들은 이론상 청색 빛을 생성할 수 있는 넓이의 에너지 밴드 갭을 가지고 있었다.

하지만 몇 년 동안 n형의 질화갈륨은 만들 수 있었지만 p형을 만들지는 못했다. 즉, 질화갈륨 안에 p-n 접합을 만드는 것이 불가능했다. 그러던 중 1993년, 나카무라가 독특한 화학적 증기증착 기술로 합성한 인듐갈륨질화물(indium gallium nitride: InGaN)로 밝은 청색 LED를 만들어 냄으로써 비로소 돌파구가 열렸다. 그는 몇 년에 걸친 혼자만의 힘든 작업을 통해 수소 원자가 인듐갈륨질화물의 n형과 p형 반도체 모두를 만드는 데 미묘한 역할을 하는 것을 밝혀냈다. 이제 효율적인 청색 LED 제작의 핵심 요소였던 p-n 접합을 인듐갈륨질화물에서 만들어 냄으로써 마지막 비밀도 풀리게 되었다.

청색 LED의 개발은 반도체 재료 기술에서 아주 중요한 승리였다. 놀랍게도 나카무라가 다니던 니치아 주식회사(Nichia Corporation)는 전구나 CRT 스크린에 쓰이는 형광 물질을 특화 사업으로 하는 전통적인 화학회사였다. LED 연구나 반도체 사업에 적극적이지도 않아, 나카무라에게 청색 LED 프로젝트를 허락한 것도 그의 끈질긴 고집 때문이었다. 나중에는 회사가 지원을 중단했기 때문에 나카무라는 개인의 시간과 비용을 들여 실험을 해야만 했다. 하지만 나카무라가 실험에 성공하자 회사는 이 기술에 대한 소유권을 주장하면서 1993년 그에게 형식적인 보상으로 2만 엔, 그때 돈으로 180달러를 주었다.

이런 부당한 행위에도 불구하고 일본 산업계의 순종적인 상명하복의 문화에서는 직원이 자기 의견을 고용주에게 피력하는 일이 극히 드물었다. 하지만 나카무라는 개성이 강한 사람이었고 평소에도 일본 기업들이 종업원에게 불공정하고 무례한 관행을 일삼는 데 불만을 가지고 있었다. 이를테면 플래시 메모리 기술을 선도한 도시바의 후지오 마스오카도 결코 인정받거나 보상받은 적이 없었다. 하지만 다른 일본 기술자들과 달리 나카무라는 두려움 없이 그의 생각을 대놓고 말했고 특히 회사의 부당한 일 처리에 대해 몇 번이나 신랄하게 비난했다. 그것은 전통적인 일본 기업 문화와 극명하게 대비되는 것이었지만, 고압적인 고용주들에게 억눌려 좌절감만 쌓여 있던 다른 많은 기술자들은 그를 열렬히 옹호했다. 결국 나카무라는 회사를 상대로 소송까지 제기했다. 그리고 놀랍게도 재판에 이겨, 초기 보상금으로 200억 엔을 지불하라는 판결이 났는데, 그것은 회사가 처음 지불하려고 했던 것보다 100만 배나 큰 액수였다. 물론 회사는 항소를 했고, 결국 합의를 통해 나카무라에게 900만 달러를 지불했다. 그것은 일본 회사가 자기 직원에게 지불한 합의금으로서는 전례 없이 큰 액수였지만, 회사는 청색 LED의 권리를 가지고 얼마 안 가 그보다 더 많은 돈을 벌어들였다. 니치아 주식회사는 이 시장에서 매우 큰 성공을 누렸고 나카무라도 그가 마땅히 받아야 할 칭찬과 대가를 받았다. 이후 그는 미국 학계에서 만족스러운 자리를 잡아 연구를 계속해 나갔다.

청색 LED의 등장은 초대형의 밝은 총천연색 디스플레이의 개발을 가능하게 했다. 오늘날 이런 스크린은 스포츠 경기장이나 사람이 북적거리는 라스베이거스 스트립 거리 혹은 타임 스퀘어 같은 중심가 어느 곳에서나 볼 수 있다. 하지만 LED가 가장 크게 영향력을 미친 것은 엔터테인먼트 분야가 아니었다. 가까운 미래에 인류는 에디슨의 백열전구를 대체할 실용적인 제품을 가지게 되는데, 바로 조명용 백색 LED였다.

백색 LED를 생산하는 방법 중 하나는 적색, 녹색, 그리고 청색 LED로부터 나오는 빛을 섞는 것이다. 하지만 이 방법은 비용이 많이 든다. 이보다 더 독창적이고 경제적인 방법은 청색 LED를 특별히 형광 처리된 물질로 코팅해서 원래의 파란 불빛 일부를 더 넓은 스펙트럼의 노르스름한 빛으로 바꾸는 것이다. 바뀐 노란빛을 남아 있는 파란빛과 다시 합치면 부드럽고 밝은 하얀빛이 만들어진다. 오늘날의 상용 백색 LED 대부분은 이 방식으로 생산된다.

백열등에 비해 LED와 이의 부수적인 전자제품들은 생산비가 상대적으로 비싸다. 하지만 LED는 양자역학 원리를 통해 전기 에너지를 바로 가시적인 빛으로 전환시키기 때문에 이론상 10배 이상 효율적이고, 낭비되는 열 역시 훨씬 적게 발생한다. 추가적으로, LED의 유효 수명은 5만 시간 혹은 그 이상에 달하는데 비슷한 급의 백열전구보다 25배에서 30배가 긴 것이다. 그래서 가격이 비싸도 백색 LED는 이미 손전등, 가로등, 신호등, 자동차 전조등이나 후광등, 비행기의 캐빈 조명 시스템, 그리고 텔레비전 역광조명 시스템 등에 유용하게 쓰이고 있다. 최근에는 백색 LED의 가격이 지속적으로 내리고 성능이 향상되면서 광대한 가정용 시장으로 진입하고 있는데, 일반 하드웨어 가게 선반에 LED 제품 진열이 늘고 있는 것이 그 징표이다. 생산 기술에 대한 지속적 투자로 LED의 가격은 지속적으로 내려갈 것이며 그리 멀지 않은 장래에 백열전구를 완전히 대체하면서 에너지 보호에 주요 역할을 할 것이다.

반도체 레이저

레이저의 원리는 제2차 세계 대전 후 찰스 타운스(Charles Townes)가 처음 제안했다. 그 시대의 많은 과학자들처럼 타운스도 벨 연구소에서 몇 년간 일하다 전쟁 중에는 군사 기술 연구에 배치되었다. 전쟁이 끝난 후 다른 사람들과 달리 학계에 정착하기로 결심하고 컬럼비아 대학교의 교수가 되었다. 1951년, 타운스는 암모니아 가스를 이용해 마이크로파 신호를 증폭하는 독특한 발상을 했는데, 이것은 아인슈타인이 제기한 양자역학의 유도 방출(stimulated emission)이라고 알려진 개념을 기발하게 확장한 것이었다. 타운스의 신호 증폭 원리는 진공관이나 트랜지스터의 전자 증폭 원리와는 전혀 다른 것이었다. 1953년까지 타운스와 그의 동료들은 이 개념을 바탕으로 새로운 마이크로파 증폭기를 설계하고 시연했다. 새 장비는 전례 없는 수준의 감도를 자랑해서 곧 전파천문학자들이 우주의 희미한 천체를 감지하는 데 이용되었다. 타운스는 이 장비를 메이저(MASER: microwave amplification by stimulated emission of radiation)라고 이름 지었다.

1958년, 타운스는 처남인 물리학자 아서 숄로(Arthur Schawlow)와 공동으로 발표한 논문을 통해 MASER가 마이크로파 주파수 영역에서 가시광선 스펙트럼으로 확장될 수 있다는 이론을 제시했다. 이 논문은 전 세계에 걸쳐 그 개념을 가장 먼저 실제로 입증하려는 과학자들 간의 경쟁을 촉발시켰다. 그 승자는 캘리포니아 휴즈 연구소(Hughes Research Lab)의 시어도어 메이먼(Theodore Maiman)이었다. 1960년, 메이먼은 루비 결정을 이용하여 일관되게 빨간빛을 발하는 장비를 만들었다. 메이먼의 장비는 레이저(LASER)라고 불렸는데, 메이저에서 마이크로파의 M자만 'light(빛)'의 머리글자 L로 바꾼 것이었다. 타운스는 1964년에 마찬가지로 레이저에 관한 주요 개념을 정립하는 데 기여한 소련 물리학자 두 사람과 공동으로 노벨 물리학상을 수상했다.

메이먼의 시연이 있고 얼마 되지 않아 전 세계에 걸쳐 많은 연구가들이 눈부시게 다양한 레이저들을 여러 매체를 통해 만들어 내는 데 성공했다. 이들이 사용한 매체에는 기체, 액체, 고체 결정 등이 포함되어 있었고, 실험은 광범위한 빛의 색깔과 파워 레벨을 망라하고 있었다. 레이저 빛을 다른 빛의 원천과 뚜렷이 구분되게 하는 것은 '코히런스(coherence)'였다. 레이저 빛은 파장의 관점에서 순수하고, 따라서 색깔의 관점에서도 순수하다. 더군다나 진행 레이저 빔의 전기장과 자기장 진동의 마루와 골이 서로의 꼭대기에 같은 높이로 쌓이는데, 이것을 '코히런스'라고 한다. 코히런트

(coherent)한 레이저 빔의 평행선은 야외의 레이저 쇼에서 보듯이 퍼짐 없이 긴 거리를 진행할 수 있다. 더 중요한 것은 레이저 빔은 극도로 작은 점을 고도로 집중된 빛의 세기로 조준할 수 있다는 것이다.

점점 더 많은 변종의 레이저 장비가 만들어지면서 반도체를 기반으로 극히 소형의 레이저 장비를 만들 수 있다는 것이 확실해졌다. 1962년, 마침내 GE와 IBM의 연구진들이 반도체 레이저의 성공적인 시연을 보여 주었다. 그것은 비화갈륨 LED의 변형 설계에 기반한 것이었다. 불행히도 이 레이저는 제대로 작동하려면 섭씨 영하 196도까지 냉각되어야 했는데, 그렇게 낮은 온도에서 사용한다는 것은 완전히 비현실적이었다. 그럼에도 불구하고 이 시연은 반도체 레이저 개념의 기본적 실현 가능성을 입증해 주었다. 이제 다음 단계는 반도체 레이저의 실용화였다.

반도체에서의 유도 방출을 위해서는 과잉 전자와 양공의 농도가 아주 높은 한계값에 도달해야만 했다. 그것은 보통의 LED에 요구되는 운용 조건보다 훨씬 높은 것이었다. 하지만 p-n 접합에 가까운 과잉 전자와 양공은 서로에게서 멀리 퍼져 나가는 경향이 있다. 그 때문에 유도광 발사에 필요한 한계값에 도달할 때까지 그것들을 가깝게 묶어 놓는 것이 관건이 되었다. 1962년 첫 시연 때, GE와 IBM의 연구원들은 이 문제를 풀기 위해 다소 우악스러운 방법을 썼다. 그들은 p-n 접합에 매우 높은 전류를 주입함으로써 과잉 캐리어(excess carrier)를 과다하게 공급했는데, 그런 조건에서는 장비가 과열되어 쉽게 타 버렸다. 이 때문에 첫 비화갈륨 레이저가 섭씨 영하 196도의 액체 질소에 잠겼던 것이다.

이제 냉각이 필요 없는 실용적인 반도체 레이저를 만들기 위한 핵심 도전은 과잉 전자와 양공을 p-n 접합 근처에서 서로 퍼져 나가지 않게 묶어 놓는 것이었다. 먼저 독일계 미국인 물리학자 허브 크뢰머(Herb Kroemer)가 현명한 개념적 해결안을 내놓았다. 어떤 레이저의 시연도 있기 전인 1956년, 크뢰머는 서로 다른 에너지 밴드 갭을 가진 두 반도체를 접합하는 헤테로 접합(heterojunction)의 개념을 제시했다. 크뢰머는 헤테로 접합으로 모든 반도체 장비의 성능을 크게 향상시킬 수 있다고 예측했다. 1963년 비화갈륨 첫 시연 이후, 크뢰머는 더 작은 에너지 밴드 갭을 가진 재료를 더 넓은 밴드 갭을 가진 재료 사이에 넣으면 중간층의 과잉 전자와 양공이 갇히게 된다고 예측했다. 마치 상자 안에 가두어진 입자와 같은 것이었다. 만약 이 개념이 p-n 접합 가까이에도 적용될 수 있다면, 장비가 유도광 발사를 위한 한 계값에 도달하는 데 필요한 전류가 훨씬 줄어들 수 있을 것이다.

크뢰머의 해결책은 간단하면서도 명쾌한 것이었고 이제 도전은 헤테로 접합을 만드는 데 필요한 재료 기술 쪽으로 옮겨 갔다. 그리고 재료 증착 기법의 발전에서 실마리를 찾게 되었다. 새로운 기법을 통해 비화갈륨과 그 합금 같은 단결정 재료를 한 번에 한 원자층씩 차례로 얇게 증착하는 것이었다. 1960년대 후반기까지는 전 세계의 몇몇 연구소에서 비화갈륨과 그것의 가장 넓은 밴드 갭 합금인 알루미늄갈륨비소(AlGaAs)간의 고품질 헤테로 접합을 성공적으로 만들어 냈다. 이후 얼마 지나지 않은 1970년 봄, 소련의 조레스 알페로프(Zhores Alferov)와 벨 연구소가 냉각하지 않아도 상온에서 계속 작동하는 헤테로 접합 기반의 레이저를 거의 동시에 선보였다.

헤테로 접합을 반도체 레이저에 응용하는 것은 CD/DVD/블루레이, 바코드 스캐너, 그리고 광섬유 통신 시스템 같은 정보 시대 제품을 가능케 한 핵심 기술이었다. 재미있는 것은 레이저 개념이 처음 형성되었을 때만 하더라도 아무도 레이더의 구체적인 응용 아이디어를 갖고 있지 않았다는 것이다. 타운스 자신도 레이저가 어떻게든 통신 기술에 쓰여지지 않을까 하는 아주 막연한 생각을 가지고 있을 정도였다고 고백했다. 이와 같이 레이저는 못 없는 망치처럼 적용 영역을 갈구하는 발명품 신세였지만, 이 상황은 그리 오래 가지 않았다.

2000년, 크뢰머와 알페로프는 잭 킬비와 공동으로 노벨 물리학상을 수상했다. 그때쯤에는 이미 CD가 광범위하게 사용되고 있었고, DVD도 사람들이 이제 막 알게 된 단계였다. 블루레이는 아직 연구 개발 중이었다. 겉모양이 비슷해 보이는 이 세 종류의 디스크는 데이터를 읽고 부호화하는 레이저 빔의 파장이 서로 달랐다.

레이저 빔을 사용하는 광학 시스템이 초점을 맞출 수 있는 가장 작은 점의 크기는 궁극적으로는 레이저 파장에 의해 제한된다. 파장이 짧을수록 점의 크기도 더 작아진다. CD 시스템은 처음에 비화갈륨 레이저를 사용했는데, 이것은 적외선 스펙트럼에 속하는 빛을 방출했다. 1세대 CD는 약 650메가바이트 데이터를 담을 수 있어 약 74분 분량의 오디오를 연속 재생할 수 있었다(이 기준은 소니의 창립자인 아키오 모리타의 영향이었는데, 그는 베토벤의 제9번 교향곡 전체가 하나의 CD에 담겨야 한다고 강하게 주장했다). 적색 레이저가 비화갈륨 레이저를 대체하고 좀 더 정확한 동작 제어 기술과 오류 수정 알고리즘이 더해지면서 CD는 DVD로 대체되었다. DVD는 훨씬 높은 데이터 저장 능력을 뽐내며 복층 배열에 최대 9.4기가바이트까지 담을 수 있었다. 이것은 15장의 CD에 맞먹는 용량이어서 음악뿐 아니라 장편 영화까지도 기록할 수 있었다. 블루(청색) 레이저가 사용 가능해져 적색 레이저를 대체하면서부터는 블루레이 디스크가 DVD를 대신했다. 이것은 놀랍게도 50기가바이트 데이터를 복층 구조에 저장할 수 있었다. 이제 초고화질의 장편 3D 영화가 1세대 CD와 크기가 같고 용량은 76배나 되는 블루레이 디스크 하나에 기록되고 재생될 수 있게 되었다.

광섬유 통신

벨 연구소가 처음 반도체 레이저에 대한 연구를 시작했을 때 그들이 의도했던 것은 CD가 아니라 코히런트 빔을 광통신에 활용하는 것이었다. 가시적인 전자기파의 주파수는 휴대폰에 사용되는 마이크로파 주파수보다 약 10만 배 정도 더 높다. 따라서 광파(light wave)는 이론상 엄청난 양의 신호 정보를 전송하는 반송파로 이용될 수 있었다. 벨 연구소의 장기 목표 중 하나인 비디오폰 — 광대역 데이터 속도를 요구하는 응용 분야 — 을 위해서도 광통신은 언제나 매력적인 연구 대상이었다.

빛을 이용하여 통신하는 분명하고도 간단한 방법은 열린 공간을 통해 송신하는 것, 이를테면 친구에게 손전등을 비추고 모스 부호처럼 빛을 껐다 켰다 하는 것이다. 이 방법은 가시거리의 단거리 통신에는 좋지만 먼 거리의 경우 안개나 비 같은 대기간섭(atmosphere interference)의 원천들이 빛을 약하게 하고 통신 범위를 감소시킬 수 있다. 먼지와 하늘에 떠 있는 다른 입자들 역시 빛을 산란시킬 수 있고, 공기의 온도차가 빛의 경로를 굴절시키거나 굽힐 수도 있다. 이런 기본적인 제한 요건은 광 원천과 수신기를 정확히 맞추고 계속해서 재조정하는 것은 차치하고라도 아주 심각하고 극복하기 어려운 것들이었다. 하지만 만약에 광선을 보내는 다른 방법이 있다면 어떨까? 이를테면 전류가 구리선을 통해 흐르고 물이 수도관을 통해 흘러가는 것처럼 빛을 유리관에 넣어 전파시킬 수 있다면 광통신도 실제로 가능할 것 같았다.

19세기 중반 프랑스 과학자들은 분수에 빛을 비추었을 때 빛의 일부가 물기둥에 갇히는 것을 발견했다. 영국에서는 빛이 굽은 물줄기를 따라 안내되고 심지어 구부러지기까지 한다는 것이 발견되었다. 이후로도 계속해서 각각 다른 과학자들이 투명한 곡선의 유리 막대를 이용하여 빛을 가두고 안내하는 똑같은 현상을 증명해 냈다.

빛을 유리 막대를 통해 흘려보내는 것은 상대적으로 간단한 기술이었다. 하지만 유리 막대는 너무 뻣뻣하고 잘 깨질 뿐 아니라 부피가 커서 광범위하게 사용하기에 적절치 않았다. 그런데 유리 부는 기술에는 용해물로부터 머리카락처럼 가는 유리 가닥을 끌어올리는 전통적인 기법이 있었다. 이때 유리 섬유의 지름은 끌어올리는 속도와 용해물의 점도에 의해 제어될 수 있었고, 유리 막대보다 유연해서 어느 정도까지는 깨지지 않고 굽힐 수 있었다.

1950년대 초, 유리 섬유를 묶어 로프처럼 만드는 방법이 개발되었다. 이렇게 만들어진 유리 막대는 유연해서 곡선 모양으로 약간 굽힐 수 있었다. 또 양쪽 끝을 다듬으면 한쪽 끝에 투영된 이미지가 다른 쪽에서 보였다. 이 유연한 유리 막대는 사람의 시야에 쉽게 들어올 수 없는 공간을 들여다보는 데 제격이어서 위(胃) 같은 신체 장기를 살펴보는 데 유용하게 쓰일 수 있었다. 곧 내시경으로 알려진 의료 장비가 개발되었지만, 초기 장비들은 너무 비쌌고 제공되는 광학 이미지의 콘트라스트와 선명도가 많이 떨어졌다. 빛이 유리 섬유를 통해 전파되면서 과도하게 약해지기 때문이었다. 높은 광 손실률은 내시경 같은 단기 응용 분야의 성능 향상을 위해서뿐 아니라 궁극적으로는 장거리 광섬유 통신을 실현하기 위해 반드시 풀어야 할 과제였다.

이제 연구가들은 광섬유의 빛 신호를 약화시키는 근본적 원인을 찾는 데 몰두했고 곧 두 가지 주요 원인이 규명되었다. 하나는 반사손실(reflection loss)이었다. 빛은 섬유를 따라 전파될 때 비스듬히 앞으로 퍼져 나가면서 공기와의 접점에서 수없이 반사되는데, 그때마다 빛 에너지를 잃게 된다. 더군다나 이 손실은 전파 중 배가되어, 첫 번째 반사 이후 손실이 1퍼센트라면 1,000번의 반사 후에는 원래 빛의 단지 0.004퍼센트만이 남았다. 또 하나의 손실 원인은 유리 재료 자체에 의한 빛의 흡수였다. 이렇게 발생하는 손실은 단거리에서는 상대적으로 작지만 장거리에 걸쳐서는 매우 큰 영향을 미쳤다.

연구가들은 먼저 반사에 의한 신호 손실을 줄이는 방법을 검토하기 시작했다. 미시간 대학교의 연구 조교였던 학부생 로렌스 커티스(Lawrence Curtiss)가 결정적인 해결책을 발견하였다. 내시경 광섬유의 손실을 줄이는 작업을 하던 커티스는 당시 광섬유를 코팅(혹은 피복)하는 일반적인 방법이었던 반사가 높은 금속을 사용하는 대신, 유리 섬유 코어보다 굴절률이 약간 낮은 유리막으로 실험을 했다. 그 결과 바깥 유리의 낮은 굴절률로 인해 섬유 코어 안의 광파가 접점에서 '내부 전반사(total internal reflection)'하면서 손실이 훨씬 낮아지는 것을 발견했다. 바깥 유리 피복층은 연약한 유리 섬유 코어의 효과적인 보호막 역할도 했다.

굴절률이 낮은 유리 피복 기법은 반사손실을 명쾌하게 해결하면서 내시경과 다른 의료 장비의 성능을 크게 향상시켰다. 하지만 아직도 흡수 손실의 문제가 남아 있었다. 당시 광섬유의 빛 손실률은 가장 좋은 것이 미터당 10퍼센트 정도였다. 그 효과 역시 배가되어 겨우 40미터만 지나도 원래 빛 신호의 1퍼센트만이 남았다 — 무려 99퍼센트가 유리 섬유에 흡수되었던 것이다. 그런 손실률로는 장거리 광섬유 통신이 한낱 꿈에 불과했지만, 이에 대한 해결책은 좀처럼 실마리가 잡히지 않았다. 벨 연구소를 포함한 많은 대형 연구소들조차 광섬유 기반의 통신 연구를 보류하고 다른 대안으로 눈길을 돌렸다. 이를테면, 속이 빈 금속관으로 빛을 안내하는 것이었다. 하지만 모든 사람이 다 광섬유 아이디어를 버린 것은 아니었다.

찰스 가오(Charles Kao)는 중국 상하이 출신으로 10대에 홍콩으로 건너와 이후 대학 진학을 위해 영국으로 이민을 갔다. 그리고 스탠더드 텔레커뮤니

찰스 가오. Courtesy of the Chinese University of Hong Kong

케이션 연구소(Standard Telecommunication Laboratories: STL)에서 학생 연구원으로 일하면서 박사 학위를 취득했다. STL은 통신계의 거인인 국제 전화 전신사(International Telephone & Telegraph)의 자회사로 런던 인근에 위치하고 있었다. 비록 벨 연구소보다는 훨씬 작았지만 최신 통신 기술에 관한 연구에 있어서는 탁월하고 혁신적인 곳이었다. 젊은 가오는 처음에는 마이크로파 통신을 연구했지만 점차 광섬유에 강한 흥미를 가지게 되었다. 그리고 직접 실험을 통해 광섬유 통신의 엄청난 잠재력을 확신한 후에는 STL의 또 다른 기술자인 조지 호크햄(George Hockham)과 함께 광섬유 통신을 현실화하기 위한 프로젝트를 진행하였다.

두 사람은 체계화된 접근법을 바탕으로 간단한 점대점(point-to-point) 광섬유 디지털 통신 테스트 베드를 설계하여 만들었다. 헬륨 레이저를 신호원으로, 광섬유를 송신 매체로(아주 짧게 잘라 광 손실이 문제가 되지 않게 했다), 그리고 수신기로는 광검출기를 사용했다. 실험에 들어간 가오와 호크햄은 (실험실 환경에서) 광섬유 통신 시스템의 데이터 전송 속도가 믿기 어려운 초당 1기가비트 혹은 그 이상을 달성할 수 있음을 확인했다. 그것은 10억 비트의 정보가 1초 안에 송수신된다는 것이었다. 첫 번째 실험을 통해 광섬유 통신의 잠재력을 더욱 확신한 두 사람은 시스템 성능을 다수의 파라미터 하에서 수학적으로 모델링하기 시작했다. 광범위한 분석 끝에 당시 레이저 전력원과 검파기의 감도를 바탕으로 한 현실적인 파라미터 하에서 만약 광섬유의 흡수 손실을 1킬로미터당 99퍼센트 미만으로 낮출 수만 있다면, 실용적이고 유용한 광대역 광섬유 통신 시스템을 구축할 수 있다는 결론을 얻었다. 이 말은 원래 광신호의 1퍼센트만이라도 광섬유 케이블 1킬로미터를 통과할 수 있다면 현실적으로 적용 가능한 시스템을 만들 수 있다는 것이었다. 그 킬로미터당 1퍼센트의 정량적 한계치가 모든 것의 열쇠였다. 하지만 아직 또 다른 질문이 남아 있었다. 그런 목표치를 달성하는 것이 실제로 가능한가?

가오는 그 답을 찾기 위해 전 세계 제조업체와 연구기관들이 만든 광섬유 견본을 모았다. 꼼꼼하고 체계적으로 각 샘플의 광손실을 측정한 후 그는 광섬유의 손실이 주로 유리에 들어 있는 불순물에 의한 빛 흡수 때문이지 유리 자체의 본질적 속성에 기인한 것이 아니라는 결론을 얻었다. 만약 유리 광섬유의 불순물 함유량을 줄일 수 있다면 신호 손실을 킬로미터당 99퍼센트 아래로 낮추는 것이 분명 가능해 보였다. 하지만 반도체 시대의 여명기처럼 재료과학과 제조 기술의 장애물이 가로막고 있었고 돌파구를 찾기 위해서는 누군가 그 분야의 투사(鬪士)가 필요했다. 가오는 그의 주요 발견들을 1965년에 발표했지만 기술자 사회에서 제한적인 관심을 끄는 데 그쳤다.

하지만 그의 실험 결과는 광섬유 연구를 위한 분명하고도 생산적인 길을 짚어 주었다. 이후 가오는 세계 곳곳의 유명 실험실과 연구소를 방문하면서 자신의 발견과 생각을 열정적으로 설명하기 시작했다. 어떤 과학자들은 흥미를 보였지만 어떤 이들은 그를 괴짜로 보았다. 특히 벨 연구소는 그의 아이디어에 강한 의구심을 가지고 냉소적으로 지켜보았다. 아마도 자신들의 최고 연구원들도 못 찾은 답을 조그만 연구소에서 일하는 젊은 연구원이 찾아냈을 리 없다는 편견 때문이었을 것이다. 그럼에도 불구하고 가오의 노력은 이제 손에 잡히는 분명한 목표로 광섬유 연구계에 활력을 불어넣었고, 그 결과 많은 회사들이 저손실 섬유 개발을 위한 노력을 재개했다.

처음에는 대부분의 회사들이 고체 상태의 유리 재료를 정화하는 데 집중했다. 하지만 2년간 본격적으로 개발이 이뤄진 후에도 거의 진전이 없었다. 그러던 중 1970년, 코닝 유리(Corning Glass) 연구소가 완전히 다른 접근법으로 이 문제를 해결했다. 고체나 액체 상태의 유리를 정화하는 대신, 가는 섬유를 추출하는 용융 실리카(silica)의 침전에 사용되던 활성기체를 집중적으로 정화한 것이었다. 이 방법으로 예외적인 순도의 유리 섬유를 만들어 내는 데 성공했지만, 이 고도로 정화된 실리카의 굴절률이 너무 낮아 피복과 같이 사용될 수 없었다. 코닝 연구진은 극소량의 티타늄이나 게르마늄을 더함으로써 굴절률을 정확히 높이는 기법을 개발했다. 이 기법은 실리콘 칩 산업에서 사용되는 도핑 공정과 유사했다. 기체상 정화와 불순물 도핑을 합친 2단계 공정은 큰 결실을 맺었다. 1970년, 코닝 유리 연구소는 가오가 설정한 최소 기준을 초과하는 킬로미터당 98퍼센트 미만의 광손실을 달성했다고 발표했다. 이후 그 결정적 기술 공정과 치열한 노력 끝에 2년 만에 손실률을 60퍼센트까지 낮추었다. 저손실 광섬유는 1970년대 중반부터 상업 생산에 들어갔고 더불어 광섬유 통신 산업은 로켓처럼 날아오르기 시작했다. 오늘날 광섬유 케이블의 광 손실률은 킬로미터당 4퍼센트보다 낮은 것도 있는데, 이것은 빛의 96퍼센트 이상이 1,000미터 굵기의 유리를 통해 아무런 방해를 받지 않고 이동할 수 있다는 의미이기도 하다.

광섬유 통신에 있어 1970년은 기념비적인 해였다. 이 해에 코닝이 최초의 저손실 광섬유를 만들어 냈을 뿐 아니라, 벨 연구소는 최초의 실용적인 반도체 레이저를 선보였다. 이 두 기술의 융합으로 본격적인 광대역 통신 시대가 시작되었다. 광섬유가 상업적으로 적용된 첫 번째 예는 1975년에 사무용으로 설치된 것이었다. 13년 후에는 최초의 대서양 횡단 광섬유 케이블이 완성되었고 얼마 안 가 거의 전 세계가 광대역 광섬유로 묶이게 되었다. 전 세계를 뒤덮는 거미줄 같은 네트워크는 후에 인터넷의 근간이 된다.

광섬유, 레이저, 그리고 광매체와 연결되는 고속 전자 칩의 기술이 계속 발전하면서 광대역 통신의 데이터 전송률도 마치 칩에 대한 무어의 법칙처럼 기하급수적으로 늘어났다. 더군다나 파장 분할 다중화(wavelength division multiplexing) 기술 — 델리샤 그레이와 알렉산더 그레이엄 벨이 선보인 고조파 전신과 아주 비슷한 것이다 — 덕분에 광섬유 한 가닥이 하나의 레이저 전달뿐 아니라 파장이 약간씩 다른 150개 이상의 레이저를 실어 나를 수 있다는 것이 입증되었다. 그런 케이블은 매초 15조 비트의 디지털 정보를 최고 7,000킬로미터까지 전송할 수 있다. 이처럼 상상할 수도 없는 수준의 성능으로 인해 수억의 사용자들이 동시에 스트리밍 비디오를 시청하고, 집에서 편하게 다른 대륙의 친구와 영상 통화를 할 수 있는 것이다. 우리의 목소리와 이미지가 빛의 초단 펄스로 부호화되어 광섬유를 통해 거의 빛의 속도로 수천 마일을 바다 밑으로, 그리고 산 위를 거쳐 퍼져 나가 목적지에 도착한다는 것을 상상해 보라. 이것은 공상과학 시나리오가 아니다. 어느 곳에서나 매순간 벌어지고 있는 일이다.

그 이전의 수많은 뛰어난 과학자들처럼 찰스 가오도 2009년에 노벨 물리학상을 수상했다. 가오는 항상 겸손한 사람이었다. 그리고 여러 차례에 걸쳐 진심으로 겸손하게 자신의 연구가 아주 단순하고 별로 특별한 것이 아니었다고 언급했다. 그냥 발품 팔아 한 일이었고 광섬유 통신의 실행을 위한 방향을 잡은 것뿐이라는 이야기였다. 그렇게 말해도 좋다. 하지만 그 시절, 방향을 잡지 못하고 절망과 혼돈에 빠져 있던 전 세계 광통신 연구계에 중요한 정량적 매트릭스를 가지고 명확하고 생산적인 방향을 제시한 것이 바로 가오의 작업이었다. 가오는 복잡한 미로에서 탈출하는 길을 정확히 제시했다. 바로 그것만으로도 그가 받은 모든 영예에 대한 충분한 자격이 되는 것이다.

액정 디스플레이(Liquid Crystal Displays: LCD)

눈과 뇌를 연결하는 광신경은 100만 개가 넘는 신경섬유로 구성되어 있다. 각각의 신경섬유는 망막 위의 수많은 감각세포와 연결되어 있고, 뇌 기능의 상당 부분은 이 감각세포를 통해 들어오는 시각 신호를 끊임없이 분석하는 데 쓰인다. 따라서 디스플레이 기술은 사용자인 사람과 컴퓨터 간에 가장 중요하고 효과적인 인터페이스라 할 수 있다.

1939년, RCA는 처음으로 상업적 CRT 텔레비전을 시중에 내놓았고, 이후 65년간 CRT 기술은 텔레비전 디스플레이를 지배했다. 컴퓨터도 수십 년 동안 CRT 모니터를 이용해 출력 데이터를 시각화해 왔다. 하지만 21세기가 시작되면서부터 LCD가 CRT를 대체하기 시작했다. 그리고 금세 대형 LCD 스크린이 소개되면서 몇 세대에 걸쳐 친숙해진 덩치 큰 CRT는 집과 사무실 양쪽 모두에서 말 그대로 사라져 갔다. 어떻게 이 새로운 기술이 그렇게 빨리 이전 기술을 대체할 수 있었을까?

비록 새로워 보이지만 사실 액정은 100년이 넘는 역사를 가지고 있다. 1888년, 오스트리아의 과학자 프리드리히 라이니처(Friedrich Reinitzer)는 프라하의 찰스 대학교 생리화학 연구원으로 일하고 있었다. 어느 날 당근 주스로부터 콜레스테롤의 파생물을 추출해 내던 라이니처는 이전에 보았던 것과는 다른 속성을 발견했다. 용해점이 두 개였던 것이다. 처음 액체 형태로 녹았을 때는 우유 빛깔로 변했는데 이상하게도 고체 결정의 속성을 많이 보였다. 그래서 액정(liquid crystal)이라는 이름이 붙게 된 것이다[실제로 액정이라는 이름을 붙인 사람은 1904년 독일 물리학자 오토 레만(Otto Lehmann)이다 – 역자 주]. 이 물질은 열을 더 가하자 두 번째 용해점에 도달했는데 이번에는 색깔이 투명해지면서 결정 같은 속성이 사라졌다. 이 공정은 역으로도 가능하여 몇 번이나 물질을 냉각시키고 녹여 가면서 반복할 수 있었다. 라이니처는 자신의 발견을 동료들과 논의하고 공개적으로 발표했지만 과학계는 여기에 수년간 큰 관심을 갖지 않았다. 단지 소수의 추종자만 있었던 그의 발견은 대체로 어떠한 실용적 가치도 없는, 그저 몇 사람만 이해할 수 있는 난해한 것으로 보였다.

액정을 처음 발견한 사람은 라이니처였지만 이 재질을 혁신적으로 상업에 응용하는 데 성공한 사람은 조지 헤일마이어(George Heilmeier)였다. 헤일마이어는 TI의 기술 총괄 임원, AT&T의 주요 분사인 벨코어(Bellcore) 사장, 그리고 군대용 혁신 기술 — 그중 많은 기술이 민간 영역에서도 이용되었다 — 을 개발하고 재정 지원을 하는 정부기관 DARPA의 임원 등을 역임했다. DARPA에서는 특히 신세대 스파이 위성인 스텔스기, 인공지능, 그리고 인터넷 기반을 개발하는 데 영향을 미친 주요 결정을 내리기도 했다. 하지만 그의 진정한 명성은 액정에 대한 연구에서 비롯되었다.

헤일마이어는 1936년 필라델피아에서 태어나 펜실베이니아 대학교에서 전기공학을 공부한 후 뉴저지 프린스턴에 있는 RCA 연구소에 취직했다. 연구소에 재직하는 동안 장학금을 받아 일과 후 프린스턴 대학교에서 박사 과정을 밟았다. 1960년대의 다른 젊은 과학자들처럼 헤일마이어도 그의 에너지를 반도체 연구에 집중했다. 실리콘 칩 기술이 막 시작되면서 성장 기회가 많았기 때문이다. 마침 RCA 연구소는 반도체 산업계에서 가장 혁신적인 연구 팀을 보유하고 있었다. 이 팀은 1962년에 최초로 MOS 기술을 사용한 칩을 만들어 냈고, 1967년에는 최초의 CMOS 칩을 만들었는데, 이 둘 모두 획기적인 사건이었다. 헤일마이어는 야망이 큰 젊은이였고, 자신이 새롭게 개척하여 각광을 받을 수 있는 기술 분야를 찾고 있었다. 반도체 분야에는 너무 많은 사람들이 북적이는 것 같았다.

헤일마이어가 자신의 박사 논문 주제를 찾느라 고민하고 있을 때 그의 상사가 유기반도체(organic semiconductor) 연구를 제안했다. 그것은 당시 잘 알려지지는 않았지만 그 무렵 장래성을 보이기 시작한 분야였다. 헤일마이어는 새로운 기술이 시작될 때가 자신의 이름을 알릴 수 있는 기회라고 직감하고 그의 초점을 반도체 연구에서 유기전자 재료를 중심으로 한 유기화학 분야로 옮겼다. 새로운 목표 의식에 활기를 얻은 헤일마이어는 2년이 채 안 되어 박사 과정을 마치고 다시 RCA의 풀타임 직원으로 돌아왔다.

박사 학위를 받은 후 RCA에서 그가 처음 책임을 맡은 프로젝트는 유기 광전자 재료를 개발하는 것이었다. RCA는 이 재료를 초스피드 광통신에서 레이저가 발사하는 빛의 진폭을 조절하는 데 사용할 계획이었다. 헤일마이어는 이 임무를 맡기는 하였지만 진짜 그의 마음을 사로잡은 것은 같은 연구소의 리처드 윌리엄스(Richard Williams)가 하던 연구였다. 선임 연구원이었던 윌리엄스는 액정 재료의 다양한 속성을 공부하고 있었는데, 그 액정이 보여 주는 일부 속성이 헤일마이어의 상상력을 자극했던 것이다. 헤일마이

조지 헤일마이어와 LCD.
Courtesy of Hagley
Museum and Library

어는 자신의 전기공학 지식과, 과학적 현상을 상업적으로 응용하는 데 대한 본능적 직감으로 광 디스플레이에 활용할 수 있는 액정의 잠재력이 엄청날 것이라고 생각했다.

타고난 리더였던 헤일마이어는 곧 RCA 액정 연구 팀의 수장이 되었고, 자신의 팀 멤버들에게 하나의 목표에 집중하도록 지시했다. 그것은 전자적으로 제어되는 액정 디스플레이의 개발이었다. 1964년, 헤일마이어 팀은 얇은 액정막을 투명 전극이 있는 두 유리 사이에 넣은 후 전기장을 적용해 유도하면 투명하던 액정이 우윳빛 하얀색으로 바뀌는 것을 발견했다. 갑자기 상업적 LCD 제품이 발명될 전망이 매우 밝아지면서 수년간 슬럼프에 빠져 있던 연구 분야가 이제 금방이라도 제품화될 가능성이 활짝 열릴 것만 같았다.

헤일마이어 팀은 이후 몇 년간에 걸쳐 액정 재료의 통제 능력을 향상시키고 새로운 유형의 평탄한 전자 제어 디스플레이 장비를 구체화하는 데 성공했다. 마침내 1948년, 이 팀은 LCD 제품군의 샘플 작업을 완료했는데 여기에는 적용 범위가 무궁무진해 보이는 흑백 문자숫자식 디스플레이도 포함되어 있었다. CRT와는 달리 LCD는 전자 빔을 스캐닝하기 위한 진공 외장장치나 고압 전력 공급이 필요 없었다. 따라서 LCD는 평면이고, 간편하고, 가벼우며, 전력 소비가 적고 안전했다. 이 평면의 LCD는 계산기, 시계, 미터 계수기, 의료기계, 혹은 정보 디스플레이를 활용하는 다른 계기판에도 이상적이었다. RCA는 특별 기자 회견을 열어 이 중요한 발명품을 공표했고 헤일마이어와 그의 팀은 성공의 영광을 맘껏 누렸다. 선견지명이 있었던 헤일마이어는 언젠가는 액정 기술을 이용하여 벽에 걸 수 있는 평판 텔레비전 화면도 개발할 수 있을 것이라고 예언했다!

그러나 불행히도 환희의 순간은 오래가지 못했다. LCD를 공식적으로 발표한 후 헤일마이어는 경영진들과 LCD의 상업화 계획에 대해 논의를 했다. 그런데 경영진은 그간 투자한 모든 시간과 돈에도 불구하고 더 이상 LCD 기술 개발을 하지 않기로 결정을 내렸다. RCA가 그런 간단한 디스플레이 유형을 요구하는 제품을 생산하고 있지 않다는 것이 주 이유였다. 또 헤일마이어의 자신에 찬 선언에도 불구하고 LCD 기술이 텔레비전에서 CRT를 대체할 유력 도전자로 보이지 않는다는 것이었다. 요는 '비핵심' 기술로 보이는 LCD 기술에 더 이상의 자원을 투자할 생각이 없다는 것이었다.

RCA에서는 LCD의 미래를 찾기 어렵다는 것이 분명해지자 헤일마이어 팀의 멤버들은 하나둘씩 떠나기 시작했다. 핵심 액정 과학자였던 볼프강 헬프리히(Wolfgang Helfrich)는 스위스로 가서 액정 재료의 기본 화학에 대한 연구를 계속했다. 헤일마이어도 1970년 RCA를 떠나 백악관에서 국방장관의 특별 연구 자문 역할을 했다.

RCA에서 LCD팀이 뿔뿔이 흩어지는 동안 일본의 떠오르는 전자 기업 샤프(Sharp)는 새로운 휴대용 계산기를 위한 디스플레이 솔루션을 찾고 있었다. 샤프는 과거 비지콤이 인텔과 마이크로프로세서를 개발하는 것을 지원해 주기도 했다. 1964년 이래 샤프는 트랜지스터 기반 탁상용 계산기 분야의 세계적 리더였다. 하지만 1968년 TI가 혁명적인 칩 기반의 포켓 계산기를 들고 나와 기존의 모든 탁상용 계산기 생산자들을 심각하게 위협했다. 샤프는 물러서지 않고 더 선진화된 기술의 계산기를 만들어 강력히 맞서기로 결심했다.

샤프가 계획한 세 가지 핵심 기술은 컴퓨팅 코어를 위한 절전 CMOS 칩, 계산기의 사이즈와 무게를 줄이기 위한 유리 위 칩(chip-on-glass) 패키징 기술, 그리고 판독 화면을 위한 절전 디스플레이였다. 샤프는 이미 록웰 인터내셔널과 CMOS를 위한 협정 준비를 하고 있었고, 비지콤을 통해 인텔을 백업 옵션으로 가지고 있었다. 선진화된 패키징 기술도 샤프 내부에 개발되어 있었다. 하지만 디스플레이 기술은 이상적인 후보를 찾을 수 없어 샤프의 야심찬 계획에 걸림돌이 되고 있었다. 적색 LED 디스플레이는 몇 가지이유로 적절하지 않다고 판단되었다. 먼저 전력 소비가 너무 많아 전지가금방 고갈되었다. 더군다나 LED가 요구하는 전압과 전류 수준이 CMOS칩으로부터 직접 출력된 것과 쉽게 호환되지 않았다. 마지막으로 다른 경쟁사들이 이미 모두 LED를 사용하고 있어 이것이 샤프의 주요 차별화 요소가 될 수 없었다. 샤프는 이 혼잡한 시장에서 정말 두드러진 제품을 만들고싶었다. 그러기 위해서는 남들과 다른 차별화된 디스플레이 기술이 있어야만 했는데, 그것이 뭔지는 전혀 알 수가 없었다.

샤프가 적절한 디스플레이 기술을 찾고 있던 바로 그때, 일본의 국영텔레비전 방송국 NHK가 특집 프로그램을 제작하여 방영했다. NHK가세계 곳곳의 많은 전자회사들을 방문하여 그들의 새로운 기술을 소개하는 내용이었다. 그중 하나로서 RCA 연구소 방문을 특집으로 다루고 있었고, 여기에 조지 헤일마이어가 출연하여 LCD 기술을 설명했다. 공교롭게도 샤프에서 계산기 디스플레이를 책임지고 있던 임원 토미오 와다 (Tomio Wada)가 우연히 이 프로그램을 보게 되었는데, 방송을 보면서 와다는 흥분되는 감정을 억누를 수 없었다. LCD 기술이야말로 샤프가 그렇게 찾고 있었던 바로 그 기술임이 분명했던 것이다.

1969년, 간절한 마음으로 RCA 연구소에 도착한 샤프 팀은 LCD 시연 장비를 직접 눈으로 확인했다(1969년은 비지콤이 인텔을 방문하여 새로운 포켓 계산기를 위한 CMOS 칩셋 — 후에 마이크로프로세서의 개발로 이어진 — 을 공동 개발하기로 한 해이기도 하다). 샤프는 그들이 직접 확인한 LCD를 매우 좋아했고 바로 RCA와 공동으로 LCD를 개발하고 대량생산하는 협정을 맺기로 했다. 하지만 RCA 경영진은 샤프의 협업 제안에 별 관심이 없었다. 그들은 LCD 기술의 라이선스 계약을 체결해서 적절한 수준의 로열티를 받는 것만으로 만족해했다. RCA는 비핵심 기술인 LCD로 얼마간의 수익을 낼 수 있다면 그걸로 충분했고 추가 개발을 위해 자원을 쏟아 부을 생각은 전혀 없었던 것이다.

샤프의 대표단은 RCA 측의 소극적인 반응에 실망하여 일본으로 돌아갔다. 그들이 원했던 공동 개발안이 실패하자 샤프는 그 다음 전략적 결정을 내리는 데 머무적거렸다. 와다는 자신의 입장을 확고하게 고수하면서 다른 각도로 생각해 보라는 회사의 지시에 정면으로 맞서는 의견을 내기도 했다. 그는 액정이 빛을 발하지 않고 자연광을 반사하기만 하기 때문에 눈에도 편하고, 전력 소모가 낮아 전지 수명을 늘리는 데도 좋고, CMOS 칩과 쉽게 통합될 수도 있다고 판단했다. 그리고 샤프의 기술들이 상업용 LCD 생산과 관련해 아직 남아 있는 기술적 난관들을 해결할 수 있다고 확신했다. 그는 경영진에게 RCA의 역제안에 응하여 LCD 기술을 바로 라이선스해 오자고 애원했다.

많은 고민 끝에 샤프의 경영진은 와다의 제안을 승인하고 20명이 넘는 기술자들을 모아 그의 지휘하에 계산기용 LCD를 개발하게 했다. 만약 그들이 프로젝트의 성공에 의구심을 가졌다면 그것은 와다를 과소평가한 것이었다. 일 년 사이에 와다 팀은 3,000개가 넘는 다른 액정 재료를 합성하고 평가했다. 그들은 LCD 디스플레이의 설계를 엄청나게 향상시키고 액정 재료 생산에도 많은 진전을 이루었다. 한 연구원은 액정 재료를 높은 전기장에 노출시키면 광 투명도가 향상된다는 것을 발견하기도 했다. 마침내 1971년 말까지는 성능 특성, 신뢰도, 그리고 LCD의 생산 기술이 제대로 정립되었고, 샤프는 LCD를 생산하는 데 필요한 대부분의 지적 재산권을 소유하게 되었다.

LCD의 실현 가능성이 완벽하게 입증되자 샤프는 이 혁명적인 포켓 계산기의 마지막 개발 단계에 들어갔다. 제품에 대한 전적인 헌신을 보여 주기 위해 프로젝트 팀원 모두가 사장이 달고 있는 것과 비슷한 금 색깔의 ID 배

샤프의 ELSI-805 포켓용 계산기.
Courtesy of Sharp Corporation

지를 달았다. 각 배지의 이름 밑에는 숫자 '734'가 적혀 있어 제품의 완료 예정일이 '73-04 (73년 4월)'임을 지속적으로 상기시켜 주었다. 와다 팀의 헌신적인 노력과 RCA로부터의 기술 구매는 드디어 결실을 맺었고, 1973년 5월 초, 샤프는 새로운 포켓 계산기 ELSI-805를 소개했다. 이 혁명적인 제품은 시장에 나와 있는 다른 계산기와 비교했을 때 사이즈는 12분의 1, 무게는 125분의 1에 불과

했다. 한 개의 AA 전지로 100시간 이상 지속적으로 사용할 수 있었다. 샤프는 이 랜드마크 제품으로 즉각적인 성공을 거두며 포켓 계산기 시장에서의 TI의 아성에 바로 도전하게 되었다. 드디어 LCD가 시장에 데뷔한 것이다.

샤프의 성공이 LCD 기술을 굳건한 기반 위에 올려놓기는 했지만 초창기 LCD의 성능 수준은 아직 와다가 바라는 수준에 못 미쳤다. 당시 LCD 디스플레이는 동적 산란 모드(dynamic scattering mode: DSM)라고 불리는 물리적 원리에 기반하고 있었다. 이것은 헤일마이어의 팀이 RCA에 있을 때 처음으로 개발한 것이었다. 그들은 한계값을 넘는 전기장을 액정 혼합물에 적용하면 영향을 받은 재료가 강력한 빛을 발하면서 불투명해지는 것을 발견하고 이 원리를 이미지를 형성하는 데 이용했다. 하지만 DSM 이미지의 화질은 거의 쓸 만한 수준이 못 되었다. 콘트라스트 수준도 낮았고 잠재적인 시각(視角)도 극히 제한적이었다. 더군다나 DSM 기반의 장비는 업데이트나 재생에 걸리는 시간이 아주 느렸고, 다른 가용 기술에 비해서는 탁월했지만 전력 소비량 역시 기대보다 훨씬 높았다. 장비가 계속해서 자장에 노출되어 있어야 했기 때문이다. 이러한 LCD (그리고 ELSI-805)의 단점을 개선하기 위해서는 뭔가 새로운 접근법이 필요했다.

RCA에 있던 헤일마이어의 팀은 비록 해체되었지만, 스위스 과학자 볼프강 헬프리히는 LCD에 대한 연구를 계속하고 있었다. 유럽으로 돌아온 후 그는 거대 제약회사인 호프만 라 로슈(Hoffman-La Roche)에 취직하여 1972년에 동료와 함께 새로운 타입의 액정 재료 TN(twisted nematic: 액정분자 nematic을 90도 비틀어 놓은 방식 - 역자 주)을 발견해 냈다. TN LCD는 DSM이 가지고 있던 대부분의 문제를 해결했는데, 무엇보다도 동작을 위해 전기장에 계속 노출될 필요가 없었다. 대신 아주 작은 전기장을 한 번 적용하는 것만으로 TN 액정의 분자사슬을 꼬이거나 풀리게 하면서 편광에 장시간 투명하거나 불투명해 보이게 할 수 있었다. TN LCD는 반응 시간, 콘트라스트 비율, 시각, 그리고 전력 소비에서 그전 제품보다 훨씬 더 우수했다. 그런데 헬프리히 말고도 웨스팅하우스의 전(前) 직원이었던 액정 전문가 제임스 퍼거슨(James Fergason) 역시 비슷한 기술을 개발하여 몇 개의 특허를 가지고 있었다. 결국 피할 수 없는 특허 전쟁이 있었지만 소송은 짧았다. 막강한 재력의 호프만 라 로슈가 퍼거슨이 거절할 수 없는 금액을 제시하여 그의 특허 모두를 사들인 것이었다.

TN 기술의 중요성을 깨달은 샤프는 즉시 기본 기술의 라이선스 계약을 체결하고 제품 라인의 모든 DSM 기반 기술을 재빨리 TN 기술로 대체했다. 아주 빠른 움직임이었다. 1974년이 되자 샤프는 LCD 생산에서 반론의 여지가 없는 글로벌 리더가 되어 있었다.

TN 액정 기술이 계속해서 향상되면서 전자회사들은 더 큰 꿈을 꾸기 시작했다. 조그만 계산기나 계기 디스플레이 세상을 뛰어넘어 텔레비전과 컴퓨터 스크린에 LCD를 사용하면 어떨까? 그것은 크기가 훨씬 더 작고 전력 소모가 낮은 차세대 제품을 의미했다. 실제로 벽에 거는 평판 텔레비전을 만들 수도 있었다. 이전에는 생각도 하지 못했던 것들이 점차 실현 가능해 보이기 시작했다. 그 해답은 빨강, 초록, 그리고 파랑의 컬러 필터를 각 액정 픽셀에 붙이는 데 있었다. 이 세 가지 색조를 조합하면 어떠한 색깔도 만들어 낼 수 있었다. 더 어려운 기술적 도전은 각 픽셀에 적용되는 비디오 신호를 개별 프레임의 시청 시간으로 정확하게 조정하는 것이었지만, 이것 역시 해결되었다. 그리고 1983년, 일본의 세이코 시계 주식회사(Seiko Watch Corporation)는 작지만 아주 밝은 해상도의 손목시계 크기의 TN 기반 LCD 텔레비전을 선보였다. 이것은 영화 "007 옥토퍼시(Octopussy)"에 대문짝 만하게 등장하면서 언론의 지대한 관심을 끌었다.

세이코의 디스플레이는 단결정 실리콘 칩 위에 만들어진 2-D 스위칭 어레이를 사용했다. 그것을 덮고 있는 LCD 매트릭스와는 픽셀 단위로 전기 연결이 되었는데, 픽셀은 모두 3만 1,920개였다. 하지만 이 접근법은 더 큰 LCD에는 비현실적이었다. 실리콘 스위칭 어레이의 크기가 액정 디스플레이 자체와 대응되어야 했기 때문이다. 그렇게 큰 실리콘 칩은 매스마켓 제품에는 엄두도 못 낼 만큼 비쌌다. 그럼에도 불구하고 그런 해결책이 있다는 자체는 상상만 해 오던 장비의 실현 가능성을 더 명확히 해 주었고, 동시에 새로운 도전을 낳았다. 더 큰 디스플레이 스크린에 대응되는 대형 전자 스위칭 어레이를 만드는 뭔가 다른 좀 더 경제적이고 실행 가능한 방법이 없을까?

1970년대 초에 OPEC 석유 위기가 처음 세계를 강타했을 때로 돌아가 보자. 당시 많은 회사들이 저가의 비결정성 실리콘 솔라 셀을 개발하기 시작했는데, 그것은 실리콘 박막을 큰 유리나 다른 저가의 재질 위에 직접 증착하는 것이었다. 비결정성 실리콘은 단결정 실리콘과 구조적으로 달랐다 — 실리콘 원자가 장거리 규칙(long-range order: 단결정에서의 격자 구조처럼 긴 거리에 걸쳐 규칙적 배열을 하고 있는 경우 – 역자 주)도 없이 랜덤 네트워크로 연결되어 있었다. 더군다나 전자 속성이 단결정 실리콘보다 훨씬 더 열등했다. 당시 단결정 실리콘의 태양 에너지 전환율이 10퍼센트가 넘는 데 비해 비결정의 경우는 3퍼센트에서 5퍼센트에 불과했다. 하지만 생산 단가가 훨씬 더 저렴했기 때문에 어떻게든 틈새시장을 확보할 수 있었다.

오랫동안 반도체 재료 연구가들의 꿈은 값비싼 단결정 웨이퍼가 아니라 유리 같은 저렴한 재질 위에 넓은 면적의 박막 실리콘 재료를 증착하고 그 위에 고성능 트랜지스터를 개발하는 것이었다. 만약 이것이 성공한다면 실리콘 칩의 가격을 현저히 낮출 수 있을 뿐 아니라 칩 크기를 평면 패널 LCD를 위한 스크린 크기에 맞추는 것도 훨씬 쉽고 가격도 저렴해질 것이 분명했다. 그러나 불행히도 이 꿈은 오랜 기간 동안 실현될 수 없었다. 실리콘 박막의 전자적 속성이 효과적인 스위칭 기능을 위한 고성능 p-n 접합을 만들기에 적합하지 않았기 때문이다.

1970년대 후반과 1980년대 초반을 통해 전 세계에 걸쳐 많은 연구가들이 박막 비결정 실리콘 재질의 속성을 정제하고 최종화하기 위한 연구를 계속했다. 목표는 태양 에너지 전환 효율을 향상시키는 것이었다. 이 연구의 선두 주자 중에는 스코틀랜드의 던디 대학교 팀이 있었다. 던디 팀에서 나온 주요 돌파구는 박막 증착 과정 중에 수소 원자를 비정형 실리콘에 더하는 것이었다. '수소화된' 비결정 실리콘(비정질 실리콘이라고도 부름 – 역자 주)은 태양 에너지 전환 효율 향상에 필수적인 p-n 접합을 훨씬 더 잘 만들어 냈다. 던디 팀은 특별한 응용을 염두에 두고 있지는 않지만 어쨌든 이 연구를 더 확장시켜 수소화된 비결정 실리콘 전계 효과 트랜지스터(field-effect transistor: FET)를 만들어 시연까지 했다. 이것은 1938년 쇼클리의 원래 설계와 매우 흡사한 구조를 가지고 있었다.

공교롭게도 LCD의 챔피언 기업인 샤프가 그 당시 박막 솔라 셀의 세계적인 주요 생산자였다. 1982년, 던디의 연구 팀이 샤프를 방문하여 서로 기술 정보를 교환했다. 토론이 끝나 갈 무렵 던디 팀이 자신들이 수소화된 박막 FET 실험에 성공한 것을 가볍게 언급했다. FET의 성능은 아직 단결정 실리콘 칩으로 만든 비슷한 장비에 비해 훨씬 떨어졌지만, LCD에서 픽셀 스위치로 사용하기에는 충분했다. 샤프 기술자들은 모두 내심으로 감탄했지만 조용히 흥분을 억눌렀다. 그것은 LCD 텔레비전의 꿈을 현실화하는 데 있어 마지막 남은 연결고리가 비로소 그 모습을 드러낸 순간이었다!

이제 TN 액정 재료와 크고 저렴한 유리 재질 위에 증착될 수 있는 박막 비정형 실리콘 FET 스위치 덕분에 액정 텔레비전의 대량생산을 위한 핵심 기술이 모두 갖추어지게 되었다. 이후 수년간의 열정적인 노력 끝에 마침내 1988년, 샤프는 최초의 14인치 총천연색 LCD 스크린을 성공적으로 출시했다. 이 편평한 절전형 스크린은 컬러 CRT와 동일한 사이즈 및 성능으로 휴대용 컴퓨터의 새로운 세대를 탄생시켰다. 이전의 소위 '휴대용' 컴퓨터는 CRT 디스플레이를 사용하다 보니 부피가 크고 무거워 휴대하기에 다소 불편했던 것이 사실이다. 휴대용 컴퓨터에 대한 사용자들의 요구는 높았지만 컬러 LCD가 등장하기 전까지는 휴대하기 알맞은 제품을 만든다는 게 사실상 불가능했다. LCD 디스플레이는 곧바로 휴대용 컴퓨터의 완벽한 해결책임이 입증되었다. LCD를 장착한 이 휴대용 컴퓨터는 크기와 무게가 작아서 무릎(lap) 위에 올려놓을 수 있을 정도이기 때문에 '랩톱(laptop)'이라 불린다. 상대적으로 비싼 가격에도 불구하고 휴대용 컴퓨터의 매출은 급등했다. 소비자들은 크게 흡족해했고 제조사들 역시 그랬는데, 특히 LCD는 다른 디스플레이 기술과의 저가 경쟁이 전혀 없었고 시장에는 샤프가 이끄는 소수의 일본 제조업체들만이 존재했다. 이 회사들은 LCD 제조로 엄청난 이익을 얻었으며, 그 이익을 재투자하여 기술을 개선하고 생산수율을 향상시켰다. 이를 통해 제품의 지속적 향상과 사업의 성장을 공고히 할 수 있었다.

더 공격적이고 자본이 풍부한 아시아 회사들이 이 성장 시장에 들어오면서 LCD 사이즈는 더 커지고 가격은 계속 떨어졌다. 결국 LCD는 랩톱에서뿐만 아니라 데스크톱 컴퓨터, POS(point of sales) 터미널, 그리고 대부분의 텔레비전에서까지 CRT를 완전히 대체하게 되었다. 2006년부터는 가격이 적절한 대형 화면의 고해상도 평판 텔레비전이 사람들의 집으로 들어오기 시작했다. 벽에 걸린 대형 텔레비전을 예언한 헤일마이어의 시대를 앞선 꿈이 마침내 현실로 이루어진 것이었다.

차세대 가전제품은 사용자 인터페이스로 모두 터치에 민감한 센서를 갖춘 LCD 스크린을 쓰고 있다. 이를테면, 태블릿 컴퓨팅 기기가 그렇다. 이 제품들의 성능 수준과 특징은 헤일마이어가 연구 주제를 고민하면서 기대했던 것보다 훨씬 앞서 있다.

20

정보화 시대와 그 이후

The Information Age and Beyond

종합하기

최근 몇 년간에 걸친 기술자들의 종합적인 노력은 광범위한 기술의 기본 요소들을 탄생시켰다. 여기에는 다기능 칩 위의 시스템(SOC), 수 기가비트의 메모리 칩, 고해상도 CCD 이미저, 밝은 LED, 민감한 고해상도의 터치 스크린 LCD, 고에너지 밀도의 2차 전지, 소형 안테나, 고효율 비화갈륨 마이크로파 증폭기 등이 포함된다. 그리고 이 모든 부품들을 견고한 소형 패키지에 맞춰 집어넣고 효율적으로 열을 소산시키는 선진적인 패키징 기술도 등장했다. 창조적인 시스템 제품 설계자에게는 이런 다양한 선택 옵션이 마치 어린아이들을 위해 갖가지 사탕을 갖추어 놓은 가게와도 같다. 이제 도전은 특징, 성능 수준, 그리고 가격 등을 적절히 조합하여 사용자의 마음을 끄는 제품을 개념화하고, 여러 소스들로부터 가장 좋은 요소들을 선택하여 최적의 솔루션을 실행함으로써 사용자를 위한 가치를 극대화하는 것이다. 어떤 경우는 제품 차별화를 위해 이 표준 요소들을 더 다듬어 맞추기도 한 때도 있다. 하드웨어 기술뿐만 아니라 소프트웨어 기술 역시 중요한 역할을 한다. 플랫폼이 오류 없이 복잡한 과제를 수행하게 하는 효율적이고 안정적이며 안전하고 사용자 친화적인 소프트웨어에서 무수히 많은 기능을 사용자에게 제공하는 응용 소프트웨어에 이르기까지 다양한 옵션들이 존재한다.

가장 성공적인 통합 제품은 아이폰(iPhone)이다. 2007년에 소개된 아이폰은 전 세대에 걸쳐 스마트폰과 태블릿에 대한 영감을 불러일으켰다. 훨씬 더 강력해진 SOC와 다른 보완 기술 덕분에 아이폰은 휴대폰, 개인 라디오와 텔레비전, 녹음기와 음악 재생기, 손전등, 컴퓨터, 그리고 GPS 수신기의 역할을 모두 그 작은 기기 하나로 완벽히 수행하고 있다. 뿐만 아니라, 웹서핑 터미널, 디지털 카메라, 비디오 녹화기, 악기, e-Book 리더기, 전자게임 콘솔, 지문 인식기, 그리고 다운로드되는 '앱(Apps)'을 통해 100만 개가 넘는 애플리케이션의 인터페이스 역할도 한다. 이 작고 혁신적인 제품은 이 책에서 논의된 전자의 기능 중 레이더를 제외한 거의 모든 것을 담고 있다. 하지만 이런 믿기 힘든 기능과 시스템 복잡도에도 불구하고 여전히 사용자 친화적이고 견고하며 터무니없이 비싸지도 않다. 아이폰과 그 파생품들은 1970년대 중반부터 시작된 정보화 시대를 한 단계 끌어올리는 데 핵심 역할을 한 기기임이 입증되었다. 아주 짧은 기간 안에 전 세계에 걸쳐 방대한 인구의 사회적 행태까지도 바꾸어 놓았다.

지속적이고 기하급수적인 실리콘 칩 기술의 성장은 모든 전자 제품의 신속한 발명과 진화에 주요 추진력이 되어 왔다. 6개월 또는 1년마다 이전 제품보다 속도가 더 빠르고 용도가 더 다양하고 그러면서도 더 값싼 모델들이 소개된다. 이러한 제품 추이는 시장 확대의 동력을 공급하고, 그것은 다시 칩에 대한 더 많은 수요를 창출하는 일종의 선순환 사이클을 형성한다. 2010년 전 세계 반도체 칩 총매출은 3,000억 달러에 가까웠고, 칩 제조 및 그와 관련된 지원 산업이 직접적으로 창출한 일자리만도 약 1,000만 개에 이르렀다. 이는 LED, LCD, 광섬유, 그리고 전지 같은 부품은 포함하지 않고 단지 칩의 경우만 고려한 수치이다. 칩과 다른 부품으로 만들 수 있는 컴퓨터, 휴대폰, 네트워크 장비, 가전제품, 의료 장비, 자동차 부품, 군용 시스템 같은 전자 제품의 매출을 전부 합하면 최소한 칩 매출의 10배가 넘는 연간 3조 달러 혹은 그 이상이 되고, 전체 고용은 수억 명에 달할 것이다. 그 밖에 이러한 전자 제품으로 가능해진 역량을 활용하는 새로운 직업 역시 수많은 일자리를 만들어 내고 있다.

정보혁명

PC, 스마트폰, 그리고 인터넷의 등장으로 이제는 더 이상 외부에서 벌어지는 일들을 알기 위해 집 밖으로 나갈 필요가 없어졌다. 간단한 손가락 동작만으로 글로벌 뉴스, 스포츠, 주가를 실시간으로 알 수 있으며, 멀리 떨어져 있는 사랑하는 사람이나 가까운 친구와 즉석에서 얼굴을 보며 대화할 수 있게 된 것이다. 어떤 주제에 대한 정보를 알고 싶다면, 전 세계를 아우르고 있는 검색 엔진으로 데이터베이스를 뒤져 몇 분 아니 몇 초 안에 답을 얻을 수 있다. 엔터테인먼트는 점점 더 스크린에 중점을 둔 활동이 되고 있다. 원할 때면 언제라도 아주 싼 가격으로 수만 개의 영화, 쇼, 그리고 기록 화면들을 스트림해 볼 수 있다. 또 수십 만의 사람들이 동시에 비디오 게임을 하면서 실시간으로 경쟁하는 것도 가능해졌다. 이 모든 대량의 인터넷 트래픽은 전 세계에 걸쳐 있는 '서버 팜(server farm)'에 의해 라우팅되고 광섬유로 연결된다. 오늘날 각각의 서버 팜은 100만 개가 넘는 마이크로프로세서(수많은 개별 서버에 통합되어 있다)와 100만 개가 넘는 레이저로 구성되어 데이터를 전송한다. 전 세계에 걸쳐 23억 명 이상의 사람들이 인터넷에 접속한다는 것은 놀랄 일이 아니다.

모바일 기술 측면에서 보면 전 세계 인구의 75퍼센트에 해당하는 46억 개 이상의 휴대폰이 현재 사용되고 있다. 이제 신호가 닿는 곳이라면 지구상 어느 곳의 누구와도 언제든지 연결될 수 있다. 그저 전화번호를 점잖게 누르기만 하면 된다. 무선 신호는 많은 기지국들을 통해 공중으로 송신되고 또 수신된다. 이 기지국들은 광섬유 케이블이 설치된 거대한 글로벌 스위칭 네트워크나 궤도 위성에 의해 연결된다. 메시지가 전선이나 많은 사람들의 손을 거쳐 느리게 전달되던 전신 시대, 또는 그보다 더 느렸던 이전 시대와 비교해 보면 이것이 얼마나 대단한 발전인가를 금방 알 수 있다. 현대 기술은 공상 과학과 판타지 속의 많은 꿈들을 이미 뛰어넘고 있다.

많은 사람들이 인정하듯이 중세 이후 세 가지 기술이 사회와 인간 행동을 형성하는 글로벌 혁명에 영감을 불러일으켰다. 첫째는 18세기 영국에서 시작된 원조 산업혁명이다. 제임스 와트의 증기기관은 사람, 말 혹은 소의 태생적인 물리적 한계를 극복하는 동력을 제공해 주었다. 이것은 그전보다 더 빠르고 강력한 기계를 등장시켰고 제조, 운송, 채굴 등의 많은 주요 기능을 기계화했다. 핵심은 이 혁명이 물리적이었다는 것이다. 그것은 인간의 생산성을 현저히 향상시켜 주었고 동시에 무수한 사회적 변화를 야기시켰다. 더 이상 농노가 지주에게 복종하고 또 지주는 종교 지도자에게 복종하지 않아도 되었다. 산업혁명은 수천 년간의 인간 생활방식과 사회 구조를 급격하게 바꾸었다.

19세기 후반부에는 통신, 에너지, 그리고 운송 기술에 획기적 발전이 있었고, 그 결과 2차 산업혁명이 나타났다. 통신에서는 전신, 전화, 그리고 무선이 사람 사이의 전통적인 물리적 장벽을 없애면서 소통 방식이 완전히 바뀌었다. 에너지 분야에서는 전력 계통의 등장이 광범위하고 효율적이며 깨끗한 네트워크를 제공했는데, 전력은 과거에 나무나 석탄을 때던 증기기관보다 훨씬 우수한 것이었다. 특히 전기화와 전등은 우리 생활에 지속적인 영향을 미쳤다. 운송에서는 내연기관으로 구동되는 적정 가격의 자동차와 도시의 대중교통 네트워크가 사람들의 이동 범위에 일대 혁명을 가져왔다. 사람들은 이제 더 이상 한 지역에서만 비둘기 집에 갇혀 지내듯 살 필요가 없게 되었다. 미국은 이러한 2차 산업혁명의 중심지였으며, 이 혁명에 중요한 역할을 한 것은 새로운 전자기 기술이었다.

1970년대 중반부터 인류는 3차 산업혁명에 돌입했다. 3차 산업혁명은 정보 지향적이었고, 이것은 전자 기술과 소프트웨어 지향의 정보 기술에 의해 가능했다. 오늘날까지 우리는 이 3차 산업혁명의 시대에 살고 있다. 3차 산업혁명은 정보와 지식의 엄청난 가치를 강조하기 때문에 통상 정보혁명이라 일컬어진다. 1차 산업혁명의 보완 기술이 증기기관이었다면 2차 산업혁명을 이끈 핵심 기술은 발전기와 모터, 전구, 전신, 전화, 그리고 내연기관 등이었다. 정보혁명의 주춧돌은 컴퓨터(메인 프레임과 PC), 인터넷, 스마트폰, 대용량 메모리 장치, 그리고 광대역 광섬유 통신 백본(backbone)이다. 디지털 신호 처리 알고리즘, 데이터베이스 관리, 그리고 네트워크와 시스템 소프트웨어 같은 다양한 정보 기술 역시 큰 역할을 했다. 정보혁명 시대에는 전자 기술이 주역을 맡게 된 것이다.

1970년부터 2010년까지 40년 동안 마이크로프로세서 칩의 정보 처리 능력과 하드디스크와 메모리 칩의 데이터 저장 용량, 그리고 통신 시스템에서의 데이터 전송 속도 등은 100만 배 이상 향상되었다. 이렇게 많은 중요하고 보완적인 기술들의 거대한 융합은 역사상 유례가 없는 것이었다. 이 기술들은 다 함께 정보혁명을 새로운 경지로 끌어올렸고 아직도 그 강한 탄력을 잃지 않고 있다.

세계화

전자에 집중된 산업이 지속적으로 발전하자 산업 구조와 공급사슬 역시 바뀌게 되었다. 지난 몇 십 년간 실리콘 칩, LED, LCD, 그리고 많은 다른 기술들이 미국에서 투자되어 시작되었지만, 이제 그 생산 거점이 대부분 아시아로 옮겨져 있다. 반도체와 LCD 제조를 위한 최신 설비를 구축하고 유지한다는 것은 엄청나게 많은 자본 투자를 요구한다. 또한 경영과 운용에서 복잡한 도전을 야기하기도 한다. 단기 투자 수익이 주요 지표인 미국 회사들은 자격을 갖춘 판매자나 공급자가 다수 존재하는 한 급격한 자본 투자를 피하기 위해 지속적으로 아웃소싱 기회를 찾을 것이다. 현재는 그런 회사들이 정말로 존재하고 있고 주로 아시아에 위치해 있다.

일본 정부는 1960년대 후반부터 전통 산업 대신 새로운 산업을 구축하여 경제 성장을 촉진시켜 왔다. 반도체 산업은 일본의 핵심 산업 중 하나였고, 정부의 독려와 지원에 힘입어 1970년대와 1980년대를 거쳐 눈부시게 성장했다. 그들은 특히 높은 수준의 제조업 경쟁력과 적은 이윤에도 일을 하려는 의지를 보여 주었다. 이러한 유형의 경쟁에 직면하자 인텔 같은 산업 리더들조차 뒤로 물러나 새로운 제품 라인을 찾을 수밖에 없게 되었다.

일본의 성공을 본떠서 한국, 타이완, 싱가포르 등이 모두 1970년대 중반에 정부 지원하에 자체적인 전자 산업을 구축하기 시작했다. 1990년대에는 중국이 이 전략을 따랐다. 그들은 초기에는 칩 공장, 하드디스크 메모리 제조, 선진화된 전자 패키징, 조립과 테스팅에 중점을 두다가 나중에는 LCD 제조까지 범위를 확대했다. 위험을 기피하는 경영 문화의 미국 회사나 유럽 회사와는 대조적으로 아시아 기업들은 많은 자본을 제조에 기꺼이 투자하는 성향을 보였다. 기본적인 노하우에 대한 라이선스 대가로 많은 로열티를 지불하기도 했다. 이 회사들로서는, 그리고 그들에게 주요 경제적·정치적 지지대를 제공하고 있는 정부로서는 제조업의 낮은 이윤도 그 지역 사람들에게 많은 일자리를 창출해 준다는 명분 앞에서 무색한 것이었다.

미국과 유럽 회사들의 대부분은 다른 나라 회사들이 자기 돈을 써 가며 제조 설비를 짓는 것이 그저 행복할 따름이었다. 그들은 고품질의 위탁 제조 서비스를 활용함으로써 회사의 귀중한 자원을 가치사슬의 이윤이 더 높은 부분에 집중할 수 있었다. 이를테면 연구와 특허 창출, 제품 정의와 디자인, 브랜딩과 마케팅, 그리고 채널 관리 같은 것이었다. 이 전략은 서구의 사업 지평선을 30년이 넘게 지배하면서 기업들이 높은 이윤 속에 운영되고 높은 투자 회수율을 유지하게 해 주었다. 하지만 이 전략이 장기간에 걸쳐 지속될 수 있을지는 두고 볼 일이다. 답은 불분명하다. 특히 급여가 좋은 제조업 분야에서의 일자리 감소에 직면해서는 더 그러하다. 이것은 아직까지 산업계와 금융계에서 주요 성과 지표가 된 적은 없지만, 결국에는 장기적인 사회적·정치적 영향을 가져올 수 있는 문제이다.

아시아 기업들과 정부가 기꺼이 대규모 기술 투자를 하는 또 다른 전략적 이유는 먼저 라이선스를 받은 지적 재산권으로 생산 기반을 만들고, 이를 바탕으로 역량과 인력의 훈련을 지속적으로 업그레이드하여 가치사슬의 위쪽으로 치고 올라가기 위해서이다. 결국에는 그쪽에 위치한 기존 회사들을 자신들의 개량된 제품으로 공략한다는 계획인 것이다. 핵심 제조 역량이 일제히 아시아로 이동하면서 많은 아시아 회사들이 특히 하드웨어 기술에서 기술적 격차를 좁히는 데 더욱 속도를 내기 시작했다. 이를테면, 아시아 회사들은 LCD에서 서구에 비해 압도적인 지배적 위치를 차지하고 있다. 차세대 디스플레이 기술이 시장에 등장할 때쯤이면 서구가 이 분야에서 다시 역사적인 주도권을 잡기는 어려워 보인다.

세계가 점차 평등해지면서 새로운 사업을 개발하고, 경쟁사보다 더 혁신성과 민첩성을 유지하는 자들이 승자가 될 것이다. 애플 아이폰과 아이패드의 엄청난 성공은 높은 수익성의 앱 스토어(App store)는 차치하고라도 혁신의 가치에 대한 좋은 실례가 된다. 물론 시간은 멈춰 있지 않고 계속 진화할 것이다. 스마트폰은 이미 빠른 속도로 생활필수품이 되어 가고 있고, 삼성 같은 아시아 기업들이 애플의 시장 위치를 위협적으로 잠식하고 있다. 무선통신과 컴퓨팅 제품 시장에서는 다른 시장에서 사업을 해오던, 이를테면 과거에 전자게임과 휴대폰을 만들던 많은 칩 설계 회사들이 이제 그런 플랫폼을 위한 초절전 마이크로프로세서 시장에서 인텔의 아성에 도전하고 있다. 누가 또다른 애플 혹은 인텔이 될 것인가? 누가 전자나 소프트웨어 산업에서뿐 아니라 아직 발견되거나 개발되지 않은 새로운 산업에서 새로운 기술을 가지고 경쟁자들보다 더 창의적이 될 것인가? 사실 이런 회사들은 회사를 만들고 비전과 추진력으로 성공을 일군 개인과 실제로는 동일한 것이다. 마이크로소프트, 애플, 구글, 아마존, 페이스북, 테슬라 모터스, 그리고 다른 많은 회사의 창업주들은 이 책에 등장하는 전자의 정복자들이 세워 놓은 전통을 계속 이어 나가고 있다. 과연 누가 다음 목록에 올라갈 것인가? 그들은 전 세계 어디서든 나올 수 있다. 이 글로벌 경쟁에 참여하고 있는 세계 리더들의 과제는 그러한 사람들과 그들의 창의력을 북돋워 주고 키워 주는 환경을 만들어 유지시키는 것이다. 인프라와 함께 더욱 중요한 문화적인 세팅이 그것이다.

앞을 내다보며

칩 기술은 거의 50년간 무어의 법칙에 따라 지속적이고 기하급수적으로 발달했다. 하지만 이제 트랜지스터의 축소는 물리적 한계에 다다른 것으로 보인다. 이는 결코 과장되거나 극단적인 표현이 아니다. 정말 과학적인 사실이다. 무어의 법칙의 성공을 견인한 것은 그에 비례해서 트랜지스터의 사이즈를 줄여 온 능력인데 이를 통해 칩의 성능을 향상시키면서도 가격은 낮출 수가 있었다. 믿기지 않는 지속적인 기술 발전에 힘입어 트랜지스터 한 개의 최소 물리적 크기는 1970년의 1만 나노미터에서 2012년에는 겨우 26나노미터로 줄었다. 길이로는, 거의 400분의 1로 줄어든 것이다. 연구가들은 이제 3차원을 활용해 트랜지스터를 더욱 더 줄이려고 전력을 다하고 있다. 2020년까지는 수직 지느러미 같은 구조의 핀펫(FinFET) 3-D 트랜지스터가 트랜지스터의 최소 크기를 약 7나노미터까지 줄일 수 있을 것이다. 이것은 겨우 10개의 실리콘 원자 공간에 맞먹는 것이다. 트랜지스터를 그 이상 줄이면 물리적 재료를 위한 공간이 하나도 남지 않게 된다.

과연 미래에는 무엇이 실리콘 칩을 대체할 수 있을까? 유망한 기술들이 개발 중에 있지만 그중 어떤 것이 중앙 무대를 차지하게 될지 아무도 확신할 수 없다. 어떤 사람들은 그라핀(graphene) 같은 나노 물질 — 완벽한 배열의 벌집 구조로 정렬된 탄소 원자의 한 층 — 이 차세대 장비에 있어 지금까지 상상하지 못했던 역할을 할 것이라고 믿고 있다. 또 다른 사람들은 분자 전자, 양자 컴퓨팅, 스핀트로닉스(spintronics: 전자의 전하뿐만 아니라 회전할 때 생기는 자성을 이용해 새로운 개념의 반도체를 만드는 분야 – 역자 주), 또는 비밀스럽게 전해 오는 다른 아이디어를 믿고 있다. 하지만 진정한 돌파구는 더 작은 트랜지스터 대체품을 찾는 데 있는 것이 아닐 수도 있다. 시스템 아키텍처 같은 다른 요소들이 미래 컴퓨터 시스템에 더 큰 영향을 미칠

지도 모른다. 신경과 시냅스(synapses: 신경세포의 접합부 – 역자 주)의 복잡한 망을 가진 사람의 뇌를 그려 보자. 사람의 장기인 뇌는 다양한 수준의 문제를 푸는 데 슈퍼컴퓨터를 능가할 수도 있고 에너지도 훨씬 덜 쓴다. 하지만 신경망에서 이온의 전기전도 속도는 칩을 통해 흐르는 전자의 흐름보다 훨씬 느리다. 그렇다면 무엇이 뇌를 그렇게 효율적으로 만드는 것일까? 그리고 기술자들은 그것으로부터 무엇을 배울 수 있을까? 신경망 같은 기술에 대한 연구는 그간 수박 겉핥기 식으로 다루어져 오다가 이제 새로운 장벽에 부딪쳤다. 생명공학의 미래에는 확실한 돌파구가 있을까? 돌파구가 발견되기는 하겠지만 이 엄청나게 복잡한 미로의 탈출구로 가는 길을 제대로 예측하는 것은 참으로 힘든 일이다.

때가 되면 모든 기술도 사람과 마찬가지로 성숙기에 다다르고 발전도 느려지기 시작한다. 전자 분야는 지난 50여 년간 지속적으로 눈부신 속도의 발전을 경험하면서 복잡성이 극도로 높은 상태에 이르렀다. 아마도 칩은 무어의 법칙이 예언한 가속화된 성능의 증가를 멈추게 될 것이다. 하지만 설계 아키텍처나 소프트웨어 기술에는 이 같은 물리적 한계가 없다. 그래서 훨씬 더 복잡하고 강력한 칩 제품이 끊임없이 등장하여 인류에게 지속적인 혜택과 발전을 제공할 것이라고 기대된다.

실리콘 제조 기술은 속도가 늦어지겠지만 광섬유 통신과 하드디스크 메모리 저장 밀도는 지속적으로 성장할 것이다. 무선통신의 광대역 역시 CMOS 기술의 발달로 무선 칩이 훨씬 더 높은 주파수에서 작동하고 더 막강한 신호 처리 능력을 갖추게 되면서 계속해서 확장될 것이다. MEMS 기술은 이를테면 바이오메디컬 산업의 소형화된 센서와 엑추에이터(actuator: 전기, 유압, 압축공기 등을 사용하는 구동 장치의 총칭 – 역자 주)에서 새로운 용도를 찾을 것이다. 아주 작은 집적 MEMS 센서가 동맥벽에 심어져 혈당이나 콜레스트롤 수치를 실시간으로 모니터하는 것을 상상해 보라. 몸 속에 내장된 MEMS 칩으로부터 오는 신호는 그 사람의 스마트폰으로 전달되어 스마트폰에 내장된 컴퓨터나 클라우드 기반의 개인 진단 센터를 통해 처리된다. 만약 이상이 감지되어 어떤 조치가 필요하게 되면 관련된 지시가 몸에 심어진 MEMS 칩의 엑추에이터로 전달되어 적절한 양의 인슐린을, 또는 미리 칩에 저장된 다른 약을 필요한 순간에 분비하도록 할 수 있다. 그런데 전지를 갈아 줄 필요는 없을까? MEMS 칩을 작동시키는 전기는 그것을 품고 있는 사람의 심장박동에서 얻을 수 있다. 지금 시점에서는 꿈 같은 이야기로 들리지만, 10년이나 20년 안에 이 같은 장비들을 안전하게 널리 사용하는 것이 결코 판타지에 머물지는 않을 것이다.

다른 기술들의 운명 역시 아직 결정되지 않았다. LCD는 여전히 건실한 발전을 하고 있지만 유기 반도체로 만든 새로운 LED 디스플레이어인 OLED가 상업 시장에서 LCD를 대체할 수도 있다. OLED는 스스로 빛을 낼 수 있어 백라이팅이 필요한 LCD에 비해 전력 소비 면에서 기본적인 우위를 가진다. 언젠가는 OLED가 유연한 표면 위에 제트 잉크 방식으로 프린트되어 만들어질 수도 있다. 그리고 통합 매트릭스 스위치 어레이 역시 같은 유기 반도체 필름 위에 제조될 수 있을 것이다. OLED의 생산비를 LCD 생산비 아래로 끌어내릴 수 있다면 — 장래에는 당연히 그렇게 될 것이다 — 샤프가 개발한 그 너무나도 혁명적이었던 LCD는 마치 CRT의 운명처럼 멸종된 공룡이 될 것이다. OLED 기술은 다른 분야에도 중대한 영향을 미칠 수 있는데, 저가의 대용량 태양 에너지로의 전환이 그 좋은 예이다. 곧 등장할 것으로 보이는 다른 와해성 디스플레이 기술로는 레이저에 기반한 3-D 체적형(volumetric) 디스플레이 같은 것들이 있다. 하지만 그것들이 진정한 미래의 대안이 되기 위해서는 아직 극복해야 할 근본적인 기술적·경제적 장애물들이 많이 남아 있다.

OLED 태양 에너지에 기반한 전력 생산을 이야기하면서 전지를 잊어서는 안 된다. 전지야말로 이 모든 전자혁명의 시동을 건 기술이다. 볼타가 1800년대 초에 그의 파일을 세상에 소개한 지 200년이 지난 지금은 리튬이온 전지가 지배적인 위치를 차지하고 있다. 소형이고 강력해서 카메라부터 휴대폰까지 수많은 첨단 전자 제품에 사용되며, 이제는 고성능 자동차에까지 활용되고 있다. 리튬이온 전지는 앞으로도 끊임없이 진화를 계속할 것임이 분명하다. 하지만 과연 이것이 궁극적인 솔루션일까? 전지의 기본적 구조는 볼타 이후로 하나도 변하지 않았다. 별 생각 없이 들으면 정말 경이로운 일이다. 종래의 전지 기술은 대부분 전극과 전해질 물질의 몇 가지 잠재적 조합으로 제한되어 있다. 하지만 언젠가는 그래핀과 관련된 2차원 재질 같은 새로운 나노 물질을 사용하여 지금은 거의 상상할 수 없는 고밀도의 에너지 저장 장치를 만들 수 있게 될지도 모른다. 상상하기 힘들지만, 그런 미래가 도래할 가능성은 충분해 보인다. 결국 전자의 힘을 활용하는 인류의 여정은 그 어느 것보다도 뜻밖의 놀라움과 우연한 발견에 의해 흔적을 남겨 오지 않았던가? 마찬가지로 이 예견할 수 없는 돌파구들이 지금도 아주 가까운 곳에 있을지도 모른다.

우리는 21세기가 유년기를 지나 청소년기로 성큼 발을 내딛고 있는 지금이 정보화 시대의 최고 정점이라는 것을 잘 알고 있다. 하지만 다음에는 과연 무엇이 등장할까? 녹색 에너지의 눈부신 발전? 의료혁명? 에너지에 대한 인류의 관심은 건강한 삶과 환경보호에 대한 관심만큼 끝이 없다. 그리고 전자 기술과 정보 과학의 지속적인 발전은 우리의 미래가 어떤 형태로 다가오든 그것을 이룩하는 데 결정적으로 기여할 것임이 틀림없다.

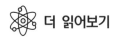 더 읽어보기

전자공학의 일반 역사

Brinkman, W. F., and D. V. Lang. "Physics and the Communication Industry." *Review of Modern Physics* 71, S480, March, 1999.

Brodsky, Ira. *The History of Wireless: How Creative Minds Produced Technology for the Masses.* Telescope Books, 2008.

Buchwald, Jed, and Andres Warwick, eds. *History of the Electron: The Birth of Microphysics.* MIT Press, 2001.

Bunch, Bryan, with Alexander Hellemans. *The History of Science and Technologies.* Houghton Mifflin, 2004.

Campbell-Kelly, Martin, and William Aspray. *Computer: A History of the Information Machine.* Perseus Books Group, 1996.

Chandler, Alfred, Jr. *Inventing the Electronic Century: The Epic Story of Consumer Electronics and the Computer Industry.* Simon & Schuster, 2001.

Gribbin, John. *The Scientists.* Random House, 2002.

Pearson, Gerald, ed. "Historical Notes on Important Tubes and Semiconductor Devices." *IEEE Bi-Centennial Issue on Electronic Devices.* IEEE, July 1976.

Rowland, Wade. *Spirit of the Web: The Age of Information from Telegraph to Internet.* Somerville House, 1997.

Computer History Museum archive. http://www.computerhistory.org

Electronic history from IEEE website. http://www.ieeeghn.org

Historical events, with emphasis on battery technology. http://www.mpoweruk.com/history.htm#leyden

Nobel Prize lectures. www.nobelprize.org/nobelprizes/physics

Silicon Genesis Oral history. http://silicongenesis.stanford.edu/complete_listing.html

전자기

과학적 기초

Hirschfeld, Alan. *The Electric Life of Michael Faraday.* Walker, 2006.

Ludwig, Charles. *Michael Faraday, Father of Electronics.* Herald, 1978.

Mahon, Basil. *The Man Who Changed Everything: The Life of James Clerk Maxwell.* John Wiley and Sons, 2004.

전신

Abbate, Janet. *Inventing the Internet.* MIT Press, 1999.

Silverman, Kenneth. *Lightning Man: The Accursed Life of Samuel F. B. Morse.* Alfred Knopf, 2003.

Standage, Tom. *The Victorian Internet.* Penguin Putnam, 1998.

전화

Grosvenor, Edwin, and Morgan Wesson. *Alexander Graham Bell: The Life and Times of the Man Who Invented the Telephone.* Harry Abrams, 1997.

Shulman, Seth. *The Telephone Gambit: Chasing Alexander Graham Bell's Secret.* Norton, 2008.

AT&T's "Unnatural Monopoly." http://www.cato.org/pubs/journal/cjv14n2-6.html

Fagen, F. D. Telephone History: "A History of Engineering and Sciences at Bell Systems." Bell Labs, 1975.

History of Bell Systems. http://www.porticus.org/bell/bellsystem_history .html#Year%20of%20Decision

PBS. "American Experience: The Telephone—Elisha Gray." http://www.pbs.org/ wgbh/amex/telephone/peopleevents/pande02.html

Vail, Ted. http://www.cato.org/pubs/journal/cjv14n2-6.html

무선전신

Weightman, Gavin. *Signor Marconi's Magic Box.* Perseus Books, 2003.

조명과 전기화

Cheney, Margaret. *Tesla.* Prentice-Hall, 1981.

Israel, Paul. *Edison: A Life of Invention.* John Wiley & Sons, 1998.

Jonnes, Jill. *Empires of Light: Edison, Tesla, Westinghouse, and the Race to Electrify the World.* Random House, 2003.

Millard, Andre. *Edison and the Business of Innovation.* Johns Hopkins Press, 1990.

Edison. http://www.pbs.org/wgbh/amex/edison/timeline/index_2.html

John Jenkins' Spark Museum. http://www.sparkmuseum.com

Siemens history. http://www.siemens.com/history/de/index.htm

진공 전자학

전자와 X-선

Kevles, Bettyann Holtzmann. *Naked to the Bone: Medical Imaging in the 20th Century.* Rutgers University, 1997.

Thompson, J. J. http://nobelprize.org/nobel_prizes/physics/laureates/1906/thomson-bio.html

Rontgen and the X-ray. http://nobelprize.org/nobel_prizes/physics/laureates/1901/rontgen-bio.html

3극진공관

Zouary, Maurice. *De Forest: Father of the Electronic Revolution.* (ISBN: 1-58721-449-0.) William H. Allen, 1995.

De Forest, Lee. http://www.pbs.org/wgbh/aso/databank/entries/btfore.html

라디오

Brodsky, Ira. *The History of Wireless: How Creative Minds Produced Technology for the Masses.* Telescope Books, 2008.

Armstrong, Edwin. http://world.std.com/~jlr/doom/armstrng.htm

Early radio. http://earlyradiohistory.us/index.html History

Spark Museum. http://www.sparkmuseum.com/RADIOS.HTM

Sarnoff, David. http://www.museum.tv/eotvsection.php?entrycode=sarnoffdavi

텔레비전

Fisher, David, and Marshall Jon Fisher. Tube: *The Invention of Television.* Harvest, 1996.

레이더

Boot, H. A. H., and J. T. Randall. "Historical Notes on the Cavity Magnetron." *IEEE Transactions on Electronic Devices,* Vol. 23, No. 7, 1976.

Buderi, Robert. *The Invention that Changed the World.* Touchstone, 1996.

컴퓨터

Campbell-Kelly, Martin, and William Aspray. *Computer: A History of the Information Machine.* Perseus Books Group, 1996.

Computer History. http://www.computersciencelab.com/ComputerHistory/History.htm

University of Pennsylvania history on ENIAC. http://www.upenn.edu/almanac/v42/n18/eniac.htm

고체전자공학(반도체 소자를 쓴 전자공학)

벨 연구소와 반도체

Gertner, Jon. *The Idea Factory—Bell Labs and the Great Age of American Innovation.* The Penguin Press, 2012.

AT&T History. http://www.corp.att.com/history/milestones.html

트랜지스터의 발명

Gilder, George. *Microcosm: The Quantum Revolution in Economics and Technology.* Touchstone, 1987.

Riordan, Michael, and Lillian Hoddeson. *Crystal Fire: The Invention of the Transistor and the Birth of the Information Age.* Norton, 1997.

Shockley, W. "The Path to the Conception of Junction Transistor." *IEEE Transaction on Electronic Devices*, Vol. 23, Vol. 7, 1976.

Shurkin, Joel. *Broken Genius: The Rise and Fall of William Shockley, Creator of the Electronic Age.* Macmillan, 2006.

Teal, G. K. "Single Crystals of Germanium and Silicon: Basic to the Transistor and Integrated Circuit." *IEEE Transactions on Electronic Devices*, Vol. 23, No. 7, 1976.

Nobel lectures by Shockley, Bardeen, and Brattain. www.nobelprize.org/nobelprizes/physics

PBS. Transistor. http://www.pbs.org/transistor/

상업화

Bell Licensing the Transistor. http://www.pbs.org/transistor/background1/events/symposia.html

실리콘밸리와 칩

Kaplan, David A. *The Silicon Boys.* Perennial, 2000.

Moore, G. M. "The Role of Fairchild in Silicon Technology." *Proceedings of IEEE*, Vol. 86, No. 1 (January 1998): 53–62.

Reid, T. R. *The Chip.* Random House 1985, 2001.

Silicon Genesis. (Oral interview of many key figures during the period, including Gordon Moore, Jay Last, Morris Chang, Ted Hoff, Federico Faggin, Charlie Spork, Jerry Sanders, Alfred Yu, Les Hogan, and Arthur Rock.) http://silicongenesis.stanford.edu/complete_listing.html

Silicon Valley History. http://nobelprize.org/nobel_prizes/physics/articles/lecuyer/index.html

칩 기술

Berlin, Leslie. *The Man Behind the Microchip: Robert Noyce and the Invention of Silicon Valley.* Oxford, 2005.

Boyle, W. S., and G. E. Smith. "The Inception of the Charge Coupled Device." *IEEE Transaction on Electronic Devices,* Vol. 23, No. 7, 1976.

Goldstein, Andrew, and William Aspray. "Social Construction of the Microprocessor: A Japanese and American Story." In *Facets: New Perspectives on the History of Semiconductors.* New Brunswick: IEEE Center for the History of Electrical Engineering, 1997, pp. 215–267.

Riordan, Michael. "The Silicon Dioxide Solution: How Physicist Jean Hoerni Built the Bridge from the Transistor to the Integrated Circuit." *IEEE Spectrum* (December 2007): pp. 44–50.

Yu, Albert. *Create the Digital Future: The Secrets of Consistent Innovation at Intel.* The Free Press, 1998.

First Microprocessor. (Oral interview by Faggin and Shima.) http://www.ieeeghn.org/wiki/index.php/Oral-History:Federico_Faggin; http://www.ieeeghn.org/wiki/index.php/Oral-History:Masatoshi_Shima

Gordon Moore: Accidental Entrepreneur. http://nobelprize.org/nobel_prizes/physics/articles/moore/index.html

矽說台灣–台灣半導体產業傳奇, 張如心, 天下文化 (The Legend of the Silicon Industry in Taiwan, "Silicon Talking in Taiwan: Taiwan Semiconductor Industry Legend," Chang [Chang Rhu-Shing], Commonwealth Publication, Taiwan, June, 2006.)

Chang, Morris. 張忠謀自傳上冊, 天下文化, 2001 (Autobiography of Morris Chang [Chang Tsung-Mou], Part I, Commonwealth Publication, Taiwan, 2001)

전자광학 기술

LED

Welker, H. J. "Discovery and Development of III-V Compounds." *IEEE Transaction on Electronic Devices,* Vol. 23, No. 7, 1976.

Zheludev, N. "The Life and Times of the LED: A 100-Year History." *Nature Photonics* 1 (4) (2007): 189–192. doi:10.1038/nphoton.2007.34

반도체 레이저

Agrawal, G. P., and N. A. Dutta. *Semiconductor Lasers*. Van Nostrand Reinhold, New York, 1993.

Schawlow, A. L. "Masers and Lasers." *IEEE Transactions on Electronic Devices*, Vol. 23, No. 7, 1976.

The Laser & Townes. http://www.bell-labs.com/history/laser/

광섬유

Hecht, Jeff. *City of Light: the Story of Fiber Optics*. Oxford University Press, 1999.

Kaminow, I. P., and T. L. Koch. *Optical Fiber Telecommunications*. Academic Press, San Diego, 1997.

Short history of fiber optics. http://www.sff.net.people/Jeff.Hecht/history.html

액정 디스플레이

Heilmeier, G. H. "Liquid Crystal Displays: An Experiment in Interdisciplinary Research that Worked." *IEEE Transaction on Electronic Devices*, Vol. 23, No. 7, 1976.

Kawamoto, Hirohisa. "The History of Liquid Crystal Displays." *Proceedings of the IEEE*, Vol. 90, No. 4, April 2002.

IEEE Review Article on LCD. http://www.ieee.org/portal/cms_docs_iportals/iportals/aboutus/history_center/LCD-History.pdf

Shan X. Wang (Author)

Visit Amazon's Shan X. Wang Page

Find all the books, read about the author, and more.

See search results for this author

Are you an author? Learn about Author Central

📺 주요 인물 일람표

이름	생애	나이	국적	주요 업적
전자기학				
윌리엄 길버트 (William Gilbert)	1544~1603	59	영국	최초로 과학적 기법을 사용하여 전자기학을 연구함. '전자'라는 말을 만듦.
오토 폰 게리케 (Otto von Guericke)	1602~1686	84	독일	게리케 구를 만들어서 정전기 전하를 발생시킴. 진공도 발명함.
스티븐 그레이 (Stephen Gray)	1666~1736	70	영국	전기 전도체와 절연체를 발견함.
샤를 뒤페 (Charles du Fay)	1698~1739	41	프랑스	양성 및 음성 전하를 발견함.
피터 판 뮈센브뢰크 (Pieter van Musschenbroek)	1692~1761	69	네덜란드	전하를 저장하는 라이덴 병을 발명함.
장 놀레 (Jean Nollet)	1700~1770	70	프랑스	최초로 사람의 몸을 통과하는 전기전도 실험을 함.
벤저민 프랭클린 (Benjamin Franklin)	1706~1790	84	미국	번개가 구름의 전기 방전에 기인한다는 것을 입증함. 피뢰침을 발명함.
샤를 드 쿨롱 (Charles de Coulomb)	1736~1806	70	프랑스	정전기장의 상호작용에 관한 쿨롱의 법칙을 실험적으로 개발함.
루이지 갈바니 (Luigi Galvani)	1737~1798	61	이탈리아	'동물 전기' 연구의 핵심 인물.
알레산드로 볼타 (Alessandro Volta)	1745~1827	82	이탈리아	전지 발명(볼타의 파일).
앙드레 앙페르 (André Ampère)	1775~1836	61	프랑스	전류와 자성 간의 관계를 최초로 수학을 사용해 표현함.
한스 외르스테드 (Hans Oersted)	1777~1851	74	덴마크	전류와 자성 간의 연계를 처음으로 관찰함.

이름	생애	나이	국적	주요 업적
험프리 데이비 (Humphry Davy)	1778~1829	51	영국	전기화학자. 많은 알칼리 금속을 발견함. 전기 아크를 입증해 냄.
윌리엄 스터전 (William Sturgeon)	1783~1850	67	영국	실용적 전자석을 발견함.
마이클 패러데이 (Michael Faraday)	1791~1867	76	영국	위대한 실험가. 모터, 발전기, 유도 등의 개념을 입증함.
조지프 헨리 (Joseph Henry)	1797~1878	81	미국	전자기학의 초기 과학자. 중계기 개념을 입증함.
제임스 클러크 맥스웰 (James Clerk Maxwell)	1831~1879	48	영국	위대한 이론가. 모든 전자기학의 기초를 제공하는 맥스웰 공식을 만듦.
하인리히 헤르츠 (Heinrich Hertz)	1857~1894	37	독일	전자파를 최초로 발생시키고 수신함.

전신

이름	생애	나이	국적	주요 업적
새뮤얼 모스 (Samuel F. B. Morse)	1791~1872	81	미국	전신을 발명함.
윌리엄 쿡 (William Cooke)	1806~1879	73	영국	쿡/휘트스턴 전신을 발명함.
앨프레드 베일 (Alfred Vail)	1807~1859	52	미국	모스 팀의 핵심 멤버로, 모스 부호를 발명했을 것으로 추정됨.
베르너 폰 지멘스 (Werner von Siemens)	1816~1892	76	독일	점전신을 발명함. 지멘스사를 창립함.
켈빈 경/윌리엄 톰슨 (Lord Kelvin/William Thomson)	1824~1907	83	영국	위대한 물리학자,기술자. 대서양 횡단 전신 케이블 프로젝트를 맡아 성공적으로 완료함.

이름	생애	나이	국적	주요 업적
전화				
가디너 그린 허버드 (Gardiner Greene Hubbard)	1822~1897	75	미국	벨의 전화 '발명'과 사업의 시작을 배후에서 조종한 실세.
엘리샤 그레이 (Elisha Gray)	1835~1901	66	미국	전선을 통해 음성과 음악을 송신하는 개념을 발명함.
시어도어(테드) 베일 (Theodore(Ted) Vail)	1845~1920	75	미국	천재적인 사업가로, 벨 전화사와 AT&T를 설립함.
알렉산더 그레이엄 벨	1847~1922	75	미국 (스코틀랜드)	(사실 여부는 논란이 많지만) 전화의 발명자로 잘 알려짐.
무선전신				
존 앰브로스 플레밍 (John Ambrose Fleming)	1849~1945	96	영국	무선수신기에 적용하기 위한 2극진공관을 개발함.
하이리히 헤르츠 (Heinrich Hertz)	1857~1893	36	독일	전파를 처음으로 생성하고 수신함.
굴리엘모 마르코니 (Guglielmo Marconi)	1874~1937	63	이탈 리아	무선전신의 선구자. 글로벌 기업을 만듦.
조명과 전기화				
베르너 폰 지멘스 (Werner von Siemens)	1816~1892	76	독일	지멘스사의 창업주. 전신, 다이너모, 그리고 확성기를 개선함.
제노브 그람 (Zenobe Gramme)	1826~1901	75	벨기에	실용적인 모터와 발전기의 발명자. 전력 송전을 입증함.
J. P. 모건 (J. P. Morgan)	1837~1913	76	미국	주요 자본가. GE와 AT&T를 회생시킴.

이름	생애	나이	국적	주요 업적
조지 웨스팅하우스 (George Westinghouse)	1846~1914	68	미국	웨스팅하우스 전기의 창립자. AC 전력 시스템을 구축함.
토머스 앨버 에디슨 (Thomas Alva Edison)	1847~1931	84	미국	위대한 발명가. 전신, 마이크로폰, 축음기, 전구, 전력 시스템 등을 만듦.
니콜라 테슬라 (Nikola Tesla)	1856~1943	87	미국 (세르비아)	기술의 천재. AC 모터와 다상 AC 전력 시스템의 아키텍처를 발명함.

진공전자

이름	생애	나이	국적	주요 업적
하인리히 가이슬러 (Heinrich Geissler)	1814~1879	65	독일	고(高)진공 기술을 개발함. 기체 방전 현상을 관찰함.
윌리엄 크룩스 (William Crookes)	1832~1919	87	영국	음극선을 발견함.
빌헬름 뢴트겐 (Wilhelm Roentgen)	1845~1923	78	독일	X선을 발견함.
존 앰브로스 플레밍 (John Ambross Fleming)	1849~1945	96	영국	무선 검파를 위한 2극진공관을 개발함.
카를 페르디난트 브라운 (Karl Ferdinand Braun)	1850~1918	68	독일	CRT를 개발함. 금속 PbS 정류를 발견함. 무선전신에 기여함.
J. J. 톰슨 (J. J. Thomson)	1856~1940	84	영국	전자를 정의함.
리 드 포레스트 (Lee De Forest)	1873~1961	88	미국	3극진공관을 발명함.

라디오

이름	생애	나이	국적	주요 업적
레지널드 페센든 (Reginald Fessenden)	1866~1932	66	캐나다	라디오 방송 개념을 최초로 생각해 내고 시연해 보임.

이름	생애	나이	국적	주요 업적
에드윈 암스트롱 (Edwin Armstrong)	1890~1954	64	미국	발진기, 고감도 수신장치 및 FM 을 포함한 핵심 라디오 기술에 기여함.
데이비드 사르노프 (David Sarnoff)	1891~1971	80	미국 (러시아)	라디오 방송을 새로운 대중매체로 개발하는 데 선구적 역할을 함.

텔레비전

이름	생애	나이	국적	주요 업적
파울 니프코 (Paul Nipkow)	1860~1940	80	독일	이미지화 적용을 위한 최초의 기계적 스캐너를 발명함.
존 베어드 (John Baird)	1888~1946	58	영국	니프코 스캐너를 이용하여 최초로 텔레비전을 선보임.
블라디미르 즈보리킨 (Vladmir Zworykin)	1888~1982	94	미국 (러시아)	RCA에서 텔레비전을 성공적으로 개발함.
데이비드 사르노프 (David Sarnoff)	1891~1971	80	미국 (러시아)	최초의 텔레비전 방송을 지휘, 조종함.
필로 판스워스 (Philo Farnsworth)	1906~1971	65	미국	CRT를 사용한 완전전자식 텔레비전을 최초로 선보임.

레이더

이름	생애	나이	국적	주요 업적
로버트 왓슨와트 (Robert Watson-Watt)	1892~1973	81	영국	체인 홈 해안 방위 레이더 시스템을 개발함.
존 랜달 (John Randall)	1905~1984	79	영국	헨리 부트와 함께 비행기 레이더를 가능케 한 공진 공동 마그네트론을 발명함.
헨리 부트 (Henry Boot)	1917~1983	66	영국	존 랜달과 함께 공진 공동 마그네트론을 발명함.
로버트 J. 디피 (Robert J. Dippy)	1912~?		영국	궁극적으로 GPS 시스템을 이끈 GEE 라디오 내비게이션 시스템의 기술을 개발함.

이름	생애	나이	국적	주요 업적

컴퓨터

이름	생애	나이	국적	주요 업적
찰스 배비지 (Charles Babbage)	1791~1871	80	영국	복잡한 기계식 컴퓨터의 원조인 '차분기관'을 발명함.
조지 불 (George Boole)	1815~1864	49	영국	컴퓨팅과 논리를 위한 이진 시스템을 개발함.
존 폰 노이만 (John von Neumann)	1903~1957	54	미국 (헝가리)	현대 컴퓨터 아키텍처에 핵심적인 공헌을 함.
존 아타나소프 (John Atanasoff)	1903~1995	92	미국	이진 전자 컴퓨터 개념을 정립함.
존 모클리 (John Mauchly)	1907~1980	73	미국	완전전자식 컴퓨터인 에니악 탄생 배후의 주된 인물. 에니악은 현대 컴퓨터의 원조.
J. 프레스퍼 에커트 (J. Presper Eckert)	1919~1995	76	미국	에니악 프로젝트의 공동 리더.

트랜지스터

이름	생애	나이	국적	주요 업적
발터 쇼트키 (Walter Schottky)	1886~1976	90	독일	금속반도체 정류를 해석하는 데 최초로 고체물리학 원리를 적용함.
머빈 켈리 (Mervin Kelly)	1894~1971	77	미국	반도체 기술의 요람인 벨 연구소의 연구 책임자.
러셀 올 (Russell Ohl)	1898~1987	89	미국	p-n 접합을 발견함.
아놀드 벡맨 (Arnold Beckman)	1900~2004	104	미국	벡맨 계량기회사의 창립자. 실리콘밸리 최초 반도체회사의 투자자.
월터 브래튼 (Walter Brattain)	1902~1987	85	미국	최초의 점접촉 트랜지스터를 발명함.
앨런 H. 윌슨 (Alan H. Wilson)	1906~1995	89	영국	고체물리학을 반도체 연구에 처음으로 적용한 이론 물리학자.

이름	생애	나이	국적	주요 업적
고든 틸 (Gordon Teal)	1907~2003	96	미국	단결정 반도체 재료를 개발함. 최초의 접합 트랜지스터와 Si 트랜지스터를 만듦.
존 바딘 (John Bardeen)	1908~1991	83	미국	최초의 점접촉 트랜지스터 발명자.
마사루 이부카 (Masaru ibuka)	1908~1997	89	일본	소니(Sony)의 공동 창립자.
윌리엄 쇼클리 (William Shockley)	1910~1989	79	미국	접합 트랜지스터와 그 이론의 발명자. 실리콘밸리를 탄생시킨 핵심 인물.
잭 모턴 (Jack Morton)	1913~1971	58	미국	벨 연구소의 초기 트랜지스터 제조 팀의 리더. 이후 벨 연구소의 연구 책임자.
팻 해거티 (Pat Haggerty)	1914~1980	66	미국	TI (Texas Instrument)의 사장. 회사를 반도체 사업으로 키움.
아키오 모리타 (Akio Morita)	1921~1999	78	일본	소니(Sony)의 공동 창립자.

실리콘 칩

이름	생애	나이	국적	주요 업적
유진 클라이너 (Eugene Kleiner)	1923~2003	80	미국	페어차일드 반도체의 창립자 중 한 명. 후에 클라이너-퍼킨스라는 벤처 캐피탈을 만듦.
잭 킬비 (Jack Kilby)	1923~2005	82	미국	최초로 집적회로를 발명함.
장 회르니 (Jean Hoerni)	1924~1997	73	미국 (스위스)	모놀리식 집적회로(칩)를 가능케 한 플레이너 공정을 개발함.
윌러드 보일 (Willard Boyle)	1924~2011	87	캐나다	CCD의 공동 발명자.
아서 락 (Arthur Rock)	1926~		미국	실리콘밸리의 벤처 캐피탈을 만듦. 페어차일드, 인텔, 그리고 애플의 초기 투자자.
로버트 노이스 (Robert Noyce)	1927~1990	63	미국	페어차일드 반도체와 인텔의 창립자. 실리콘 칩의 발명자. 미국 반도체 산업의 리더.

이름	생애	나이	국적	주요 업적
고든 무어 (Gordon Moore)	1929~		미국	페어차일드 반도체와 인텔의 창립자. '무어의 법칙' 을 주장함.
조지 스미스 (George Smith)	1930~		캐나다	CCD의 공동 발명자.
모리스 창 (Morris Chang)	1931~		미국 (중국)	타이완 반도체 제조회사(TSMC)의 창립자. 위탁 생산만을 전문으로 하는 모델을 시작함.
카버 미드 (Carver Mead)	1934~		미국	컴퓨터 지원 칩 디자인 기술의 핵심 공헌자 중 한 사람.
앤디 그로브 (Andy Grove)	1936~		미국 (헝가리)	인텔의 창업자이자 핵심 경영인.
테드 호프 (Ted Hoff)	1937~		미국	최초로 마이크로프로세서 칩의 개념을 개발함.
페데리코 파긴 (Federico Faggin)	1941~		미국 (이탈리아)	최초의 마이크로프로세서 칩을 디자인하고 만듦.

LED, 광섬유, LCD

이름	생애	나이	국적	주요 업적
하인리히 벨커 (Heinrich Welker)	1912~1981	69	독일	인공 III-V 반도체 재료를 최초로 합성함.
찰스 타운스 (Charles Townes)	1915~		미국	레이저와 분자 증폭기 개념을 최초로 개발함.
찰스 가오 (Charles Kao)	1933~		영국 (중국)	광섬유 통신 기술의 선구자.
조지 헤일마이어 (George Heilmeier)	1936~		미국	액정 디스플레이 기술의 선구자.
슈지 나카무라 (Shuji Nakamura)	1954~		일본	고효율의 청색 LED를 최초로 시연함.
허브 크뢰머 (Herb Kroemer)	1928~		미국 (독일)	반도체 레이저 같은 많은 새로운 장비를 가능케 한 헤테로접합 개념을 개발함.